Steinhauser, James, Hoffmann, Friedrich

Hundert Jahre an der Schnittstelle von Chemie und Physik

Veröffentlicht unter der Schirmherrschaft der Direktoren des Fritz-Haber-Instituts der Max-Planck-Gesellschaft

Hans-Joachim Freund
Gerard Meijer
Matthias Scheffler
Robert Schlögl
Martin Wolf

Thomas Steinhauser · Jeremiah James ·
Dieter Hoffmann · Bretislav Friedrich

Hundert Jahre an der Schnittstelle von Chemie und Physik

Das Fritz-Haber-Institut der Max-Planck-Gesellschaft zwischen 1911 und 2011

De Gruyter

Autoren:
Dr. Thomas Steinhauser
Fritz-Haber-Institut der
Max-Planck-Gesellschaft
Faradayweg 4–6
14195 Berlin
thomas@fhi-berlin.mpg.de

Prof. Dr. Dieter Hoffmann
Max-Planck-Institut für
Wissenschaftsgeschichte
Boltzmannstr. 22
14195 Berlin
dh@mpiwg-berlin.mpg.de

Dr. Jeremiah James
Fritz-Haber-Institut der
Max-Planck-Gesellschaft
Faradayweg 4–6
14195 Berlin
james@fhi-berlin.mpg.de

Prof. Dr. Bretislav Friedrich
Fritz-Haber-Institut der
Max-Planck-Gesellschaft
Faradayweg 4–6
14195 Berlin
brich@fhi-berlin.mpg.de

Umschlagabbildungen:
Vorderes Umschlagbild: Das Kaiser-Wilhelm-Institut für physikalische Chemie und Elektrochemie, 1913. V.l.n.r.: Hinter- oder Fabrikgebäude, Vorder- oder Laboratoriumsgebäude, Haber-Villa.
Rückwärtiges Umschlagbild: Luftbild des Fritz-Haber-Instituts der MPG, Frühjahr 2011. Das hohe Gebäude rechts oben wurde für das Institut für Elektronenmikroskopie errichtet, jetzt ist dort nach einer grundlegenden Renovierung die Abteilung Anorganische Chemie untergebracht. Direkt darunter der „Röntgenbau“ und links daran anschließend die beiden ältesten Institutsgebäude. Das Ensemble beherbergt zur Zeit die Abteilungen Physikalische Chemie und Molekülphysik. Neben dem Röntgenbau der Neubau für den Infrarot-Frei-Elektronen-Laser, das blaue Gebäude mit den zwei Türmen am rechten Bildrand ist der Ernst-Ruska-Bau, wo sich heute Werkstätten befinden. Ein wenig darunter ist der hexagonale Grundriss des Gemeinsamen Netzwerkzentrums auszumachen, in dem auch der größte Teil der Abteilung Theorie seine Räume hat. Das neue und das ältere Gebäude in der linken, unteren Ecke gehören zur Abteilung Chemische Physik. Als drittes Gebäude über dem älteren Teil der Chemischen Physik sieht man die ehemalige Villa Willstätters und noch weiter oben, über der Straße, die Haber-Villa.

ISBN 978-3-11-023914-0
e-ISBN 978-3-11-023915-7

Library of Congress Cataloging-in-Publication Data

Hundert Jahre an der Schnittstelle von Chemie und Physik : das Fritz-Haber-Institut der Max-Planck-Gesellschaft zwischen 1911 und 2011 / by Thomas Steinhauser ... [et al.].
p. cm.
ISBN 978-3-11-023914-0
1. Max-Planck-Gesellschaft zur Förderung der Wissenschaften. Fritz-Haber-Institut. 2. Chemistry–Research. 3. Physics–Research. I. Steinhauser, Thomas. II. Title: 100 Jahre an der Schnittstelle von Chemie und Physik.
QD51.5.G32M3745 2011
540--dc23
2011025608

Bibliografische Information der Deutschen Nationalbibliothek
Die Deutsche Nationalbibliothek verzeichnet diese Publikation in der Deutschen Nationalbibliografie; detaillierte bibliografische Daten sind im Internet über http://dnb.d-nb.de abrufbar.

Satz: PTP-Berlin Protago-TEX-Production, Berlin
Druck und Bindung: Hubert & Co. GmbH & Co. KG, Göttingen
♾ Printed on acid-free paper
Printed in Germany
www.degruyter.com

Inhaltsverzeichnis

Danksagung

An dieser Stelle möchten wir alle jenen danken, die zum Entstehen dieses Buches maßgeblich beitrugen.

Insbesondere ist dem Fritz-Haber-Institut und seinem Direktorium zu danken, das im Vorfeld des anstehenden Institutsjubiläums das vorliegende Buch und ein damit zu verbindendes Forschungsprojekt initiiert hatte. Das Institut und seine Direktoren Hans-Joachim Freund, Gerard Meijer, Matthias Scheffler, Robert Schlögl und Martin Wolf haben das Projekt wie die Drucklegung des Buches nicht nur in großzügiger Weise finanziert, sondern es auch in den letzten drei Jahren mit ihrem fördernden Interesse begleitet. Darüber hinaus wurden wir von ihnen und ihren Mitarbeitern mit Detailinformationen zur aktuellen Forschung sowie mit umfangreichen Zuarbeiten versorgt, die ganz wesentlich in das Kapitel 6 eingegangen sind.

Weiterhin gilt unser Dank dem adminsitrativen Direktor des FHI, Karsten Horn, und der Bibliothek des FHI mit ihren engagierten Mitarbeiterinnen Katrin Quetting und Uta Siebeky, die uns bei der Beschaffung von Literatur und Bildmaterial eine wichtige Hilfe waren. Hinsichtlich Letzterem sei insbesondere auch Frau Bärbel Lehmann genannt, die uns nicht nur ihr privates Bildarchiv zum FHI öffnete, sondern auch bei der Bildauswahl und anderen Fragen geduldig mit Rat und Tat zur Seite stand. Waruno Mahdi und Albrecht Preusser halfen, die Bilder und Abbildungen in eine verlagsrechte Form zu bringen.

Als Teil der interinstitutionellen und interdisziplinären Zusammenarbeit zwischen FHI und dem MPI für Wissenschaftsgeschichte war unser Jubiläumsprojekt eng mit dem Projekt History and Foundation of Quantum Physics verknüpft, so dass auch dem MPI für Wissenschaftsgeschichte und seinem Direktor Jürgen Renn ein besonderer Dank gilt. Die wissenschaftshistorische Kompetenz und die Kooperationsmöglichkeiten des Instituts haben unsere Arbeit maßgeblich unterstützt; zudem halfen die Kolleginnen und Kollegen des Quantenprojektes in zahlreichen Diskussionen unsere Sicht auf die diffizile Geschichte des FHI zu schärfen und manches Detailproblem zu klären. Der hervorragende Service der Bibliothek bei der Literaturbeschaffung trug außerdem zur schnellen Lösung vieler Literaturrecherchen bei.

Das Buch hat ganz wesentlich von Gesprächen und Interviews profitiert, die wir mit Personen führen konnten, die als Wissenschaftler am FHI gearbeitet oder mit diesem in Kontakt gestanden haben – dafür möchten wir uns namentlich bei Hans Bradaczek (Berlin), Alexander Bradshaw (Berlin), Ruth und Immanuel Broser (Berlin), Manuel Cardona (Stuttgart), Werner Ebeling (Berlin), Gerhard Ertl (Berlin), Utz Havemann-von Trotha (Ferch), Hellmut Karge (Berlin), Reimar Lüst (Hamburg), Ellen Reuber (Berlin), Joachim Sauer (Berlin), Manfred Swoboda (Berlin), Klaus

Thiessen (Neuenhagen), Knut Urban (Jülich), Harald Warrikhoff (Berlin), Burkhard Wende (Berlin) und Elmar Zeitler (Berlin) bedanken.

Für wichtige Hinweise und Diskussionen zu Spezialfragen sei ebenfalls Eckart Henning (Berlin), Jeffrey Johnson (Villanova), Hubert Laitko (Berlin), Inga Meiser (Berlin), Falk Müller (Frankfurt/Main), Mary Jo Nye (Corvallis), Gábor Palló (Budapest), Michael Schaaf (Johannesburg) und Florian Schmaltz (Frankfurt/Main) gedankt.

Wissenschaftshistorische Forschung basiert ganz wesentlich auf archivalischen Arbeiten und so sei an dieser Stelle ausdrücklich allen benutzten Archiven und ihren freundlichen Mitarbeitern gedankt, die uns bei unseren Forschungen unterstützt haben – herausgehoben sei das Archiv der Max-Planck-Gesellschaft mit seinem Leiter Lorenz Beck und den Mitarbeitern Bernd Hoffmann, Joachim Japp, Marion Kazemi, Susanne Uebele und Dirk Ullmann, die nicht nur in bewährter Partnerschaft zur Bebilderung des Buches beitrugen, sondern uns auch bereitwillig und kompetent halfen, die wohl geordneten, aber vielfach noch ungehobenen Schätze zur FHI-Geschichte für unsere Forschungen zu erschließen. In diesem Zusammenhang möchten wir uns auch ganz herzlichst bei Werner Hofmann, dem Vorsitzenden der Chemisch-Physikalisch-Technischen Sektion der MPG, für die Herabsetzung der Sperrfrist der Sektionsakten auf 30 Jahre bedanken.

Ein Dankeschön verdienen auch die Referenten unserer zwanzig historischen Seminare, die in den zurückliegenden zwei Jahren unser Forschungsprojekt begleitet haben. Sie trugen nicht nur dazu bei, unter Institutsmitarbeitern und interessierten Kollegen die vielfältige Geschichte des Fritz-Haber-Instituts bewusst werden zu lassen, sondern sie haben uns mit ihrem Fachwissen auch geholfen, manche Wissenslücke zu schließen und einige Details der Institutsgeschichte besser verstehen zu lernen.

Eine wertvolle Hilfe waren uns auch Hannah Riniker (Berlin) und Felix Ameseder (Berlin), die als studentische Hilfskräfte unser Projekt mit großem Einsatz begleiteten.

Last, but not least ist dem De Gruyter Verlag Berlin und namentlich Alexander Grossmann zu danken, die unsere Buchidee aufgriffen und die vorliegende Geschichte des Fritz-Haber-Instituts in einer deutschen und englischen Fassung in das Verlagsprogramm aufnahmen. Für den Verlag besorgten Katrin Nagel, Ulrike Swientek und Simone Schneider mit großem Engagement, viel Umsicht und bemerkenswerter Geduld das Projektmanagement.

Ohne die vielfältigen Hilfestellungen der hier genannten und zahlreicher weiterer Kollegen hätte sich die vorliegende Darstellung der hundertjährigen Geschichte des Fritz-Haber-Instituts sicherlich nicht im vorgegebenen knappen Zeitraum realisieren lassen. Trotz solcher Hilfen unterlag das vorliegende Buch aber allein der Gestaltung der Autoren und die dort vertretenen Interpretationen sowie die Faktenauswahl aus der hundertjährigen Institutsgeschichte haben sie natürlich ganz allein zu verantworten, wie auch die eventuellen Fehler und Ungenauigkeiten der Darstellung.

Einleitung

Als vor hundert Jahren die Kaiser-Wilhelm-Gesellschaft (KWG) gegründet wurde, gehörte das Kaiser-Wilhelm-Institut für physikalische Chemie und Elektrochemie zu den beiden Gründungsinstituten der Gesellschaft. Das Fritz-Haber-Institut (FHI) zählt aber nicht nur zu den ältesten und traditionsreichsten Einrichtungen der heutigen Max-Planck-Gesellschaft (MPG), es ist zugleich ein Institut höchster wissenschaftlicher Reputation und wahrscheinlich das Institut der MPG, an dem die meisten Nobelpreisträger gewirkt haben. Die Liste der Nobellaureaten reicht von seinem Gründungsdirektor Fritz Haber über die späteren Direktoren Max von Laue, Ernst Ruska und Gerhard Ertl bis hin zu James Franck, Eugene Wigner und Heinrich Wieland, die als Mitarbeiter des Instituts tätig waren.

Darüber hinaus war das Institut aber nicht nur ein Ort wissenschaftlicher Exzellenz und Produktivität, sondern seine hundertjährige Geschichte ist auch aufs engste mit der politischen Geschichte des zwanzigsten Jahrhunderts verknüpft. So spielte es eine zentrale Rolle in der deutschen Giftgasforschung und der chemischen Kriegsführung während des Ersten Weltkriegs; in den Jahren der nationalsozialistischen Gewaltherrschaft war es besonders von den rassischen Vertreibungsmaßnahmen betroffen und firmierte als nationalsozialistisches „Musterinstitut"; schließlich musste es sich während des Kalten Krieges in der „Frontstadt" Berlin behaupten.

Dieser komplexen Rolle des Instituts in der Wissenschafts- und politischen Geschichte des zwanzigsten Jahrhunderts Rechnung tragend, regte im Jahre 2007 das Direktorium des Fritz-Haber-Instituts ein Forschungsprojekt an, das anlässlich des anstehenden hundertjährigen Gründungsjubiläums die Geschichte des Instituts wissenschaftshistorisch aufarbeiten sollte. Hierzu nahm im Herbst 2008 eine Gruppe von Wissenschaftshistorikern und Fachwissenschaftlern ihre Forschungen auf, die aus den unterzeichneten Personen bestand und in den zurückliegenden knapp drei Jahren u. a. die vorliegende Publikation erarbeitet hat.

Obwohl die Geschichte der Kaiser-Wilhelm-/Max-Planck-Gesellschaft bereits die Aufmerksamkeit zahlreicher Historiker und im Besonderen auch von Wissenschaftshistorikern gefunden hat,[1] ist das Interesse für die Geschichte einzelner Institute bisher vergleichsweise gering geblieben[2] und über keines gibt es bislang eine umfassende Gesamtdarstellung, die auch historiographischen Ansprüchen genügen würde. Dies gilt nicht zuletzt für die Geschichte des Haber-Instituts,

1 Vierhaus, Brocke, *Forschung*. Renn, Kant, *KWG/MPG*.
2 Brocke, Laitko, *KWG Institute*. Gruss, Rürup, *Denkorte*. Rasch, *Kohlenforschung*. Czechowsky, Rüster, *Lindau*.

Tab. 1. *Nobelpreisträger am Institut*

	Jahr der Verleihung und damaliger Wirkungsort	Institute an denen die ausgezeichneten Arbeiten durchgeführt wurden	Zeit am KWI PChE/FHI-MPG	Funktion am PChE/FHI-MPG
Max von Laue (1879-1960)	1914, München (LMU)	München (LMU)	1951–1959	Direktor
Fritz Haber (1868–1934)	1918, Berlin (PChE)	Karlsruhe (THK)	1911–1933	Gründungsdirektor
James Franck (1882–1964)	1924, Göttingen (GAU)	Berlin (FWU)	1918–1920	Abteilungsleiter
Heinrich Wieland (1877–1957)	1927, München (LMU)	Freiburg (ALU), München (LMU)	1917–1918	Mitarbeiter/ Offizier
Eugene Wigner (1902–1995)	1963, Princeton	Berlin (PChE, TUB), Princeton	1923–1932	Doktorand, Mitarbeiter
Ernst Ruska (1906–1988)	1986, Berlin (FHI)	Berlin (TUB, Siemens, FHI)	1949–1974	Direktor IFE
Gerhard Ertl (*1936)	2007, Berlin (FHI)	München (LMU), Berlin (FHI)	1986–2004	Direktor

ALU	Albrecht-Ludwig-Universität Freiburg
FWU/HU	Friedrich-Wilhelms-Universität/Humboldt-Universität zu Berlin
GAU	Georg-August-Universität Göttingen
IFE	Institut für Elektronenmikroskopie am Fritz-Haber-Institut der MPG
KWI-PChE/FHI-MPG	KWI für Physikalische Chemie und Elektrochemie/Fritz-Haber-Institut der MPG
LMU	Ludwig-Maximilans-Universität München
THCh/TUB	Technische Hochschule Charlottenburg/Technische Universität Berlin
THK	Technische Hochschule Karlsruhe

über das von kritischen Mitarbeitern und Nachwuchshistorikern anlässlich des 75. Gründungsjubiläums ein kurzer Abriss der Institutsgeschichte vorgelegt wurde, der informativ und kritisch nicht nur die Höhepunkte bilanzierte, sondern auch nachdrücklich auf die problematischen Seiten der Institutsgeschichte aufmerksam machte und insofern einen modernen wissenschaftshistorischen Ansatz verfolgte.[3] Parallel dazu erschien ebenfalls in Broschürenform eine Institutsgeschichte, in der die damals amtierenden Direktoren aus zeitgenössischer Sicht eine Forschungsbilanz des Instituts zogen, die sich in ihren historischen Reflexionen naturgemäß auf die (spärlich existierende) wissenschaftshistorische Sekundärliteratur stützte und keinen Gebrauch von archivalischen Quellen machte.[4] Darüber hinaus kommt

3 Chmiel, Hansmann, Krauß, Lehmann, Mehrtens, Ranke, Smandek, Sorg, Swoboda, Wurzenrainer, *Bemerkungen*.

4 MPG, *FHI I*. Neuauflage: MPG, *FHI II*.

das Institut natürlich auch prominent in den Biographien von Wissenschaftlern vor, deren Wirken das Institut prägte – namentlich in denen des Gründungsdirektors Fritz Haber,[5] aber auch in biographischen Darstellungen zu Michael Polanyi,[6] Peter Adolf Thiessen[7] oder Robert Havemann.[8] Da das Institut wie kein zweites der MPG/KWG mit den historischen Zeitläufen verknüpft war, sind einzelne Aspekte der Institutsgeschichte ebenfalls in Untersuchungen dargestellt, die sich mit der Gründungsgeschichte der Kaiser-Wilhelm-Gesellschaft,[9] der Giftgasforschung[10] oder mit der Wissenschaft in der NS-Zeit[11] beschäftigen. Obwohl all diese Arbeiten substantielle Beiträge zur Institutsgeschichte darstellen und diese in Teilaspekten durchaus detailreich und fundiert ausleuchten, ergeben sie in der Summe noch keine Gesamtgeschichte des Fritz-Haber-Instituts. Zu den Desiderata gehören neben einer synthetischen Gesamtschau auch die archivalisch gestützte Behandlung wichtiger Gesichtspunkte der Institutsgeschichte. Dies soll mit der vorliegenden Studie versucht werden, wobei ein Schwerpunkt auf die Darstellung der am Institut betriebenen wissenschaftlichen Forschungen und deren Wandlungen im Kontext des allgemeinen Wandels der Forschungsinhalte und -methoden in der physikalischen Chemie während der letzten hundert Jahre liegt. Ein anderer Schwerpunkt liegt in der Verknüpfung dieser wissenschaftlichen Entwicklungen mit den teilweise dramatischen institutionellen und politischen Veränderungen in diesem Zeitraum.

Wie schon erwähnt, gehörte das Kaiser-Wilhelm-Institut für physikalische Chemie und Elektrochemie zu den beiden Gründungsinstituten der Kaiser-Wilhelm-Gesellschaft und war damit Bestandteil der dritten und letzten institutionellen Innovation im langen 19. Jahrhundert – nach der Gründung der Berliner Universität (1810) und der Physikalisch-Technischen Reichsanstalt (1887) –, die von Berlin ihren Ausgang nahm[12] und das Wissenschaftssystem der Moderne nachhaltig geprägt hat. Darüber hinaus kann die Gründung der Gesellschaft als eine der späten Konsequenzen des „Systems Althoff" gewertet werden, das dem deutschen Wissenschaftssystem bekanntlich einen nachhaltigen Modernisierungsschub bescherte.[13] Dies geschah nicht zuletzt in Reaktion auf die Mahnungen zahlreicher deutscher Wissenschaftler und Wissenschaftspolitiker, dass Deutschlands Führungsrolle in Wissenschaft und Technik durch den rasanten Aufstieg Amerikas ernsthaft bedroht sei. Die Gründung der KWG und namentlich des KWI für physikalische Chemie und Elektrochemie war eine Antwort auf diese Herausforderung, die man im historischen Rückblick als erfolgreich bezeichnen kann, weil sich das Institut – wie die KWG insgesamt – in den folgenden Jahrzehnten

5 Szöllösi-Janze, *Haber*. Stoltzenberg, *Haber*.
6 Nye, *Polanyi*.
7 Eibl, *Thiessen*.
8 Hoffmann, *Havemann*.
9 Johnson, *Chemists*. Wendel, *Kaiser-Wilhelm-Gesellschaft*.
10 Groehler, *Tod*. L.F. Haber, *Poison*. Schmaltz, *Kampfstoff-Forschung*.
11 Deichmann, *Flüchten*. Hachtmann, *Wissensmanagement*.
12 Laitko, *Innovation*.
13 Brocke, *System Althoff*.

zu einer national wie international anerkannten Stätte herausragender Forschung entwickeln konnte. Daneben wurde mit der Gründung der KWG einer neuen Art der Finanzierung der wissenschaftlichen Forschung in Deutschland der Weg geebnet: der Wissenschaftsmäzen trat an die Seite des Staates. Ein Wissenschaftsmäzen, der Berliner Bankier Leopold Koppel, war es im Übrigen, der mit einer Stiftung die Gründung des KWI für physikalische Chemie und Elektrochemie ermöglichte. Dabei war seine Spende an die Bedingung geknüpft, dass der Karlsruher Chemiker und Vater der Ammoniaksynthese, Fritz Haber, die Leitung des Instituts übernehmen würde.

Wie schon erwähnt, spiegelt sich in der Geschichte des Fritz-Haber-Instituts auf vielfältige Weise sowohl die Geschichte der modernen Naturwissenschaft als auch die deutsche Geschichte im zwanzigsten Jahrhundert. Dies gilt von Beginn an, denn mit seinem Beitrag zur Giftgasentwicklung im Ersten Weltkrieg verließ das Institut schon unmittelbar nach seiner Gründung den vermeintlich unpolitischen Elfenbeinturm der Wissenschaft und auch die „Goldene Ära" der zwanziger Jahre wurde nicht nur von wissenschaftlicher Spitzenforschung, sondern auch von den existenziellen finanziellen Engpässen jener Zeit geprägt. Die Zeit der nationalsozialistischen Gewaltherrschaft war wiederum von der Vertreibung der „jüdischen" Mitarbeiter und der radikalen Umstrukturierung des Instituts sowie seiner Indienststellung für die forschungspolitischen Ziele des Dritten Reichs gekennzeichnet. In den ersten Nachkriegsjahrzehnten mussten die Demontage des Instituts und die Folgen des Kalten Krieges kompensiert werden. Seit 1952 trägt es den Namen des Gründers Fritz Haber und es versuchte in den 1950er und 1960er Jahren mit Forschungen zur Elektronenmikroskopie und zur Strukturforschung wieder wissenschaftliches Profil zu gewinnen. Die folgenden Jahrzehnte brachten dann eine Reorientierung auf Forschungen zu Elementarprozessen an Ober- und Grenzflächen, Probleme, die bereits im Fokus von Fritz Haber und der Forschungen während der „Goldenen Ära" des Instituts gestanden hatten. Nun wurden solche Untersuchungen zur Profillinie des Instituts erhoben und konnten im Jahre 2007 mit der Verleihung des Chemienobelpreises an Gerhard Ertl „für seine Studien über chemische Prozesse auf festen Oberflächen" einen grandiosen Erfolg feiern.

Der wechselnde Erfolg und die unterschiedliche gesellschaftliche Rolle des Instituts in den letzten hundert Jahren haben ein ungewöhnlich breites Spektrum an Forschungsthemen gefördert und eine bemerkenswerte Vielfalt von am Institut tätigen Forscherpersönlichkeiten hervorgebracht. Dutzende Wissenschaftler, darunter die sieben bereits erwähnten Nobelpreisträger, haben wegweisende Forschungen am Institut durchgeführt, die zu teilweise bahnbrechenden Erkenntnissen im Grenzbereich von Physik und Chemie sowie auf verwandten Gebieten führten. Die Motive für die am Institut betriebenen Forschungen waren dabei so vielfältig wie die Forscher selbst und reichten von vermeintlich vaterländischer Pflichterfüllung in Kriegszeiten über die Erfüllung staatlicher Vorgaben und Forderungen bis hin zur „göttlichen Neugier" bei der Ergründung der Gesetze der Reaktionskinetik oder der Entschlüsselung der Grundlagen der Quantenphysik. In der hundertjährigen Forschungstätigkeit des Instituts offenbaren sich so nicht nur die verschiedenartigsten Aspekte moderner Wissenschaftsgeschichte, sondern sie ist auch ein Ausdruck der Geistesgeschichte des zwanzigsten Jahrhunderts und ihrer unauflöslichen Verknüpfung mit dem sozialen, kulturellen und politischen Geschehen.

Das „Jubiläums-Projekt" hatte in den knapp drei Jahren seiner Existenz vornehmlich drei Ziele im Auge. Zunächst und vor allem war der vorliegende Band zu schreiben, der die hundertjährige Geschichte des Instituts auf der Grundlage umfangreicher Archivstudien und anderen Quellenmaterials analysiert. Im Rahmen der dazu betriebenen Forschungen wurde eine Fülle bislang nicht erschlossenen Quellenmaterials aufgearbeitet und es wurde versucht, eine Brücke zwischen Erkenntnis- und Institutionengeschichte zu schlagen. Dabei soll mit der vorliegenden Untersuchung nicht nur die wissenschaftshistorische Diskussion über die Rolle des Fritz-Haber-Instituts, sondern auch das historische Bewusstsein des Instituts selbst und seiner dort wirkenden Wissenschaftler befördert werden. Zweitens wollten wir mit der vorliegenden Studie, die sich auf die wichtigsten und exemplarischen Aspekte der Institutsgeschichte konzentrieren musste, zu weiteren Forschungen über spezielle und bislang unbeachtet gebliebene Probleme anregen, wozu nicht zuletzt das Literaturverzeichnis eine Hilfe sein kann. Schließlich haben wir in den letzten zwei Jahren durch eine Kolloquiumsreihe von zwanzig Vorträgen versucht, nicht nur unser eigenes Wissen zu mehren, sondern auch die wissenschaftshistorische Bedeutung des Instituts und seiner wichtigsten Forschungsthemen und Protagonisten in eine breitere Öffentlichkeit zu tragen.

Sehr oft wurden wir bei unseren Forschungen an die Feststellung Gerald Holtons, eines der Doyens moderner wissenschaftshistorischer Forschung, anlässlich der Verleihung des Abram-Pais-Preises 2008 erinnert:

> „The science research project of today is the temporary culmination of a very long, hard-fought struggle by a largely invisible community of our ancestors. Each of us may be standing on the shoulders of giants; more often we stand on the graves of our predecessors."[14]

Indem die vorliegende hundertjährige Geschichte des Fritz-Haber-Instituts sowohl die großen als auch die widersprüchlichen Institutstraditionen bewusst werden lässt, will es einen spezifisch historischen Beitrag zur aktuellen Standortbestimmung des Fritz-Haber-Instituts leisten und vielleicht auch einige Anregungen für die Gestaltung seiner Zukunft vermitteln.

Berlin, im Mai 2011

Bretislav Friedrich
Dieter Hoffmann
Jeremiah James
Thomas Steinhauser

14 Holton, *Pais Prize Lecture*.

1 „unter meinem Protektorat und Namen ..." – Vorgeschichte und Gründung des Instituts

> „Ganze Disziplinen gibt es heute, die in den Rahmen der Hochschule überhaupt nicht mehr hineinpassen, weil sie so große maschinelle und instrumentelle Einrichtungen verlangen, daß kein Universitätsinstitut sie (sich) leisten kann, teils weil sie sich mit Problemen beschäftigen, die für die Studierenden viel zu hoch sind und nur jungen Gelehrten vorgetragen werden können."[1]

Dies liest man in einer Denkschrift des Berliner Theologen und Direktors der Königlichen Bibliothek Adolf Harnack aus dem Jahre 1909. Diese Denkschrift wurde zum Gründungsdokument für die Kaiser-Wilhelm-Gesellschaft und damit auch für das Kaiser-Wilhelm-Institut für physikalische Chemie und Elektrochemie. Allerdings war der Weg zu ihrer Gründung verschlungen, reicht weit ins 19. Jahrhundert zurück und ist mit dem Aufstieg Berlins bzw. Deutschlands zum international führenden Wissenschaftsstandort verknüpft. Dabei waren es drei institutionelle Innovationen, die diese Entwicklung maßgeblich befördert haben.[2] Am Anfang stand die Gründung der Berliner Friedrich-Wilhelms-Universität im Jahre 1810, die mit ihrer programmatischen Leitidee der Einheit von Forschung und Lehre zum Modell der modernen Universität wurde und maßgeblich der deutschen Wissenschaft den Weg zur Weltgeltung ebnete. 1887 nahm die Physikalisch-Technische Reichsanstalt in Berlin-Charlottenburg ihre Tätigkeit auf, die als erste größere außeruniversitäre Forschungseinrichtung den Erfordernissen des „Großbetriebs" moderner wissenschaftlicher Forschung Rechnung trug und im engen Zusammenwirken von Staat, Industrie und Wissenschaft entstand. Den Reigen der institutionellen Innovationen, die von Berlin ihren Ausgang nahmen und die Wissenschaftslandschaft nicht nur in Deutschland bis heute nachhaltig geprägt haben, beschließt 1911 die Gründung der Kaiser-Wilhelm-Gesellschaft zur Förderung der Wissenschaften. Sie sollte in Ergänzung zu den Forschungseinrichtungen von Universitäten und technischen Hochschulen Spitzenforschung im Bereich der gesamten Naturwissenschaften und ausgewählten geisteswissenschaftlichen Disziplinen fördern. Dies geschah nicht zuletzt mit Blick auf die ausländische und namentlich amerikanische Konkurrenz, die gerade im naturwissenschaftlich-technischen Bereich die Vormachtstellung der deutschen Wissenschaft infrage zu stellen begann.

1 Harnack, *Denkschrift*, S. 82.
2 Laitko, *Innovationen*.

Abb. 1.1. *Die Physikalisch-Technische Reichsanstalt in Berlin-Charlottenburg.*

Die Gründung der Kaiser-Wilhelm-Gesellschaft knüpfte an das Erfolgsmodell außeruniversitärer Forschungseinrichtungen, die Physikalisch-Technische Reichsanstalt, an. Da diese erste Großforschungseinrichtung im Sinne der Moderne ausschließlich auf physikalische und metrologische Forschungen ausgerichtet war,[3] suchten bald auch andere Disziplinen und namentlich die Chemie dieses Modell zu kopieren. Zum Wortführer entsprechender Bemühungen wurde der Berliner Chemiker Emil Fischer, der sich kurz vor der Jahrhundertwende für die Gründung eines Laboratoriums für chemische Präzisionsarbeit einsetzte. Allerdings scheiterten alle Bemühungen zur Gründung eines solchen Instituts an der staatlichen Finanznot, so dass von führenden Vertretern der chemischen Industrie und der Hochschulchemie im Jahre 1905 zunächst ein Vorbereitungskomitee und drei Jahre später schließlich der Verein Chemische Reichsanstalt gegründet wurde.[4] Dieser hatte das Ziel, durch Mitgliedsbeiträge und Spenden die nötigen Mittel für die Errichtung und den Betrieb einer Chemischen Reichsanstalt privatwirtschaftlich einzuwerben, wobei man allerdings auf staatliche Zuwendungen nicht ganz verzichten wollte bzw. konnte. Der Gründung des Vereins war eine Denkschrift über die Notwendigkeit der Begründung eines solchen Forschungsinstituts vorangegangen, die von Fischer sowie den beiden Physikochemikern Wilhelm Ostwald und Walther Nernst verfasst worden war. Die noch junge und sich stark entwickelnde physikalische Chemie, zu deren Gründungsvätern Ostwald und Nernst gehörten, bekam so ein besonderes Gewicht und sollte das „wissenschaftliche Rückgrat" sowie nach Umfang und Aufgaben die wichtigste Abteilung der neuen Reichsanstalt werden.

3 Vgl. Cahan, *Meister.*
4 Vgl. Johnson, *Chemists.*

Dies geschah nicht zuletzt vor dem Hintergrund, dass im Zuge des rasanten Aufschwungs der klassischen organischen Synthesechemie, der sich auf die Darstellung künstlicher Farbstoffe und die Gründung entsprechender chemischer Großunternehmen im letzten Drittel des 19. Jahrhunderts bezog, in Deutschland solche Teilgebiete der Chemie wie die anorganische Chemie oder die damals aufstrebenden neuen Gebiete physiologische Chemie bzw. Biochemie und physikalische Chemie eine gewisse Vernachlässigung erfahren hatten. Die schwache Institutionalisierung der physikalischen Chemie stellte dabei ein besonderes Problem dar, hatte doch Deutschland mit Wilhelm Ostwalds 1887 gegründetem Leipziger Institut für physikalische Chemie und seiner Schule sowie der Zeitschrift für physikalische Chemie eine Pionierrolle bei der Etablierung des Gebiets gespielt.[5] Dem war indes keine Institutionalisierungswelle in der physikalischen Chemie gefolgt, denn zu Anfang des zwanzigsten Jahrhunderts gab es an deutschen Universitäten nur wenige relativ kleine Institute bzw. subalterne Lehrstühle für physikalische Chemie, die jedoch wie im Falle von Walther Nernst in Göttingen und Fritz Haber in Karlsruhe recht gut ausgestattet sein konnten. Besonders augenfällig war das Defizit in Berlin, wo Hans Landolt und Hans Jahn zwar das Fach vertraten, aber keineswegs den Anforderungen einer hauptstädtischen Wissenschaftslandschaft nach Spitzenforschung entsprachen.[6]

Die institutionellen Defizite wurden immer problematischer, weil die physikalische Chemie nun nicht mehr nur bloße Grenzdisziplin war, sondern sich zunehmend als die eigentliche Grundlagendisziplin der Chemie präsentierte. Sie wollte die Basisbegriffe der gesamten Chemie, die chemische Bindung und die chemische Reaktion, über die den chemischen Strukturen zugrunde liegenden physikalischen Grundtatsachen behandeln. Die somit immer vielschichtigeren Facetten der Chemie konnten in der deutschen Ordinarienuniversität, die durch recht starre disziplinäre Grenzen geprägt war, nicht optimal institutionalisiert werden – zumal bei der erdrückenden Dominanz der Organischen Chemie. Deshalb bestand für die physikalische Chemie ein enormer Institutionalisierungsbedarf, wobei das Defizit nicht allein durch die Gründung von kleinen Spezialinstituten zu beheben war, sondern eine zentrale, zweckmäßig in der Reichshauptstadt anzusiedelnde Institution erforderte. Hinsichtlich seiner Größe, Ausstattung und Modernität konnte das für Emil Fischer 1900 errichtete Chemische Institut der Berliner Universität als Vorbild dienen[7] – allerdings ohne Übernahme seiner Orientierung auf die Organische Chemie.

Obwohl die chemische Industrie bereit war, für das neue Unternehmen „erhebliche Opfer“ zu bringen, und auch seitens des preußischen Staates kein Zweifel an der Bedeutung einer solchen Anstalt bestand, stagnierten die Bemühungen wegen der staatlichen Finanznot und die Angelegenheit wurde so im Frühjahr 1909 zu den (staatlichen) Akten gelegt.[8] Allerdings sollte sich für das Projekt schon bald

5 Girnus, *Grundzüge*.
6 Bartelt, *Berlin*.
7 Reinhardt, *Zentrale*.
8 Vgl. Johnson, *Chemists*, S. 48 ff.

eine neue Chance eröffnen, die mit Plänen des „allgewaltigen" Ministerialdirektors im Preußischen Kultusministerium Friedrich Althoff zusammenhing. Dieser hatte zu Beginn des Jahrhunderts die Idee verfolgt, die aufgelassene königliche Domäne Dahlem zu einem deutschen Oxford zu entwickeln. Nach seinen Vorstellungen sollte der Berliner Vorort nicht nur Teile der Berliner Universität aufnehmen, sondern es waren dort auch neue forschungsintensive Institute und Sammlungen anzusiedeln.[9] Allerdings starb Althoff bereits im Herbst 1908, so dass sich auch diese Pläne zunächst nicht konkretisierten. Nach dem Tode Althoffs wurde aber dessen langjähriger enger Mitarbeiter Friedrich Schmidt (ab 1920 Schmidt-Ott) vom Kaiser beauftragt, einen Bericht über „Althoffs Pläne für Dahlem" zu erstellen. Als die preußische Ministerialbürokratie im Vorfeld des hundertjährigen Jubiläums der Berliner Universität über ein dem Anlass gemäßes Geschenk des Kaisers nachdachte, wurden durch Schmidt-Ott die Pläne Althoffs geschickt an den Chef des Zivilkabinetts, Rudolf von Valentini, lanciert, der wiederum den Theologen und Direktor der königlichen Bibliothek Adolf (ab 1914: von) Harnack mit der Abfassung einer entsprechenden Denkschrift für den Kaiser beauftragte. Diese sollte über die Lage der Wissenschaften in Deutschland und die daraus folgenden Konsequenzen informieren sowie Anregungen für eine kaiserliche Gabe zur Zentenarfeier der Berliner Universität geben. Die „Denkschrift über die Begründung eines Kaiser-Wilhelm-Instituts für naturwissenschaftliche Forschung" wurde von Harnack im Herbst 1909 verfasst.

Harnack nahm in seiner Denkschrift nicht nur die vorliegenden Pläne Althoffs sowie Expertisen von Wissenschaftlern wie den Chemikern Emil Fischer

Abb. 1.2. *Adolf Harnack (1851–1930) in der Amtsrobe des Präsidenten der Kaiser-Wilhelm-Gesellschaft.*

9 Vgl. Engel, *Dahlem*.

und Walther Nernst oder dem Mediziner August Wassermann auf, sondern verknüpfte dies geschickt mit Ausführungen über die Notlage der deutschen Naturwissenschaft und den sich daraus ergebenden nationalen und wirtschaftlichen Herausforderungen:

> „...die deutsche Wissenschaft (ist) auf wichtigen Linien der Naturforschung hinter der anderer Länder zurückgeblieben und in ihrer Konkurrenzfähigkeit aufs stärkste bedroht ...Diese Tatsache ist schon jetzt national-politisch verhängnisvoll und wird es auch wirtschaftlich immer mehr werden. National-politisch ist sie verhängnisvoll, weil, anders als früher, heutzutage bei dem außerordentlich gesteigerten Nationalgefühl jedem wissenschaftlichen Forschungsergebnis ein nationaler Stempel aufgedrückt wird."[10]

Namentlich ging Harnack auf die Krise der theoretischen und organischen Chemie ein und benannte explizit die Lehre von den Elementen und Atomgewichten, die

> „eine Wissenschaft für sich (ist); jeder Fortschritt auf diesem Gebiet ist von größter Tragweite für das Gesamtgebiet der Chemie, aber im Rahmen der Hochschule kann diese Disziplin nicht mehr untergebracht werden, sie verlangt eigene Laboratorien."[11]

Darüber hinaus wies Harnack auf die Notlage der organischen Chemie hin, wo der Erkenntnisfortschritt inzwischen von den einst führenden deutschen Hochschulinstituten in die Industrielaboratorien abgewandert wäre. Wegen der besonderen wirtschaftlichen Bedeutung der Chemie und weil in diesem Zusammenhang „bedeutende Vorbereitungen schon getroffen sind", schlug die Harnacksche Denkschrift konkret vor, „mit der Gründung eines großen chemischen Forschungsinstituts zu beginnen" – andere Forschungsinstitute sollten später nachfolgen.[12]

Dass die Denkschrift die Chemie so stark in den Mittelpunkt rückte, war wohl nicht zuletzt der Tatsache geschuldet, dass sich Harnack u. a. mit Emil Fischer beraten und so die langjährigen Vorarbeiten zur Gründung einer Chemisch Technischen Reichsanstalt in seine Überlegungen aufgenommen hatte. Harnack sprach in der Denkschrift – im Gegensatz zur späteren Realisierung – noch von *einem* großen chemischen Forschungsinstitut, wobei man für dessen Gründung nicht nur den Staat in die Pflicht zu nehmen gedachte, vielmehr wurde „eine Kooperation des Staates und privater, kapitalkräftiger und für die Wissenschaft interessierter Bürger" angestrebt. Dazu wollte man „eine Vereinigung von Mäzenaten, über die ganze Monarchie sich erstreckend, begründen", die die nötigen Finanzmittel für die ambitionierten Pläne aufbringen sollte.

Harnacks Denkschrift wurde Anfang Dezember 1909 dem Monarchen „in voller Länge vorgelesen" und „fand den lebhaftesten uneingeschränkten Beifall Seiner Majestät". Sie bildete die Grundlage für die Rede Wilhelms II. beim pompösen Festakt zum hundertjährigen Gründungsjubiläum der Berliner Universität am 11. Oktober 1910 – wenn Harnack nicht gar als Ghostwriter Seiner Majestät tätig geworden war. In der neuen Universitätsaula verkündete der Kaiser sein Vorhaben,

---

10 Harnack, *Denkschrift*, S. 82.
11 Ebd.
12 Ebd. S. 87.

Abb. 1.3. *Festakt zur Hundertjahrfeier in der neuen Aula der Berliner Universität am 11. Oktober 1910.*

„unter meinem Protektorat und Namen eine Gesellschaft zu begründen, die sich die Errichtung und Erhaltung von Forschungsinstituten zur Aufgabe stellt ...Wir bedürfen Anstalten, die über den Rahmen der Hochschule hinausgehen und, unbeeindruckt durch Unterrichtszwecke, aber in enger Fühlung mit Akademie und Universitäten, lediglich der Forschung dienen."[13]

Darüber hinaus konnte er der Festversammlung absichtsvoll mitteilen, dass er für seinen Plan nicht nur „begeisterte Zustimmungsäusserungen" erfahren, sondern auch schon ansehnliche Stiftungsmittel von annähernd 10 Millionen Reichsmark in Aussicht habe.[14]

Hinsichtlich der Einwerbung der Stiftungsmittel hatte man sich exzessiv der staatlichen Exekutive bedient, wobei durch Regierungspräsidenten und Oberbürgermeister – teilweise unter Heranziehung der Finanzämter – der Sitz großer Vermögen und damit des grundsätzlich infrage kommenden Spenderkreises ermittelt wurde. Der damalige Düsseldorfer Oberpräsident sprach in diesem Zusammenhang sarkastisch von der „Einkreisung des Edelwildes für Herrn Professor Harnack und

13 MPG, *50 Jahre KWG/MPG*, S. 113.
14 Ebd. S. 114.

seinen Allerhöchsten Protektor".[15] Das „Edelwild" wurde zur Zeichnung möglichst namhafter Spenden aufgefordert, wobei die gesellschaftliche Nötigung und das Allerhöchste Interesse Seiner Majestät, aber auch das Bewusstsein, einer nationalen Sache und namentlich der Wissenschaft zu dienen, die Werbungsaktion zum Erfolg werden und das Spendenaufkommen ungemein schnell wachsen ließ. Als Mäzene der neuen Gesellschaft traten weniger die alten Eliten wie der Adel oder Großgrundbesitz in Erscheinung, sondern vor allem das aufstrebende technische und industrielle Großbürgertum sowie das Bankkapital. Unter den Großspendern findet man so neben dem Stahlmagnaten Gustav Krupp von Bohlen und Halbach, dem Elektroindustriellen Wilhelm von Siemens oder dem Chemieunternehmer Henry Theodore von Böttinger nicht zuletzt zahlreiche Vertreter führender Bankhäuser wie Franz von Mendelssohn und Eduard Arnhold. Auffällig ist, dass zum Spenderkreis überproportional viele Personen jüdischer Herkunft gehörten, so dass diese als moderne Variante des sogenannten „Hofjuden" charakterisiert wurden. Mit ihrem demonstrativen Engagement für ein nationales, monarchisches Großprojekt erhofften sie sich nicht nur zusätzliche Wirkungsmöglichkeiten, sondern auch wachsende gesellschaftliche Anerkennung im tendenziell antisemitisch geprägten wilhelminischen Deutschland.

Bereits wenige Wochen nach der kaiserlichen Proklamation kamen am 11. Januar 1911 in Berlin 79 Spender unter dem Vorsitz des preußischen Kultusministers August von Trott zu Solz zur konstituierenden Versammlung der Kaiser-Wilhelm-Gesellschaft zusammen. Man beschloss Satzung und Struktur der Gesellschaft; zudem wurden die ersten zehn Mitglieder des Senats berufen – die Ernennung weiterer zehn Senatoren blieb Seiner Majestät vorbehalten, wodurch insgesamt eine hohe soziale Exklusivität des entscheidenden Leitungsorgans der Gesellschaft gesichert war. Auf der ersten Senatssitzung, die bereits zwei Wochen später stattfand, wurde dann erwartungsgemäß Adolf Harnack zum Präsidenten der Gesellschaft gewählt. Dieser übte die Funktion zunächst im Nebenamt und ehrenamtlich aus.

Mit ihrem Stiftungskapital war die Kaiser-Wilhelm-Gesellschaft zwar eine privat finanzierte Forschungsinstitution, die sich zudem als e.V. ins Berliner Vereinsregister einschreiben ließ, doch beabsichtigte der Staat keineswegs, sich ganz aus der Leitung der Gesellschaft zurückzuziehen. So hatte Wilhelm II. in seiner programmatischen Rede davon gesprochen, „daß den zu gründenden Instituten ...auch staatliche Hilfe nicht fehle, wird die Sorge meiner Regierung sein", und in diesem Sinne kam der Staat bei vielen der neuen Institute für die Gehälter der Wissenschaftler und den laufenden Institutsetat auf. Die KWG darf man deshalb als eine vom Staat beaufsichtigte private Forschungsinstitution bezeichnen – nach den Worten ihres Gründungspräsidenten eine „private Gesellschaft, die den Staat in ihrer Mitte hat", womit „die Gefahr der Abhängigkeit von Clique und Kapital"[16] gebannt und die wissenschaftliche Forschung vor den Wechselfällen der Zukunft gesichert werden sollte. Ungeachtet dessen hatte die Grundstruktur der neuen Gesellschaft die

15 Burchardt, *Wissenschaftspolitik*, S. 54.
16 Harnack an von Trott zu Solz, 22. Januar 1910, in: MPG, *50 Jahre KWG/MPG*, S. 95.

Abb. 1.4. *Karikatur des Simplicissimus: „Die drei Könige aus dem Morgenland bringen ihre Weihnachtsgeschenke."*

Leopold Koppel (1854–1933)

Der Bankier Leopold Koppel stammte aus Dresden und hatte in seiner Heimatstadt nach dem Besuch des Gymnasiums und dem Abschluss einer Banklehre ein Bankhaus gegründet, das die Grundlage seines späteren Reichtums bildete. Ein Bericht aus dem Jahr 1912 schätzt sein Vermögen auf über 20 Millionen Reichsmarkt und stellt hintergründig fest: „Es dürfte wenige Personen in Berlin geben, die in den letzten 20 Jahren so viel Geld verdient haben“. Koppels Bankhaus, das 1890 in die Reichshauptstadt umgezogen war, finanzierte u. a. die Gründung und Expansion der Deutschen Gasglühlichtgesellschaft (Auergesellschaft), die sich im ausgehenden 19. Jahrhundert zu einem führenden Konzern der Beleuchtungsindustrie entwickelte. Ihre Gewinne trugen entscheidend zum Reichtum und zum Ansehen Koppels bei. Doch war Koppel nicht nur Vorsitzender des Aufsichtsrats der Auer-Gesellschaft, sondern auch maßgeblicher Anteilseigner der Hotel-Betriebsgesellschaft, der die größten Berliner Hotels gehörten, und anderer Berliner Unternehmen.

Koppel mehrte mit seinem Vermögen aber nicht ausschließlich den eigenen Reichtum, sondern er wurde nach der Jahrhundertwende als Mäzen und Wohltäter tätig. So plante er 1903, eine Stiftung zur Bekämpfung des Schlafstellenunwesens durch den Bau von Ledigenheimen zu gründen, was jedoch an seinen Stiftungsbedingungen und der Forderung scheiterte, als Stifter ungenannt zu bleiben. Daraufhin verlegte er sein stifterisches Engagement in den Bereich der Wissenschaften und des internationalen Akademikeraustausches. Auf Anregung von Friedrich Althoff, zu dessen Netzwerk er gehörte, gründete er 1905 die Koppel-Stiftung zur Förderung geistiger Beziehungen mit dem Ausland, die u. a. den Professorenaustausch zwischen Deutschland und den USA förderte. 1911 wurde er einer der maßgeblichen Stifter der Kaiser-Wilhelm-Gesellschaft, der das Kaiser-Wilhelm-Institut für physikalische Chemie und Elektrochemie finanzierte und Haber als dessen Direktor durchsetzte. Auch die Berufung Albert Einsteins nach Berlin im Jahre 1914 wurde von Koppel gefördert, der zunächst die Finanzierung des für Einstein geplanten KWI für physikalische Forschung in Aussicht stellte, es dann aber bei der Finanzierung von Einsteins Forschungsstelle an der Preußischen Akademie der Wissenschaften beließ. Im Ersten Weltkrieg stiftete Koppel zudem zwei Millionen Reichsmark für die Kaiser-Wilhelm-Stiftung für kriegtechnische Wissenschaften, deren militärtechnische Forschungen die deutschen Rüstungsanstrengungen unterstützen sollten.

Koppel, der mehr in Gelehrten und Künstlerkreisen als mit Geschäftspartnern verkehrt haben soll und dessen Villa im Tiergarten von Zeitgenossen als Palast mit Sälen voller Rembrandts, Rubens und van Dycks geschildert wurde, war geradezu manisch um sein Inkognito bemüht, so dass von ihm lediglich eine Karikatur aus dem Simplicissimus überliefert ist. Für sein herausragendes Engagement als Wissenschaftsmäzen wurde er mit hohen kaiserlichen Auszeichnungen geehrt, auch berief man ihn in den Senat der Kaiser-Wilhelm-Gesellschaft und die Preußische Akademie der Wissenschaften verlieh ihm 1917 die Goldene Leibniz-Medaille. Im Zuge der Neubildung des Senats verlor Koppel im Frühjahr 1933 seinen Senatssitz. Er überlebte diese Demütigung nur um wenige Monate.

Konsequenz, dass sie Großstiftern bedeutende Einfluss- bzw. Gestaltungsmöglichkeiten bei der Errichtung spezieller Institute ermöglichte. So gab es strikt zweckbestimmte Donationen – darunter jene für ein chemisches Institut, das aus den Mitteln des Vereins Chemische Reichsanstalt finanziert werden sollte, oder die Stiftung des Berliner Bankiers Leopold Koppel, die ausschließlich für die Gründung eines Kaiser-Wilhelm-Instituts für physikalische Chemie und Elektrochemie unter der Leitung von Fritz Haber gedacht war.

Der Berliner Bankier Leopold Koppel gehörte zu den reichsten Männern im wilhelminischen Deutschland und war bereits vielfach als Mäzen hervorgetreten,[17] so dass er nicht zufällig sehr früh in die Pläne der kaiserliche Stiftung einbezogen war. Allerdings wurde sein konkretes Engagement maßgeblich dadurch gefördert, dass die Reichsregierung es ablehnte, das angedachte und vom Verein Chemische Reichsanstalt zu finanzierende Großinstitut von der Steuerpflicht zu befreien. Dies machte das geplante Institut unfinanzierbar und damit den Weg für Koppel frei, ein separates Institut für physikalische Chemie unter der Leitung Habers zu finanzieren. Johnson stellt deshalb treffend fest, dass der bedeutendste Unterschied zwischen der eigentlich geplanten Chemischen Reichsanstalt und dem dann gegründeten KWI für Chemie bzw. physikalische Chemie darin besteht, dass letztere nur jeweils die halbe Reichsanstalt umfassten.[18]

Bereits im Frühsommer hatte Koppel den kaiserlichen Behörden seine Bereitschaft signalisiert, die Gründung eines Instituts für physikalische Chemie und Elektrochemie zu finanzieren. Zu den Bedingungen seiner Stiftung gehörte, dass sich der Staat in angemessener Weise an den Betriebskosten beteiligen und dass Fritz Haber zum Direktor des Instituts berufen werden würde.[19] Mit der Berufung Habers wollte Koppel einen alten Plan verwirklichen und den Gelehrten enger an seine unternehmerischen Interessen, insbesondere an die Deutsche Gasglühlicht AG (Auergesellschaft) binden. Seit 1908 war Haber Berater der Firma, doch hatte er ein Angebot Koppels ausgeschlagen, Direktor und Laboratoriumsleiter bei der Auergesellschaft zu werden. Haber blieb in seiner Position als Ordinarius und Direktor des physikalisch-chemischen Instituts der Technischen Hochschule in Karlsruhe, da ihm seine „hiesige Stellung …volle Befriedigung und eine sichere und angenehme Position im Lehrkörper gewährte."[20]

Haber hatte sich nach seiner Habilitation, die er im Frühjahr 1896 an der TH Karlsruhe mit „Experimentellen Untersuchungen über Zersetzung und Verbrennung von Kohlenwasserstoffen" abschloss, dem noch jungen Gebiet der physikalischen Chemie zugewandt und sich sehr schnell als aufstrebendes Talent des Faches profiliert. Besonders seine Arbeiten zur technischen Thermochemie, zur Thermodynamik chemisch-technischer Gasreaktionen sowie zur Gasanalyse erregten unter seinen Fachkollegen Aufsehen und trugen zum schnellen beruflichen Aufstieg bei: 1898 wurde er am Karlsruher Polytechnikum zum außerordentlichen

17 Vgl. Hoffmann, *Koppel*. Szöllösi-Janze, *Haber*, S. 212 ff.
18 Johnson, *Chemists*, S. 304.
19 Zur Biographie Habers vgl. Szöllösi-Janze, *Haber* und Stoltzenberg, *Haber*.
20 F. Haber an E. Fischer, 29. Juni 1910, MPGA Abt. V, Rep. 13, Nr. 1795.

Abb. 1.5. *Fritz Haber in seinem Karlsruher Labor, um 1905.*

Professor und 1906 zum Ordinarius berufen. In Karlsruhe gelang ihm im Frühsommer 1909 auch sein größter wissenschaftlicher Erfolg, die Realisierung eines auch technisch aussichtsreichen Verfahrens der katalytischen Ammoniaksynthese aus den Elementen. Sie erfolgte in Kooperation mit der BASF, welche dann mit ihren Mitarbeitern Carl Bosch und Alwin Mittasch die großtechnische Umsetzung realisieren konnte.[21] Auch wenn die Ammoniaksynthese für Haber wissenschaftlich wie wirtschaftlich ein großer Erfolg war, hatte sie ihm die Probleme einer Kooperation von universitärer und industrieller Forschung deutlich gemacht – kritisch wurden von ihm beispielsweise die Einschränkungen bei der sofortigen und vollständigen Publikation seiner entsprechenden Forschungsergebnisse reflektiert. Diese Erfahrungen haben sicherlich dazu beigetragen, dass er Koppels Plan, ihn enger an die Auergesellschaft zu binden, ausschlug und zunächst auch dem Angebot reserviert gegenüberstand, Direktor des zu stiftenden Instituts für physikalische Chemie zu werden. Koppel hatte Haber im Mai 1910 nach Berlin eingeladen und über seine Stiftungspläne informiert, wobei Haber dazu auch mit Schmidt-Ott und Emil Fischer konferiert hatte. Im Sommer teilte Haber schließlich Koppel und abschriftlich auch Schmidt-Ott und Fischer seine Berufungsbedingungen mit, die er in den folgenden Punkten zusammenfasste:[22]

- Die lebenslängliche Anstellung als Staatsbeamter in der Eigenschaft als Chef der neuen Anstalt. Gleichstellung mit dem Leiter des chemischen Instituts.

21 Reinhardt, *BASF*.
22 Szöllösi-Janze, *Haber*, S. 216.

- Die Gewährung zureichender Betriebsmittel und gleicher voller Unabhängigkeit in deren Verwendung sowie in der Wahl der Arbeiten, der Bestimmung über die Anstaltseinrichtungen und der Auswahl der Angestellten beziehungsweise Mitarbeiter, wie sie der Direktor eines deutschen Hochschulinstituts im gleichen Fach genießt.
- Ein lebenslanges staatliches Jahresgehalt von 15.000 Mark plus 5.000 Mark Wohnungsgeld sowie die Regelung der Pensionierung, des Witwen- und Waisengeldes analog den Ansprüchen eines preußischen Ordinarius.
- Die Berechtigung zu beratender und gutachterlicher Verbindung mit der Technik und Industrie sowie zur Entnahme von Patenten, wobei ein Drittel der Einnahmen dem Institutshaushalt zugute kommen sollte.
- Die Regelung der Urlaubsverhältnisse analog zu denen an akademischen Einrichtungen, wobei ihm das Recht auf Selbstbeurlaubung bis zu acht Tagen zustand.

Weiterhin formulierte Haber in seinem Schreiben erste Personalvorstellungen – so sollten seine beiden Karlsruher Mitarbeiter Gerhard Just und Richard Leiser an das neue Institut übernommen werden und von der Berliner Universität den Status eines Privatdozenten bzw. Professors erhalten.

Damit hatte Haber die Rahmenbedingungen seiner künftigen Tätigkeit abgesteckt, doch war er im Sommer 1910 nicht der einzige Kandidat für den Direktorenposten. Seitens des Kultusministeriums und des Vereins Chemische Reichsanstalt,

Abb. 1.6. *Karikatur zur Berufung Habers nach Berlin aus dem Festband anlässlich seines Abschieds aus Karlsruhe.*

Fritz Haber (1868–1934)

Habers Name steht heute exemplarisch für den Triumph und das Versagen der Wissenschaft im zwanzigsten Jahrhundert. So bildet das zusammen mit Carl Bosch und Alwin Mittasch entwickelte Verfahren zur großtechnischen Ammoniaksynthese die wissenschaftliche Grundlage der modernen Düngemittelproduktion und hat entscheidend zur Deckung des Nahrungsmittelbedarfs der Menschheit beigetragen. Andererseits war es auch die Grundlage der industriellen Massenproduktion von Sprengstoffen. Haber hat aber nicht nur mit dem Haber-Bosch-Verfahren die deutsche Kriegsführung im Ersten Weltkrieg unterstützt, sondern er wurde auch zum „Vater des Gaskriegs", der sein Kaiser-Wilhelm-Institut in den Dienst der Entwicklung von Giftgasen und damit der ersten Massenvernichtungswaffe stellte.

Aus einer jüdischen Familie in Breslau stammend, hatte er in Berlin Chemie studiert und dort 1891 promoviert. Nach kurzzeitigen Anstellungen in verschiedenen Industriebetrieben und Universitäten wird er 1894 in Karlsruhe sesshaft, wo er sich habilitiert und 1898 zunächst außerordentlicher, ab 1906 dann ordentlicher Professor für physikalische Chemie wird. Die dortige Wirkungszeit hat Haber stets als „die besten Arbeitsjahre meines Lebens" bezeichnet. Er entwickelte in den acht Karlsruher Jahren nicht nur die wissenschaftlichen Grundlagen des Haber-Bosch-Verfahren, für das er 1918 mit dem Nobelpreis für Chemie geehrt wurde, sondern er profilierte sich mit Untersuchungen zur Thermodynamik chemisch-technischer Gasreaktionen und zur Gasanalyse auch zu einem führenden Vertreter der physikalischen Chemie; seine thermochemischen Untersuchungen führten ihn zudem nahe an die Formulierung des dritten Hauptsatzes der Thermodynamik.

Diese wissenschaftlichen Spitzenleistungen qualifizieren ihn 1911 zur Übernahme der Leitung des neu gegründeten KWI für physikalische Chemie und Elektrochemie, das er insbesondere nach dem Ersten Weltkrieg zu einem international anerkannten Zentrum von Forschungen im Grenzgebiet von Physik und Chemie ausbaute. Er selbst beschäftigte sich in dieser Zeit vor allem mit Fragen der Reaktionskinetik. Darüber hinaus profilierte er sich in den zwanziger Jahren auch zu einem der maßgebenden Repräsentanten der Kaiser-Wilhelm-Gesellschaft, der sich insbesondere um die Pflege bzw. Wiederaufnahme der internationalen Wissenschaftsbeziehungen bemühte. Haber gehört so auch zu den führenden Wissenschaftsmanagern der Weimarer Republik, der er im Gegensatz zu vielen seiner Kollegen positiv gegenüberstand.

Weder seine großen wissenschaftlichen Verdienste, noch sein ausgeprägter Patriotismus bewahrten ihn davor, nach der Machtübergabe an die Nationalsozialisten aus Deutschland vertrieben zu werden. Krank und innerlich gebrochen starb Haber in Basel – wie stark Haber sich mit Deutschland verbunden fühlte, macht die Tatsache deutlich, dass er noch 1933 seine Laborapparatur zur Ammoniaksynthese im Deutschen Museum München, dem „Walhall der deutschen Wissenschaft und Technik" aufstellen ließ.

die beide bei der Umsetzung der Koppelschen Stiftungspläne ein Mitspracherecht beanspruchten, wurde für den Posten der Berliner Physikochemiker Walther Nernst favorisiert, einer der Pioniere der physikalischen Chemie und Entdecker des dritten Hauptsatzes der Thermodynamik. Erst als dieser im Herbst 1910 aus dem Bewerberkreis ausschied, konnte Koppel seinen Kandidaten durchsetzen und der Weg für Haber nach Berlin war nun endgültig frei. Die Diskussion der Frage, in welchem Maße die persönlichen Spannungen zwischen Nernst und Haber eine Rolle spielten, muss hier ausgespart bleiben, doch gingen sie erheblich über das hinaus, was beim Konkurrenzgerangel um einen prestigeträchtigen Posten üblich war.[23]

Obwohl Habers offizielle Berufung zum Direktor des neu gegründeten Kaiser-Wilhelm-Instituts für physikalische Chemie und Elektrochemie und seine Entlassung als Professor und Direktor des Physikalisch-Chemischen Instituts der TH Karlsruhe erst zum Juni 1911 erfolgte, war er in der Zwischenzeit bereits vollauf mit dem Aufbau des Berliner Instituts beschäftigt. Bis zu seiner Übersiedlung nach Dahlem im Sommer 1911 pendelte er – parallel zu seiner Lehrtätigkeit am Polytechnikum – zwischen Karlsruhe und Berlin. Dort waren nicht nur die Baupläne für das neue Institut zu beraten, sondern auch Einfluss auf die Ausarbeitung der Institutssatzung und weitere Details des künftigen Institutsbetriebs zu nehmen. Was die Institutssatzung angeht, so war sie nach den Worten Habers darauf ausgerichtet,

> „daß die Einwirkung der Verwaltungsinstanzen und des Beirates nicht ein zulässiges Maß übersteigt. Ich für meine Person habe große Bedenken gegen die Schaffung von Formen, die einer aus Fachgenossen zusammengesetzten Instanz die Einwirkung auf den Betrieb eines Instituts ermöglicht."[24]

Die Satzung schrieb so vor allem die dominierende Rolle des Institutsdirektors fest, womit das sogenannte „Harnack-Prinzip" antizipiert war, das zu einem der handlungsleitenden Grundsätze und zugleich zum Mythos der Kaiser-Wilhelm-Gesellschaft wurde. Dieses besagt, dass „die Gesellschaft einen (herausragenden) Wissenschaftler wählt und um ihn herum ein Institut baut."[25] Keineswegs zufällig wurde so in der Institutssatzung verankert, dass allein der Direktor über die Anstellung der Mitarbeiter und die Aufnahme von wissenschaftlichen Gastmitarbeitern entschied, was auch unbeeinflusst von den Trägern der Stiftung oder anderen Geldgebern sowie den einschlägigen politischen Verantwortlichen geschehen sollte. Darüber hinaus legte die Satzung eine weitgehende Autonomie des Institutsdirektors bei der Verwendung der Stiftungsgelder und der Bestimmung der Arbeitsvorhaben des Instituts fest, war dieser doch

> „innerhalb der durch den Haushaltsplan gesteckten Grenzen in der Ausübung seiner wissenschaftlichen Tätigkeit vollkommen frei; insbesondere unterliegt er keiner Beschränkung in bezug auf Wahl und Ausführung seiner wissenschaftlichen Arbeiten."[26]

---

23 Johnson, *Chemists*, S. 123.
24 F. Haber an R. Willstätter, Karlsruhe 23. Juni 1911. Werner, *Haber Willstätter*, S. 43.
25 Brocke, Laitko, *KWG Institute*, S. 130.
26 Szöllösi-Janze, *Haber*, S. 230.

Abb. 1.7. *Dahlem Ende 1918, im Vordergrund die beiden Kaiser-Wilhelm-Institute für Chemie (links vorne) bzw. physikalische Chemie und Elektrochemie (rechts); im Hintergrund das 1915 eröffnete KWI für Biologie.*

Allerdings musste sich der Direktor in kaufmännischen Fragen einer gewissen Kontrolle seitens des Stiftungsrates unterwerfen, der den eigentlichen Vorstand des Instituts bildete. Neben Institutsdirektor und Stiftungsrat legte die Institutssatzung noch einen wissenschaftlichen Beirat als handelndes Organ fest. Dieser wurde für fünf Jahre berufen und sollte in wissenschaftlichen Fragen beratend tätig werden und Anregungen für die am Institut betriebenen Forschungen geben. Er hatte zwölf Mitglieder und war nicht nur wissenschaftlich hochkarätig besetzt, sondern repräsentierte auch ein breites Spektrum der einschlägigen deutschen Wissenschaftsinstitutionen – von der Preußischen Akademie der Wissenschaften über die führenden deutschen Universitäten bis hin zu Vertretern der Kaiser-Wilhelm-Gesellschaft selbst. Ungeachtet dessen übte er in der Praxis für das Institut kaum Lenkungsfunktionen aus, sondern besaß „eher einen ornamentalen Charakter," was natürlich auch der dominierenden Stellung des Institutsdirektors geschuldet war.

Eine Besonderheit des wissenschaftlichen Beirats war, dass er zugleich auch als Beirat des benachbarten KWI für Chemie agierte. Damit wurde nicht nur der Tatsache Rechnung getragen, dass ursprünglich der physikalischen Chemie nur Abteilungsstatus in einem großen chemischen Institut zugedacht war, sondern auch, dass für beide Institute in Dahlem Grundstücke in unmittelbarer Nachbarschaft vorgesehen waren sowie Bau und Einweihung parallel erfolgen sollten. Da die Kaiser-Wilhelm-Gesellschaft nach dem Willen ihres Schirmherrn in jeder Hinsicht „vornehm ausgestattet" werden sollte, wurde kein geringerer als der kaiserliche Hofarchitekt Ernst von Ihne mit dem Bau der beiden Chemieinstitute beauftragt. Dieser hatte sich mit dem Neubau der Königlichen Bibliothek, der heutigen Staatsbibliothek Unter den Linden, und des Kaiser-Friedrich-Museums, des heutigen Bode-Museums, auch als Architekt wissenschaftlicher Zweckbauten ausgewiesen.[27] Allerdings war Ihne nur für die äußere Baugestaltung verantwortlich

27 Jenrich, *Ihne*.

und sollte für das wilhelminische Ambiente in Dahlem sorgen. Der Innenausbau und die technische Planung der beiden Kaiser-Wilhelm-Institute wurde Baurat Max Guth übertragen. Dieser hatte schon das Laboratorium des I. Chemischen Instituts der Berliner Universität und auch das Königliche Materialprüfungsamt in Lichterfelde entworfen und war damit ein ausgewiesener Experte für naturwissenschaftliche Zweckbauten. Beim Bau des Haberschen Instituts kam es im Übrigen zu einer engen Zusammenarbeit zwischen Architekten und Nutzer, denn auch Haber beschäftigte sich intensiv mit dem Institutsneubau. Dabei konnte er die Kompetenz der BASF im Laboratoriumsbau nutzen und bereits Ende 1910 legte Haber der bautechnischen Abteilung des Unternehmens eine 23seitige Studie vor, die seine Vorstellungen über ein modernes physikochemisches Forschungsinstitut zusammen fasste.[28] Nachdem die BASF-Experten auf einige Schwachstellen in Habers Vorschlägen hingewiesen und Verbesserungsvorschläge gemacht hatten, war das bauliche Konzept des Instituts Anfang 1911 fertig. Fast zeitgleich wurden die Architekten mit der Bauausführung beauftragt, die Habers Konzept in ihre Baupläne integrierten. Die angestrebte Symbiose zwischen ästhetisch-architektonischem Anspruch und den Anforderungen wissenschaftlicher Forschungsarbeit zeigt sich beispielsweise darin, dass die Fassade in einem grauen Farbton gehalten wurde, „damit keinerlei farbige Strahlung in die Arbeitsräume gelangen sollte, welche bei den Untersuchungen als störend empfunden werden könnte."[29] Das Institut verfügte insgesamt über ein Bauvolumen von 18.000 m^3 und eine Nutzfläche von 2.500 m^2. Es gliederte sich in das Haupt- und Fabrikgebäude bzw. Vorder- und Hintergebäude, die beide durch ein Korridorgebäude verbunden waren; zum Institut gehörte auch eine repräsentative Direktorenvilla, die allerdings erst 1913, d. h. ein Jahr nach Einweihung des Instituts, von Haber und seiner Familie bezogen werden konnte. Die beiden Institutsgebäude boten nicht nur reichlich Platz und optimale Forschungsmöglichkeiten für Haber und seine Mitarbeiter, sondern auch für die laut Institutssatzung zahlreich zu erwartenden Gastwissenschaftler. Der größte Institutsraum mit etwa 200 m^2 war die Maschinenhalle für schwere Geräte, die sich im einstöckigen Fabrikgebäude befand; dort sollten vor allem Laborergebnisse in halbtechnische Verfahren überführt werden. Die Maschinenhalle wurde von chemischen Laboratorien und Räumen für technische Anlagen umrahmt. Das Hauptgebäude beherbergte die „wissenschaftliche Abteilung" des Instituts und verfügte über zwei Stockwerke. Im Kellergeschoß waren Räume lokalisiert, die lichtlos sowie thermisch isoliert waren und die Durchführung temperaturkonstanter Untersuchungen gestatteten. Das Erdgeschoß beherbergte die Labors des Institutsdirektors, einen Mess- und Wägeraum, die Institutswerkstätten sowie einen Seminarraum für etwa 25 Personen. Im ersten Stock des Hauptgebäudes befanden sich die Bibliothek sowie die Glasbläserei und Laboratorien für einen Abteilungsleiter und weitere Mitarbeiter. Im Obergeschoß waren photochemische Instrumente

28 Szöllösi-Janze, *Haber*, S. 226.
29 MPG, *FHI II*, S. 10.

Abb. 1.8. *Die beiden chemischen Kaiser-Wilhelm-Institute; rechts bzw. links davon die Direktorenvillen, um 1914.*

und eine Mineraliensammlung sowie ein Magazin ausgewählter chemischer Verbindungen untergebracht. Sowohl im Haupt- als auch im Fabrikgebäude befanden sich zudem Wohnräume für Assistenten, Gäste und technische Angestellte.

Insgesamt verfügte das Institut über modernere und leistungsfähigere Laboratorien, Werkstätten und Geräte, als die meisten Universitätsinstitute jener Zeit. Die modernen Labors waren dabei nicht nur für Standarduntersuchungen ausgelegt, sondern es ließen sich auch problemlos Spezialuntersuchungen durchführen – so Experimente unter Temperaturkonstanz in den thermisch isolierten Räumen. Die apparative Ausstattung der Labors entsprach ebenfalls den neuesten Standards physikochemischer Forschung – so war die Elektrizitätsversorgung auf der Höhe der Zeit, wozu nicht nur die Versorgung mit Wechsel- und Gleichstrom, sondern auch eine leistungsfähige Hochspannungsanlage gehörte, die im Fabrikgebäude untergebracht war. Darüber hinaus verfügte man über moderne Apparaturen für Arbeiten bei unterschiedlichen Gasdrücken sowie für anspruchsvolle spektroskopische Untersuchungen.[30]

All das wurde in der rekordverdächtigen Zeit von reichlich einem Jahr realisiert, denn erst im Mai 1911 hatte das zuständige Preußische Ministerium für öffentliche Arbeit die Baugenehmigung für die beiden Dahlemer Chemieinstitute erteilt, so dass im Sommer mit dem Bau begonnen wurde. Ein Jahr später, im Juli 1912, war der Rohbau fertig und der Innenausbau konnte beginnen. Zuvor musste aber noch das übliche Problem wohl aller Bauausführungen gelöst werden, denn die Stiftungssumme von 700.000 Mark für Bau und Ausstattung des Instituts erwies sich als nicht ausreichend. Bankier Koppel zeigte sich aber erneut als großzügiger Stifter und spendete weitere 300.000 Mark für das Institut. Gedankt wurde dem generösen Spender u. a. dadurch, dass man ihm eine Befreiung von der Schenkungssteuer in Aussicht stellte und er dem Kaiser persönlich vorgestellt werden sollte. Letzteres geschah im Rahmen der feierlichen Einweihungsfeier des Instituts, wobei Koppel zudem der einzige Stifter war, der in der kaiserlichen Rede namentlich erwähnt wurde.

30 Beschreibung der geplanten Ausstattung des Instituts, ohne Titel, MPGA Abt. Va, Rep. 5, Nr. 1789.

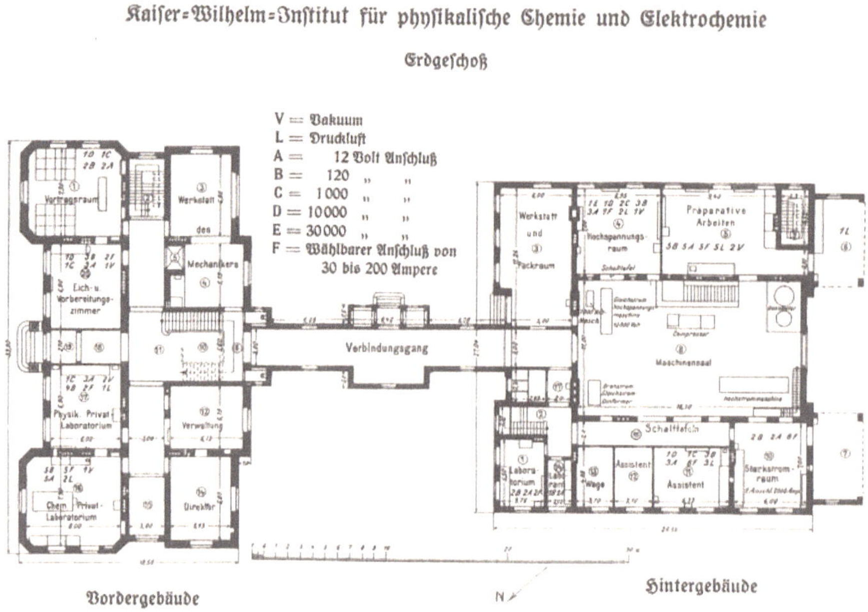

Abb. 1.9. *KWI für physikalische Chemie und Elektrochemie. Plan des Erdgeschosses, 1912.*

Abb. 1.10. *Der Kaiser auf dem Weg zur Einweihung der beiden Kaiser-Wilhelm-Institute am 23. Oktober 1912, dahinter Adolf Harnack, Emil Fischer und Fritz Haber.*

Die Einweihung fand in einem repräsentativ-pompösen Rahmen am 23. Oktober 1912 statt. Johnson charakterisierte sie treffend mit den Worten:

> „This one incident epitomized the Prussian style of modernization through the Kaiser Wilhelm Society; the gleam of Koppel's gold had combined with the aristocratic aura of the Kaiser's person to produce the special brilliance of a new institute."[31]

Gefeiert wurde sowohl die Eröffnung des physikalisch-chemischen Instituts als auch die des Instituts für Chemie. Die Festversammlung tagte im Bibliotheksraum des Chemieinstituts, wobei eine spezielle Festordnung den Verlauf der Feier regelte und „auf Allerhöchstem Wunsch ein Programm tunlichst beschränkten" Umfangs arrangiert worden war. Das Programm sah kurze Ansprachen von Emil Fischer, Adolf Harnack, des Kultusministers August Trott zu Solz und natürlich auch Seiner kaiserlichen Majestät vor.[32] Dem schloss sich die Besichtigung der Institute an, wobei das Protokoll wissenschaftliche Kurzvorträge mit Demonstrationen vorsah. Die Präsentation im Institut für physikalische Chemie wurde statusgerecht vom Institutsdirektor selbst übernommen, der u. a. die Ammoniaksynthese als Beispiel besonders nützlicher Anwendung von chemischem Grundlagenwissen vorführte. Im Anschluss an die prunkvolle Einweihungsfeier fand im Maschinensaal des Instituts und wiederum in Anwesenheit des Protektors die erste Hauptversammlung der Kaiser-Wilhelm-Gesellschaft statt.

Die offizielle Gründung des Instituts ist im Übrigen auf den 28. Oktober 1911 datiert. An diesem Tag beschloss das Kuratorium der Koppel-Stiftung die Errichtung eines Kaiser-Wilhelm-Instituts für physikalische Chemie und Elektrochemie als rechtskräftige Stiftung und es fand die Unterzeichnung der Stiftungsurkunde statt. Darin verpflichtete sich der Stifter, nicht nur den Bau und die Einrichtung des Instituts zu tragen, sondern auch für zunächst zehn Jahre einen wesentlichen Teil der Betriebskosten mit jährlich 35.000 Mark zu übernehmen; der preußische Staat trug den ausstehenden Rest des Budgets und finanzierte das Gehalt des Direktors. Mit dieser Rechtsform und der Budgetaufteilung unterschied sich das Habersche Institut von den eigentlichen Kaiser-Wilhelm-Instituten, die aus dem Globalhaushalt der Kaiser-Wilhelm-Gesellschaft getragen wurden. Dies hatte auch Konsequenzen für die Verwaltung des Instituts, das sich zwar ideell mit der Kaiser-Wilhelm-Gesellschaft verbunden fühlte, formell jedoch nicht den Gremien der Kaiser-Wilhelm-Gesellschaft unterstand, sondern der Leitung der Koppel-Stiftung mit ihrem Vorsitzenden Leopold Koppel. Das Eigenleben des Instituts wurde durch den Stiftungsrat gesichert, welcher der eigentliche Vorstand des Instituts war und die Institutsgeschäfte dirigierte. Ihm gehörte neben dem Institutsdirektor, der indes nur beratendes Mitglied war, als Vertreter der Koppel-Stiftung Koppel selbst sowie der Chef des kaiserlichen Zivilkabinetts Rudolf von Valentini und seitens des Kultusministeriums Friedrich Schmidt-Ott und Regierungsrat Dr. Klotz an; den Vorsitz übernahm selbstverständlich Koppel. Mit dieser Konstruktion wurde das Institut, auch wenn es sich Kaiser-Wilhelm-Institut nannte, nicht von der KWG verwaltet

31 Johnson, *Chemists*, S. 139.
32 MPG, *50 Jahre KWG/MPG*, S. 150–155.

und taucht so bis 1923 weder in ihrem Etat, noch in den Jahresberichten auf. Erst danach, als Koppels Finanzierungszusage auslief und die Inflation große Teile des Stiftungskapitals entwertet hatte, wurde das Habersche Institut voll in die Kaiser-Wilhelm-Gesellschaft integriert und nun auch ihrer Generalverwaltung unterstellt.

Mit der offiziellen Institutsgründung und der Bestallung Habers als Direktor wurde im Herbst 1911 auch der Forschungsbetrieb aufgenommen. In Ermangelung eigener Labors genoss man zunächst Gastrecht in verschiedenen Berliner Wissenschaftseinrichtungen, insbesondere in der Physikalisch-Technischen Reichsanstalt in Charlottenburg. Wie schon erwähnt, waren mit Haber seine beiden Karlsruher Mitarbeiter Richard Leiser und Gerhard Just nach Berlin gekommen. Sie und der Japaner Setsuro Tamaru, der ebenfalls bei Haber in Karlsruhe gearbeitet hatte und dessen Spezialgebiet die Präzisionsbestimmung spezifischer Wärmen war, waren im ersten Jahr die einzigen besoldeten wissenschaftlichen Mitarbeiter des Instituts; daneben gab es noch drei weitere unbesoldete Nachwuchswissenschaftler (Richard Becker, A. von Bubnoff und aus London William Ramsay jr.) sowie mehrere Hilfskräfte, vom Mechaniker und Laboranten bis zum Institutspedell; ungeklärt ist der Status von Yrgö Kauko, einem finnischen Studenten, sowie von Friedrich Epstein, die damals ebenfalls in Dahlem arbeiteten. Im Geschäftsjahr 1912/13, d. h. nach Einzug in den Institutsneubau und der sukzessiven Normalisierung des Institutsbetriebs, hatte sich die Mitarbeiterzahl bereits mehr als verdoppelt, und es gab fünf besoldete sowie 13 unbesoldete wissenschaftliche Mitarbeiter und etwa zehn Hilfskräfte. Dies war das Institutspersonal bis zum Ausbruch des Ersten Weltkriegs, der dann zu einer außergewöhnlichen und ganz speziellen Expansion des Institutsbetriebs führte.

Haber gab dem Institut mehr durch seine Person ein Profil als durch eine zentrale Idee oder ein spezielles Forschungsprogramm. Dies war sicherlich seinem Naturell geschuldet, das er selbst einmal mit den Worten charakterisiert hat:

> „Was meine wissenschaftlichen Arbeiten anlangt, so will ich das schreiben: ich habe auf vielen Gebieten etwas gearbeitet, aber bin immer hin und hergesprungen."[33]

Wissenschaftlich wurden zunächst Forschungen abgeschlossen, die von Haber und seinen Mitarbeiter in Karlsruhe begonnen worden waren. So führte Just die Untersuchungen zur Elektronenemission fort und die Dissertation Fritz Hillers, die von Haber angeleitet wurde, beschäftigte sich mit dem Innenkegel gespaltener Kohlenwasserstoff-Flammen. Habers elektrochemische Interessen fanden auch in Berlin ihre Fortsetzung mit Untersuchungen der elektrochemischen Reaktionen beim Stromdurchgang durch die Grenze des Gasraums gegen den Elektrolyten. Darüber hinaus griff Haber zusammen mit Friedrich Kerschbaum eine Idee seines amerikanischen Kollegen Irving Langmuir auf und entwickelte eine Methode zur Messung kleiner Drücke mittels schwingender Quarzfäden. Die damit durchgeführten Dampfdruck-Messungen von Quecksilber und Jod folgten dabei seinem

---

33 Werner, *Haber Willstätter*, S. 55.

Abb. 1.11. *Fritz Haber mit seinen Mitarbeitern Herbert Freundlich, Setsuro Tamaru und Reginald Oliver Herzog (v.l.n.r.), um 1913.*

generellen Forschungsinteresse, geringe Druckdifferenzen bei Halogengasen zu bestimmen.[34]

Habers eigentlicher Forschungsschwerpunkt lag in den Jahren bis zum Ersten Weltkrieg noch auf dem Gebiet der Ammoniaksynthese, wozu neun Aufsätze publiziert wurden - zumeist mit seinem Mitarbeiter Tamaru als Co-Autor; darüber hinaus gab es gemeinsame Arbeiten mit Robert LeRossignol, Habers wichtigstem Assistenten bei seinen Karlsruher Arbeiten zur Ammoniaksynthese, sowie mit dem britischen Chemiker Harold Cecil Greenwood; beide sind jedoch Haber nicht nach Dahlem gefolgt. Diese Arbeiten beschäftigten sich insbesondere mit der Bestimmung der spezifischen Wärme von Ammoniak sowie mit der Thermodynamik der Ammoniaksynthese. Indem sie generelle physikochemische Grundfragen berücksichtigten, erweiterten sie Habers frühere, stärker anwendungsorientierte Versuche zur Ammoniaksynthese in wissenschaftlicher Hinsicht.

Ein zweiter Forschungsschwerpunkt in der Frühgeschichte des Instituts betraf die Entwicklung eines Schlagwetteranzeigers für Kohlengruben.[35] Bis dahin war die Grubenlampe, Anfang des 19. Jahrhunderts vom englischen Chemiker Humphrey Davy entwickelt, das bevorzugte Gerät für die Warnung vor schlagenden Wettern in Bergwerken. Allerdings hatten defekte Lampen selbst schon oft Grubengasexplosionen ausgelöst, so dass sie ein erhebliches Sicherheitsrisiko darstellten. Während eines Besuchs bei Krupp auf der Villa Hügel war Wilhelm II. im Sommer 1912 indirekter Zeuge einer solchen Katastrophe geworden und hatte

34 Stoltzenberg, *Haber*, S. 217.
35 Vgl. Szöllösi-Janze, *Haber*, S. 237 ff.

Abb. 1.12. *Fritz Haber und Richard Leiser mit der Schlagwetterpfeife, 1913.*

deshalb anläßlich der Eröffnung der Kaiser-Wilhelm-Institute, die deutschen Chemiker aufgefordert, ein zuverlässiges Gerät zur Schlagwetteranzeige zu entwickeln. Haber war über den kaiserlichen Vorschlag vorab informiert worden, so dass er in seinem wissenschaftlichen Vortrag bei der Institutseröffnung absichtsvoll ein zusammen mit der Firma Zeiss entwickeltes Grubengasinterferometer präsentierte – gewissermaßen als prompte Reaktion auf die Anregung Seiner Majestät. Allerdings war das Interferometer ein Messinstrument und kein Anzeigegerät, so dass das Problem nach wie vor der Lösung harrte.

Gemeinsam mit seinem Assistenten Richard Leiser widmete sich Haber dieser Aufgabe im folgenden Jahr, wobei er mit zahlreichen anderen Chemieeinrichtungen in Deutschland konkurrierte – u. a. mit seinem Kollegen Ernst Beckmann vom benachbarten KWI für Chemie. Im Gegensatz zu seinen Kollegen, die spektroskopische oder chemisch-analytische Lösungsansätze verfolgten, ging Haber von der Tatsache aus, dass sich der Ton einer Pfeife beim Anblasen mit unterschiedlichen Gasen signifikant unterschied. Diese Idee weiter verfolgend, entwickelten Haber und Leiser eine Schlagwetterpfeife, deren Tonhöhe ein Maß für den Methananteil war, dem häufigsten Auslöser von Grubengasexplosionen. Haber präsentierte das Gerät effektvoll auf der nächstjährigen Hauptversammlung – wiederum in Anwesenheit des Kaisers – und übertrug die Patent- und Herstellungsrechte der Koppelschen Auergesellschaft. Allerdings gelang es nicht, das Gerät zur Produktionsreife und damit zur breiten Anwendung im Bergwerksbetrieb zu führen. Wegen der notwendigen Präzisionsmesstechnik erwies sich die Herstellung als sehr aufwändig und kostspielig. Darüber hinaus war das Gerät nicht sehr handlich und nicht robust genug für den Einsatz unter Tage; zudem ließ sich die Justierung nur schwer vor Ort vornehmen. Über Habers Schlagwetterpfeife ist so sehr schnell die Zeit hinweggegangen. Auch wenn dem Gerät weder durchschlagender Erfolg noch großer Profit beschert war, hat es doch Habers wissenschaftlichen Ruf und damit sein symbolisches Kapital gemehrt. Zugleich dokumentiert sein Interesse an dieser Frage, wie stark sich Habers Forschungstätigkeit an aktuellen Problemen der Zeit orientierte.

Fritz Haber hat nicht nur die Entwicklung der modernen physikalischen Chemie entscheidend geprägt, sondern auch Einfluss auf die Entwicklung der Quantentheorie genommen. Nachdem die Quantentheorie bis zum ersten Brüsseler Solvay-Kongreß im Herbst 1911 ein Schattendasein geführt hatte und nur von wenigen Wissenschaftlern rezipiert worden war, rückte sie in den folgenden Jahren zunehmend in den Mittelpunkt aktuellen Forschungsinteresses.[36] Auch Haber begann sich damals für quantentheoretische Probleme zu interessieren und stellte Überlegungen über den Zusammenhang von Quantentheorie und chemischer Wärmetönung an, die jedoch schon bald von der Forschung verworfen wurden. Ebenso erging es den Untersuchungen von Gerhard Just zur Elektronenemission bei chemischen Reaktionen, die auf Anregung von Haber erfolgten und ebenfalls quantentheoretische Ansätze in die Chemie einzubringen und die Plancksche Quantenhypothese auf chemische Reaktionen anzuwenden suchten. Die aktuelle Forschung ist sehr schnell darüber hinweggegangen, so dass diese Arbeiten heute nur noch historisches Interesse beanspruchen können.

Parallel zu diesen Forschungen erfuhr Habers Interesse an quantentheoretischen Problemen durch die Bekanntschaft mit Albert Einstein zusätzliche Anregungen. Beide hatten sich anlässlich der Naturforscherversammlung im Herbst 1911 in Karlsruhe kennen und schätzen gelernt.[37] Keineswegs zufällig gehörte Haber so zu jenem Kreis Berliner Wissenschaftler, die sich intensiv darum bemühten, Einstein nach Berlin zu holen. Damit wollte sich die Berliner Wissenschaftsgemeinschaft nicht nur mit dem „aufstrebenden Stern am Physikerhimmel" schmücken,[38] sondern man wollte vor allem dessen Kompetenz im Bereich von Wärme- und Strahlungstheorie nutzen, um eine neue Quantentheorie der Materie zu entwickeln und auf diesem Wege nicht zuletzt die Integration von Physik und Chemie voranzubringen.[39] Ganz speziell hoffte Haber die klassischen Forschungsfelder der physikalischen Chemie und damit die seines neugegründeten Instituts durch moderne quantentheoretische Forschungsansätze zu ergänzen. In einem Brief aus dem Jahre 1913 heißt es dazu:

36 Hermann, *Frühgeschichte*, S. 140 ff.
37 Stern, *Freunde*.
38 Hoffmann, *Einsteins Berlin*.
39 Barkan, *Witches Sabbath*.

> „Für mich ist bestimmend, daß die Entwicklung der theoretischen Chemie, welche seit Helmholtz Tagen erfolgreich bestrebt gewesen ist unter der Führung von van't Hoff die Leistungen der Wärmelehre sich zu eigen zu machen, dieses Ziel im wesentlichen erreicht hat und nunmehr die Strahlungslehre und die Elektrochemie ihren Aufgaben dienstbar zu machen strebt. Diese Fundamentalaufgabe kann durch den Zutritt des Herrn Einstein zu unserem Institutskreise in unvergleichlicher Weise gefördert werden."[40]

Die Hoffnungen wurden von Einstein allerdings nicht erfüllt, konzentrierten sich seine Forschungen in den frühen Berliner Jahren doch vornehmlich auf die Vollendung der Allgemeinen Relativitätstheorie.[41] Auch Habers ursprüngliche Pläne, Einstein in das KWI einzubinden und ihm dort eine herausgehobene Forschungsposition zu bieten, wurde wegen Einsteins Anstellung als hauptamtliches Mitglied der Berliner Akademie obsolet. Allerdings bezog Einstein nach seiner im Frühjahr 1914 erfolgten Übersiedlung nach Berlin am Dahlemer Institut ein Arbeitszimmer - ein letzter Widerschein der ursprünglichen Pläne Habers. Wie lange Einstein in Dahlem Gastrecht genoss, ist nicht überliefert, doch mit der Requirierung des Instituts durch das Militär Anfang 1916 wird Einsteins Präsenz in Dahlem ein Ende gefunden haben, zumal er in dieser Zeit auch eine Wohnung in der Berliner Innenstadt bezog.

Habers Bemühen, die physikalische Chemie mit quantentheoretischen Forschungsansätzen zu verknüpfen und zu erweitern, blieb indes nicht auf die Person Einsteins beschränkt. Im Sommer 1913 nahm der Breslauer Physikochemiker Otto Sackur seine Tätigkeit am Haberschen Institut auf - zunächst als „wissenschaftlicher Gast" und ab 1914 als Abteilungsleiter. Sackurs Forschungen konzentrierten sich bis zum Kriegsbeginn auf Untersuchungen im Grenzbereich von physikalischer Chemie, statistischer Thermodynamik und Quantentheorie.[42] Dabei wurde von ihm eine Quantentheorie des einatomigen idealen Gases entwickelt, die in vieler Hinsicht Pionierarbeit war. Hatte man bis dahin ausschließlich periodische Systeme wie zum Beispiel den harmonischen Oszillator, Strahlungsoszillatoren oder Gitterschwingungen quantisiert, so gehörte Sackur zu den Ersten bei der Quantisierung von Translationsbewegungen und des Phasenraums. Dies geschah mit dem Ziel, eine quantentheoretische Beschreibung der Bewegungen von Atomen bzw. Molekülen in einem Gas zu ermöglichen. Mit seinen Bemühungen stieß er zunächst auf wenig Verständnis bei seinen Fachkollegen - beispielsweise lehnte Nernst die Möglichkeit der Quantisierung translatorischer Bewegungen grundsätzlich ab und Arnold Eucken sah keine Notwendigkeit für eine solche Quantisierung, da die experimentellen Beobachtungen solcher physikalischer Systeme bisher keinerlei Hinweise auf Quantenphänomene lieferten. Sackur ließ sich indes nicht entmutigen, zumal er mit seinem Quantenansatz offene bzw. bislang unbefriedigend gelöste Fragen der Thermochemie lösen wollte. Dazu gehörte

40 F. Haber an H. Krüss, Pontresina 4.11. 1913, Einstein, *CPAE*, Bd. 3, S. 511; vgl auch Haber, *Körper*, S. 117 f.

41 Vgl. Fölsing, *Einstein*, S. 414 ff.

42 Vgl. Badino, Friedrich, *Sackur*.

Abb. 1.13. *Albert Einstein und Fritz Haber im Treppenhaus des KWI, um 1914.*

die Ermittlung der Absolutwerte der Entropie von Gasen, mit der eine bessere Bestimmung des Gleichgewichtszustandes eines thermodynamischen Systems und damit seiner Gleichgewichtskonstante und anderer chemischer Konstanten ermöglicht wurde. Die von ihm – und parallel auch vom holländischen Physiker Hugo Tetrode – auf dieser Grundlage entwickelte Sackur-Tetrode-Gleichung gestattete die Bestimmung der Entropie eines einatomigen idealen Gases und damit der Gleichgewichtskonstante, was nicht zuletzt für die physikalische Chemie von großer Bedeutung war. Sein quantentheoretisches Modell der Entartung idealer Gase zeigte zudem die Relevanz der kurz zuvor von Max Planck in die Quantenphysik eingeführten Idee der Nullpunktenergie auf. Sackurs Pionierarbeiten zur Quantisierung von Translationsbewegungen und der Einführung des Planckschen Wirkungsquantums h als Einheit des Phasenraums verknüpften Quantentheorie und statistische Mechanik und waren ein wichtiger Markstein auf dem Weg zur Quantenstatistik, der nicht zuletzt von seinen Berliner Kollegen Max Planck und Albert Einstein beschritten und in gewissem Sinne vollendet wurde. Bis zu seinem tragischen Unfalltod im Dezember 1914 und den damit zusammenhängenden Kriegsforschungen über hochbrisante Sprengstoffe beschäftigte sich Sackur mit Experimenten zum Verhalten von Gasen bei tiefen Temperaturen.

Erster Weltkrieg

Nach der deutschen Mobilmachung und dem Beginn des Ersten Weltkriegs im August 1914 erlag auch Haber der allgemeinen Begeisterung für den Krieg und meldete sich sofort als Kriegsfreiwilliger. In einem Brief an Svante Arrhenius in Stockholm gab er seiner Kriegseuphorie Ausdruck:

> „Dies ist ein Krieg, bei dem unser ganzes Volk mit seinem Empfinden und seinen besten Kräften beteiligt ist. Wer nicht Waffen trägt, arbeitet für den Krieg, alles drängt sich freiwillig zu der geringsten Leistung. Sie kennen Deutschland zu gut, um nicht zu wissen, dass eine solche einmütige Hingabe an eine Sache bei uns nur möglich ist, wenn das Bewusstsein in allen lebt, dass die nationalen Güter in einem gerechten Streite verteidigt werden müssen. Sie werden den tollen Erfindungen keinen Glauben schenken, nach denen wir aus militärischen Interesse einen Krieg führen ...Aber jetzt sehen wir es als unsere sittliche Pflicht an, mit Einsetzung aller Kräfte den Gegner niederzuringen und zu einem Frieden zu bringen, der die Wiederkehr eines ähnlichen Krieges auf Menschenalter hinaus unmöglich macht und der friedlichen Entwicklung Westeuropas eine sichere Grundlage gibt."[43]

Als KWG-Präsident Harnack am 12. August die Institutsdirektoren zu einer Sitzung zusammenrief, um die Konsequenzen des Kriegsausbruchs für die Arbeit der Kaiser-Wilhelm-Gesellschaft zu beraten, „arbeitete" Haber bereits für den Krieg und ließ sich durch seinen Mitarbeiter Just vertreten. Zunächst war Haber wissenschaftlicher Berater im Kriegsministerium und dort für die Fabrikenabteilung und Feldzeugmeisterei tätig, wobei insbesondere seine Kompetenz in Fragen der technischen Chemie und als Vater der Ammoniaksynthese gefragt war. Verantwortliche Vertreter aus Politik und Wirtschaft hatten schnell erkannt, dass Deutschlands Rohstoffsituation einen langen Krieg ausschloss. Als besonders wichtig erwies sich die Stickstofffrage, da Deutschland sowohl bei der Herstellung von Spreng- und Explosivstoffen als auch bei der Düngemittelproduktion von der Salpetereinfuhr aus Chile abhing, doch letztere durch die englische Seeblockade unmöglich geworden war. Darüber hinaus führte der Krieg auch bei zahlreichen anderen Stoffen und Herstellungsverfahren zu Engpässen. Die deutsche Chemie stand so mit Kriegsbeginn vor der Herausforderung, die Verwendung solcher Stoffe rationeller zu gestalten oder gar nach Ersatzstoffen zu suchen.

„Der Gelehrte gehört im Kriege wie jedermann seinem Vaterland, im Frieden gehört er der Menschheit."[44] Dieser Maxime folgte Haber nicht nur ganz persönlich, sondern sie galt auch für das Habersche Institut, das umgehend auf die Bearbeitung kriegsrelevanter Forschungsaufgaben ausgerichtet wurde. Dabei ging die Umstellung auf militärische Forschungsvorhaben überraschend leicht und ohne erkennbare Widerstände vonstatten. Es stellt sich die Frage, ob dies allein der Kriegseuphorie geschuldet war, oder die Umstellung gerade auch durch die

---

43 Zott, *Haber*, S. 77.
44 Haber, *Industrie*, S. 252.

Abb. 1.14. *Fritz Haber in Hauptmann-Uniform, 1916.*

forschungspolitische Grundlinie der Kaiser-Wilhelm-Gesellschaft und namentlich ihrer chemischen Institute befördert wurde. Johnson stellt diesbezüglich fest:

> „True to his nature, Fischer stamped the scientific program of the Kaiser Wilhelm Society with a dual character. On the one hand, it was aimed at the most fundamental problems of natural science; but on the other, it was intended to produce solutions to technological problems of the highest national interest, particulary with regard to providing domestically available synthetic or artificial substitutes for imported materials."[45]

Schon die Entwicklung des Verfahrens zur katalytischen Ammoniaksynthese entsprach solchen Intentionen – wirtschaftlich bedeutsame Substitute für Importgüter zu schaffen. Es gehört zu den Gemeinplätzen der Geschichte des Ersten Weltkriegs, dass ohne das Haber-Bosch-Verfahren dem deutschen Heer schon 1915 die Munition ausgegangen wäre. Den gleichen Intentionen folgte Habers Kriegsengagement in der Rohstoffabteilung des Kriegsministeriums unter Walther Rathenau, das schließlich in die Forschungen zur chemischen Kriegsführung mündete: „The logic of Ersatz led to problems of munitions, and eventually to poison gas", stellt Johnson pointiert fest.[46]

---

45 Johnson, *Chemists*, S. 133.
46 Johnson, *Chemists*, S. 189.

So beschäftigte man sich in den ersten Kriegsmonaten mit der sparsamen Verwendung und dem Ersatz sogenannter „Kriegsmaterialien", Stoffen die für Feuerwaffen, Granaten und anderem Kriegsgerät von unmittelbarer Bedeutung waren. Dazu gehörten beispielsweise Toluol, Glycerin und Salpeter. Gerhard Just und Otto Sackur erzielten auf diesem Gebiet schnelle und bemerkenswerte Fortschritte. So konnten sie auf der Grundlage umfangreicher Messungen von Dampfdruck und Gefrierpunkt zeigen, dass das bislang als Frostschutzmittel für Motoren genutzte Toluol durch Xylol und andere mit Wasser mischbare Erdölfraktionen ersetzt werden konnte. Ihre Entdeckung bedeutete eine Einsparung von etwa 400 t Toluol pro Monat, die so in nitrierter Form (TNT) der Herstellung von Sprengstoff und Artilleriemunition zugute kamen. Im Herbst und Winter 1914 beschäftigten sich Haber und seine Mitarbeiter auch mit der Entwicklung von Reiz- und Tränengasen, wobei dieser Übergang zur Beschäftigung mit den wissenschaftlichen Grundlagen der Gaskriegsführung – wie oben angedeutet – durchaus etwas mit den Gründungsintentionen des Instituts zu Friedenszeiten zu tun hatte, obwohl sie erst zu Kriegszeiten zum Tragen kamen.

Parallel zu Haber versuchte sein Berliner Kollege Walther Nernst im Auftrag der Obersten Heeresleitung Geschosse zu entwickeln, die „durch darin eingeschlossene feste, gasförmige oder flüssige Chemikalien den Gegner schädigen oder kampfunfähig machen" sollten. Bei ihrem Test in den Kämpfen bei Neuve-Chapelle am 27. Oktober 1914 erwiesen sich die von Nernst entwickelten Granaten jedoch als nicht sehr wirksam, da der Sprengstoff den pulverförmigen Reizstoff nicht optimal verteilte. Wenig später entwickelte der Chemiker Hans Tappen, der für das Heereswaffenamt arbeitete, eine Granate, in der das Reizpulver durch eine Flüssigkeit ersetzt worden und bei der nicht nur der Reizstoff sehr viel effektiver verteilt, sondern auch sehr viel weniger Sprengstoff je Schuss nötig war. Solche nach Tappen als T-Granaten bezeichneten Geschosse gehörten ab Januar 1915 zum Waffenarsenal des deutschen Heeres.

Auch am Haberschen Institut wurde an der Entwicklung neuer und noch wirksamerer Sprengstoffe gearbeitet. Haber, Just und Sackur versuchten beispielsweise, den T-Stoff durch einen Stoff zu ersetzen, der sowohl Reiz- als auch Treibmittel, d. h. Sprengstoff war. Dabei griff man auf das bereits von Bunsen 1837 synthetisierte Kakodylchlorid zurück, das man aber wegen seiner stark reizenden und enorm toxischen Eigenschaften in der Folgezeit kaum chemisch untersucht hatte. Bei Experimenten, die die Wirkung des Kakodylchlorids noch steigern sollten, kam es am 17. Dezember 1914 zu einer Explosion im Haberschen Labor, bei der Just seine rechte Hand verlor und Sackur getötet wurde. Da Haber kurz zuvor das Labor verlassen hatte, blieb er unverletzt. Haber war über den Tod eines seiner talentiertesten Mitarbeiter tief erschüttert und hat sich stets ehrend an ihn erinnert; darüber hinaus erhielt Sackurs Tochter Irene später eine Anstellung am Haberschen Institut.

Nach dem schweren Unfall wurden die Arbeiten mit Kakodylchlorid am Institut eingestellt, doch stellen sie nicht nur wegen ihres tragischen Ausgangs einen Wendepunkt dar, denn zum einen waren sie die letzten erwähnenswerten Forschungen zu neuen Sprengstoffen und andererseits markieren sie den Beginn der

Abb. 1.15. *Fritz Haber (2. von links) bei der Vorbereitung von Giftgasgranaten, ca. 1917.*

Giftgasforschung am Haberschen Institut. Obwohl es keinen Zweifel gibt, dass man sich am Institut im ersten Halbjahr 1915 Fragen des Gaskriegs zuwandte, erlauben die erhalten gebliebenen Dokumente nicht, diese Wende zeitlich wie inhaltlich näher zu bestimmen. Fest steht, dass Haber im Januar 1915 begann, den ersten Giftgasangriff zu planen, der am 22. April vor Ypern erfolgte – 150 Tonnen Chlorgas wurden dabei in Richtung der feindlichen Stellungen abgeblasen und lösten bei den alliierten Truppen nicht nur Panik aus, sondern führten auch zu 7.000 Gasvergifteten und 350 Toten. Allerdings war trotz des „Erfolgs" klar, dass das Abblasen von Giftgasen wegen der an der Front vorherrschenden Westwinde viel zu unzuverlässig und unkalkulierbar war, als dass sich hierauf eine neue Kriegführung hätte gründen lassen. Dies führte dazu, dass Haber nun verstärkt an Giftgasfüllungen für Granaten arbeitete, mit denen man gezielt und unabhängig von den konkreten meteorologischen Bedingungen die feindlichen Stellungen attackieren konnte.

Waren die Angehörigen der Gastruppe, die nicht zuletzt aus den Berliner Wissenschaftseinrichtungen rekrutiert wurden und der u. a. die späteren Nobelpreisträger James Franck, Otto Hahn und Gustav Hertz angehörten, bislang als „Kammerjäger in Uniform" verspottet worden, so erfuhren sie nun eine immense militärische Aufwertung. Haber wurde sogar vom Kaiser einbestellt, der ihn vom Vizefeldwebel zum Hauptmann beförderte; nicht nur für Haber war das eine gewaltige Anerkennung und Aufwertung seines Wirkens. Dies scheint Haber zusätzlich motiviert zu haben, sich verstärkt für die selbst gestellte Aufgabe der chemischen Kriegsführung zu engagieren – zunächst als chemisch-technischer Beirat des Kriegsministeriums und ab November 1915 dann als Leiter der „Zentralstelle für Fragen der Chemie" in der Fußartillerieabteilung des Kriegsministeriums. Seine zivile Forschungstätigkeit und damit auch die des Instituts kam damit praktisch zum Erliegen und es fand eine totale Konzentration auf die Probleme der chemischen Kriegsführung statt. Nach den Worten seines Biographen Dietrich Stoltzenberg trat

> „alles andere in seinem Leben in den Hintergrund. Frau und Familie hatten nun fast keinen Einfluß mehr auf sein Leben. Ja, für ihn war die Familie und sein Freundes- und Bekanntenkreis nur noch eine weitere Hilfsquelle für seine eigenen Anliegen."[47]

Haber hat noch im Krieg auch die persönlichen Folgen seiner Besessenheit gespürt, kam es doch zur wachsenden Entfremdung von seiner Frau Clara Immerwahr, eine der ersten promovierten Chemikerinnen, die sich in der Nacht vom 1. zum 2. Mai 1915 mit der Dienstwaffe ihres Mannes erschoss. Der tragische Tod Clara Immerwahrs und seine zeitliche Koinzidenz mit den ersten Giftgasangriffen sind in jüngster Zeit als letzter Protest gegen den von ihrem Mann initiierten Gaskrieg im Sinne eines Fanals einer „weiblichen", lebenserhaltenden Wissenschaft und als Gegenbild zu einer „männlichen" Vernichtungswissenschaft Haberscher Prägung interpretiert worden,[48] doch bieten die vorliegenden Quellen keine zweifelsfreien Belege für eine solch weitreichende Interpretation. Auf jeden Fall war Clara Immerwahrs Suizid das Ergebnis einer langen Phase der Entfremdung und eine Reaktion auf Habers egomanischer Ellenbogen- und Karrierementalität, die in seinem Engagement für den Gaskrieg mündete.

Abb. 1.16. *Clara Immerwahr (1870–1915).*

47 Stoltzenberg, *Haber*, S. 256.
48 Leitner, *Immerwahr*.

Ist man recht gut über Habers besessenes und von patriotischen Motiven geleitetes Engagement für den Giftgaskrieg informiert, so ist dagegen nicht eindeutig zu klären, welchen konkreten Beitrag das Habersche Institut – über den Beitrag seines Direktors hinaus – bei der Vorbereitung der ersten Giftgasangriffe leistete, denn es war damals – wie auch viele andere wissenschaftliche Institute in Deutschland – mehr oder weniger verwaist. Erst als Ende April 1915 Haber von der Obersten Heeresleitung mit der Koordinierung der Gasverteidigungsmaßnahmen beauftragt wurde, trat in dieser Beziehung eine Wende ein. Das Institut wurde nun systematisch für solche Zwecke in Dienst genommen und zum Zentrum der deutschen Giftgasforschung ausgebaut. Der Institutsetat für das Jahr 1915 weist so bereits einen Anteil von mehr als 50% für Kriegszwecke aus, die insbesondere für „Versuchsarbeiten zur Ausbildung von Gaskampfmethoden" verwandt wurden. Seit Februar 1916 arbeitete das Habersche Institut „fast ausschließlich" für die Heeresverwaltung, die inzwischen auch für die Betriebskosten aufkam; zudem erhielt das Institut mit Leutnant Glücksmann einen militärischen Direktor.

Zunächst ging es um den Gasschutz und die Entwicklung effektiver Gasmasken. Dazu wurde unter Leitung von Hans Pick eine spezielle Abteilung „Chemie des Gasschutzes" eingerichtet. Ihre Aufgabe bestand u. a. darin, in Zusammenarbeit mit verschiedenen Firmen Prototypen für Gasmasken zu entwickeln und zu testen. Von den getesteten Gasmasken wurde schließlich dem Prototyp der Koppelschen Auergesellschaft der Vorzug gegeben, dieser wurde im Haberschen Institut in größeren Mengen produziert. Allerdings war die Gasmaske selbst nur ein Teil des Gasschutzes, für den die Entwicklung effektiver Filter noch wichtiger war. Im Frühjahr 1915 schützten diese Filter vor Chlor und Phosgen, doch mit dem Einsatz neuer und sehr viel tückischerer Giftgase sowie spezieller „Giftgas-Cocktails" („Bunte-Schießen") mussten sie ständig weiter entwickelt werden. Für die Entwicklung der Filter war in erster Linie das benachbarte KWI für Chemie und namentlich Habers Kollege und Freund Richard Willstätter zuständig.[49] Die ersten neuen Gasmasken wurden im September 1915 an die Truppe verteilt und bereits im Januar 1916 waren die Soldaten der Westfront mit Gasmasken ausgerüstet, was sowohl einen großen technischen als auch einen logistischen „Erfolg" darstellte.

Die Gasmaskenentwicklung markiert auch den Beginn einer beispiellosen Erweiterung des Haberschen Instituts. Zwischen dem Herbst 1915 und Ende 1917 expandierte das Institut auf neun Abteilungen und bis zu 1.500 Wissenschaftler und Hilfsarbeiter, letztere waren überwiegend Frauen und alle für die Giftgasausrüstung tätig. Den Anfang machten die Abteilungen von Reginald Oliver Herzog und Hans Pick. Hatten sich Herzog und seine Mitarbeiter mit der Überwachung der Fabrikation deutscher Gasmasken und der Ausarbeitung neuer Gasschutzgeräte zu beschäftigen, so widmete sich Pick den chemischen Fragen des Gasschutzes. Im November 1915 richtete Friedrich Kerschbaum, der bis dahin technischer Adjutant Habers war, eine Abteilung ein, die u. a. auf die Untersuchung feindlicher

49 Willstätter, *Memoiren*, S. 237–238.

Gaskampfmittel und Schutzgeräte ausgerichtet war. Die Gründung dieser Abteilungen, begleitet von der Berufung Habers zum Leiter der chemischen Zentralstelle des Kriegsministeriums, markiert die endgültige Indienstnahme des KWI für physikalische Chemie und Elektrochemie für die Giftgasforschung. Die beispiellose Erweiterung des Instituts macht es auch zum Prototypen späterer Großforschung – im Übrigen nicht nur in Hinblick auf die quantitative Ausdehnung des Instituts, sondern vor allem auch hinsichtlich der Komplexität und Interdisziplinarität von Struktur und Arbeitsweise der betriebenen Forschungen.[50] Damit ist das Institut auch ein frühes Beispiel dafür, dass die Schaffung von exzellenten Forschungsbedingungen, um die normalerweise endlos und auch erfolglos gerungen wird, in militärischen oder sicherheitsstrategischen Kontexten erstaunlich reibungslos und zügig vonstatten geht. Nach Einschätzung von Johnson:

> „...the Dahlem complex gradually assumed the character of a research center for tactical military science and technology."[51]

Fritz Stern charakterisierte das Habersche Institut während des Ersten Weltkriegs gar als „eine Art vorweggenommenes ‚Manhattan-Projekt.'"[52]

So bemerkenswert die enorme Expansion des Instituts und dessen strikte militärische Ausrichtung auch ist, so war der allgemeine Ausbau der Chemiewaffenforschung kein speziell deutsches Phänomen, sondern auch für die anderen Kriegsparteien charakteristisch.[53] Nach intensiven politischen Diskussionen über die Anwendung chemischer Waffen kam es im Mai 1915 in Großbritannien zur Gründung einer Unterabteilung Chemiewaffen im britischen Kriegsministerium und in Porton Down etablierte man zusätzlich eine Versuchsstelle für chemische Waffen. In Frankreich gab es zwar keine öffentliche Debatte über Chemiewaffen, doch richtete auch dort im Juni 1915 das Kriegsministerium eine Direction du Matériel Chimique de Guerre ein.[54]

Am Haberschen Institut gab es im Oktober 1916 bereits fünf Abteilungen, die sich der Giftgasforschung widmeten – darunter die Abteilung von Herbert Freundlich, die als größte Struktureinheit des Instituts die Überwachung und Prüfung von Gasmasken und Filtern übernahm. Insgesamt arbeiteten im Herbst 1916 77 Wissenschaftler, neben Chemikern auch einige Pharmazeuten und Techniker, und 102 Hilfskräfte am Institut. Bis dahin unterstand das Institut noch administrativ der Kaiser-Wilhelm-Gesellschaft bzw. der Koppel-Stiftung, die wegen der Zweckentfremdung des Instituts nur verhaltene Klage führte.

Als zu Beginn des Jahres 1917 Habers Chemische Zentralstelle aus ihrem bisherigen Unterstellungsverhältnis herausgelöst wurde und als Abteilung A 10 des Generalstabs weitgehende Unabhängigkeit erhielt, wurde dieser Abteilung und

50 Vgl. Szöllösi-Janze, Trischler, *Großforschung*.
51 Johnson, *Chemists*, S. 189.
52 Stern, *Freunde*, S. 529.
53 Vgl. Groehler, *Tod*. L.F. Haber, *Poison*. Martinetz, *Gaskrieg*. Palazzo, *Seeking*.
54 Lepick, *Grande*, Kap. 4.

Abb. 1.17. *Das KWI mit Baracken, um 1917.*

damit dem Kriegsministerium auch das KWI unterstellt. Diese militärische Reorganisation führte zu einer weiteren bedeutenden Expansion des Instituts, wurden die Forschungen zu neuen Giftgasen doch nun merklich systematisiert und intensiviert. Einem Bericht Habers vom September 1917 folgend, gehörten neben den Hilfskräften etwa 150 Wissenschaftler zum Institut. Diese waren nun in 11 Abteilungen organisiert, darunter befand sich auch die des späteren Nobelpreisträgers Heinrich Wieland, der sich mit der Darstellung neuer Giftgase wie z. B. dem ätzenden Kampfstoff Lost beschäftigte, sowie die des Pharmakologen Ferdinand Flury, der in Tierversuchen die Wirkung der neu entwickelten Giftgase testete.

Das ursprüngliche Institut mit seinen zwei Gebäuden konnte natürlich nicht alle Abteilungen und ihre Mitarbeiter fassen, so dass zunehmend Baracken, Hütten und andere Nebengebäude auf dem Institutsgelände errichtet wurden; später requirierte man in Absprache mit den Institutsdirektoren auch Räume in den benachbarten Kaiser-Wilhelm-Instituten. Ende 1916 waren auch diese Kapazitäten erschöpft, so dass weitere Räumlichkeiten requiriert werden mussten – beispielsweise im Pharmazeutischen Institut der Universität in der Königin-Luise-Straße in Dahlem oder von staatlichen Behörden in Steglitz. Im Vergleich zum Umfang der betriebenen Giftgasforschung sind die überlieferten Informationen dazu recht spärlich, was u. a. damit zusammenhängt, dass man nach dem Krieg intensiv darum bemüht war, die entsprechenden Aktivitäten zu verschleiern, und umfangreiches Aktenmaterial vernichtet wurde. Als einziger Forschungsbericht ist der über chlorarsenige Säure von Johannes Jaenicke erhalten geblieben, damals Mitarbeiter der Abteilung C von H. Pick.[55] Bescheiden ist ebenfalls die Überlieferung der Korrespondenz zwischen den maßgeblichen Wissenschaftlern. Etwas

55 L.F. Haber, *Poison*, S. 109.

Tab. 1.1. *Abteilungsstruktur des Kaiser-Wilhelm-Instituts für physikalische Chemie und Elektrochemie am Ende des 1. Weltkriegs nach dem Hartley-Report.*

Abteilung	Funktion	Leiter
A	Entwicklung, Spezifikation und Prüfung von Gesichtsmasken zum Atemschutz	Prof. Herzog
B	Technische Entwicklung und Prüfung offensiver Maßnahmen	Prof. Kerschbaum
C	Entwicklung von Filtertrommeln zum Atemschutz und anderer Komponenten	Prof. Pick
D	Synthese neuer Gase	Prof. Wieland
E	Pharmakologische und Pathologische Abteilung	Prof. Flury
F	Prüfung und Freigabe von Filtertrommeln zum Atemschutz	Prof. Freundlich
G	Ausstattung mit Granathülsen, Zündern u. ä.	Dr. v. Tappen
H	Leichte Minenwerfer für die Infanterie	Dr. v. Poppenberg
J	Prüfung und Freigabe von Giftgasen	Prof. Friedländer
K	Wolken aus kleinsten Teilchen	Prof. Regener

aussagekräftiger hinsichtlich der betriebenen Giftgasforschungen sind dagegen die Nachkriegsberichte der Alliierten über das Habersche Institut, obwohl auch diese enttäuschend oberflächlich bei der Diskussion der wissenschaftlichen Fragen jenseits der Testverfahren für Giftgasgranaten werden. Dennoch lassen sich aus diesen spärlichen Quellen die folgenden Hauptlinien chemischer Kampfstoffforschung am Haberschen Institut bestimmen.

In den Abteilungen A (Herzog) und C (Pick) erfolgte die Entwicklung von Gasmasken und Filtern in immer engerer Kooperation zwischen den Forschern des Instituts und der Industrie. Dabei fand ein enger und stetiger Erfahrungsaustausch zwischen dem Laborwissen und den gewonnenen Erfahrungen beim Kampfeinsatz statt. Später wurden die neuen Gasmasken und Filter auch mit den in der Abteilung B entwickelten neuen Kampfstoffen getestet.[56] Im Fokus der Abteilung B (Kerschbaum) stand die Identifizierung potenziell nutzbarer Giftstoffe für Gas- und Granatenangriffe. Die Arbeit dieser Wissenschaftler war somit eine Kombination von Literaturrecherche zur Identifizierung von Substanzen mit einer optimalen Kombination von Toxizität, geringem Siedepunkt und hoher Dampfdichte sowie die Durchführung von Tierexperimenten, mit denen die tödliche Wirkung dieser Substanzen geprüft werden konnte.[57] Die Abteilung D (Wieland) konzentrierte sich

56 Hartley, *Report*, S. 39–42.
57 Ebd. S. 45.

Abb. 1.18. *Fritz Haber.*

auf die Erforschung von Arsen und Schwefelverbindungen, einschließlich Senfgas (Lost), und beschränkte sich im wesentlichen auf Laborexperimente, wobei es auch einige Versuche gab, neue Toxine zu synthetisieren. Die Abteilung E (Flury) untersuchte vornehmlich die physiologische Wirkung verschiedener Gifte, einschließlich sorgfältiger Untersuchungen ihrer Toxizität, wobei Tierversuche – ähnlich wie in Abteilung B – üblich waren. Flury und seine Abteilung waren es auch, die den standardisierten Gebrauch der sogenannten „Haber-Konstante", dem Produkt aus Konzentration und Einwirkungszeit, bei der das entsprechende Gift tödlich wirkte, wesentlich beförderten. Diese Konstante steht am Beginn der Definition von Grenzwerten für gefährliche Stoffe auch im zivilen Bereich. Die Abteilung J (Friedländer) nutzte vor allem die klassischen chemisch-analytischen Methoden und weniger die Bestimmung physikalischer Konstanten, um die Güte der von der Industrie gelieferten Gifte zu bestimmen.[58] Allein bei der Abteilung K (Erich Regener) findet man Methoden wieder, die auf die ursprünglichen Forschungen des Haberschen Instituts zurückgehen, insbesondere die Nutzung des Ultramikroskops zum Studium der Größe kleinster Teilchen und ihrer Durchdringungsfähigkeit bei Filtern.

All diese Forschungen und Habers entsprechende Aktivitäten wurden in der Nachkriegszeit von den Alliierten, aber auch seitens vieler Historiker negativ bewertet – diesem Urteil folgen auch die jüngeren Untersuchungen zur deutschen Giftgasforschung im Ersten Weltkrieg. Haber selbst hat noch in den zwanziger Jahren die „Effektivität" und „Humanität" chemischer Waffen herausgestellt und gegenüber der alliierten Untersuchungskommission erklärt, dass alle

58 Ebd. S. 50–52.

kriegswichtigen Gifte schon vor 1914 bekannt waren und die Forschungen seines Instituts auf diesem Gebiet „keine systematischen Fortschritte erbracht haben". Sein Freund Richard Willstätter stellte gegenüber der Kommission die Seriosität der am Haberschen Institut durchgeführten synthetischen Forschung heraus.

Ohne Zweifel war Haber die treibende Kraft einer zentral gelenkten Entwicklung von Giftgasen in Deutschland. Ihr Einsatz im Ersten Weltkrieg und die maßgebende Rolle, die Haber dabei spielte, bedeuteten einen Zivilisationsbruch und war ein Sündenfall der modernen Naturwissenschaften. Für die nachfolgenden Generationen wurde es zum Fanal, dass naturwissenschaftliche Forschung nicht per se „gut", sondern stets in soziale und machtpolitische Kontexte eingebunden ist. Der schmale Grat zwischen diesen so unterschiedlichen Bereichen kann dabei schnell und mit fatalen Folgen überbrückt werden. Eine derartige Zuspitzung sollte sich kaum zwei Jahrzehnte später wiederholen, wobei Habers Rolle sich nun von der des Täters zum Opfer wandelte.

2 Die „goldenen Jahre" des Instituts

In seiner Autobiographie erinnert sich Otto Hahn, dass Haber bereits im Februar 1918 nicht mehr an einen militärischen Sieg Deutschlands glaubte.[1] Diese Erinnerungen decken sich mit anderen Äußerungen Habers aus dieser Zeit, in der er seine Hoffnung auf einen günstigen Kriegsverlauf begrub. Sorgen bereiteten ihm nicht nur der Kriegseintritt Amerikas, sondern vor allem auch die wachsenden Haushaltsdefizite, über die er durch seine politischen und militärischen Kontakte bestens informiert war. Dennoch gab es kein Nachlassen in Habers unverdrossenem Engagement für das deutsche Militär und die militärtechnischen Entwicklungsarbeiten des Haberschen Instituts wurden so bis zum Waffenstillstand im Oktober 1918 - wahrscheinlich auch noch danach - fortgeführt, hatte doch Oberstleutnant Josef Koeth, Leiter des neu geschaffenen Demobilmachungsamtes, die bestehenden Munitionsbestellungen bestätigt und große Teile der Rüstungsindustrie bis in den Januar 1919 hinein weiter produzieren lassen. So hoffte man, Arbeitslosigkeit und eine ökonomische Krise zu vermeiden.

Mit dem Waffenstillstand war klar, dass auch das Habersche Institut umgehend zu demobilisieren war. Angesichts der enormen Mitarbeiterzahl, der Fülle an Spezialeinrichtungen und der zahlreichen in Beschlag genommenen Gebäude stellte dies eine große Herausforderung dar. Allerdings geben die wenigen erhaltenen Dokumente kaum Auskunft, wie die gewaltige Aufgabe bewältigt wurde. In der ersten Demobilisierungsphase musste zudem auf von außen an das Institut herangetragene Forderungen, namentlich seitens der Politik und des Militärs, reagiert werden. Haber trug in dieser Zeit nicht nur für das Institut Verantwortung, sondern hatte sich als Chef der Chemieabteilung des Demobilmachungsamtes auch um die Demontage der Produktionsstätten von Chemiewaffen generell zu kümmern. Dabei stand ihm Friedrich Epstein zur Seite, der bereits in der Chemieabteilung des Kriegsministeriums sein Mitarbeiter und zudem Gastwissenschaftler am KWI gewesen war.[2] Spätere Erinnerungen machen deutlich, dass sowohl das Habersche Institut wie Dahlem insgesamt relativ wenig von den Unruhen des Herbstes und Winters 1918/19 betroffen wurden. Charlotte, die zweite Frau Habers, erinnerte sich, dass eine Kompanie der Reichswehr in Dahlem stationiert und das Institut damit vor Übergriffen sicher war.[3] So überstand es das Kriegsende und die revolutionäre Umbruchszeit der folgenden Wochen mehr oder weniger unbeschadet und sehr viel besser als das Kriegsende und den politischen Umbruch des Jahres 1945.

1 Hahn, *Leben*, S. 127.
2 Szöllösi-Janze, *Haber*, S. 411–413.
3 Haber, *Leben*, S. 138.

Abb. 2.1. *Abtransport von Angehörigen des Instituts zum Einsatz bei der Technischen Nothilfe, Ende 1918.*

Nach seinem Ausscheiden aus dem Demobilmachungsamt im Februar 1919 konnte sich Haber wieder ganz dem Institut und seiner Umgestaltung in ein ziviles Forschungsinstitut widmen. An Carl Duisberg schrieb er am 6. Februar:

> „Ich habe aus meinem Institut eine Art Gelehrtenkommission gemacht, in dem ich alle Professoren mit F als Mitglieder aufgenommen habe."[4]

Mit den „Professoren mit F" waren gemeint: Paul Friedländer, Herbert Freundlich, James Franck und Ferdinand Flury. Diese bestimmten dann auch das Forschungsprofil des Instituts in der ersten Nachkriegszeit. Friedländer, einer der führenden Farbstoffchemiker seiner Zeit, hatte im Krieg die Abteilung zur Prüfung und Überwachung der Giftgasproduktion geleitet und wurde nun mit der Leitung einer neuen Abteilung für Pharmazie betraut. Freundlich, Leiter der Prüfabteilung für die Gasmaskenfilter, wurde die Leitung einer kolloidchemischen Abteilung übertragen. Flury schließlich, ein ausgebildeter Pharmakologe und Mediziner, der durch Tierversuche die Gaskampfstoffe getestet hatte, leitete nun eine pharmakologisch-zoologische Abteilung. Dabei stand ihm der Entomologe Albrecht Hase zur Seite, der sich während des Krieges als Mitarbeiter der Heeresverwaltung mit der Bekämpfung von Pest und anderen Seuchen beschäftigt hatte. James Franck war zwar nicht unmittelbar an den Giftgasforschungen

4 MPGA Abt. Va, Rep. 5, Nr. 860.

beteiligt gewesen, doch gehörte er zum Pionierregiment 35/36, d.h. zu Habers Giftgaseinheit. Nach einer Erkrankung, die ihn frontuntauglich machte, wurde er in Berlin beim Test neuer Giftgase und Gasmasken eingesetzt. Nun sollte er am Haberschen Institut eine neue Abteilung für physikalische Forschung aufbauen. Reginald Oliver Herzog, der im Krieg einer Abteilung zur Entwicklung neuer Materialien für Gasmasken vorstand, half als Leiter der Abteilung für Textilforschung bei der Realisierung früherer Pläne Habers, ein entsprechendes KWI zu gründen, an dem nicht nur die KWG, sondern auch die deutsche Textilindustrie großes Interesse hatte.[5]

Habers „Gelehrtenkommission" war zunächst mit zahlreichen praktischen Problemen konfrontiert, so dass die Forschungstätigkeit nicht sofort aufgenommen werden konnte und im Februar 1919 noch ruhte. Die großzügige Kriegsausstattung hätte zwar eine direkte Fortsetzung der Arbeiten ohne materielle Engpässe ermöglicht, doch bereits vor Wiederaufnahme seiner Forschungstätigkeit stand das Institut wegen seiner Kriegstätigkeit im Fokus alliierter Beobachtung. In der französischen und holländischen Presse waren Forderungen laut geworden, die Verantwortlichen der chemischen Kriegsführung zur Rechenschaft zu ziehen. Dabei stand Habers Name - neben denen von Adolf von Baeyer, Carl Engler, Emil Fischer, Walther Nernst und Richard Willstätter - auf mindestens einer der inoffiziellen Kriegsverbrecherlisten. Darüber hinaus begann im Januar 1919 eine Kommission des britischen Rüstungsministeriums, Chemiewerke in Deutschland zu inspizieren und Industriechemiker zu verhören, die sich an der Entwicklung und am Einsatz von Giftgasen beteiligt hatten – zu ihnen gehörte auch Habers Vertrauter Carl Duisberg. Unmittelbar nach Unterzeichnung des Versailler Friedensvertrags und in Sorge um seine eigene Sicherheit und die seiner Familie schickte Haber im Frühsommer 1919 seine Frau Charlotte mit den Kindern in die Schweiz. Er selbst hatte ebenfalls alle erdenklichen Vorbereitungen für den Fall getroffen, dass man ihn verhaften und vor Gericht stellen würde, u.a. ließ er sich einen Vollbart wachsen. Im August folgte er schließlich seiner Familie nach Sankt Moritz, wo er seinen Aufenthalt mit einer Kur verband. Haber blieb drei Monate in der Schweiz und wurde nach seiner Rückkehr von der Interalliierten Kontroll-Kommission, die für die Überwachung der Bedingungen des Versailler Vertrags verantwortlich war, über die deutschen Aktivitäten bei der Entwicklung und Produktion chemischer Waffen befragt.

Trotz Habers Abwesenheit und ungeachtet der alliierten Untersuchungen wurde spätestens 1919 die Forschungstätigkeit am Institut wieder aufgenommen. Ende 1919 gab es auch bei Haber selbst kaum noch Befürchtungen, für seine Kriegsaktivitäten unmittelbar zur Verantwortung gezogen zu werden, so dass er nach Dahlem zurückkehrte. Zum Stimmungswandel hatte sicherlich beigetragen, dass die mit den Untersuchungen betrauten alliierten Wissenschafter sich sehr kollegial verhielten, was u.a. auch darauf zurückzuführen war, dass der Chef der britischen Untersuchungskommission, General Harold Hartley, bei Richard Willstätter

5 Löser, *Gründungsgeschichte.*

Abb. 2.2. *Fritz Haber, 1919.*

in München Chemie studiert hatte und ein anderes Kommissionsmitglied, Harold C. Greenwood, kurze Zeit bei Haber in Karlsruhe gearbeitet hatte. Ungeachtet solcher Netzwerke war es ein Gebot der Stunde, das Forschungsprofil des Dahlemer Instituts zu reorganisieren und es deutlich von der Kriegsforschung abzusetzen.[6] Dem trug insbesondere die Schließung der pharmakologisch-zoologischen Abteilung von Flury und Hase Rechnung, da deren Forschungen doch allzu stark an die während des Krieges betriebenen Arbeiten anschlossen und damit als Verstoß gegen Bestimmungen des Versailler Vertrags gewertet werden konnten. Der Toxikologe Flury ging nach Würzburg, wo er als Professor für Pharmakologie und Direktor des Pharmakologischen Instituts wirkte und später seine Kampfstoffforschung wieder aufnahm, was 1945 zu seiner Entlassung aus dem Hochschuldienst führte.[7] Hase und andere Mitarbeiter der Abteilung wechselten auf Vermittlung Habers und mitsamt ihrem hochwertigen Laborinventar an die Biologische Reichsanstalt für Land- und Forstwirtschaft, wo ihre Giftgasexpertise für die Schädlingsbekämpfung genutzt wurde – ein Beispiel von Konversion und dualer Nutzung wissenschaftlicher Erkenntnis.[8] Die alliierten Kontrollen währten bis zum Jahr 1923 und Haber selbst hat weder in dieser Zeit noch später Anstrengungen unternommen, in Dahlem eine wie auch immer geartete Giftgasforschung neu zu etablieren. Allerdings war er in entsprechende Forschungen auf diesem Gebiet durchaus involviert, die allerdings anderswo betrieben wurden, wie u. a.

6 Johnson, Macleod, *Disarmament*.
7 Kalb, *Neumann*, S. 15–66.
8 Vgl. u. a. Jansen, *Schädlinge*, Kap. 7.

Abb. 2.3. *Gruppenbild von der Abschiedsfeier für James Franck, Dahlem 1920. Sitzend: Hertha Sponer, Albert Einstein, Ingrid Franck, James Franck, Lise Meitner, Fritz Haber, Otto Hahn; Stehend: Walter Grotrian, Wilhelm Westphal, Otto von Baeyer, Peter Pringsheim, Gustav Hertz (v.l.n.r.).*

das Beispiel seines einstigen Mitarbeiters Albrecht Hase, aber auch die Aktivitäten von Hugo Stoltzenberg zeigen.[9] All dies geschah unter Verletzung völkerrechtlicher Abkommen und unter Umgehung der entsprechenden Verbote des Versailler Vertrags.

Im Verlaufe des Jahres 1920 wurden auch noch andere Abteilungen des Haberschen Instituts geschlossen, so die für Pharmazie von Paul Friedländer, der auf seinen Lehrstuhl an der TH Darmstadt zurückkehrte. Weiterhin kamen die Bemühungen zur Gründung eines eigenen Kaiser-Wilhelm-Instituts für Faserstoffchemie zu einem erfolgreichen Ende und der bisherige Leiter der Textilabteilung Reginald Oliver Herzog wurde dessen Institutsdirektor. Obwohl die Berufung Herzogs zum Januar 1920 erfolgte, nahm das Institut erst im Laufe des Juni seine Tätigkeit auf, zunächst noch als Untermieter des Haberschen Instituts, bevor im September des Jahres 1922 das eigene Institutsgebäude bezogen werden konnte. Schließlich verließ im Herbst 1920 James Franck das Institut, um an der Universität Göttingen den Lehrstuhl für Experimentalphysik zu übernehmen und zusammen mit Max Born die große Zeit der Quantenphysik in Göttingen zu begründen.

Nur im Falle Francks hat sich Haber dezidiert darum bemüht, den personellen Verlust und die Schließung der Abteilung durch andere Maßnahmen zu kompensieren. Allerdings zeigte die einsetzende Inflation auch im Institutsbetrieb mehr

9 Schweer, *Stoltzenberg*.

und mehr Wirkung und die vorhandenen Finanzmittel konnten immer weniger die nötigen Kosten für die beiden verbleibenden Abteilungen von Haber und Freundlich decken, so dass erst Jahre später mit der Berufung von Rudolf Ladenburg 1924 die physikalische Abteilung reaktiviert werden konnte. Dennoch zählt die Existenz weitgehend selbstständiger Abteilungsleiter zum zentralen Erbe der Kriegszeit, denn vor dem Krieg waren Just und Leiser zwar ebenfalls offiziell Abteilungsleiter, doch verantworteten sie nicht eigenständige Forschungsprogramme. Nach Aussage Herbert Freundlichs leitete Haber das Institut auf mehr oder weniger „selbstherrliche Art" und erst die Erfordernisse des Krieges führten zur einer Modifizierung dieses autokratischen Leitungsstils. In der Weimarer Zeit hatte das Institut so neben Haber mindestens einen weiteren Abteilungsleiter; in der zweiten Hälfte der zwanziger Jahre existierten schließlich vier Abteilungen. Darüber hinaus erwartete Haber seit Mitte der zwanziger Jahre, dass unabhängig vom Status des Abteilungsleiters die habilitierten Wissenschaftler am Institut, von denen es inzwischen mehrere gab, für ihre eigene Forschungsrichtung sowohl inhaltlich als auch organisatorisch die Verantwortung trugen sowie Doktoranden und Assistenten betreuten.[10]

In den zwanziger Jahren arbeiteten so am Institut bedeutend mehr Wissenschaftler als in der Vorkriegszeit. Im Frühjahr 1921 gehörten dem inzwischen vollständig demobilisierten Institut 21 fest angestellte wissenschaftliche Mitarbeiter an, hinzu kamen die zwei noch verbliebenen Abteilungsleiter, zahlreiche Doktoranden und unbezahlte Gastwissenschaftler wie die Physiker Walter Gordon und Fritz Reiche. Obwohl dies den geringsten Personalbestand der Jahre zwischen 1919 und 1933 markiert, war er immer noch doppelt so groß wie in der Vorkriegszeit. Zum nichtwissenschaftlichen Personal des Instituts gehörten weiterhin drei vollbeschäftigte Laborassistenten, je ein Mechaniker und Schlosser, ein Verwaltungsdirektor, zwei Sekretärinnen und etwa sechs Angestellte, die sich um die Pflege der Gebäude und des Gartens kümmerten.[11] Die damalige Wissenschaftlerfluktuation war groß, so dass die Zahl der Forscher zwischen 24 und über 40 schwankte, wobei von ihnen nur eine Minorität – nach 1921 waren es einschließlich der Abteilungsleiter höchstens 12 – permanente Stellen hatte. Die Majorität waren Privatdozenten der beiden Berliner Hochschulen, Stipendiaten und von Haber direkt bezahlte Forscher sowie Gastwissenschaftler von anderen wissenschaftlichen Instituten, die die exzellenten Forschungsbedingungen des Instituts für eigene Untersuchungen nutzten. Daneben wurden von den Wissenschaftlern des Instituts zahlreiche Doktorarbeiten betreut. Dies war ebenfalls eine Errungenschaft des Ersten Weltkriegs, in dem eine ganze Reihe von Doktoranden in die Giftgasforschung integriert worden war. Dass vor dem Krieg kaum Doktoranden an Kaiser-Wilhelm-Instituten arbeiteten, hängt nicht nur damit zusammen, dass ihre Zahl damals noch überschaubar war und die Universitäten ihre Ausbildung noch selbst ohne große Mühen bewältigen konnten, sondern auch mit der Tatsache, dass

10 Haber an KWG 14. Juni 1929, MPGA Abt. Va, Rep. 5, Nr. 1908.
11 Haber, Jahresbericht 1921, MPGA Abt. Va, Rep. 5, Nr. 1912.

Abb. 2.4. *Institutsmitarbeiter auf dem Weg zum Kaffeetrinken nach Schlachtensee, v.l.n.r.: Friedrich Epstein, Paul Goldfinger, Ladislaus Farkas und Hartmut Kallmann am Steuer, Anfang der 1930er Jahre.*

die Kaiser-Wilhelm-Gesellschaft eine Neugründung und im akademischen Betrieb noch nicht etabliert war; zudem sollte sie sich auch nach den Worten des Kaisers „unbeeindruckt durch Unterrichtszwecke" allein der wissenschaftlichen Forschung widmen. In diesem Sinne hatte noch 1926 Walther Nernst – allerdings erfolglos – dafür plädiert, dass es jungen Forschern nicht erlaubt sein sollte, ihre Habilitation an Instituten der Kaiser-Wilhelm-Gesellschaft auszuführen.[12] Andererseits waren die Institute aber auch selbst nicht darauf eingerichtet, Studenten oder Doktoranden Arbeitsmöglichkeiten zu bieten – es sei denn, sie hatten ihre (experimentellen) Forschungen vor dem Institutseintritt bereits vollendet. Mit den finanziellen Schwierigkeiten der frühen zwanziger Jahren setzte indes ein Gesinnungswandel ein, denn nach den Worten Habers waren

> „beim wissenschaftlichen Personal ...erhebliche Ersparnisse aber nur dann zu erreichen, wenn man in grösserem Umfang mit jungen Leuten arbeitet, die diese Arbeit als integrierenden Teil ihrer Ausbildung ansehen, also mit Doktoranden."[13]

Die ersten Doktoranden des Instituts wurden direkt von Haber betreut – zu ihnen gehörten Hans Lehrecke (1922) und Friedrich Matthias (1924). Es gab auch Studenten, die von einem Professor der Berliner Universität oder der Charlottenburger

12 Haber an Schmidt-Ott 21. Juni 1926, MPGA Abt. Va, Rep. 5, Nr. 1687.
13 Haber an Harnack 19. Januar 1920, MPGA Abt. Va, Rep. 5, Nr. 1905.

Physikalische Chemie in Berlin

Berlin war in den Jahrzehnten um die Jahrhundertwende ein international führendes Wissenschaftszentrum. Physikhistoriker sprechen sogar von der „Großen Berliner Physik“, die in den Jahren zwischen 1900 und 1930 durch eine einzigartige Hochkultur physikalischer Forschung und durch Namen wie Hermann von Helmholtz, Emil Warburg, Max Planck, Albert Einstein oder Erwin Schrödinger gekennzeichnet ist. Ähnliches trifft auch für das Gebiet der physikalischen Chemie zu, wo zwischen 1919 und 1933 – nach den Worten Paul Hartecks – „mit Nernst, Haber, Bodenstein, Volmer und Bonhoeffer die führenden Physikochemiker Deutschlands wirkten und die Stadt zu einem Zentrum physikalisch-chemischer Forschung machten, das seinesgleichen in der Welt suchte.“

W. Nernst, A. Einstein, M. Planck, R.A. Millikan, M.v. Laue, Berlin 1931.

Die Blütezeit der physikalischen Chemie in Berlin hatte 1895 mit der Berufung von Jacobus Henricus van't Hoff auf eine Forschungsprofessur der Preußischen Akademie der Wissenschaften begonnen. Van't Hoff, der mit seinen Arbeiten über Reaktionsgeschwindigkeiten, chemische Gleichgewichte und Affinität einer der Begründer der physikalischen Chemie und 1901 der erste Berliner Nobelpreisträger war, hatte sich in Berlin neben seiner (sporadischen) Lehrtätigkeit mit dem Ursprung der Kalisalzlagerstätten in Staßfurt und den Bedingungen ihrer Entstehung beschäftigt. Neben van't Hoff wirkten damals Hans Landolt als Direktor und Hans Jahn als Abteilungsvorsteher des Physikalisch-Chemischen Instituts der Universität, doch war ihr Wirken nicht mit den Mitbegründern des Fachs Wilhelm Ostwald und Walther Nernst vergleichbar. Erst als sich Ersterer im Jahre 1906 von der Leitung seines Leipziger Instituts zurückzog und im Jahr zuvor Nernst Nachfolger Landolts an der Berliner Universität wurde und dieser zudem Max Bodenstein zu seinem Abteilungsvorsteher machte, entwickelte sich Berlin zum führenden Zentrum physikalisch-chemischer Forschung in Deutschland mit internationaler Strahlkraft. Dies wurde dadurch unterstrichen, dass Nernst seine Tätigkeit in Berlin mit einem Paukenschlag begonnen hatte: mit der Formulierung des dritten Hauptsatzes der Thermodynamik. Dessen experimentelle und theoretische Fundierung stand in den folgenden Jahren im Mittelpunkt seines Wirkens und die damit verknüpften Untersuchungen zum Verhalten der spezifischen Wärme bei tiefen Temperaturen machten Berlin zudem zu einem frühen Zentrum der noch jungen Quantentheorie.

Als Haber 1911 das Dahlemer Institut gründete, konnte er aber nur begrenzt von den wissenschaftlichen Ressourcen der Stadt profitieren. Van't Hoff war bereits todkrank und starb im folgenden Jahr und zu Nernst hatte er aufgrund ihrer konkurrierenden Arbeiten zur Ammoniaksynthese ein sehr distanziertes Verhältnis; zudem hatte er die meisten seiner Mitarbeiter aus Karlsruhe mitgebracht.

Mit den Berufungen von Max Bodenstein und Max Volmer erreichte die physikochemische Forschung in Berlin ihren Höhepunkt. Max Volmer übernahm 1922 die Leitung des Instituts für physikalische Chemie und Elektrochemie der Technischen Hochschule und hatte sich in den Jahren zuvor mit den zusammen mit Otto Stern in Hamburg durchgeführten Arbeiten zur Kinetik von intermolekularen Deaktivierungsprozessen (Stern-Volmer-Beziehung), die u. a. das Fluoreszenz-Quenching erkären konnte, einen Namen gemacht. In Berlin standen Untersuchungen zur Phasenbildung und zum Kristallwachstum im Fokus seines Forschungsinteresses. Max Bodenstein, der schon zwischen 1906 und 1908 in Berlin als Extraordinarius gewirkt hatte, trat 1923 die Nachfolge von Nernst an. Dieser hatte das renommierte Präsidentenamt der Physikalisch-Technische Reichsanstalt übernommen, kehrte aber schon im folgenden Jahr an die Berliner Universität zurück – nunmehr als Direktor des Physikalischen Instituts am Reichstagsufer. Auf der Grundlage seiner Forschungen zur Kinetik photochemischer Reaktionen von Wasserstoff- und Chlorgas hatte Bodenstein schon vor seiner Berliner Wirkungszeit das Konzept der Kettenreaktion entwickelt, das eine chemische Reaktion als das Ergebnis von aufeinanderfolgenden und sich verzweigenden Elementarschritten beschreibt. In seiner zweiten Berliner Wirkungszeit (1923 bis 1936) setzte Bodenstein seine fundamentalen Forschungen zur Photochemie von Chlor- und Bromwasserstoff sowie zu den chemischen Grundlagen der Fotografie fort; seine früheren Untersuchungen zur Photochemie und zur Kinetik der Gasreaktionen bildeten im Übrigen die Grundlage der Forschungen, die in den zwanziger Jahren von Haber und Polanyi am Dahlemer Institut durchgeführt wurden.

Haber und Bodenstein verband ein beinahe freundschaftliches Verhältnis, wie man überhaupt die Beziehungen zwischen den universitären Einrichtungen der Stadt und dem Dahlemer Institut in den zwanziger Jahren als fast symbiotisch bezeichnen kann. Letzteres konnte von den zahlreichen talentierten und hochmotivierten Studenten profitieren, die als Doktoranden oder Postdocs die Forschungsarbeiten des Instituts bereicherten. Mitarbeiter des Instituts wiederum nutzten die Universitätsinstitute zur weiteren Qualifikation, insbesondere um sich zu habilitieren oder Lehrerfahrungen zu sammeln. Auch wenn die Nachfolger Bodensteins, Paul Günther und Karl Friedrich Bonhoeffer, renommierte Forscher waren, konnten sie nicht zuletzt wegen der Einschränkungen der Kriegs- und Nachkriegszeit die Hochkultur physikalisch-chemischer Forschung in Berlin nicht weiterführen.

Technischen Hochschule, in der Regel von Max Bodenstein oder Arthur Rosenheim, betreut wurden und ihre experimentellen Arbeiten am Dahlemer Institut ausführten. Nachdem Herbert Freundlich zum Honorarprofessor der Berliner Universität (1925) und später auch der Technischen Hochschule (1930) ernannt wurde, hat er bis zu seiner Emigration regelmäßig Lehrveranstaltungen angeboten und auch mehrere Doktorarbeiten betreut, darunter die von Vera Birstein (1926); gleiches trifft für Michael Polanyi zu, dessen prominentester Doktorand wohl Eugene Wigner (1925) war. Die Verbindung zu den Berliner Hochschulen war auch durch die Lehrtätigkeit der habilitierten Institutsmitarbeiter gewährleistet. Haber selbst war zwar als Ordinarius formell zur Lehre verpflichtet, doch ist er dieser Verpflichtung praktisch nicht nachgekommen und im Vorlesungsverzeichnis der Berliner Universität findet man in den zwanziger Jahren lediglich „Chemische und physikalische Untersuchungen bzw. Wissenschaftliche Arbeiten im Kaiser-Wilhelm-Institut für physikalische Chemie" angekündigt. Herbert Freundlich las zu verschiedenen Themen der Kolloidchemie und über technische Chemie und Michael Polanyi jeweils im Wintersemester 1928 bis 1932 über Metalle und ihre Bearbeitung; Karl Friedrich Bonhoeffer hat ab dem Wintersemester 1927 bis zu seinem Wechsel nach Frankfurt im Frühjahr 1930 zu diversen Themen der physikalischen Chemie und der Atomphysik doziert; gleiches trifft für Paul Harteck zu, der vom Wintersemester 1931/32 bis zum Wintersemester 1932/33 Vorlesungen über die Grundzüge der Photochemie oder zur anorganischen Chemie anbot. Allerdings äußerte er im Frühjahr 1932 gegenüber seinem Mentor Karl Friedrich Bonhoeffer die Befürchtung, dass seine „Vorlesung vielleicht noch eingehen (wird). Ich habe nur 6 Hörer."[14] Dennoch dokumentieren diese Vorlesungsverpflichtungen die enge Verknüpfung des Instituts mit seinem Berliner universitären Umfeld.

In die ersten Nachkriegsjahre fallen auch zwei weitere Neuerungen, die die Zeiten überdauerten. Zum einen ist dies die Berufung herausragender Wissenschaftler zu Wissenschaftlichen Mitgliedern des Instituts und zum anderen die regelmäßige Durchführung eines wissenschaftlichen Kolloquiums. Letzteres war sicherlich dadurch beeinflusst worden, dass es allein für das Gebiet der Physik in Berlin bereits zwei Kolloquien gab, die von überregionaler Bedeutung waren und eine hohe wissenschaftliche Reputation besaßen: das Mittwochskolloquium des Physikalischen Instituts der Universität sowie das Freitagskolloquium der Physikalischen Gesellschaft, in denen man sich auf hohem Niveau und bei Anwesenheit zahlreicher Nobelpreisträger über die aktuellen Entwicklungen des Faches informieren konnte. Ähnliches wollte man auch in Dahlem begründen, um so nicht zuletzt den Standort und das Institutsprofil zu stärken. Leider gibt es kaum archivalische Überlieferungen zum Dahlemer Kolloquium und es sind keine Listen von Vortragenden und Teilnehmern überliefert. Aus der Erinnerungsliteratur wissen wir, dass das Kolloquium durch eine relativ informelle und kritische Atmosphäre sowie eine große Themenvielfalt gekennzeichnet war – „vom Heliumatom bis zum Floh" konnte alles Thema sein. Im Kolloquium stellten nicht nur die führenden

14 Harteck an Bonhoeffer 4. Mai 1932, PHP, 1:17.

Wissenschaftler der Dahlemer Institute – von Richard Goldschmidt über Lise Meitner und Otto Hahn bis zu Otto Warburg – ihre Forschungsergebnisse zur kritischen Diskussion, sondern es kamen auch herausragende Gelehrte aus aller Welt nach Dahlem – so auch Niels Bohr, den man anlässlich seines Berlin Besuchs im April 1920 zu einem „bonzenfreien“ Kolloquium nach Dahlem gebeten hatte, um mit ihm die neuesten Entwicklungen der Atomtheorie zu diskutieren. Um die Diskussion möglichst unautoritär zu gestalten, durften nur Nicht-Professoren teilnehmen; allerdings stiegen alle auf der gezeigten Abbildung abgelichteten Teilnehmer sehr bald in den begehrten Professorenstand auf und fünf von ihnen erhielten sogar den Nobelpreis. Für viele und insbesondere jüngere Teilnehmer

> „waren die Kolloquien eine der eindrucksvollsten und wertvollsten Erfahrungen in (ihrer) wissenschaftlichen Reifung, nicht nur durch das Erlebnis, den entgegengesetzten Ansichten so vieler berühmter Leute zuzuhören, sondern es war auch eine faszinierende Demonstration der Grenzen unseres Wissens, eine Warnung, flexibel zu sein und nicht starr an Meinungen festzukleben.“[15]

Abb. 2.5. *„Bonzenfreies“ Kolloquium anlässlich des Berlin Besuchs von Niels Bohr, Dahlem April 1920. V.l.n.r.: Otto Stern, Wilhelm Lenz, James Franck, Rudolf Ladenburg, Paul Knipping, Niels Bohr, Ernst Wagner, Otto von Baeyer, Otto Hahn, George von Hevesy, Lise Meitner, Wilhelm Westphal, Hans Geiger, Gustav Hertz, Peter Pringsheim.*

15 Nachmansohn, *Pioneers*, deutsche Fassung, S. 190.

Das Kolloquium fand im vierzehntägigen Rhythmus am Montagnachmittag statt, zunächst im Haberschen Institut und ab 1929 im neu eröffneten Harnack-Haus. Für das Programm und die Organisation war zunächst Herbert Freundlich und ab 1930 Michael Polanyi zuständig.

Die Statuten der einzelnen Kaiser-Wilhelm-Institute sahen vor, dass neben dem Institutsdirektor auch andere herausragende Wissenschaftler zu Wissenschaftlichen oder Ehrenmitgliedern des Instituts ernannt werden konnten. Das Kuratorium des KWI für physikalische Chemie und Elektrochemie, das auf Anregung Habers für die Auswahl solcher Mitglieder zuständig war, hat in den ersten Jahren des Instituts von diesem Instrumentarium, das nicht zuletzt die Kooperationsmöglichkeiten förderte und der Reputation des Instituts dienlich war, keinen Gebrauch gemacht. Erst 1918 wurden Habers langjährige Mitarbeiter Friedrich Epstein und Friedrich Kerschbaum für „ihre Verdienste im Kriege und Frieden" zu Ehrenmitgliedern des Instituts ernannt; erstes Wissenschaftliches Mitglied im heutigen Sinne wurde im folgenden Jahr Reginald Oliver Herzog, dem damit zugleich die Leitung der Textilabteilung übertragen wurde. In den Kreis der Wissenschaftlichen Mitglieder wurden ebenfalls die damaligen Leiter der anderen Abteilungen des Haberschen Instituts aufgenommen, d.h. Herbert Freundlich, Michael Polanyi und Rudolf Ladenburg. In der zweiten Hälfte der zwanziger Jahren gab es mit Karl Friedrich Bonhoeffer, Ferdinand Flury, James Franck, Johannes Jaenicke und Gerhard Just auch Auswärtige Wissenschaftliche Mitglieder; die Ehrenmitgliedschaft von Epstein und Kerschbaum wurde damals in eine auswärtige Mitgliedschaft umgewandelt.

Die Zunahme der Wissenschaftlichen Mitglieder zeigt, dass das Institut sehr schnell den Kollaps der Haberschen Gelehrtenkommission im Jahre 1920, als Flury, Friedländer und Franck das Institut verließen, überwinden konnte. Dabei war Haber besonders darum bemüht, die physikalische Fachkompetenz zu erhalten, weil dieses für das Selbstverständnis des Instituts zentral war. So verblieben die Doktoranden Francks am Institut und mit Walter Grotrian, Paul Knipping und Fritz Reiche wirkten dort weiterhin hochkarätige Physiker. Knipping, Mitentdecker der Röntgenstrahlinterferenzen, sollte zum Nachfolger Francks als Abteilungsleiter aufgebaut werden, doch zerschlugen sich die Pläne nach Kontroversen mit Haber und dem Fehlschlagen seiner Habilitation,[16] so dass das KWI auch für Knipping nur zur Zwischenstation auf dem Weg zu einer Universitätskarriere wurde – 1923 verließ er das Institut und ging zunächst nach Heidelberg und später an die TH Darmstadt, wo er seine röntgenographischen Forschungen fortsetzte. Im gleichen Jahr verließen auch Grotrian und Reiche das Institut – ging der erstere, der sich vor allem mit spektroskopischen Fragen im Umfeld der Bohrschen Atomtheorie beschäftigt hatte, als Observator an das Astrophysikalische Observatorium nach Potsdam, folgte Reiche, der als Privatdozent an der Berliner Universität wirkte und mit dem Institut als theoretischer Berater verbunden war, einem Ruf als Extraordinarius für theoretische Physik an die Universität Breslau. 1924 wurde mit der Berufung von Rudolf Ladenburg zum neuen Abteilungsleiter die physikalische

16 Glum an Harnack 6. April 1923, MPGA Abt. Va, Rep. 5, Nr. 1916.

Forschung am Institut neu organisiert, wobei das für Haber eine Schlüsselberufung war, gehörte doch die Beschäftigung mit Problemen der modernen (Quanten)Physik und namentlich die Erforschung der Atomstruktur zum Fokus „rein wissenschaftlicher Forschungen“ des Instituts.[17]

Quantenphysikalische Forschungen

Mit der Reorganisation des Instituts nach dem Ersten Weltkrieg ging auch eine Wiederaufnahme der physikalischen und namentlich der quantenphysikalischen Forschungen einher.[18] Dabei kam Haber der Umstand zugute, dass er während des Kriegs mit James Franck in näheren Kontakt gekommen war und dieser nach seiner Demobilisierung ein neues akademisches Betätigungsfeld suchte. Haber bot ihm Ende 1918 eine Stelle am KWI an, wobei er eine neue Abteilung für physikalische Forschung aufbauen und leiten sollte. Franck trat seine auf fünf Jahre befristete Stelle zum 10. Januar 1919 an und widmete sich in den folgenden zwei Jahren – bis zu seinem Wechsel an die Universität Göttingen – der Weiterführung seiner Elektronenstoßexperimente aus der Vorkriegszeit. Gemeinsam mit Gustav Hertz hatte James Franck 1912/13 am Physikalischen Institut der Berliner Universität Elektronenstoßversuche in Quecksilberdämpfen durchgeführt und dabei zeigen können, dass die Stöße zwischen Elektronen und Quecksilberatomen nur unterhalb einer gewissen Schwellenenergie elastisch sind. Beim Erreichen der Schwellenenergie wird der Stoßvorgang unelastisch und Licht einer bestimmten Frequenz abgestrahlt, wobei die Anregungsenergie genau einem Vielfachen der Planckschen Energiequanten $h\nu$ entsprach.[19] Franck und Hertz war zwar der Zusammenhang zur Quantentheorie bewußt, doch erkannten sie zunächst nicht, dass ihr Ergebnis zudem eine glänzende Bestätigung des fast gleichzeitig aufgestellten Bohrschen Atommodells darstellte – darauf machte erst Niels Bohr selbst im Jahre 1915 aufmerksam. Zu diesem Zeitpunkt leisteten aber sowohl James Franck als auch Gustav Hertz Kriegsdienst, so dass weiterführende Forschungen zunächst nicht durchgeführt werden konnten. Erst nach dem Krieg nahmen Franck und Hertz ihre Forschungen wieder auf und überprüften die früheren Experimente unter dem Aspekt der Bohrschen Atomtheorie.[20] Dies geschah vornehmlich am Haberschen Institut, denn für Haber war die Bedeutung der Bohrschen Atomtheorie für die physikalische Chemie so offensichtlich, dass in den zwanziger Jahren Untersuchungen zur Atomstruktur – neben der Kolloidchemie – einer der zentralen Forschungsgegenstände des Instituts war.

In seiner zweiten Berliner Zeit führte Franck, der zum Frühjahrssemester 1921 einem Ruf an die Universität Göttingen folgte, eine Serie von Versuchen durch,

17 Haber an Harnack 9. Juni 1923, MPGA Abt. Va, Rep. 5, Nr. 1916.
18 Vgl. auch Friedrich, Hoffmann, *Quantenphysik*; Haber, *Zeitalter*.
19 Franck, Hertz, *Zusammenstöße*.
20 Vgl. Lemmerich, *Sturm*.

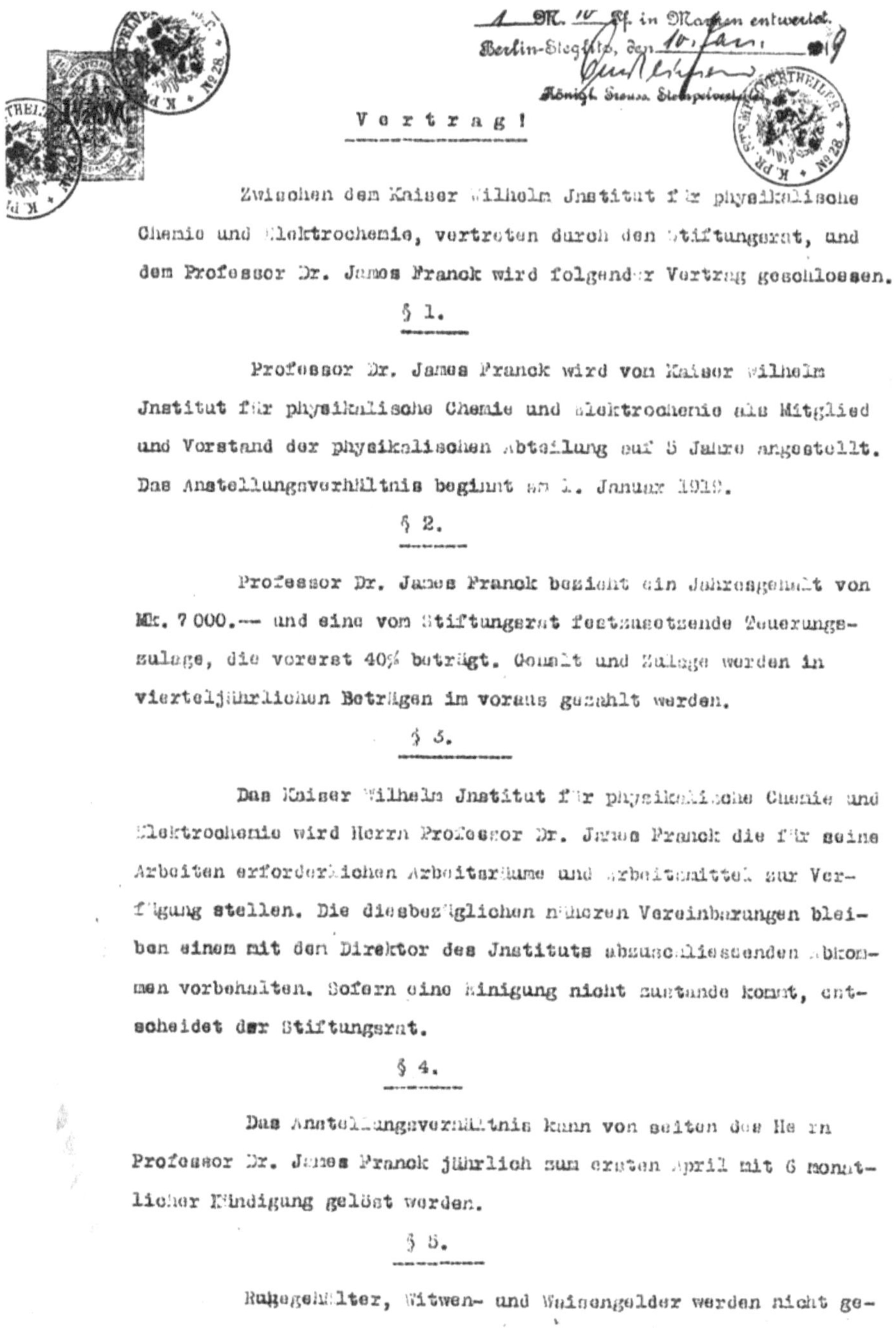

1 Mk. 10 Pf. in Marken entwertet.
Berlin-Steglitz, den 10. Jan. 1919
Königl. Preuss. Stempelverteiler

Vertrag!

Zwischen dem Kaiser Wilhelm Jnstitut für physikalische Chemie und Elektrochemie, vertreten durch den Stiftungsrat, und dem Professor Dr. James Franck wird folgender Vertrag geschlossen.

§ 1.

Professor Dr. James Franck wird vom Kaiser Wilhelm Jnstitut für physikalische Chemie und Elektrochemie als Mitglied und Vorstand der physikalischen Abteilung auf 5 Jahre angestellt. Das Anstellungsverhältnis beginnt am 1. Januar 1919.

§ 2.

Professor Dr. James Franck bezieht ein Jahresgehalt von Mk. 7 000.-- und eine vom Stiftungsrat festzusetzende Teuerungszulage, die vorerst 40% beträgt. Gehalt und Zulage werden in vierteljährlichen Beträgen im voraus gezahlt werden.

§ 3.

Das Kaiser Wilhelm Jnstitut für physikalische Chemie und Elektrochemie wird Herrn Professor Dr. James Franck die für seine Arbeiten erforderlichen Arbeitsräume und Arbeitsmittel zur Verfügung stellen. Die diesbezüglichen näheren Vereinbarungen bleiben einem mit dem Direktor des Jnstituts abzuschliessenden Abkommen vorbehalten. Sofern eine Einigung nicht zustande kommt, entscheidet der Stiftungsrat.

§ 4.

Das Anstellungsverhältnis kann von seiten des Herrn Professor Dr. James Franck jährlich zum ersten April mit 6 monatlicher Kündigung gelöst werden.

§ 5.

Ruhegehälter, Witwen- und Waisengelder werden nicht ge-

Abb. 2.6. *Arbeitsvertrag von James Franck mit dem KWI für physikalische Chemie und Elektrochemie, 1919.*

Abb. 2.7. *James Franck (1882–1964) um 1925.*

bei denen es einerseits um die Bestätigung der Elektronenstoßversuche in anderen Metalldämpfen ging, vor allem aber um ein vertieftes Verständnis der Atomstruktur und der atomaren Anregungsenergien. Die Veröffentlichungen dieser Jahre kreisen so um Anregungsspannungen und -potenziale, Ionisierungs- und Dissoziationsarbeit, doch vor allem um spektroskopische Phänomene, denn die Spektroskopie wurde zum wichtigsten Erkenntnismittel und zum Rückgrat der in diesem Zusammenhang betriebenen Forschungen. Diese versuchten nicht zuletzt durch Präzisionsmessungen der Spektren und Anregungsenergien die Feinheiten des Bohrschen Atommodells und die von Theoretikern wie Arnold Sommerfeld oder Alfred Landé vorgeschlagenen Modelle der Elektronenbahnen experimentell zu bestätigen, insbesondere auch für höhere Anregungszustände. Man verglich dabei die theoretisch ermittelten Emissionswerte mit den spektroskopisch gemessenen Daten, wobei „Bohrs Theorie mit großer Schärfe bestätigt werden kann.“[21] Beispielsweise konnte nachgewiesen werden, dass in einem Gas die Elektronenbahnen hoch angeregter Atome durchaus die Bahnen von unangeregten Atomen durchdringen und es wurde eine Fülle neuer Erkenntnisse über das Verhalten der Elektronen im angeregten Zustand gewonnen. Da viele Experimente mit Quecksilberdampf durchführt wurden, etablierte sich dieser schließlich zu einer Art Modellsubstanz für solche Untersuchungen.

Franck wurde bei seinen Forschungen vor allem durch Paul Knipping und Walter Grotrian sowie einigen Doktoranden – darunter Herta Sponer, die im amerikanischen Exil seine zweite Frau werden sollte – unterstützt. Unterstützung erhielt er auch von Fritz Reiche, einem der wenigen Doktoranden von Max Planck, dessen Arbeiten zur Quantentheorie an der Wende zu den zwanziger Jahren auf einige Beachtung gestoßen waren und der wegen seiner brillanten Ideen – in Anlehnung

21 Franck, Einsporn, *Quecksilberdampf.*

an Bohrs Spitznamen – das „kleine Orakel“ genannt wurde; 1921 veröffentlichte er zudem eines der ersten Lehrbücher der Quantentheorie.[22] Von Reiche sagte man, dass kein anderer

> „die Schwierigkeiten des Experimentalphysikers so gut verstand und sie so lichtvoll auflösen konnte.“[23]

Diese Fähigkeit war es wohl auch, die ihn in seinen letzten Berliner Jahren – er wirkte zwischen 1913 und 1921 als Privatdozent an der Berliner Universität und ging dann als Extraordinarius nach Breslau – zum „Haustheoretiker“ des Haberschen Instituts und namentlich Francks machten. Aus dieser Kooperation entstand ein Aufsatz mit Franck über Helium und Parahelium, der zeigt, dass es bei der Elektronenstoßanregung von Helium einen metastabilen Anregungszustand gibt, von dem das angeregte Elektron nicht direkt in den Grundzustand zurückspringen kann, und der damit ein frühes Beispiel für einen sogenannten „verbotenen Übergang“ ist.[24]

Während des Interregnums zwischen dem Weggang von James Franck zu Beginn des Jahres 1921 und der Anstellung von Rudolf Ladenburg drei Jahre später publizierte Paul Knipping einige Aufsätze, die sich retrospektiv mit der Entdeckung der Röntgenbeugung und der Entwicklung dieser neuen Forschungsmethode beschäftigten; auch beschrieb er einen neuen Apparat zur Messung der Ionisierung.[25] In dieser Zeit ruhten die spektroskopischen und Dispersionsuntersuchungen und wurden erst wieder aufgenommen, nachdem Rudolf Ladenburg seine Tätigkeit in Dahlem begonnen hatte. Dessen wissenschaftliche Anerkennung gründete sich auf Forschungen zur optischen Dispersion und zur Polarisation von gestreutem Licht. Diese hatte er teilweise zusammen mit Rudolf Minkowski an der Universität Breslau durchgeführt, wo er seit 1909 als Privatdozent bzw. außerordentlicher Professor wirkte. Entsprechende Untersuchungen standen auch im Mittelpunkt seiner ersten Arbeiten am Haberschen Institut. Mit den am Institut vorhandenen spektroskopischen und Röntgenapparaturen besaß man auch die Expertise, sich mit dem 1923 entdeckten Compton-Effekt zu beschäftigen, der bei den damaligen Physikern auf große Aufmerksamkeit gestoßen war.[26] So publizierte Hartmut Kallmann 1924 zusammen mit Hermann Mark, einem Röntgenbeugungsexperten vom benachbarten KWI für Faserstoffchemie, einen Aufsatz zum Compton-Effekt.[27] Wenig später beteiligte sich Kallmann auch an den aktuellen Forschungen über die Anregung von Gasspektren durch chemische Reaktionen. Seine Ergebnisse publizierte er in der Zeitschrift für Physik, womit sie in einer Sprache formuliert waren, die der Physik sicherlich sehr viel näher stand als den (chemischen) Diskursen am eigenen Institut. Allerdings beanspruchen diese

22 Bederson, *Reiche*. Wehefritz, *Reiche*.
23 Schaeffer, *Reiche*, S. 316.
24 Franck, Reiche, *Helium*.
25 Knipping, *Zehn Jahre*. Knipping, *Registrierapparat*.
26 Stuewer, *Compton Effect*.
27 Kallmann, Mark, *Comptoneffekte*.

Untersuchungen heute nur noch historisches Interesse. Obwohl Kallmann nominell der Physikabteilung zugeordnet war, agierte er vorwiegend außerhalb der existierenden Abteilungsstruktur bzw. über deren Grenzen hinweg, nicht zuletzt in seiner inoffiziellen Eigenschaft als Habers „Chef des Stabs" und nach seiner Habilitation zudem als Leiter eines eigenen Arbeitskreises.[28] Zu seinen wissenschaftlichen Verdiensten zählt nicht nur die quantenmechanische Beschreibung der Energieübertragung zwischen atomaren Systemen, sondern auch die Entwicklung der Grundprinzipien eines Schwerionen-Linearbeschleunigers.[29] Auch wenn letzterer wegen der nationalsozialistischen Machtübernahme nicht über ein frühes Planungsstadium hinauskam, dokumentieren diese Planungen, dass sich das Institut Anfang der dreißiger Jahren auch für kernphysikalische Forschungen zu öffnen begann. Dies wird auch durch die Tatsache belegt, dass Paul Harteck 1933 mit einem Stipendium der Rockefeller-Stiftung für ein Jahr ans Cavendish-Laboratorium nach Cambridge zu Ernest Rutherford ging, um dort Kernphysik zu lernen. Wie Harteck in einem Vortrag aus dem Jahre 1983 berichtete, war er damals zu der Überzeugung gelangt, die auch Haber teilte,

> „that exactly like thermodynamics was and still is of dominant importance for chemistry, similary in the foreseeable future nuclear physics should open interesting and fundamental fields for a physical chemist."[30]

Auch in diesem Fall haben die politischen Entwicklungen die Weiterverfolgung der entsprechenden Pläne verhindert.

Paul Harteck war nach seiner Promotion bei Max Bodenstein in Berlin und einer zweijährigen Assistententätigkeit bei Arnold Eucken in Breslau im Jahre 1928 an das KWI für physikalische Chemie und Elektrochemie gekommen. Dort gehörte er zur Abteilung Habers und arbeitete vor allem mit Karl Friedrich Bonhoeffer zusammen. Im Mittelpunkt ihrer Zusammenarbeit standen Forschungen zu den Modifikationen des Wasserstoffs. Theoretiker wie Werner Heisenberg und Friedrich Hund hatten Mitte der zwanziger Jahre aus dem anomalen Verhalten der spezifischen Wärme des Wasserstoffs bei tiefen Temperaturen darauf geschlossen, dass der normale Wasserstoff ein Gemisch von zwei Modifikationen, dem ortho- und para-Wasserstoff sei, wobei sich die beiden Zustandsformen des Wasserstoffs durch die Richtung ihres Kernspins unterscheiden sollten – ortho-Wasserstoff besitzt einen parallelen Kernspin, wogegen dieser beim para-Wasserstoff antiparallel ausgerichtet ist. Auf dieser Grundlage ließ sich auch das Verhältnis der beiden Modifikationen ermitteln, das im Hochtemperaturgleichgewicht bei 1 : 3 zugunsten des ortho-Wasserstoffs liegt. 1927 hatte der amerikanische Physiker David M. Dennison diese Hypothese weiter präzisiert, doch gelang es wegen der großen messtechnischen Probleme im Tieftemperaturbereich und der langen Umwandlungszeiten zwischen beiden Modifikationen zunächst nicht, die Existenz des para-Wasserstoffs experimentell nachzuweisen. Wegen des grundsätzlichen

28 Vgl. Wolff, *Kallmann*.
29 Brix, u. a. *Beschleuniger*, S. 266. Weiss, *Spannung*.
30 Harteck, *Teachers*.

Abb. 2.8. *Hartmut Kallmann (1896–1978) im Labor.*

Charakters des Problems, das sowohl für die physikalische Chemie als auch für die Quantenmechanik von Bedeutung war, stand es auch am Haberschen Institut auf der Forschungsagenda.[31] In einem Brief Karl Friedrich Bonhoeffers vom 28. Oktober 1928 liest man:

> „Wir haben uns Versuche in den Kopf gesetzt, die experimentell zeigen sollen, dass der gewöhnliche Wasserstoff ...ein Gemisch ist, was einige Theoretiker behaupten ... Aber fürs erste geht es überhaupt nicht, und mir sind bei der vielen vergeblichen Plackerei schon die Hälfte der Haare ausgefallen."[32]

Erst als man eine Idee von Fritz London aufnahm, der damals Assistent von Erwin Schrödinger an der Berliner Universität war und vorgeschlagen hatte, den Wasserstoff möglichst lange bei tiefer Temperatur zu halten, um so eine möglichst hohe Umwandlungsrate von ortho- in para-Wasserstoff zu erreichen, gelang der Durchbruch. Messungen der Wärmekapazität zeigten signifikante Veränderungen, die mit den theoretischen Voraussagen gut übereinstimmten. Damit war der experimentelle Nachweis des para-Wasserstoffs gesichert. Mit ihrem Nachweis,

31 Vgl. u. a. Gearhart, *Hydrogen*.
32 PHP, 1:1.

Abb. 2.9. *Das Wasserstoffteam des Kaiser-Wilhelm-Instituts um 1930: Ladislaus Farkas, Paul Harteck, Adalbert Farkas, Karl Friedrich Bonhoeffer (v.l.n.r.).*

der im März bzw. Mai 1929 in den „Naturwissenschaften" veröffentlicht wurde, kamen die Dahlemer Wissenschaftler ihrem Breslauer Kollegen Arnold Eucken nur um Tage zuvor.[33] Verantwortlich hierfür war nicht nur Hartecks ausgewiesene Kompetenz bei der Messung spezifischer Wärmen im Tieftemperaturbereich, sondern auch Bonhoeffers Idee, statt der Wärmekapazität die dazu proportionale Wärmeleitfähigkeit zu bestimmen, die einfacher zu messen war und zudem wesentlich geringere Gasmengen erforderte; darüber hinaus nutzten sie mit Aktivkohle einen Katalysator, der den Umwandlungsprozess beträchtlich beschleunigte. Letzteres bot dann auch die Grundlage, para-Wasserstoff in größeren Mengen herzustellen und in späteren Arbeiten, an denen sich maßgeblich Adalbert und Ladislaus Farkas beteiligten, die physikalischen und chemischen Eigenschaften umfassend zu beschreiben. Welch grundsätzliche Bedeutung der Nachweis für die Quantenmechanik hatte, machte die Verleihung des Nobelpreises für Werner

33 Bonhoeffer, Harteck, *Wasserstoff.* Bonhoeffer, Harteck, *Weitere.*

Heisenberg im Jahre 1933 deutlich, bekam er doch den Preis „für die Begründung der Quantenmechanik, deren Anwendung zur Entdeckung der allotropen Formen des Wasserstoffs geführt hat"; Bonhoeffer und Harteck wurden für ihren Nachweis mindestens einmal (1937) für den Chemiepreis vorgeschlagen.

Die Untersuchungen über die Zustandsformen des Wasserstoffs machten das Habersche Institut an der Wende zu den dreißiger Jahren zu einem international führenden Zentrum der Wasserstoffchemie. Die in diesem Zusammenhang gewonnenen Forschungsergebnisse bildeten im Übrigen den Grundstock für eine der ersten Monographien des Fachgebietes, *Orthohydrogen, Parahydrogen and Heavy Hydrogen* von Adalbert Farkas; allerdings wurde das Buch erst 1935 im Exil publiziert.[34]

Mitte der zwanziger Jahre beschäftigte man sich am Haberschen Institut aber nicht nur hinsichtlich der Modifikationen des Wasserstoffs mit den Konsequenzen der Quantenmechanik, auch in der Physikabteilung stand damals ein hochaktuelles Problem der sich gerade etablierenden Quantenmechanik im Mittelpunkt des Forschungsinteresses. In der Entwicklungsgeschichte der Quantenmechanik spielte die optische Dispersionstheorie, d. h. die Brechung und Streuung von Licht, eine zentrale Rolle.[35] Ladenburg hatte in seiner Breslauer Zeit wichtige Beiträge zur Transformation der klassischen Dispersionstheorie in die Quantentheorie geleistet und zusammen mit dem oben schon erwähnten Fritz Reiche, der inzwischen in Breslau wirkte, auf den Zusammenhang zwischen der in der klassischen Theorie so wichtigen Zahl der Dispersionselektronen und den quantentheoretischen Übergangswahrscheinlichkeiten zwischen den stationären Zuständen des Atoms hingewiesen. Anknüpfend an diese Forschungen, die im Zusammenhang mit Heisenbergs Matrizenmechanik von zentraler Bedeutung geworden waren, widmete sich Ladenburg in Dahlem der experimentellen Prüfung der quantentheoretischen Dispersionstheorie. In Hans Kopfermann, der 1926 nach seiner Göttinger Promotion bei James Franck ans Dahlemer Institut gewechselt war, fand er einen kongenialen Mitarbeiter, wobei im Mittelpunkt ihrer Forschungen das Studium der Dispersion angeregter Gase stand. Im Juni 1926 stellte Haber in einer Sitzung der Preußischen Akademie die ersten Ergebnisse dieser Untersuchungen vor, an der auch Agathe Carst, ebenfalls Postdoc am Institut, beteiligt war. In der entsprechenden Mitteilung heißt es:

> „Nach der Methode der Interferenzstreifen wird an vielen Linien des He, Ne, Hg und H bei Anregung dieser Gase durch Gleichstrom anomale Dispersion nachgewiesen und zum Teil quantitativ gemessen. Aufgrund der quantentheoretischen Dispersionsformel von Ladenburg und Kramers und des F-Summensatzes von Reiche-Thomas wird aus diesen Messungen die Übergangswahrscheinlichkeit der verschiedenen Quantenübergänge sowie die Zahl der Atome in den angeregten Zuständen und ihre Änderung mit Stromstärke, Druck und Temperatur des Gases bestimmt."[36]

34 Farkas, *Orthohydrogen*.
35 Jansen, Duncan, *Umdeutung*.
36 Haber, *Dispersion*.

Abb. 2.10. *Rudolf Ladenburg (1882–1952), um 1930.*

Diesem ersten Hinweis auf die Möglichkeit einer „negativer Dispersion" wurde in nachfolgenden Untersuchungen weiter nachgegangen, deren Ergebnisse zwischen 1928 und 1930 in einer Serie von Aufsätzen in der Zeitschrift für Physik publiziert wurden. Der Effekt der anomalen bzw. negativen Dispersion konnte 1928 zweifelsfrei an den Spektrallinien eines elektrisch angeregten Neongases nachgewiesen werden. Dieser Effekt bedeutet, dass bestimmte Stoffe aufgrund ihrer quantenmechanischen Eigenschaften nach der Bestrahlung mit Licht einer definierten Frequenz mehr Licht dieser Frequenz emittieren, als sie absorbiert haben. In der modernen Physik wird ein solches Verhalten als stimulierte Emission bezeichnet und bildet die Grundlage des Laserphänomens.[37] Einige Physikhistoriker meinen sogar, dass Ladenburg und Kopfermann bei Verwendung größerer Stromstärken und etwas Glück vielleicht sogar den ersten Laserimpuls hätten erzeugen können.[38] Nachdem 1930 Günther Wolfsohn Assistent von Ladenburg wurde, wandte sich Kopfermann dem Studium der Hyperfeinstruktur von Atomspektren zu: ein weiteres Beispiel für die damalige Öffnung des Instituts für kernphysikalische Probleme. Seine Untersuchungen über Spektren verschiedener Isotope eines Elements führten 1931 zur Entdeckung der Isotopieverschiebung der Hyperfeinstruktur, d.h. des Einflusses des Atomkerns auf die Elektronenhülle. Die Bestimmung der Eigenschaften des Atomkerns mittels seiner Wechselwirkung mit der Elektronenhülle wurde dann auch zum eigentlichen wissenschaftlichen Spezialgebiet

37 Ladenburg, Kopfermann, *negative Dispersion.*
38 Brown, Pike, *Optics.*

Abb. 2.11. *Hans Kopfermann (1895–1963), um 1928.*

Kopfermanns, dessen Ergebnisse in seinem Standardwerk Kernmomente zusammengefasst wurden – allerdings war Kopfermann da schon nicht mehr Mitarbeiter des Haberschen Instituts, sondern Professor in Kiel bzw. Heidelberg.[39]

Theoretische Chemie

Eng mit den quantentheoretischen Forschungen des Instituts verknüpft sind dessen Beiträge zur theoretischen Chemie, für deren Begründung ebenfalls während der zwanziger Jahre in Dahlem Pionierarbeit geleistet wurde. Dafür stehen vor allem Michael Polanyi mit seinen bahnbrechenden Experimentaluntersuchungen zur chemischen Kinetik und mit ihm kooperierende Theoretiker wie Eugen Wigner, Fritz London oder Henry Eyring. Unter der Ägide Polanyis wurden von dieser Gruppe die konzeptuellen Grundlagen der kinetischen Theorie gelegt. Dies erfolgte in enger Wechselbeziehung mit der sich damals stürmisch entwickelnden Quantenmechanik und antizipierte spätere Entwicklungen der chemischen Reaktionsdynamik.

Polanyi beschäftigten seit den frühen zwanziger Jahren die Konsequenzen, die sich aus der Entwicklung der Quantentheorie für die Kinetik chemischer Reaktionen ergaben. Er erkannte, dass die kinetische Theorie in diesem Sinne korrigiert werden musste, weil insbesondere der Quotient aus den Reaktionsgeschwindigkeiten der Hin- und Rückreaktion nicht mit der thermodynamisch ermittelten Gleichgewichtskonstante übereinstimmte.[40] 1925 lösten Polanyi und Wigner das Rätsel der Zweiteilchenreaktion und ihrer Umkehrung, des Zerfalls eines Teilchens

39 Kopfermann, *Kernmomente*. Vgl. Lieb, *Kopfermann*.
40 Polanyi, *Problem*.

in zwei Bruchstücke, durch Anwendung des Unschärfeprinzips, wobei man ähnlich wie Bohr bei der Lösung der spektroskopischen Probleme vorging.[41] Ihre Theorie vereinte nicht nur die Kinetik mit der Thermodynamik des Kombinations- und Zerfallsprozesses, sondern nahm die spätere Breit-Wigner Formel (1936) vorweg, welche die Kinetik sowohl der molekularen als auch der kernnahen Resonanzkollisionen umfasst.

Eugene Wigner hatte Chemie an der Technischen Hochschule Berlin-Charlottenburg studiert und 1925 unter der Anleitung Polanyis mit einer Arbeit „Bildung und Zerfall von Molekülen, Statistische Mechanik und Reaktionsgeschwindigkeit" promoviert. Nach einem kurzen Intermezzo in seiner ungarischen Heimat, wo er in der Budapester Lederfabrik seines Vaters als Industriechemiker arbeitete, kehrte Wigner 1926 nach Berlin zurück, um als Mitarbeiter von Karl Weissenberg am KWI für Faserstoffchemie Kristallgittersymmetrien mit Hilfe der Gruppentheorie zu studieren.[42] Auch wenn sein Wirken in Dahlem nur kurze Zeit währte und er schon bald als Assistent von Richard Becker an die Technische Hochschule zurückkehrte, blieb nicht nur der Kontakt zu den Dahlemer Instituten und namentlich zu Polanyi erhalten, sondern auch sein Interesse für gruppentheoretische Symmetriebetrachtungen. Er war der Erste, der solche Symmetriebetrachtungen in die Quantenmechanik einbrachte und damit die spektroskopischen Auswahlregeln erklären konnte. Neben diesen fundamentalen Beiträgen, die in der Entwicklung der Quantenmechanik von nachhaltiger Wirkung waren, weil sie die zentrale Bedeutung von Symmetrieprinzipien und gruppentheoretischen Methoden bei der generellen Lösung physikalischer Probleme aufzeigten,[43] hat sich Wigner in der zweiten Hälfte der zwanziger Jahre auch weiterhin mit der Theorie chemischer Reaktionen beschäftigt und dabei mit dem Haberschen Institut kooperiert.

Für die Entwicklung einer allgemeinen Theorie der chemischen Reaktionen waren die am Haberschen Institut durchgeführten Untersuchungen zur Dynamik der einfachsten chemischen Gleichgewichtsreaktion ($H + H_2 \Leftrightarrow H_2 + H$) von zentraler Bedeutung. Sie wurden ganz wesentlich durch den oben bereits beschriebenen Nachweis des para-Wasserstoffs und seiner Umwandlung in ortho-Wasserstoff stimuliert,[44] da diese Forschungen zu einem Grundmodell für die Erklärung der chemischen Bindung führten, das für thermische und hyperthermische Reaktionen bis heute angewendet wird. Die Ergebnisse zeigten einen praktikablen Weg, die Vorgänge der Entstehung und des Trennens chemischer Bindungen zu interpretieren, welcher bis heute für thermische und hyperthermische Reaktionen maßgeblich ist: Eine die Energie der beteiligten Atomkerne darstellende Kugel rollt auf einer durch die potenzielle Eigenenergie der Elektronen gegebenen, imaginären Fläche. Auf dem Weg vom Energietal oder -minimum der Reaktanden zum Tal der Produkte folgt der Ball der durch die Reaktionsenergie vorgegebenen Richtung, wobei sich

41 Polanyi, Wigner, *Molekülen.*
42 Zur Biographie vgl. Mehra, *Wigner.*
43 Chayut, *Periphery.* Borrelli, *Selection.*
44 Farkas, *Kinetik.*

Abb. 2.12. *Rechts Eugene Wigner (1902–1995). Links Werner Heisenberg (1901–1976), 1928.*

diese Reaktionsenergie aus Translations-, Schwingungs- und Rotationskomponenten zusammensetzt.[45] Ein solcher Blick auf die Reaktion bedingt eine Trennung von Kernbewegung und Elektronenbewegung, die heute als Born-Oppenheimer-Näherung bezeichnet wird. Die Oberfläche der potenziellen Energie wurde erstmals von Fritz London berechnet, der zwischen 1928 und 1933 als Assistent von Erwin Schrödinger an der Berliner Universität wirkte und auch mit dem Haberschen Institut im Kontakt stand.[46] Unmittelbar vor seiner Übersiedlung nach Berlin hatte er in Zürich zusammen mit Walter Heitler die Grundprinzipien der homöopolaren Bindung entwickelt und damit einem quantenmechanischen Verständnis der chemischen Bindung den Weg geebnet. Danach werden beim Wasserstoffmolekül die Eigenfunktionen der beiden Atome bei ihrer Annäherung symmetrisch verknüpft, so dass die Austauschwechselwirkung zwischen den Valenzorbitalen zur kovalenten Bindung führt. Während Heitlers und Londons revolutionäre Tat im Bereich der Quantenchemie die Hypothese von G.N. Lewis aus dem Jahr 1916 über die Rolle von gepaarten Elektronen bei der chemischen Bindung bestätigte, hauchte Londons Behandlung des H_3-Systems dem Arrheniusschen Konzept der Aktivierungsenergie von 1889 neues Leben ein. Nach London war diese als ein auf dem

45 Polanyi, Eyring, *Gasreaktionen*.
46 Zur Biographie vgl. Gavroglu, *London*.

Abb. 2.13. *Henry Eyring (1901–1981), um 1942.*

Weg zwischen den Eigenenergietälern von Reaktand und Produkt zu überwindender Höhenkamm zu interpretieren. Darauf aufbauend, haben Polanyi und Eyring die Genauigkeit der Berechnungen der Ebene der potenziellen Energie dadurch weiter verbessert, dass sie die unabhängig von der behandelten Theorie spektroskopisch gemessenen Energiewerte für Elektronen verwendeten. Dieses als „semi-empirisch" bezeichnete Verfahren stellte eine methodische Innovation dar, welche auf verschiedenen Gebieten von unschätzbarem Wert war.[47] Die Häufigkeit, mit der die Kugel die Anhöhe passiert – und damit die Reaktionsgeschwindigkeit –, wurde 1932 in Polanyis Gruppe von Hans Pelzer und Eugene Wigner abgeschätzt, indem sie die statistische Mechanik zusammen mit den semi-empirischen London-Eyring-Polanyi-Oberflächen der potenziellen Energie verwendeten. Dies war der erste Schritt zur heute allgemein genutzten Theorie des „Übergangszustands" oder „aktivierten Komplexes" in der Kinetik chemischer Reaktionen. Allerdings gilt es diesbezüglich anzumerken, dass Polanyis erster Artikel zur Theorie des Übergangszustands erst zwei Jahre nach seiner Emigration publiziert und die Theorie gleichzeitig auch von Henry Eyring Mitte der dreißiger Jahre in Princeton entwickelt wurde. Da letzterer aber Ende der zwanziger Jahre für fast ein Jahre Gastwissenschaftler in Polanyis Abteilung war, ist davon auszugehen, dass die in Dahlem betriebenen Forschungen ganz wesentlich zur Entwicklung der Theorie beigetragen haben.

Ein weiterer zentraler Beitrag zur Molekültheorie, der ebenfalls in Dahlem begründet wurde, war die Physisorption. Bereits während des Ersten Weltkriegs hatte Polanyi die Idee entwickelt, dass es zwischen Gasatomen bzw. -molekülen und einer Festkörperoberfläche eine spezielle Anziehungskraft gibt, deren räumliche Verteilung er mit Hilfe einer Potentialfunktion empirisch zu beschreiben versuchte.

47 Nye, *Tools*.

Michael Polanyi (1891 – 1976)

Michael Polanyi wurde als fünftes Kind einer liberalen jüdischen Familie in Budapest geboren. Sein Vater Mihály Pollacsek war Eisenbahn-Ingenieur und Unternehmer; seine Mutter Cecília Wohl stammte aus Wilna und führte einen bekannten literarischen Salon. Polanyi hatte zunächst in seiner Heimatstadt Medizin studiert. Nach Abschluss des Studiums ging er 1913 nach Karlsruhe, um Chemie zu studieren, doch unterbrach der Erste Weltkrieg seine Studien, da er als Sanitätsoffizier eingezogen wurde. 1919 promovierte er in Budapest und ging als Assistent an die TH Karlsruhe, wechselte aber schon im folgenden Jahr an das Dahlemer KWI für Faserstoffchemie von Reginald Oliver Herzog. Im Herbst 1923 holte ihn Haber als Abteilungsleiter an sein Institut, wo er bis zu seiner erzwungenen Emigration im Frühjahr 1933 blieb. In Dahlem entwickelte sich Polanyi mit seinen Forschungen zur Röntgenstrukturanalyse, insbesondere von organischen Verbindungen, sowie zur Adsorptionstheorie und zur Reaktionskinetik zu einem international angesehenen Wissenschaftler. Allerdings fanden einige seiner Forschungen nicht die sofortige Anerkennung der Fachwelt – im Fall der Theorie des Übergangszustands, die auf Untersuchungen von ihm und Henry Eyring in Dahlem zurückgeht und dann im englischen Exil voll ausgearbeitet wurde, brauchte es sogar Jahrzehnte, bis diese im Rahmen des Aufschwungs der Molekularstrahlmethode in den 1960er Jahren uneingeschränkt akzeptiert wurde.

Polanyi war aber nicht nur ein angesehener Physikochemiker, sondern auch ein viel beachteter Wissenschaftsphilosoph, dessen wissenschaftstheoretische Studien bis heute stark rezipiert werden. In der modernen Wissenschaftstheorie und -geschichte gehört er zu den Leitfiguren einer Auffassung, die nicht allein auf die naturwissenschaftliche Methode fokussiert ist, sondern der wissenschaftlichen Praxis besondere Beachtung schenkt. Ohne die Allgemeingültigkeit und Objektivität naturwissenschaftlicher Erkenntnisse grundsätzlich infrage zu stellen, hinterfragte Polanyi die gängige Behauptung, dass Naturwissenschaftler nach exakt beschreibbaren Regeln völlig unparteiisch abstrakte Fakten suchen. Bahnbrechend waren in diesem Zusammenhang die Konzepte des personengebundenen Wissens und des nicht verbalisierbaren, impliziten Wissens („tacit knowledge"), die er in seinen Büchern *Personal Knowledge* (1958) und *The Tacit Dimension* (1966) formulierte. Ähnlich wie Thomas Kuhns Paradigma Theorie haben diese Konzepte eine breite Rezeption erfahren, auch weit über die Wissenschaftsforschung hinaus. Polanyis Konzepte wurzeln in seinem Verständnis von ökonomischen und wissenschaftspolitischen Prozessen, die er über Jahre hinweg in Diskussionen mit Natur- und Wirtschaftswissenschaftlern gewonnen hatte. Zu Letzteren gehörte auch sein Bruder Karl, der ein bekannter links orientierter Sozial- und Wirtschaftswissenschaftler war.

Ganz ähnlich wie bei den meisten Wissenschaftsphilosophen und -theoretikern des zwanzigsten Jahrhunderts gründet sich auch Polanyis Wissenschaftsphilosophie auf dessen eigenen Erfahrungen als Naturwissenschaftler. Dabei war die Zeit am Haberschen Institut in Dahlem besonders prägend. Hatte er sich dort noch fast ausschließlich mit naturwissenschaftlichen Forschungsproblemen beschäftigt, verlagerten sich im englischen Exil seine Forschungsinteressen zunehmend auf gesellschaftliche Fragen, wobei die Volkswirtschaftslehre sein erstes nicht-chemisches Arbeitsgebiet wurde. 1938 produzierte er einen Film, der die Vorzüge der keynesianischen Marktwirtschaft thematisierte und seine negative Einschätzung der sozialistischen Planwirtschaft reflektierte, die er 1935 im Rahmen einer Reise durch die Sowjetunion gewonnen hatte. Auch wenn der Erfolg seines Films begrenzt blieb, entwickelte und verfeinerte er seine ökonomischen Ideen weiter, so dass bis heute Polanyi bei neo-keynesianischen Wirtschaftswissenschaftlern wohl bekannt ist. In der Sowjetunion lernte er auch den Lyssenkoismus kennen, eine von den damaligen Machthabern protegierte Lamarckistische Irrlehre, die die modernen Konzepte der Mendelschen Genetik verwarf und verfolgte. Dies und seine kritische Haltung zum sowjetischen System der zentralen Wissenschaftsplanung wurden für ihn zum Anlass, sich der Wissenschaftsphilosophie und der Wissenschaftspolitik zuzuwenden. Sein in diesem Zusammenhang verfolgtes Ideal der Organisation der naturwissenschaftliche Forschung wurde dabei stark von den am Haberschen Institut gemachten Erfahrungen beeinflusst.

In Reaktion auf Polanyis neue Forschungsinteressen wurde für ihn im Jahre 1948 ein spezieller Lehrstuhl für Gesellschaftswissenschaft („Social Studies") eingerichtet. Die University of Chicago bot ihm 1951 ebenfalls eine Professur an, doch konnte er der Berufung nicht nachkommen, weil die USA ihm wegen seiner vermeintlichen Kontakte zu Kommunisten das Einreisevisum verweigerte. 1959 wechselte er als Senior Research Fellow ans Merton College in Oxford. Nach seiner Pensionierung im Jahre 1961 war er in aller Welt ein begehrter Gastprofessor und Redner. Heute widmen sich drei voneinander unabhängige Einrichtungen der Pflege von Leben und Werk Michael Polanyis: die Philosophische Gesellschaft Michael Polanyi in Budapest mit dem Periodikum *Polanyiana*, die Polanyi Gesellschaft in den USA mit dem Journal *Tradition and Discovery* und die Gesellschaft für post-kritische und Persönlichkeitsstudien in Großbritannien mit der Zeitschrift *Appraisal*. Polanyi hatte zwei Söhne, von denen George, geb. 1922, ein erfolgreicher Wirtschaftswissenschaftler wurde und John Charles, geb. 1929, im Jahre 1986 mit dem Nobelpreis für Chemie für seine „Beiträge zur Kenntnis der Dynamik chemischer Elementarprozesse" geehrt wurde.

Zu jener Zeit wurden nur zwei Arten von Kräften angenommen, elektromagnetische und Valenzkräfte, deren Reichweite nur eine Atom- oder Molekülllage beträgt – eine Einschränkung, die in Polanyis Hypothese nicht gemacht wurde. Zunächst unter anderem von Haber und Einstein zurückgewiesen, wurde Polanyis Theorie 1930 von London verteidigt. Er konnte zeigen, dass die durch Polanyi angenommene veränderliche Anziehungskraft auf die Dispersionskräfte zurückzuführen ist.[48] Diese sind Folge der induzierten gegenseitigen Anziehung von atomaren oder molekularen Dipolen, welche durch die fluktuierenden Elektronendichten entstehen, die von der Quantenmechanik postuliert wurden.

Michael Polanyi[49] ist im Übrigen erst auf Umwegen zu seinen bahnbrechenden Forschungen zur Reaktionskinetik und Quantenmechanik gekommen, denn am Beginn seiner wissenschaftlichen Karriere am Haberschen Institut standen kristallographische und röntgenographische Untersuchungen, die er ab 1920 am neu gegründeten KWI für Faserstoffchemie durchgeführt hatte. Dabei wurden die Methoden der Röntgenstrukturanalyse auf Natur- und Kunstfasern angewandt und Polanyi konnte auf der Grundlage seiner röntgenographischen Untersuchungen zeigen, dass auch die Struktur solcher Fasern eine gewisse Periodizität aufwies. Zusammen mit Reginald Oliver Herzog, dem Direktor des Faserstoffinstituts, gebührt ihm so das Verdienst, der Röntgenstrukturanalyse hochmolekularer Verbindungen den Weg geebnet zu haben. Nachdem Polanyi im Herbst 1923 ans Habersche Institut gewechselt war, setzte er seine röntgenographischen Untersuchungen fort, wobei er sich nun aber ganz klassisch auf starre Körper konzentrierte. Die dazu 1924 publizierten Aufsätze beschäftigen sich mit der Deformation von Einkristallen und der Struktur von Metallen. Ihr Grundansatz war mit dem Forschungsprofil des Haberschen Instituts sehr viel kompatibler als mit dem Herzogschen KWI für Faserstoffchemie, da Polanyis materialorientierte Untersuchungen stärker auf grundlegende methodische Fragen der Röntgenstrukturanalyse ausgerichtet waren.[50] Darüber hinaus führten sie die Untersuchungen von Paul Knipping fort, die dieser bis zu seinem Weggang betrieben hatte und die danach von Johann Böhm und Karl Weissenberg weitergeführt wurden. Sie betrafen u. a. die Verformbarkeit von Metallen und Defekte in Kristallstrukturen.

Um 1925 organisierte dann Polanyi seine Forschungsinteressen neu und beschäftigte sich nun fast ausschließlich mit den oben beschriebenen Fragen der Reaktionskinetik – ein Gebiet, das ihn auch schon früher interessiert hatte, für das er aber wegen der Defizite der damaligen Experimentaltechnik keine interessanten und innovativen Forschungsperspektiven sah. Zu seinen ersten reaktionskinetischen Arbeiten gehört eine Publikation mit Wigner über Bildung und Zerfall von Molekülen sowie ein Aufsatz „Reaktionsleuchten und Reaktionsgeschwindigkeit", den er 1925 zusammen mit Hans Beutler in den „Naturwissenschaften" publizierte und der das Verhältnis von Lichtemission einer chemischen Reaktion und

48 London, Polanyi, *Adsorptionskräfte*.
49 Zur Biographie vgl. Scott, *Polanyi*. Nye, *Polanyi*.
50 Vgl. Haber an Harnack 9. Juni 1923 MPGA Abt. Va, Rep. 5, Nr. 1916.

ihrer Reaktionsgeschwindigkeit behandelte. Beutler, der nach seiner Promotion an der Universität Greifswald und einer kurzen Assistententätigkeit bei Kasimir Fajans in München zusammen mit Polanyi ans Habersche Institut gewechselt war, wurde in den folgenden Jahren einer seiner wichtigsten Mitarbeiter, wobei dieser sich nicht nur an den reaktionskinetischen Experimenten beteiligte, sondern auch signifikante Beiträge zum theoretischen Verständnis von Polanyis Forschungen leistete. Dies zeigen insbesondere seine Aufsätze zur Quantenmechanik der Kollision von Gasteilchen und der sich daraus ergebenden Anregung von Elektronen, die neben dem konkreten Problem prinzipielle Fragen der Quantenphysik behandelten. Anknüpfend an allgemeine Untersuchungen Hartmut Kallmanns und Fritz Londons zu Atomstößen beschäftigte sich Beutler insbesondere mit jenen sogenannten Stößen zweiter Art, die speziell für chemische Reaktionen und die Lumineszenz verantwortlich zeichneten.[51] In der zweiten Hälfte der zwanziger Jahre wechselte dann Beutler von Polanyis Abteilung in die Abteilung für physikalische Chemie von Haber, wo er seine Forschungen über Fluoreszenz, Chemilumineszenz und die damit zusammenhängenden Elementarprozesse weiterführte.

Habers Abteilung für Physikalische Chemie

Für Polanyis und Beutlers Forschungen zur Reaktionskinetik war eine Arbeit von Fritz Haber und seines Mitarbeiters Walter Zisch von zentraler Bedeutung, die unter dem Titel „Anregungen von Gasspektren durch chemische Reaktionen" im Dezemberheft 1922 der „Zeitschrift für Physik" veröffentlicht worden war. Sie behandelte die Flammenspektren von Alkalimetallen und Halogenen, namentlich von Natrium und Chlor. Dabei konnten bislang unbekannte Lichtemissionen beobachtet werden, deren Ursache nicht die Reaktionswärme sein konnte, da die Emission bereits zu einem Zeitpunkt erfolgte, als das Reaktionsgemisch noch nicht heiß genug war, um im entsprechenden Strahlungsbereich zu leuchten. Zur möglichst exakten Kontrolle der Reaktionstemperatur führten Haber und Zisch ihre Experimente bei niedrigen Drücken durch und erfanden so die „hochverdünnten Flammen". Diese wurden zur weitverbreiteten Modellmethode beim experimentellen Studium der Mechanismen chemischer Reaktionen, da sich mit ihr Reaktionsgeschwindigkeiten und spektroskopische Daten sehr gut bestimmen ließen.

Haber und Zisch postulierten in ihrer Arbeit, dass der für die bisher unbekannte Lichtemission verantwortliche Prozess ein Umkehrprozess der photochemischen Reaktion wäre und bezeichneten ihn als Chemilumineszenz. Dabei wurde das Licht von jenen Elektronen erzeugt, die bei der Wechselwirkung der Reaktionsteilnehmer angeregt worden waren und dann wieder in ihren Grundzustand zurückkehrten – ähnlich wie bei der Fluoreszenz. Allerdings erwies sich die Chemilumineszenz

51 Beutler, Rabinowitsch, *Energieanreicherung*; vgl. auch Beutler, Rabinowitsch, *Drehimpuls*.

als sehr viel komplexer als die Fluoreszenz oder die klassischen photochemischen Reaktionen, da hier die Energie des Atomkerns mit der Elektronenenergie auf eine damals noch nicht verstandene Weise miteinander wechselwirkten und das emittierte Licht von einem Elektronenübergang eines der Reaktionspartner oder von anderen sich im Reaktionsgefäß befindlichen Stoffen herrühren konnte. Daher gingen Haber und Zisch davon aus, dass man nicht eine einfache Beziehung zwischen der Zahl der Moleküle des Reaktionsprodukts und der Zahl der emittierten Lichtquanten annehmen könnte, wie dies bei einer direkten Umkehrung des Aufspaltungsprozesses zu erwarten wäre. Vielmehr ließ sich aus dem Studium der Chemilumineszenzspektren auf instabile Zwischenprodukte und damit auf ein neues Verständnis der Reaktionsmechanismen schließen. Sowohl die von Haber und Zisch propagierte Komplexität der Reaktionsmechanismen als auch ihre weitere Aufklärung mittels sorgfältiger spektroskopischer Untersuchungen regten zahlreiche Forschungen im Haberschen Institut an. Zu diesen gehörten nicht nur die Untersuchungen Polanyis und Beutlers über Reaktionsmechanismen in Gasphasen, auch in Habers Abteilung selbst wurde die Arbeit zum Ausgangspunkt von weiterführenden Arbeiten zur Chemilumineszenz, die vor allem von Hans Kautsky Mitte der zwanziger Jahre betrieben wurden.

Abb. 2.14. *Fritz Haber im Labor, 1922.*

Die Untersuchungen über die Anregung von Gasspektren bei chemischen Reaktionen zählen sicherlich zu den folgenreichsten Arbeiten Habers und sind wohl der Glanzpunkt der Forschungen seiner Abteilung in den zwanziger Jahren. Die Forschungen der Abteilung hatten zunächst keinen scharfen Fokus und waren breit gefächert, vorwiegend betrafen sie aktuelle Fragen der zeitgenössischen Physiko- und Elektrochemie. Haber selbst hatte sich zunächst vor allem mit der Entwicklung neuer Strukturmodelle für feste Körper beschäftigt. In diesem Zusammenhang wurde 1919/20 der sogenannte Haber-Born-Kreisprozess zur Bildung ionischer Kristalle kreiert, der verschiedene molare Energiewerte (Bildungswärme, Gitterenergie etc.) miteinander in Beziehung setzt, so dass sich Gitterenergien oder Elektronenaffinitäten bestimmen lassen. Der Haber-Born-Kreisprozess war das Ergebnis einer kurzfristigen und ungeplanten Forschungskooperation mit Max Born, als dieser 1919/20 häufiger nach Dahlem kam, um seinen Freund James Franck zu besuchen. Born gehörte im Übrigen zu jenen wenigen Gelehrten, die Habers Giftgasforschungen von Anfang an kritisiert und eine entsprechende Zusammenarbeit konsequent abgelehnt hatten.[52] Zur Vorgeschichte der Forschungen von Haber und Born zählen nicht nur die Arbeiten von Born und Landé über Gitterenergien, sondern auch Habers fast gleichzeitige Bemühungen, makroskopische Kristalleigenschaften auf der Grundlage atomarer Modelle zu bestimmen; allerdings war ihm dabei nur wenig Erfolg beschieden.[53]

Ein anderer Schwerpunkt der Abteilung waren Forschungen über Verbrennungsreaktionen, die ebenfalls unmittelbar nach der Wiederaufnahme der wissenschaftlichen Arbeit nach dem Ersten Weltkrieg begonnen wurden – ihren Höhepunkt erreichten sie allerdings erst in der zweiten Hälfte der zwanziger Jahre. Auch wenn bei diesem Forschungsthema praktische Interessen, die Entwicklung neuer und effektiverer Brennstoffe, nahe liegen, hatte Haber diese weniger im Auge. Vielmehr wollte er mit seinen Untersuchungen vor allem den Verbrennungsprozess selbst aufklären. Mittels spektroskopischer Methoden, für die es am Haberschen Institut ja eine große Kompetenz gab, konnten Zwischenprodukte identifiziert werden, die die Rolle freier Radikale im Verbrennungsprozess zeigten und im Fall der Verbrennung von Wasserstoff zur Aufstellung eines allerdings nur kurzzeitig akzeptierten Reaktionsschemas, der sogenannten „Haber-Kette", führte. Anfangs wurde Haber bei diesen Forschungen von Karl Friedrich Bonhoeffer unterstützt, später dann auch von Ladislaus Farkas, Paul Goldfinger, Hans Dietrich Graf von Schweinitz und Hubert N. Alyea.[54] Die Forschungsergebnisse erregten bei den damaligen Chemikern einiges Aufsehen und da sie allein auf eine Vertiefung des wissenschaftlichen Grundverständnisses von Verbrennungsprozessen ausgerichtet waren, wurden die auf der Hand liegenden praktischen bzw. industriellen Anwendungen nicht weiter verfolgt. Ganz ähnlich wie bei seinen frühen Forschungen z. B. zur Ammoniaksynthese wurden diese allein den Industriechemikern und Chemieingenieuren überlassen.

52 Einstein, Born, *Briefwechsel*, S. 40. Born, *Leben*, S. 261 f.
53 Sauer, *Superconductivity*, S. 193–195.
54 Vgl. Stoltzenberg, *Haber*, S. 506–519.

Im Rahmen seiner Untersuchungen zu Verbrennungsreaktionen begann Haber sich auch für Oxidationsreaktionen in wässrigen Lösungen zu interessieren und versuchte ein analoges Verständnis ihrer Reaktionsmechanismen zu erlangen. Dabei kooperierte er mit Hans Sachsse, der eigentlich ein Mitarbeiter Freundlichs war, und publizierte mit ihm eine Arbeit zur Oxidation von Natrium. Weiterhin entstand in diesem Zusammenhang eine Serie von drei Aufsätzen zur Autooxidation in Lösungen, darunter eine theoretische Untersuchung mit James Franck. Obwohl diese Untersuchungen keine grundsätzlich neuen Erkenntnisse zum chemischen Verständnis des Oxidationsprozesses brachten, führten sie zu einer grundlegenden Revision der Franckschen Interpretation der Absorptionsspektren von Anionen. In diesem Zusammenhang gilt es auch festzuhalten, dass die Haberschen Untersuchungen zum Mechanismus chemischer Reaktionen hinsichtlich ihrer wissenschaftlichen Bedeutung von den Arbeiten Polanyis in den Schatten gestellt wurden.

Das Meergoldprojekt

Die mehrjährige Lücke zwischen Habers frühen und späten Studien der Verbrennungsreaktionen wurde von Forschungen ausgefüllt, die die Gewinnung von Gold aus Meerwasser zum Ziel hatten. Das sogenannte Meergoldprojekt war im Frühjahr 1920 von Haber unter dem Eindruck initiiert worden, dass der Versailler Friedensvertrag dem Deutschen Reich gigantische und nur schwer zu erfüllende Reparationsleistungen auferlegt hatte. Haber handelte hier wieder als deutscher Patriot und stellte seine wissenschaftlichen Fähigkeiten uneingeschränkt in den Dienst des Staates, um Deutschland aus einer existentiellen Zwangslage zu befreien. Seine Idee war, die von den Ententemächten geforderten 132 Milliarden Goldmark Reparationsleistungen, die einem Äquivalent von 50.000 Tonnen Feingold entsprachen, durch die Gewinnung von Gold aus dem Meerwasser aufzubringen. Auch wenn aus heutiger Sicht Habers Vorhaben utopisch anmutet, basierte es auf Expertisen anerkannter zeitgenössischer Wissenschaftler. So hatte Svante Arrhenius, Chemienobelpreisträger des Jahres 1903, zu Beginn des Jahrhunderts einen Goldgehalt pro Tonne Meerwasser von 6 mg ermittelt, womit die Weltozeane das praktisch unerschöpfliche Goldvorkommen von fast zehn Milliarden Tonnen bergen sollten. Zu ähnlichen Ergebnissen war der englische Chemienobelpreisträger William Ramsay gekommen, der sogar Pilotstudien über die Goldgewinnung aus Meerwasser angestellt hatte. Zur weiteren Bearbeitung dieser Frage gründete Haber 1920 unter strenger Geheimhaltung am Institut die sogenannte Arbeitsgruppe M, die von Johannes Jaenicke geleitet wurde und der zeitweilig bis zu 20 Mitarbeiter angehörten.[55]

55 Vgl. insbesondere Hahn, *Gold*.

Abb. 2.15. *Die „Meerwasser-Gruppe", 1924: Schmitzspahn (Laborant), F. Epstein, Groth (Sekretärin), H. Eisner, Wolff, H. Lehrecke, F. Haber, Matthias, Ehlermann, W. Zisch, Bahr (Laborantin), J. Jaenicke, Kuckels (Laborant).*

Zunächst waren umfangreiche Literaturstudien angesagt, ab Sommer 1921 wurde dann im Institut mit Laboruntersuchungen von Standardlösungen und Schöpfproben aus Ost- und Nordsee begonnen – wegen der Beschlagnahme der deutschen Kriegs- und Handelsflotte durch die Alliierten war der Zugriff auf Ozeanwasser nur indirekt möglich. Erst 1923 konnte man auf Linienschiffen kleine Laboratorien installieren, die auf der Passage nach New York bzw. Buenos Aires Wasserproben des Nord- und Südatlantiks direkt analysierten. Die Analyseergebnisse waren jedoch ernüchternd und zeigten nicht nur starke Schwankungen des Goldgehalts im Atlantik, sondern sie fielen auch sehr viel geringer als erwartet aus. Damit wurde das Projekt wirtschaftlich uninteressant, da an eine industrielle Ausbeutung nicht mehr zu denken war.

Auch wenn sich das Meergoldprojekt bis 1927 hinzog, beanspruchte es nur geringe Ressourcen des Instituts, denn die nötigen Untersuchungen führten vielfach Doktoranden aus und sie wurden zu großen Teilen fremd finanziert – u. a. von der Frankfurter Metallgesellschaft und der Degussa sowie durch die Notgemeinschaft. Ungeachtet des Scheiterns des Projektes war es kein klassischer Misserfolg, da die in diesem Zusammenhang entwickelten neuen Analyse- und Meßmethoden für die Mikrochemie einen bedeutenden und nachhaltigen Entwicklungsschub darstellten. Daneben hat das Meergoldprojekt maßgeblich zur Profilierung der ozeanographischen Grundlagenforschung beigetragen und wichtige Erkenntnisse über die Verteilung von Edelmetallen sowie zu den Strömungsverhältnissen in den Weltmeeren erbracht.

Abb. 2.16. *Fritz Haber im Kreis von Mitarbeitern, stehend von links: P. Goldfinger, unbekannt; sitzend: H.D. Graf von Schweinitz, L. Farkas, um 1930.*

Weiterhin entstanden im Rahmen des Meergoldprojektes einige Qualifizierungsarbeiten, u. a. die Dissertationen von Fritz Schmid und Hans Lehrecke,[56] die sich mit Grundlagenfragen des Meergoldprojektes befassten und neue Methoden zur Bestimmung des Goldanteils von hoch verdünnten Lösungen entwickelten. Welche Rolle Haber bei diesen Untersuchungen genau gespielt hat, ist ebenso unklar wie die Arbeitsteilung zwischen Haber und Jaenicke, der 1922 – wie schon erwähnt – mit der Leitung des Projekts betraut wurde. Haber gehörte 1923 unzweifelhaft zu den Teilnehmern der Forschungsreisen mit den Passagierschiffen Hansa und Württemberg und er ist auch der Autor mehrerer Zeitschriftenartikel – teilweise zusammen mit Jaenicke –, die über die Ergebnisse des Projektes berichteten. Die wichtigsten Kenntnisse über neue Methoden der Filtrierung und Kupellation, die aus den experimentellen Untersuchungen während der Forschungsreisen hervorgegangen waren, wurden zuerst in Doktorarbeiten publiziert – so in der von Isaak Rabinowitsch (1928), der zeigte, dass die scheinbar großen Schwankungen des Goldgehalts in verschiedenen Seewasserproben von „Goldverunreinigungen“ herrührten und durch sorgfältigeres Experimentieren und eine bessere Lagerung vermieden werden konnten.[57] Auf der Grundlage

56 Schmid, *Gold*. Lehrecke, *Lösungen*.
57 Rabinowitsch, *Mikroanalyse*.

der im Meergoldprojekt gewonnenen Erkenntnisse konnte Haber gemeinsam mit seinen Mitarbeitern Jaenicke, Matthias und Schmid in mehreren Aufsätzen aus dem Jahre 1926 die Behauptung deutscher und japanischer Chemiker, Quecksilber in Gold verwandelt zu haben, als Scharlatanerie entlarven.[58]

Als Haber Mitte der zwanziger Jahre wegen der Forschungsreisen im Rahmen des Meergoldprojektes für längere Zeit nicht am Institut war, bildeten sich in seiner physikochemischen Abteilung mehrere relativ unabhängige Forschungsrichtungen heraus. Die wichtigste war sicherlich die von Karl Friedrich Bonhoeffer mit seinen spektroskopischen, photochemischen und kinetischen Arbeiten zum Wasserstoff, die zur Grundlage einer speziellen Fachrichtung, der Wasserstoffchemie, wurden. Dabei konnte er sowohl auf das am Institut vorhandene Expertenwissen zur Niederdruck-Gaschemie als auch auf dem großen spektroskopischen Erfahrungsschatz aufbauen. Darüber hinaus integrierte er Ladislaus Farkas als Doktorand in seine Forschungen. Die Kooperation zwischen beiden Gelehrten fand im Übrigen ihre Fortsetzung, als Bonhoeffer 1930 einen Ruf an die Universität Frankfurt erhielt und L. Farkas ihm als Assistent folgte. Bonhoeffers Forschungen zur Wasserstoffchemie erfuhren dann durch Paul Harteck, der 1928 ans Institut kam, die entscheidende Wende und wurden durch den oben schon erwähnten Nachweis des para-Wasserstoffs im Frühjahr 1929 gekrönt.

Kolloidchemie

Am Institut bestand ein gewisser Gegensatz zwischen den grundlagenorientierten Untersuchungen zu Atomstruktur, Quantenphysik und theoretischer Chemie, die im Fokus der Physikabteilung und der Abteilung Michael Polanyis standen, und jenen Forschungen, die man in der kolloidchemischen Abteilung Herbert Freundlichs betrieb. Freundlich, der zu Habers „Gelehrtenkommission" der frühen Nachkriegszeit gehörte, hatte unmittelbar nach seiner Rückkehr ins zivile Forscherleben zusammen mit Alexander Nathansohn Forschungen aufgenommen, die die Verwendung von Lösungen und Kolloiden bei der Raffination von Metallen zum Gegenstand hatten. Diese Arbeiten wurden weit über den konkreten Anlass hinaus von der Industrie finanziell gefördert und waren im Gegensatz zu denen von Franck, Ladenburg und Polanyi eindeutig anwendungs- bzw. zweckorientiert, was sich u. a. auch in Patentanmeldungen niederschlug.[59]

Die wissenschaftlichen Wurzeln der Kolloidchemie, die Forschungsinvariante der Abteilung Freundlich, reichen weit ins 19. Jahrhundert zurück. Der schottische Chemiker Thomas Graham zeigte in den 1860er Jahren, dass sich wässrige Lösungen gegenüber semi-permeablen Membranen unterschiedlich verhielten. Die von

58 Haber, Jaenicke, Matthias, *Darstellung*.
59 Haber an Koppel 1. Dezember 1921, MPGA Abt. Va, Rep. 5, Nr. 1703.

ihm als kolloidale Lösungen bezeichneten Stoffe passierten die Membran sehr viel schwerer als die sogenannten kristalloiden. Grahams Kolloidforschungen waren damals ein faszinierender Aspekt der Chemie der Lösungen. Das moderne Verständnis der Kolloide wurde Jahrzehnte später ganz wesentlich durch Wolfgang Ostwald, Sohn des schon wiederholt erwähnten Begründers der physikalischen Chemie Wilhelm Ostwald, befördert. Kolloide sind demnach fein verteilte Stoffe, die eine eigene Phase zwischen echten Lösungen und heterogenen Mischungen darstellen. Kolloidteilchen lassen sich in der Regel nicht in den üblichen Lichtmikroskopen sichtbar machen und nur durch Ultrafiltration, d. h. nicht durch gewöhnliche Papierfilter, abtrennen. Obwohl sich die Kolloidchemie zu Beginn des zwanzigsten Jahrhunderts als eine eigenständige chemische Teildisziplin etabliert hatte, war sie lange Zeit ein fast ausschließlich experimentell orientiertes Randgebiet, das Kolloide immer wieder hinsichtlich ihrer Materialeigenschaften und wissenschaftlichen Bedeutung neu zu definieren versuchte. Wolfgang Ostwald und seine Anhänger trugen mit der Entwicklung und Vervollkommnung zahlreicher Instrumente und neuer Untersuchungsmethoden entscheidend zum Fortschritt des Gebiets bei – das Ultramikroskop, die Ultrazentrifuge oder die Elektrophorese werden bis heute vielfältig genutzt.[60]

Herbert Freundlich, der an der Leipziger Universität bei Wilhelm Ostwald 1903 promoviert und drei Jahre später habilitiert hatte, gehört zu den Pionieren der modernen Kolloidchemie.[61] Er publizierte seine erste Arbeit in der Zeitschrift „Kolloid-Chemie", dem führenden Fachorgan des Gebiets, das für mehr als drei Jahrzehnte von Wolfgang Ostwald herausgegeben wurde, der fast gleichzeitig mit Freundlich ebenfalls in Leipzig studiert hatte. In der „Kolloid-Chemie" haben Freundlich und seine Mitarbeiter die meisten ihrer Arbeiten veröffentlicht. Wie viele Kolloidchemiker machte Freundlich immer wieder auf die Bedeutung von Kolloiden in der Biologie aufmerksam und förderte in seiner Abteilung entsprechende Forschungsthemen. Allerdings war für Freundlich die Untersuchung der Eigenschaften biologischer Verbindungen stets auch ein Beitrag zur Aufklärung der generellen Prinzipien und Eigenschaften von Kolloiden, womit er weitgehend Ostwalds Verständnis der Kolloidchemie folgte.

Freundlich wurde mit Forschungen zur Kapillarität und Adsorptionschemie bekannt, bei denen er die Thermodynamik des Übergangs von flüssigen in den festen und vom gasförmigen in den festen Zustand sowie die Unterschiede zwischen verschiedenen Adsorptionsphänomen untersucht hatte – in der Sprache der modernen Chemie geht es um den Unterschied zwischen Chemi- und Physisorption. Ostwalds breiter Definition der Kolloide folgend, betrachtete Freundlich seine Untersuchungen, die die generellen Prinzipien der Eigenschaften von Oberflächen aufzuklären versuchten, als Teil der Kolloidchemie.[62] Bei seinen Adsorptionsuntersuchungen knüpfte Freundlich unmittelbar an die Arbeiten des amerikanischen

60 Vgl. u. a. Ede, *Rise*.

61 zur Biographie vgl. Donnan, *Freundlich*. Reitstötter, *Freundlich*.

62 Freundlich, *Kolloidchemie*.

Abb. 2.17. *Herbert Freundlich (1880–1941), 1931.*

Physikers Josiah Willard Gibbs an und versuchte eine quantitative Beschreibung solcher Phänomene wie der Adsorption zu geben, die vorher nur mehr oder weniger gut qualitativ beschrieben worden waren. Die vielleicht wichtigsten Beiträge Freundlichs in diesem Bereich sind die sogenannte Freundlich-Isotherme und natürlich sein Lehrbuch *Kapillarchemie* aus dem Jahre 1922, das vier ständig erweiterte Auflagen erfuhr und für viele Jahre ein Standardwerk der Kolloidchemie war.[63] Seine Abteilung und damit das KWI für physikalische Chemie und Elektrochemie wurde in den zwanziger Jahren zur weltweit größten und international hoch anerkannten Forschungsstätte der Kolloid- und Grenzflächenchemie. Dabei lag Freundlichs Bedeutung weniger auf theoretischem Gebiet als in der von ihm geprägten Auswahl der Experimentalsysteme und der damit gewonnenen empirischen Erkenntnisse. So hatte Freundlich bereits vor dem Ersten Weltkrieg die Adsorption von Nicht-Elektrolyten und schwachen Elektrolyten an aktivierter Aktivkohle untersucht, die in der deutschen Gasmaskenproduktion von zentraler Bedeutung war. Solche Expertise war dann auch maßgebend, als Haber ihn im Jahre 1916 von der TH Braunschweig ans Dahlemer Institut holte.

Unmittelbar nach dem Krieg hatte Freundlich mit Alexander Nathansohn und Hans Kautsky zwei Hauptassistenten. Nathansohn war eine Ausnahme unter seinen Kollegen, ein unabhängiger Chemiker, dem auch industrielle Anwendungen nicht fremd waren. Gemeinsam mit Freundlich beschäftigte er sich mit „nasser Metallurgie", d. h. der Anwendung der Erkenntnisse über metallische Lösungen und Kolloide zur Raffination von Metallen, wobei eine Methode zur Trennung von Blei und Zinn in Erzgemischen mit hohem Sulfatanteil entwickelt wurde.[64]

63 Freundlich, *Kapillarchemie*.
64 Nathansohn, *Rohstoffe*.

Abb. 2.18. *Die Abteilung Kolloidchemie von Herbert Freundlich, Ende 1920er Jahre.*

Daneben beschäftigte man sich mit der Lichteinwirkung auf Kolloide. In Ergänzung zu einem gemeinsamen Aufsatz mit Nathansohn über photochemische Reaktionen in Kolloiden publizierte Freundlich 1921 zusammen mit Marie Wreschner einen Beitrag über die Elektrokapillarität von Farblösungen.[65] Auch wenn Freundlich und Wreschner dabei auch industriell relevante Farbstoffe im Auge hatten, machten die grundlegenden Phänomene der Elektrokapillarität den Fokus ihrer Forschungsinteressen aus. Dabei nutzten sie eine von Haber und Klemensiewicz bereits in Karlsruhe entwickelte Methode, um das Potential von Glaselektroden zu messen und damit die Wanderung der Farbstoffionen in Lösungen zu untersuchen.[66]

Die Beiträge von Nathansohn und Wreschner markieren in der Abteilung Freundlich den Beginn der Forschungen zur Elektrokapillarität und zu den optischen Eigenschaften von Kolloiden. Freundlich selbst verfolgte einen thermodynamischen Ansatz bei seinen Untersuchungen der Elektrokapillarität, der dem seiner frühen Arbeiten zur Adsorption ähnelt. Die weitere Erforschung der optischen Eigenschaften von Kolloiden wurde vor allem durch Hans Kautsky betrieben, dem sich später auch Hans Zocher anschloss. Kautskys Zusammenarbeit mit Freundlich reicht bis in die Kriegszeit zurück, als er noch an seiner Promotion arbeitete. Diese schloss er dann in den ersten Nachkriegsjahren ab. Daneben

65 Freundlich, *Lichtempfindlichkeit.*
66 Freundlich, *Elektrokapillarkurve.*

beteiligte er sich auch an der Entwicklung von Methoden zur Messung der Fotoempfindlichkeit von anorganischen kolloiden Lösungen. Am meisten profitierte die Biochemie von Kautskys Forschungen. So geht die Entdeckung des charakteristischen Abfalls der Chlorophyllfluoreszenz, der sogenannte Hirsch-Kautsky-Effekt, auf die Weiterentwicklung einer von Kautsky entworfenen experimentellen Methode zurück, wobei die Entdeckung aber erst 1931 in seiner Heidelberger Zeit erfolgte.[67] Hans Zochers Forschungen wiederum waren auf die optische und magnetische Anisotropie kolloider Systeme ausgerichtet, einschließlich der Fluss- oder Strömungsdoppelbrechung, die bereits zur Jahrhundertwende Georg Quincke beobachtet hatte. Zochers Entdeckung der Beziehung zwischen der Asymmetrie kolloider Teilchen, der druckabhängigen Anisotropie ihrer Struktur und ihrer Doppelbrechung wird in der Literatur häufig als erster Schritt auf dem Weg zur modernen Flüssigkristalltechnik gewertet. Wie bei Kautsky und seiner Fluoreszenzarbeit hat auch Zocher seine so häufig zitierte Arbeit aber erst nach seinem Weggang aus Dahlem publiziert, 1931 als Professor der Deutschen Technischen Hochschule in Prag.[68] Allerdings gilt es zu betonen, dass beide Forschungsrichtungen im Haberschen Institut wurzeln und maßgeblich von den dort betriebenen Untersuchungen beeinflusst wurden. Kautsky profitierte insbesondere von Habers und Zischs Arbeiten zur Chemilumineszenz, während sich Zocher auf die röntgenographischen Untersuchungen kolloider Strukturen und die ersten Theorieentwürfe zur Struktur kolloider Teilchen durch Eugene Wigner und Andor Szegvari bezog.[69]

Nach seinem Eintritt ins Institut im Jahre 1921 fügte Georg Ettisch der Abteilung Freundlich eine weitere Forschungsfacette hinzu. Ettisch, der dem Institut bis zu seiner Entlassung im Sommer 1933 verbunden blieb, war die personifizierte Verkörperung von Freundlichs Glauben an die zentrale Bedeutung der Kolloidchemie für die Biologie. Beschränkte sich Freundlich bei seinen Untersuchungen von kolloiden Phänomenen auf biologisch relevante Verbindungen – wie z. B. zur Adsorption oder Gerinnung –, bemühte sich Ettisch darum, diese allgemeinen Phänomene mit speziellen biologischen Funktionen zu verknüpfen. Das war in den zwanziger Jahren ein weit gefächertes Forschungsfeld, in dem es häufig auch Spannungen zwischen Chemikern und Medizinern gab, da die Chemiker gemeinhin den klinischen Forschungsberichten wenig Respekt entgegenbrachten und sich einfacher Mechanismen zur Erklärung komplexer biologischer Phänomene bedienten. Ettisch verhielt sich jedoch in seinen Erklärungsversuchen biologischer Funktionen recht konservativ und ging sehr besonnen mit den Erkenntnissen seiner Medizinerkollegen um; nicht zuletzt habilitierte er sich 1929 an der Medizinischen Fakultät der Berliner Universität und war auch unter Medizinern als anerkannter Experte der physikalischen Chemie der Kolloide akzeptiert.[70] Dennoch zählte das Institut nicht zu den führenden Zentren biochemischer Kolloidforschung. Ettisch und

67 Zur Biographie vgl. Jaenicke, *Kautsky*.
68 Zur Biographie vgl. Demus, *Zocher*.
69 Szegvari, Wigner, *Stäbchensole*.
70 Vgl. Rürup, Schüring, *Schicksale*, S. 187–188.

seine Mitarbeiter, die seit Mitte der zwanziger Jahre im Sinne Habers einen eigenen Arbeitskreis bildeten, betrieben zwar akribische Untersuchungen zum Gerinnungsprozess sowie zum kolloiden Verhalten von Blutserum und ähnlichen Substanzen, doch waren ihre Forschungen keineswegs bahnbrechend – z. B. für die Erkenntnis, dass Proteine und andere lebenswichtige Substanzen keine Kolloide bzw. kleine Partikel sind, sondern vielmehr makromolekulare Verbindungen darstellen. Ebenfalls leisteten sie keinen entscheidenden Beitrag zur Verbesserung der Analysemethoden von biologischen Substanzen wie z. B. der Elektrophorese oder der Ultrazentrifuge. Damit trugen die Arbeiten zwar insgesamt zur Weiterentwicklung der Kolloidchemie bei, doch hatten sie kaum Einfluss auf die bestimmend werdende Entwicklung der makromolekularen Strukturforschung.[71]

Abb. 2.19. *V.l.n.r. Karl Friedrich Bonhoeffer, sitzend Ladislaus Farkas, Paul Harteck, Hans Reichardt (?), um 1928.*

71 Zu dieser Entwicklung vgl. u. a. Deichmann, *Molecular.*

Stattdessen wurde die Kolloidforschung des Haberschen Instituts dafür gelobt, dass sie – in Ergänzung zur Photochemie – Pionierarbeiten auf dem Gebiet der Thixotropie betrieb: die reversible Umwandlung von viskoelastischen Gelen zu flüssigem Sol durch mit Schütteln, Rühren oder auf ähnlichem Wege erzeugten Scherkräften. Vor seiner Dahlemer Zeit hatte sich Freundlich bereits mit der Gerinnung von hydrophoben Solen durch Hinzufügen von Elektrolyten beschäftigt und eine quantitative Beschreibung der Phänomene sowie ihre Erklärung mittels der bekannten intermolekularen Kräfte versucht. In den ersten Nachkriegsjahren nahm Freundlich diese Forschungen wieder auf, nachdem zwei Doktoranden seiner Abteilung, Emma Schalek und Andor Szegvari, reversible Sol-Gel-Umwandlungen an kolloidem Eisenoxid beobachtet hatten.[72] Freundlich prägte für dieses Phänomen die Bezeichnung Thixotropie und machte die Untersuchung reversibler Umwandlungen zu einem seiner zentralen Forschungsgegenstände. Anfangs wurden mit wechselndem Erfolg verschiedene kurzzeitige Forschungen zur Umwandlung der Eisenoxid-Kolloide unternommen. Zu diesen Untersuchungen gehörte auch die Arbeit von Johann Böhm, dem späteren Ehegatten Emma Schaleks, über die Struktur von Eisen- und Aluminiumhydroxiden, denn beide sind Bestandteil von thixotropen Kolloiden.[73] Freundlich selbst betrieb vor allem systematische Untersuchungen zur Gerinnungsdauer und den Mechanismen der Thixotropie. Seit 1928 wurden diese Forschungen gemeinsam mit Karl Söllner durchgeführt und man dehnte sie auch auf die Thixotropie von Umwandlungen aus, die durch mechanischen Druck, z. B. durch Ultraschall, hervorgerufen werden.[74] Dies führte zwar nicht zu fundamental neuen Erkenntnissen über die Natur der Kohäsionskräfte, doch wurden damit die wissenschaftlichen Grundlagen für unser heutiges Verständnis dieser Erscheinungen gelegt, die für die industrielle Herstellung solcher Produkte wie Lötpasten oder bestimmter Klebstoffe von grundlegender Bedeutung sind. Mitglieder von Freundlichs Abteilung haben sich so mit einem außerordentlich breiten Spektrum kolloidchemischer Fragen beschäftigen – entweder selbst oder im Rahmen kurzzeitiger und längerfristiger Kooperationen mit Gastwissenschaftlern. Die Zusammenarbeit konnte dabei – wie im Falle von Freundlich und Söllner oder von Kautsky und Zocher – über Jahre gehen, wobei man zuweilen auch weitere Kollegen aus dem Institut oder aus anderen Berliner Forschungseinrichtungen einbezog, da ja an verschiedenen Einrichtungen der Stadt hochrangige physikochemische und speziell auch kolloidchemische Forschungen betrieben wurden. Beispielsweise beteiligten sich Szegvari und Wigner als Mitarbeiter des KWI für Faserstoffchemie zeitweise an den Untersuchungen zum elektrischen Verhalten von Stäbchensolen; auch gab es vielfältige Beziehungen zum Institut Max Bodensteins an der Friedrich-Wilhelms-Universität.

Selbstverständlich waren nicht alle Forschungen am Institut in seiner „goldenen Epoche“ von so herausragender Bedeutung, als dass sie hier gewürdigt

72 Schalek, *Eisenoxydgallerten*.
73 Böhm, *Aluminiumhydroxide*.
74 Freundlich, *Thixotropie*. Freundlich, Rogowski, Söllner, *Utraschallwellen*.

werden konnten; auch gab es sehr viel mehr Forscher am Institut als die vorstehend erwähnten. Zu ihnen gehört beispielsweise die Gruppe japanischer Gastwissenschaftler, die mit Stipendien verschiedener Stiftungen am Institut arbeiteten und nicht zuletzt an Freundlichs kolloidchemischen Analysen beteiligt waren. Ein anderes Beispiel ist Karl Weissenberg, Erfinder des Röntgengoniometers, der mit seinen röntgenographischen Untersuchungen von Kohlenstoffkristallen entscheidend dazu beitrug, dass auch die organische Chemie vom Wert dieser neuen Technik überzeugt wurde. Michael Polanyi und Erika Cremer wiederum weiteten ihre Forschungen zu chemischer Kinetik und Reaktionsmechanismen auf die Phasengrenze fest-flüssig aus, womit eine Forschungstradition begründet wurde, die in den 1980er Jahren dann am Institut mit den Arbeiten von Heinz Gerischer und Gerhart Ertl große Erfolge erzielen konnte – allerdings ohne direkten Bezug auf die Vorgänger. Es gilt festzuhalten, dass diese Nebenlinien der Institutsforschung keineswegs marginal waren, auch wenn sie im Schatten der hier in größerem Detail beschriebenen Hauptforschungslinien wie Atomspektroskopie, Reaktionskinetik, Verbrennungsvorgänge, Chemilumineszenz, Wasserstoff- und Kolloidchemie oder des Meergoldprojekts standen.

Überblickt man die Forschungen des Haberschen Instituts aus den zwanziger Jahren in ihrer Gesamtheit, so lässt sich kein einheitliches und für das ganze Institut gültiges Forschungsprogramm erkennen, vielmehr gab es Untersuchungsreihen zu höchst unterschiedlichen Themen der zeitgenössischen physikalischen Chemie, deren Gemeinsamkeit wohl einzig darin zu suchen ist, dass es sich

Abb. 2.20. *Die Polanyi-Gruppe, 1933.*

um theoriegeleitete Experimente handelte. Sie folgten zwar keiner einheitlichen Methode, doch suchten sie oftmals ähnliche Modellvorstellungen zur atomaren Struktur, der molekularen Kohäsion oder der Reaktionskinetik zu erkunden. Die wissenschaftlichen Arbeiten dieser Jahre umfassen so ein breites Themenspektrum, das vom Studium der Lumineszenz und Kapillarität über atomphysikalische Untersuchungen an Quecksilberdämpfen und anderen Gasen bis hin zu den reaktionskinetischen und kolloidchemischen Forschungen reichte, die anorganische Stoffe genauso einschlossen wie das Blut; ebenfalls wurden spezielle Forschungstechniken wie die Unterdruck-Manometrie, die Methode hoch verdünnter Flammen oder die Atomspektroskopie auf hohem Niveau kultiviert. Dabei spielte die Spektroskopie eine besondere und vielleicht auch integrierende Rolle, wurde sie doch in höchst unterschiedlichen Forschungsgebieten – von den atomphysikalischen Untersuchungen über Chemilumineszenz und Wasserstoffchemie bis hin zum Studium der Verbrennungsvorgänge und der Reaktionskinetik – extensiv genutzt und weiterentwickelt. Spektroskopische Methoden kann man so als das methodische Rückgrat der am Institut betriebenen Forschungen charakterisieren. Da diese Untersuchungen nicht nur die wichtige und unverzichtbare Rolle der Atomspektroskopie bei der Aufklärung grundlegender chemischer Probleme demonstrierten, sondern auch höchst erfolgreich waren, versuchte man die bis dahin bestehenden Monopolstellung der Physik bezüglich dieser Forschungsmethode zu brechen und sie für die Chemie zu nutzen. Dabei spielte das Habersche Institut neben den Kopenhagener Instituten von Niels Bohr und Niels Bjerrum sowie dem Institut von Max Bodenstein an der Berliner Universität eine Pionierrolle.

Allerdings waren die Beziehungen innerhalb und zwischen den Forschungsclustern des Instituts sehr divergent und diachronisch. Sie hingen stark von persönlichen Beziehungen ab und waren von der gemeinsamen Ressourcennutzung geprägt. Dies wurde durch eine Institutsstruktur gefördert, bei der die Grenzen zwischen den Abteilungen weitgehend durchlässig waren und alle Forschungsergebnisse innerhalb der Abteilungen offen gelegt wurden; zudem hatten alle (qualifizierten) Wissenschaftler die bemerkenswerte Freiheit, interessante Probleme zumindest kurzfristig eigenständig zu verfolgen. Besonders ausgeprägt waren solche Forschungsprinzipien in der kolloidchemischen Abteilung von Herbert Freundlich, was sicherlich mit dem breiten Spektrum dort bearbeiteter Themen zusammenhing.

Die Arbeiten zum Atombau und zur Kolloidchemie, die von Haber für das Forschungsprofil des Instituts als zentral angesehen wurden,[75] waren zwar durch eine bemerkenswerte Breite und Vielschichtigkeit charakterisiert, doch besaßen diese Forschungsrichtungen für die Entwicklung der modernen physikalischen Chemie eher marginalen Charakter. Beide Forschungsgebiete haben aber maßgeblich zur Verbesserung der wissenschaftlichen Grundlagen der „Allgemeinen Chemie" beigetragen – ein von Wilhelm Ostwald häufig gebrauchter Name für

75 Haber, *Zeitalter.* Haber an Harnack 9. Juni 23 MPGA Abt. Va, Rep. 5, Nr. 1916.

flügge gewordene Teilgebiete. Allerdings zielten die Forschungen zu beiden Gebieten, zumindest in der Weise, wie sie am KWI betrieben wurden, auf die Erklärung der makroskopischen physikalischen und chemischen Eigenschaften in Bezug auf die Grundbestandteile und die Struktur der Moleküle – ganz ähnlich wie Hans Landolt und Arnold Eucken als zwei prominente damalige Physikochemiker den Gegenstand der physikalischen Chemie definierten.[76] Weder die Kolloidchemie noch die Forschungen zur Atomstruktur gehören aber heute zu den zentralen Topoi physikalisch-chemischer Forschung. Aus unterschiedlichen Gründen stellte sich bei beiden in den 1930er Jahren heraus, dass diese Forschungsbereiche nicht den Erwartungen der Chemiker entsprachen. Kolloidchemie wurde so ein Spezialgebiet von geringerer allgemeiner Bedeutung, während die physikochemische Beschäftigung mit der Atomstruktur mehr oder weniger vollständig in die physikalische Forschung integriert wurde; Chemiker beschäftigen sich mit ihr nur noch im Zusammenhang mit der chemischen Bindung und der intermolekularen Kohäsion. Das hat jedoch nichts mehr mit dem zu tun, was Haber und Freundlich mit ihren Forschungen im Sinn hatten. Die augenscheinliche Vielfalt der im Institut in der Weimarer Zeit betriebenen Forschung ist weder allgemeiner Konfusion noch Opportunität geschuldet, sondern wurde vielmehr von der Überzeugung getragen, dass eine breite Ausrichtung der Forschung – auch wenn sie Themen einschloss, die außerhalb der zeitgenössischen Hauptforschungsrichtungen lagen – die Aufdeckung genereller Prinzipien und ihren Import in alle chemischen Teilgebiete, ob sie nun anwendungs- oder grundlagenorientiert sind, befördern würde.[77]

Auch wenn so am Haberschen Institut in den zwanziger Jahren national wie international anerkannte Spitzenforschung zur physikalischen Chemie und darüber hinaus im Grenzgebiet von Physik und Chemie betrieben wurde, gab es fast über den gesamten Zeitraum hinweg teilweise erhebliche Schwierigkeiten, die Forschungen zu finanzieren. Neben den Jahren der Weltwirtschaftskrise um 1930 waren insbesondere die frühen zwanziger Jahren mit der allgemeinen Notlage der Wissenschaft in Deutschland und der ständig wachsenden Inflation, die schließlich mit der Hyperinflation des Jahres 1923 ihren katastrophalen Höhepunkt fand, für das Institut existenzbedrohend. So betrugen die jährlichen Ausgaben des Instituts im Frühjahr 1920 etwa 599.000 Mark und lagen damit um 146.000 Mark über dem veranschlagten Jahresbudget; im folgenden Jahr betrugen die Ausgaben bereits 767.000 Mark, wobei das Jahresbudget auf 386.000 Mark reduziert worden war, so dass sich ein Defizit von 481.000 Mark ergab. Der größte Teil der Mehrausgaben wurde für die inflationsbedingte Erhöhung der Gehälter der Mitarbeiter benötigt. Im folgenden Haushaltsjahr (1921/22) wurde die Situation noch dramatischer, denn die Personalausgaben verdoppelten sich nahezu, von 530.600 auf 992.400 Mark;[78] zudem lief die Finanzierungsvereinbarung mit der Koppelstiftung aus, wobei die jährliche Zuwendung der Stiftung von 35.000 Mark aktuell

76 Landolt, *Antrittsrede*. Eucken, *Grundriss*, S. 1.
77 Haber, *Zeitalter*.
78 Haber an Glum 2. März 1922 mit „Aktenvermerk" MPGA, Abt. Va, Rep. 5, Nr. 1792.

Abb. 2.21. *Das Institut mit dem noch nicht umgebauten „Kaiser-Eingang", vor 1926.*

nur noch etwa 5 % des Institutsetats ausmachte – im Gründungsjahr waren es 50 % gewesen. Die Hyperinflation verschärfte die Situation dann so, dass das Institut wiederholt über keine Betriebsmittel verfügte.[79]

Nachdem in den Jahren zuvor das Defizit im wesentlichen durch Zuwendungen der neu gegründeten Notgemeinschaft der deutschen Wissenschaft gedeckt werden konnte, kam es 1921/22 im Windschatten entsprechender Regelungen mit der Kaiser-Wilhelm-Gesellschaft, die insgesamt vor ähnlichen Finanzierungsproblemen stand, zu einer Übereinkunft mit der Reichsregierung und dem preußischen Staat, dass um den Preis der Eingliederung des Instituts in die Kaiser-Wilhelm-Gesellschaft das Habersche Institut künftig vom preußischen Staat und vom Deutschen Reich finanziert werden würde.[80] Dabei entfielen 80 % der Zuwendungen auf das Deutsche Reich. Es ging damit eine Epoche zu Ende, in der sich das Institut zwar ideell der Kaiser-Wilhelm-Gesellschaft zugehörig gefühlt hatte, faktisch jedoch ein privat finanziertes Institut gewesen war. Allerdings ist das offizielle Datum für die Eingliederung des Instituts in die Kaiser-Wilhelm-Gesellschaft nicht eindeutig belegt, doch war die Integration spätestens im Mai 1923 vollzogen, hatte sich zu diesem Zeitpunkt doch ein neues Kuratorium konstituiert, das den allgemeinen Statuten der KWG unterlag.

79 Freundlich „Uebersicht über Etatsjahre 1914, 1919 1923" MPGA, Abt. I, Rep. 1a, Nr. 1179.
80 Vgl. hierzu Szöllösi-Janze, *Haber*, S. 500 ff.

Haber und die Wissenschaftspolitik

Gehörte Haber vor dem Ersten Weltkrieg zu den Nutznießern wissenschaftspolitischer Initiativen und wissenschaftsorganisatorischer Bemühungen hochrangiger Wissenschaftler, Beamter und Mäzene, so setzte er in der Weimarer Republik sein Renommee als anerkannter Wissenschaftler, Nobelpreisträger und hoch respektierter Weltkriegsteilnehmer dafür ein, die öffentliche Wissenschaftsförderung in Deutschland zu intensivieren, wobei sein Institut beim Akquirieren zusätzlicher Forschungsmittel eine Pionierrolle spielte.

V.r.n.l.: Fritz und Charlotte Haber sowie Setsuro Tamaru vor den Pyramiden von Gizeh, 1924.

Solche Forschungsmittel waren nach dem Zusammenbruch des deutschen Kaiserreichs und den damit verbundenen politischen und ökonomischen Turbulenzen dringend geboten, da die öffentlichen Kassen zur Aufrechterhaltung eines soliden Forschungsbetriebs nicht mehr ausreichten. Allerorts sprach man von der Notlage der deutschen Wissenschaft und Haber stimmte in diesen Chor ein, u. a. mit einem Beitrag für das Berliner Tagblatt vom 7. März 1920 über „Die Krise der deutschen Wissenschaft". Parallel dazu warb er im Hintergrund bei Chemieindustriellen für eine nachhaltige Unterstützung der universitären Forschung und trug entscheidend sowohl zur Gründung der Gesellschaft zur Förderung des chemischen Unterrichts als auch der Emil-Fischer-Gesellschaft zur Förderung der chemischen Forschung bei. Dies alles erschien ihm aber nicht ausreichend und vor allem zu speziell, so dass er eine umfassendere Lösung des Problems anstrebte. Gemeinsam mit Friedrich Schmidt-Ott und anderen Fachkollegen wurde deshalb die Gründung einer Notgemeinschaft der Deutschen Wissenschaft, der heutigen Deutschen Forschungsgemeinschaft, betrieben und diese am 30. Oktober 1920 in Berlin offiziell gegründet. Während des Gründungsprozesses der Notgemeinschaft agierte Haber meist hinter den Kulissen und nahm Einfluss auf Struktur und Organisationsprinzipien der geplanten Fördergesellschaft, wogegen Schmidt-Ott sich in der Öffentlichkeit für das Vorhaben engagierte und die entsprechenden Gründungsausschüsse leitete. Haber ist es nicht zuletzt zu danken, dass die Notgemeinschaft mit den Traditionen des wilhelminischen Deutschlands brach und keine Organisation der

Staatsbürokratie wurde, sondern durch die Wissenschaft und ihre repräsentativen Gremien selbst verwaltet wurde. Darüber hinaus wurden auf Anregung von Haber die Mitglieder verschiedener Fachausschüsse, welche über die Förderung der einzelnen Projekte entschieden, nicht ernannt, sondern gewählt. Erfolglos blieb hingegen sein Versuch, die ausgeprägte Machtstellung des Präsidenten der Notgemeinschaft einzuschränken und auch dessen Tätigkeit stärker demokratisch zu legitimieren bzw. zu kontrollieren. All das war Folge von Habers allgemeinem Bestreben, die hierarchischen Strukturen in der deutschen Wissenschaft weniger autokratisch zu gestalten. In diesem Zusammenhang hatte er 1920 – allerdings erfolglos – auch in der Bunsen-Gesellschaft angeregt, die Mitglieder der ständigen Ausschüsse in Zukunft wählen zu lassen und ihre Amtszeit auf zwei Wahlperioden zu begrenzen. Weiterhin initiierte er eine Petition, die von 13 der 30 Direktoren der KWG mitgetragen wurde und die 1928 zur Bildung des Wissenschaftlichen Rats der KWG führte. Dieser gibt den Wissenschaftlichen Mitgliedern ein gewisses Mitspracherecht bei der Führung der Gesellschaft und ist bis heute eines der wichtigsten Organe der Max-Planck-Gesellschaft.

Habers damaliges wissenschaftspolitisches Engagement zeigte nicht nur eine nachhaltige Wirkung, sondern hatte auch eine starke internationale Komponente. So gehörte er zu jenen deutschen Gelehrten, die sich nach dem Ersten Weltkrieg für die Wiederaufnahme internationaler Wissenschaftsbeziehungen einsetzten. Dies wird insbesondere in den Japan-Beziehungen der KWG und von Haber selbst deutlich. Nachdem in Japan bereits in der Vorkriegszeit Forderungen nach einem nationalen Forschungsinstitut laut geworden waren, wurde nach kriegsbedingter Verzögerung schließlich am 20. März 1920 in Tokio das Rikagaku Kenkyusho (RIKEN) offiziell gegründet. Dessen Aufbau folgte dem Vorbild der KWG und für das 1921 eingeweihte Gebäude Nr. 1 stand das KWI für physikalische Chemie und Elektrochemie Modell, wobei der Chemiker Setsuro Tamaru, der in Karlsruhe und Dahlem mit Haber und in Harvard mit Theodore W. Richards gearbeitet hatte und anschließend nach Japan zurückgekehrt war, bei der Ausführung der Pläne eine Schlüsselrolle spielte. Das Institut war in seiner apparativen Ausstattung und den Forschungsmöglichkeiten für avancierte Untersuchungen an Gasen bei niedrigen und hohen Drücken dem Haberschen Institut in Dahlem sehr ähnlich.

Habers herausgehobene Stellung in der Notgemeinschaft und KWG sowie seine guten Kontakte nach Japan führten nicht zuletzt dazu, dass 1921 Hajimé Hoshi, Gründer der Hoshi Pharmazeutische Fabriken sowie der Hoshi Universität und Freund prominenter japanischer Politiker, aber auch von Wilhelm Solf, deutscher Botschafter in Japan, der Notgemeinschaft für das Geschäftsjahr 1921/22 80.000 Yen, etwa 160.000 Mark, spendete. Das Geld wurde sofort für die Förderung laufender Projekte genutzt. Nach einem Berlin Besuch im Jahre 1922 und einem Treffen mit Haber, spendete Hoshi erneut 10.000 und 2.000 Yen. Diese Beträge wurden dazu verwendet, den Japanausschuss der Notgemeinschaft zu gründen. Dieser sogenannte Hoshi-Ausschuss wurde von Haber geleitete und förderte in den folgenden zwei Jahren schwerpunktmäßig Forschungen zur modernen Physik. Hoshi lud Haber auch zu einem Gegenbesuch nach Japan ein. Dieser besuchte das Land der aufgehenden Sonne im Rahmen seiner Weltreise im Herbst und Winter 1924/25. In Japan knüpfte Haber engere Verbindungen zu Graf Goto und Botschafter Solf, mit dem er dann bei der Gründung des Japan-Instituts in Berlin zusammenarbeitete, wobei Haber erster Vorsitzender des Kuratoriums wurde. Die Parallelinstitute in Berlin und Tokio entwickelten sich zu Zentren des kulturellen Austausches zwischen Japan und Deutschland.

Parallel zur vollen Integration des Instituts in die Kaiser-Wilhelm-Gesellschaft durchlief es einen tiefgreifenden inneren Wandel. Im Rechnungsjahr 1922/23 standen zwei Abteilungsleiter auf der Gehaltsliste: Haber selbst und Herbert Freundlich. Daneben waren am Institut sieben wissenschaftliche Assistenten beschäftigt. Ebenfalls gehörten zum Institut das Meergoldprojekt mit der Abteilung M unter Jaenicke, die jedoch von der Industrie bezahlt wurde, sowie Margarethe von Wrangell, deren Forschungsgruppe von der Kaiser-Wilhelm-Gesellschaft und vom Japan-Ausschuß der Notgemeinschaft finanziert wurde. Im Jahre 1923 war zudem durch die Generalverwaltung Habers Antrag genehmigt worden, zwei neue Abteilungsleiter zu berufen.[81] Michael Polanyi vom Nachbarinstitut für Faserstoffchemie sollte Haber bei der Leitung der physikalisch-chemischen Forschungen unterstützen und so dessen verstärktes Engagement für das Meerwasserprojekt kompensieren helfen; er übernahm seine Stelle zum 1. September 1923. Rudolf Ladenburg, einstiger Gastwissenschafter am Institut und inzwischen Privatdozent an der Universität Breslau, übernahm ein Jahr später die Physikabteilung, nachdem der eigentlich dafür vorgesehene Paul Knipping das Institut verlassen hatte, weil es zu Konflikten mit Haber gekommen war und auch seine anstehende Habilitation nicht abgeschlossen werden konnte.

Nach der Berufung von Ladenburg und Polanyi gab es für die folgenden Jahre bis zur nationalsozialistischen Machtübernahme in der Instituts- und Mitarbeiterstruktur keine gravierenden strukturellen Veränderungen mehr – neben den vier Abteilungsleitern Haber, Freundlich, Ladenburg und Polanyi waren im Rechnungsjahr 1925/26 noch acht Assistenten etatisiert. In den meisten Fällen wurden diese Assistentenstellen nach Bedarf an bereits am Institut tätige Wissenschaftler vergeben. So waren 1926/27 Hans Zocher und Hans Kautsky Assistenten Freundlichs, später übernahm Georg Ettisch die Stelle von Kautsky. Ladenburg beschäftigte 1928/29 Hans Kopfermann als seinen Assistenten, der dann von Günther Wolfsohn ersetzt wurde. Zu Polanyis Assistenten findet man keine verlässlichen Angaben, doch scheint es, dass Eugene Wigner zumindest zeitweise als solcher tätig war. Die Liste von Habers Assistenten umfasst die Namen von Hans Beutler, Karl Friedrich Bonhoeffer, Johann Böhm, Ladislaus und Adalbert Farkas, Paul Harteck, Hartmut Kallmann, Friedrich Matthias und Kurt Quasebarth.[82] Häufig waren diese Wissenschaftler zuvor oder auch danach in anderen Funktionen am Institut beschäftigt – so waren Matthias und Quasebarth Mitglieder der Abteilung M und wurden aus Industriemitteln bezahlt, bevor sie in Habers Abteilung wechselten; Kopfermann wurde von Haber bezahlt, nachdem Wolfsohn die Assistentenstelle bei Ladenburg bekam. Die überlieferten Quellen zeigen, dass solche Beschäftigungsverhältnisse, die direkt mit dem Institut bzw. Haber selbst und nicht mit der KWG geschlossen wurden, recht häufig waren. Zu ihnen gehörte auch die Besoldung eines wissenschaftlichen Verwalters und Vertreters des Institutsdirektors. Der „Chef des Stabes" hatte Haber bei der inneren Organisation und

---

81 Haber an Kuratorium des KWI 11. Juli 1923, MPGA Abt. Va, Rep. 5, Nr. 1916.
82 MPGA Abt. I, Rep. 1a, Nr. 1179–1181.

Verwaltung des Instituts sowie bei der Finanzverwaltung zu unterstützen und als solcher agierte zunächst, bis zum Frühjahr 1926, Hartmut Kallmann und danach Friedrich Epstein.[83]

Wie bereits erwähnt, bildeten die fest angestellten Mitarbeiter zwar den Kern, aber keineswegs die Mehrzahl der am Institut tätigen Wissenschaftler. Obwohl belastbare Zahlen schwer zu ermitteln sind, kann davon ausgegangen werden, dass sich weniger als die Hälfte, häufig sogar nur ein Viertel der Wissenschaftler in einem festen Angestelltenverhältnis mit dem KWI bzw. der KWG befanden. Die Mehrzahl der Wissenschaftler am Institut wurde aus anderen Quellen bezahlt. Bei ihrer Rekrutierung bewies Haber außergewöhnliche Meisterschaft und Einfallsreichtum. Neben den bereits erwähnten Zuwendungen der Industrie verfügte das Institut über den sogenannten Haber-Fonds, dessen Gründung im Laufe des Sommers 1925 erfolgt sein muss – sein genaues Gründungsdatum ist unklar. In den Fonds flossen die Honorare und andere Dotationen, die Haber für seine Beratertätigkeit in der chemischen Industrie erhielt, insbesondere von der BASF bzw. der IG Farben. Aus dem Fonds wurden nicht zuletzt jüngere Wissenschaftler finanziert, aber auch Kallmanns und Epsteins Tätigkeit als wissenschaftliche Verwalter des Instituts. Für Haber war der Fonds ein strategisches Mittel, das ihm als preußischem Beamten die Übernahme solcher Beratertätigkeit problemlos ermöglichte. Vorschläge Harnacks, die Industriehonorare als karitative Spenden global der KWG zugute kommen zu lassen, hat Haber strikt zurückgewiesen, da er mit dem Fonds sehr flexibel auf die Bedürfnisse seines Instituts reagieren konnte.[84]

Seit 1921 erhielt das Institut auch Zuwendungen von der neugegründeten Notgemeinschaft der Deutschen Wissenschaft, der Vorgängerinstitution der Deutschen Forschungsgemeinschaft.[85] Die Notgemeinschaft war im Herbst 1920 in Reaktion auf die allgemeine Notlage der deutschen Wissenschaft gegründet worden. Sie war im wesentlichen eine Stiftung der deutschen Industrie und aus ihrem Etat wurden wichtige Forschungsprojekte einzelner Wissenschaftler finanziell oder durch Gerätespenden unterstützt, aber auch Bibliotheken sowie die Publikation von wissenschaftlichen Zeitschriften gefördert. Fritz Haber gehörte – neben Max Planck, Adolf von Harnack und Friedrich Schmidt-Ott – zu den maßgeblichen Initiatoren bei der Gründung der Notgemeinschaft und spielte dort bis 1933 eine zentrale Rolle – u. a. war er deren Vizepräsident. Neben dem schon erwähnten Zuschuss zum Institutsetat des Jahres 1921 erhielt das Institut in den folgenden Jahren zahlreiche Zuwendungen der Notgemeinschaft – zu den Geförderten gehörten alle Abteilungsleiter des Instituts einschließlich Haber sowie Karl Friedrich Bonhoeffer, Georg Ettisch, Hartmut Kallmann, Hans Kopfermann und Hans Zocher, wobei viele der geförderten Projekte die Zusammenarbeit mit Nachwuchs- und Gastwissenschaftlern beinhalteten, so dass die Förderung weit über den Kreis der oben Genannten reichte. Daneben wurde von der Notgemeinschaft auch die

83 Haber an KWG 17. April 1926, MPGA Abt. Va, Rep. 5, Nr. 1922; Haber an KWG 14. Juni 1929, MPGA Abt. Va, Rep. 5, Nr. 1908.

84 Haber an BASF 01. Juli 1925; Haber an Harnack, 03. Juni 1926 MPGA Abt. Va, Rep. 5, Nr. 1907

85 Vgl. Marsch, *Notgemeinschaft.* Hammerstein, *Wissenschaftspolitik.* Zierold, *Forschungsförderung.*

Abb. 2.22. *Sitzung des Hoshi-Ausschusses der Notgemeinschaft. V.l.n.r. sitzend: F. Haber, W. Schlenk, M. Planck, R. Schenck R. Willstätter; stehend: H.D. v. Schweinitz, K. Stuchtey, Mudra, M. Donnevert, O. Hahn, H. Krüss.*

Forschungsreise der „Meteor“ im Rahmen des Meergoldprojektes der Abteilung M gefördert.

Stipendien der Notgemeinschaft oder befristete Anstellungsverträge mit dem Institutsdirektor waren im damaligen Wissenschaftsbetrieb keineswegs die Regel, was dazu führte, dass überproportional viele Wissenschaftler des Instituts sozialen Gruppen angehörten, die im akademischen Bereich bei der Stellenvergabe benachteiligt waren. Seit dem Ersten Weltkrieg waren am Haberschen Institut Wissenschaftler jüdischer Herkunft überdurchschnittlich vertreten. Die damaligen Abteilungsleiter Herbert Freundlich, Reginald Oliver Herzog, Friedrich Kerschbaum, Hans Pick und auch Habers Assistenten Friedrich Epstein und Hartmut Kallmann sowie die Abteilungsleiter der Nachkriegszeit James Franck, Michael Polanyi und Rudolf Ladenburg hatten jüdische Vorfahren, wobei viele von ihnen die Religion nicht mehr praktizierten oder ihre Familien zum Christentum konvertiert waren. Auch andere prominente Institutsmitarbeiter waren in diesem Sinn „jüdisch“, beispielsweise Hans Beutler, Georg Ettisch, Adalbert und Ladislaus Farkas, Paul Goldfinger, Karl Söllner, Karl Weissenberg oder Margarete Willstätter. Mitte der zwanziger Jahre gehörte so über die Hälfte der Wissenschaftler zu dieser Gruppe.

Doch waren nicht nur vermeintlich jüdische Wissenschaftler am Haberschen Institut überrepräsentiert, sondern auch anderen sozial benachteiligten Gruppen

Abb. 2.23. *Margarethe von Wrangell (1877–1932), 1921.*

wurde dort eine wissenschaftliche und berufliche Perspektive geboten. Zu ihnen gehörten Wissenschaftler aus der einstigen Donaumonarchie, die nach dem Zusammenbruch des Vielvölkerstaates und angesichts unsicherer politischer und ökonomischer Lebensbedingungen zu Migranten geworden waren – so die Ungarn Stefan von Bogdandy, Aladar von Buzágh, die Farkas-Brüder, Alexander Szabo, Andor Szegvari, Gabor Veszi und last but not least Eugene Wigner, oder Johann Böhm aus Böhmen. Das Institut war auch wissenschaftliche Heimstatt für überproportional viele Frauen.[86] Der Zustrom von Frauen setzte im Ersten Weltkrieg ein, denn es waren vor allem Frauen, die als Hilfskräfte die Gasmaskenproduktion prüften. Auch „Dr. Marie Wreschner" gehörte dazu, die man zwar nicht mit der Leitung der Gasmaskenabteilung betraute, die aber immerhin über ein eigenes Labor und einen eigenen Telefonanschluss verfügte. Nach dem Krieg, zwischen 1920 und 1933, wirkte Wreschner am Institut als Gastwissenschaftlerin – ähnlich wie Vera Birstein, Erika Cremer, Thea Knipping (geb. Krüger), Hilde Levi, Hertha Sponer, Margarethe von Wrangell oder Margarete Willstätter, die Tochter Richard Willstätters. Allerdings hatte nur Wrangell ein offizielles Anstellungsverhältnis mit der Kaiser-Wilhelm-Gesellschaft – und dies auch nur zeitweise. Sie war 1922 als Gastwissenschaftlerin ans Institut gekommen, um dort Forschungen zur Phosphatdüngung auszuführen, wofür sicherlich Habers fundamentaler Beitrag zur Agrikulturchemie verantwortlich zeichnete. Als 1923 Pläne nicht realisiert werden konnten, ihr am Institut eine längerfristige Forschungsperspektive zu bieten, kehrte sie an die Landwirtschaftliche Hochschule Hohenheim zurück, wo sie zur ersten deutschen Ordinaria berufen wurde und das Institut für Pflanzenzüchtung leitete.[87]

Ausländische Gastwissenschaftler die ihren Aufenthalt in Berlin selbst finanzierten, waren eine andere Möglichkeit, das Forschungspotenzial des Instituts zu

86 Vgl. Vogt, *Wissenschaftlerinnen.*
87 Vgl. Andronikow, *Wrangell.* Wrangell an Haber 27. August 1923 MPGA Abt. Va, Rep. 5, Nr. 1703.

erhöhen, ohne dass sein Personaletat belastet wurde. Allerdings war der Wissenschaftleraustausch bis 1925 stark eingeschränkt, da infolge des Versailler Vertrags die Ententemächte einen Wissenschaftsboykott über Deutschland verhängt hatten. Nur Forschern aus neutralen Ländern war so die Möglichkeit gegeben, mit ihren deutschen Kollegen offizielle Beziehungen zu pflegen. Da sich auch die USA an diesen Wissenschaftsboykott nicht gebunden fühlten, gab es bereits 1923 mit Eustace Cuy von der University of California in Berkeley einen amerikanischen Gastwissenschaftler. Der Besuch war wahrscheinlich wegen der wechselseitigen hohen Wertschätzung von Gilbert Newton Lewis, dem Doktorvater von Cuy, und Haber zustande gekommen. Weitere amerikanische Gastwissenschaftler waren Hubert Alyer und der schon erwähnte Henry Eyring von der Universität Wisconsin, die Ende der zwanziger Jahre am Dahlemer Institut forschten. Da der National Research Council mit Mitteln der Rockefeller-Stiftung solche Studienaufenthalte in den zwanziger Jahren förderte, war es für amerikanische Studenten

Abb. 2.24. *Feuer im Hauptgebäude des Instituts, 3. Juni 1925.*

höchst attraktiv, nach der Promotion an europäischen und namentlich deutschen Institutionen zu forschen. Ganz ähnlich war die Situation für japanische Nachwuchswissenschaftler, deren ausländische Forschungsaufenthalte sowohl durch japanische Stiftungen als auch durch Stipendien des Gastlandes gefördert wurden. Zu denen, die Gast am Haberschen Institut waren, gehörten Tsunesaburo Asada, ein Schüler des bekannten Physikers Hontaro Nagaoka und späterer Professor der Kaiserlichen Universität in Osaka, und Juro Horiuti, der in Polanyis Abteilung Untersuchungen zur Katalyse und Elektrochemie durchführte, die zur Aufstellung des Polanyi-Horiuti-Mechanismus bei der Hydrierung von Kohlenwasserstoffen führten.

Allerdings gibt es keine erkennbare Strategie Habers, den Personalbestand des Instituts systematisch zu erhöhen. Dies steht im Gegensatz zu seinen dezidierten und stetigen Bemühungen, die Forschungsinfrastruktur des Instituts zu verbessern. Zwar hatte sich das Institut im Krieg stark vergrößert, doch geschah dies vor allem durch den Aufbau temporärer Abteilungen, für die in benachbarten Forschungsinstitutionen und an anderen Orten der Stadt Räumlichkeiten angemietet wurden; das KWI selbst als Lokalität und in seiner technischen Ausstattung blieb davon weitgehend unberührt, so dass Mitte der zwanziger Jahre eine Modernisierung des Instituts anstand. Äußerer Anlass dafür wurde ein Feuer, das im Juni 1925 mehrere Labors im Hauptgebäude zerstörte. Seit dem Herbst 1925 verhandelte Haber mit dem Generalsekretär der KWG über die nötige Rekonstruktion des Instituts, wobei er gehofft hatte, seine Verhandlungsposition durch eine zweckgebundene Spende Leopold Koppels zu stärken, hatte dieser doch gerade erst seine Förderungszusage für das Institut erneuert und diesem für die nächsten zehn Jahre Fördermittel von jährlich 15.000 Mark in Aussicht gestellt.[88] Allerdings ging der Plan nicht in Erfüllung, so dass man sich auf die KWG-Mittel beschränken musste. Der von Haber im September 1926 vorgelegte Plan sah neben der Beseitigung der Brandschäden und dringenden Instandhaltungsmaßnahmen die Schließung des „Kaiser-Eingangs" zum Faradayweg, eine Vergrößerung der Büroflächen und vor allem den Bau von zwei neuen Gebäudeteilen vor, in denen die Glasbläserei und ein neues Röntgenlabor untergebracht werden sollten. Die Generalverwaltung gewährte dafür die nötigen Mittel und der Münchener Architekt Carl Sattler, der die Nachfolge Ernst von Ihnes als „Hausarchitekt" der KWG angetreten hatte, wurde mit der Bauausführung beauftragt;[89] die Modernisierung der Elektroanlagen sollte auf Vorschlag von Haber die Firma Siemens übernehmen, die auch schon die Erstinstallation besorgt hatte. Insgesamt sah das Gesamtbudget des Projekts für das neue Röntgenlabor 95.000 Mark, für die Glasbläserei 20.000 Mark und für die sonstigen Reparatur- und Rekonstruktionsarbeiten 40.000 Mark vor. Allerdings wurde das Budget um 45.000 Mark überschritten, weil Haber in letzter Minute noch eine Hochspannungsanlage in die Umbauplanungen

88 Haber an Glum 6. Oktober 1925 MPGA Abt. Va, Rep. 5, Nr. 1907.
89 Glum Vermerk 26. März 1927 MPGA Abt. I, Rep. 1a, Nr. 12088.

einbrachte.[90] Dies führte zu größeren Spannungen zwischen dem Institut und der Bauverwaltung, doch konnten diese letztendlich beigelegt, bzw. eingedämmt werden. Am 29. September 1928 wurde schließlich das neue Gebäude feierlich seiner Bestimmung übergeben, parallel zur Eröffnung des neuen KWI für Züchtungsforschung.[91] Mit der Eröffnung des neuen Institutsgebäudes vergrößerte sich auch der Stellenplan des Instituts um einen Glasbläser und einen Bibliothekar, doch wurde dies im folgenden Jahr bereits wieder kompensiert, weil mit Eröffnung des Harnack-Hauses der institutseigene Koch entbehrlich geworden war.

Allerdings hatte das neue Laboratorium bereits bei seiner Eröffnung seine Kapazitätsgrenze erreicht, was insgesamt auch für das Institut zutraf. 1927 schlossen Bonhoeffer, Kallmann und Zocher ihre Habilitation ab und Karl Weissenberg, bis dahin Mitarbeiter des KWI für Faserstoffchemie, kam als Gastwissenschafter ans Institut. Wie bereits erwähnt, sollten sie nach Habers Auffassung als habilitierte Wissenschaftler, wie auch Georg Ettisch, in der Lage sein, ihre eigenen „Arbeitskreise" zu führen, d.h. eigenständig Forschungsprogramme entwickeln sowie Assistenten und Doktoranden bei ihren Forschungen anleiten.[92] Diese Arbeitsgruppen bzw. Arbeitskreise bestimmten die Leistungsfähigkeit des Instituts, wobei sein gesamtes wissenschaftliches Personal in den Jahren 1928/29 praktisch unverändert blieb. Allerdings gab es zwischen Freundlich und Haber 1929 in dieser Frage einen Dissens, denn ersterer beklagte, dass die zwei Assistenten und 25 weiteren Wissenschaftler seiner Abteilung die Kapazität des Instituts bereits überschreiten würden.[93]

Die Publikationen des Instituts hielten mit seiner personellen Expansion Schritt und steigerten sich von 27 Aufsätzen im Jahre 1924 auf 70 im Jahre 1927, was eine Zunahme von etwa 150% bedeutet und in etwa dem Wachstum des Instituts zwischen 1923 und 1925 entspricht, als die neuen Abteilungen von Polanyi und Ladenburg eingerichtet wurden.

Die Institutsexpansion geschah in einer Zeit, als der Reichsminister des Innern, Carl Severing, und der Preußische Kultusminister Carl Becker Vorstellungen für eine planvolle und abgestimmte Wissenschaftspolitik entwickelten, die die Ausgaben für den Wissenschaftssektor reduzieren und der Regierung größeren Einfluss auf die Verwendung der Mittel geben sollte. Im Juni 1929 wurde deshalb Haber vom Generalsekretär der KWG Friedrich Glum gewarnt, dass das Institut spätestens im nächsten Jahr größere Kürzungen bei den Zuwendungen der KWG zu erwarten hätte.[94] Die Situation verschlechterte sich noch zusätzlich durch die Weltwirtschaftskrise, so dass zwischen den Rechnungsjahren 1930/31 und 1931/32 die Zuwendungen der KWG, die etwa 75% des Institutsbudgets ausmachten, von 342.000 auf 291.000 Mark, d.h. um etwa 15%, gekürzt wurden; im folgenden

90 Haber an Morsbach 8. Februar 1928, Sattler an Morbach 16.2.1928. MPGA Abt I, Rep. 1a, Nr. 1209.

91 Protokoll KWG Senat 1. Juni 1928, MPGA Abt. Va, Rep. 5, Nr. 1928.

92 Haber an KWG 14. Juni 1929, MPGA Abt. Va, Rep. 5, Nr. 1908.

93 Lauder Jones 14. November 1929, S. 11. RAC, RF 12.1, Nr. 64.

94 Morsbach „Aktennotiz" 6. Oktober 1929, MPGA Abt. I, Rep. 1a, 1180.

Abb. 2.25. *Pflanzung der Haber-Linde anlässlich des 60. Geburtstages von Fritz Haber, 9. Dezember 1928.*

Jahr fand eine nochmalige Kürzung um 12.000 Mark statt.[95] Diese Kürzungen führten dazu, dass der Personalbestand des Instituts von 65 Personen im Januar 1931 auf 42 Personen im Januar 1932 abgebaut werden musste.[96] Zwar setzten viele der entlassenen Wissenschaftler ihre Forschungen am Institut ohne Bezahlung fort, doch bot das Institutsbudget kaum Möglichkeiten, ihren Bedürfnissen an Forschungsmitteln nachzukommen.

95 Jahresrechnungen für 1930, 1931, 1932 MPGA Abt. I, Rep. 1a, Nr. 1181
96 Weaver Diary 20. Januar 1932 RAC, RF, RG 1.1, 717D, Nr. 110.

Abb. 2.26. *Bibliothek des Instituts, um 1930.*

Obwohl man im Jahre 1925 die Institutsgebäude renoviert und rekonstruiert hatte, ging damit keineswegs eine Modernisierung der Forschungseinrichtung einher – sieht man einmal vom Neubau des Röntgenlaboratoriums ab. In einem Brief Habers an die Generalverwaltung aus dem Jahre 1929 stellte dieser sarkastisch fest, dass die Vakuumpumpe nicht funktionsfähig war, die Hochdruckgeräte allein dem Schlosser als Studienobjekt dienen könnten und anderes Forschungsgerät nur noch von historischem Interesse wäre.[97] Aufgrund seiner Klage bekam Haber durch den Senat der KWG 475.000 Mark bewilligt, mit denen die Institutsausstattung in den nächsten fünf Jahren grundlegend modernisiert werden sollte. Die Finanzkrise machte indes alle entsprechenden Pläne zu Makulatur.[98] Haber und Freundlich wandten sich deshalb an die Rockefeller-Stiftung, die in den zurückliegenden Jahren den Erweiterungsbau von Hilberts Mathematischem Institut in Göttingen großzügig gefördert und auch der KWG für die Gründung eines Instituts für Zellphysiologie sowie für den Neubau des KWI für Physik bedeutende

97 Haber an KWG 14. Juni 1929, MPGA Abt. Va, Rep. 5, Nr. 1908.
98 Haber an Planck 16. Juni 1932, MPGA Abt. I, Rep. 1a, Nr. 1181.

Finanzmittel bereit gestellt hatte. Obwohl Zuwendungen für die Anschaffung spezieller Geräte nicht der Stiftungspraxis entsprach, gewährte die Rockfeller-Stiftung dem Institut zwei Gerätestiftungen[99] – die erste im Jahre 1928 über 10.250 Mark zur Modernisierung der instrumentellen Ausstattung der kolloidchemischen Abteilung, darunter die Anschaffung einer Ultrazentrifuge. 1932 erhielt das Institut etwa 30.000 Mark, wobei ungefähr ein Drittel zur Anschaffung einer Luftverflüssigungsanlage verwandt wurde; den Rest erhielt Hartmut Kallmann für die Entwicklung eines 1.65 MeV-Ionenbeschleunigers, der eine patentwürdige Innovation darstellte. Dennoch waren diese beiden Zuwendungen lediglich der berühmte „Tropfen auf dem heißen Stein" und eine grundlegende Modernisierung des Instituts war nach wie vor dringend geboten.

Nutznießer der Rockefeller-Stiftung waren im Übrigen auch Paul Harteck und Hans Kopfermann, die mit Rockefellerstipendien 1933 für ein Jahr zu Ernest Rutherford nach Cambridge bzw. zu Niels Bohr nach Kopenhagen gingen. Dies führte nach der Übernahme und faktischen Auflösung des Instituts durch Jander zu Konflikten zwischen der KWG und dem Ministerium, da sich letzteres nicht mehr an die der Rockefeller-Stiftung gegebene Zusage gebunden fühlte, die entsandten Wissenschaftler wieder am Institut aufzunehmen. Im Falle Hartecks wurde dies durch die Berufung nach Hamburg gelöst und Kopfermann erhielt eine Assistentenstelle bei Gustav Hertz an der TH Charlottenburg. Dramatischer war der Konflikt zwischen der Generalverwaltung der KWG und den neuen Machthabern hinsichtlich der Geräteanschaffungen der Rockefeller-Stiftung. Herbert Freundlich und andere in die Emigration gezwungene Wissenschaftler des Instituts wollten nämlich einen Teil der durch Rockefeller-Mittel angeschafften Geräte an ihre neuen Wirkungsstätten mitnehmen, was sowohl von der Rockefeller-Stiftung, als auch durch die Generalverwaltung der KWG und namentlich Max Planck als KWG-Präsident toleriert wurde. Eine Denunziation, hinter der der damalige Doktorand Robert Havemann stand, machte die NS-Stellen auf diese „echt jüdische Klüngelei" aufmerksam, was im Sommer zu Inspektionen und Verhören der Beteiligten führte, aber letztlich die Mitnahme von Geräten durch die Exilierten nicht verhindert hat.[100]

Vor dem Hintergrund der tiefgreifenden Veränderungen, von denen das Institut nach 1933 betroffen war, werden häufig die Jahre der Weimarer Republik als die „Goldene Ära" des Instituts und als wissenschaftlicher Vorläufer des heutigen Fritz-Haber-Instituts bezeichnet. Ein solcher Vergleich verkennt, dass es keine eindeutige Kontinuität zwischen den „modernen" Aspekten des Kaiser-Wilhelm-Instituts in den Jahren der Weimarer Republik und dem heutigen Max-Planck-Institut gibt und scheinbar ähnliche Strukturen sich in kaum vergleichbaren Kontexten gründen, die ihnen signifikant unterschiedliche Bedeutungen verleihen. Allerdings besitzt Habers „Gelehrtenkommission" durchaus viele Gemeinsamkeiten mit dem heutigen Institutsdirektorium und viele der Haberschen Forschungsabteilungen und Arbeitskreise ähneln sehr stark den modernen

99 Vgl. Macrakis, *Rockefeller*. Kohler, *Partners*.
100 Vgl. Szöllösi-Janze, *Haber*, S. 669–673.

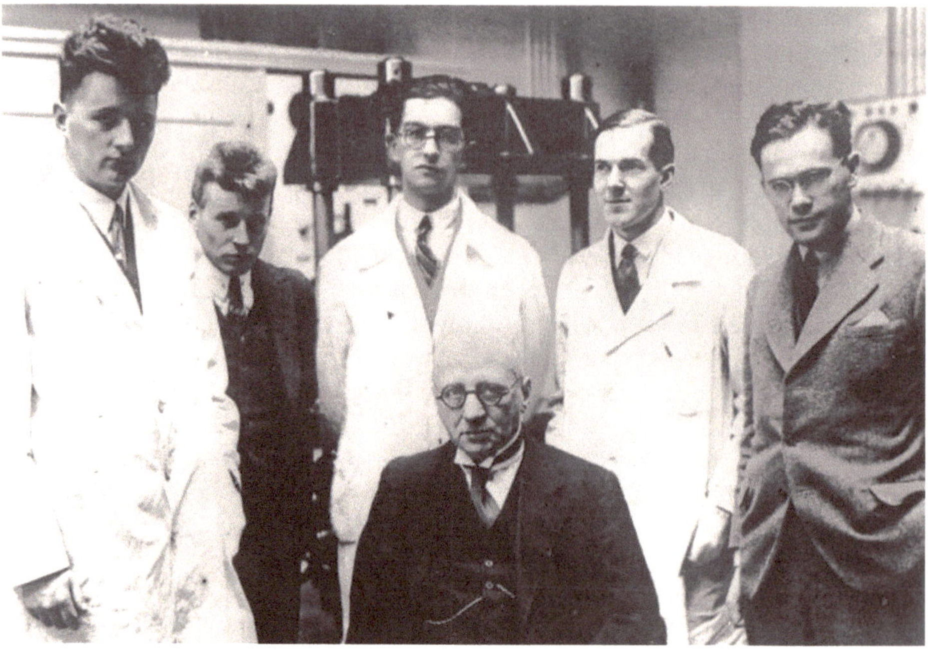

Abb. 2.27. *Fritz Haber und Paul Harteck, Hans Dietrich Graf v. Schweinitz, Paul Goldfinger, Adalbert Farkas, Ladislaus Farkas (v.l.n.r.), Anfang der 1930er Jahre.*

Forschungsstrukturen, die damals jedoch ganz von Haber selbst abhingen – einen Topos der deutschen Sozialgeschichte aufnehmend, war dies eine „Diversifizierung von oben" und nicht von unten. Ganz ähnlich war die Zahl und die Auswahl der Institutsmitarbeiter nicht nur das Ergebnis von Habers Eliteverständnis, sondern auch eine Konsequenz der finanziellen Schwierigkeiten, auf die das Institut permanent zu reagieren hatte.

Auch wenn hinsichtlich der Modernität des Haberschen Institutsprofils manche Illusionen existierten und es in historischen Darstellungen bzw. in der Erinnerungsliteratur gelegentlich Übertreibungen gibt, war das Institut in den Jahren der Weimarer Zeit doch in mancher Beziehung ungewöhnlich – namentlich hinsichtlich der Vielzahl außerordentlicher Forscherpersönlichkeiten und der von ihnen erbrachten Spitzenleistungen; außergewöhnlich war es aber auch in Bezug auf seine Akzeptanz im internationalen Wissenschaftsbetrieb, so dass es trotz aller Einschränkungen angemessen scheint, die zwanziger Jahre als die „goldenen Jahre" des Instituts zu bezeichnen.

3 Das „NS-Musterinstitut"

Auch wenn die Machtübergabe an die Nationalsozialisten am 30. Januar 1933 in der Kaiser-Wilhelm-Gesellschaft zunächst kaum Aufmerksamkeit erregte oder gar Anlass zu besonderer Sorge gab, war es politisch hellsichtigen Köpfen wie Haber durchaus klar, dass der Machtwechsel Folgen haben würde. So klagte Haber am 24. Februar 1933 in einem Brief an den Freund und Kollegen Richard Willstätter nicht nur über die Fülle privater Probleme, sondern auch über „die mangelnde Ruhe gegenüber der Zukunft".[1] Habers Unruhe wird zugenommen haben, als drei Tage später der Reichstag brannte und zum Anlass wurde, per Ausnahmezustand und Ermächtigungsgesetz die verfassungsmäßigen Grundrechte in Deutschland außer Kraft zu setzen und politische Gegner und Andersdenkende, zunächst vor allem Kommunisten, aber auch Sozialdemokraten, Gewerkschafter und linke Intellektuelle, systematisch zu verfolgen. Unruhe erregte in diesen Tagen aber nicht nur die politische Entwicklung, denn militärische Kreise versuchten ebenfalls, die Gunst der Stunde zu nutzen und Pläne für ein verdeckt arbeitendes, zentrales chemisches Militärforschungsinstitut voranzutreiben. Hinter diesen Plänen stand das Heereswaffenamt, das schon in den vorangegangenen Jahren die geheimen Giftgasforschungen des Göttinger Chemikers Gerhart Jander gefördert hatte. Für Jander sollten nun in Berlin mit der Unterstützung des preußischen Kultusministeriums und des Reichsministeriums des Innern, die inzwischen von Hitlers „Alten Kämpfern" Bernhard Rust bzw. Wilhelm Frick geführt wurden, bessere und größere Forschungsmöglichkeiten geschaffen werden, als sein bescheidenes Göttinger Laboratorium bot. Damit sollte nicht zuletzt ein Versprechen Hitlers eingelöst werden, der dem Chemiker für den Fall der nationalsozialistischen Machtübernahme seine wohlwollende Förderung zugesagt hatte.[2] In diesen Plänen spielte das Habersche Institut wegen seiner entsprechenden Aktivitäten im Ersten Weltkrieg eine zentrale Rolle und Haber selbst scheint von diesen Plänen relativ früh Kenntnis erhalten zu haben, war er doch im Februar 1933 nach einem möglichen Standort für ein solches Institut befragt worden. Als „Vater des Gaskriegs" hatte Haber keinerlei grundsätzlichen Bedenken gegen ein solches Institut und die Intensivierung der Kampfstoffforschung in Deutschland, doch wollte er das eigene Institut vor dem Zugriff des Militärs und der neuen Regierung schützen. Er empfahl daher den Gasplatz Breloh für ein solches Institut, wobei er argumentierte, dass sich Dahlem in den Jahren nach dem Ersten Weltkrieg zu einer dicht bewohnten

1 Werner, *Haber Willstätter*, S. 123.
2 Szöllösi-Janze, *Haber*, S. 652.

Abb. 3.1. *Institutscampus, um 1939. Die Inschrift am Rondell der Haber-Linde war entfernt worden, da sie an den Gründunngsdirektor erinnerte.*

Villenkolonie entwickelt hätte und damit als Standort für ein Kampfstoffinstitut denkbar ungeeignet war.

Am 11. April kam es in dieser Sache zum Ortstermin – allerdings nicht auf dem Gasplatz Breloh, sondern in der Dahlemer Garystraße im einstigen Preußischen Forschungsinstitut für Hygiene und Immunitätslehre, das nach dem Tod seines Direktors zur Disposition stand. Auch den Hinweis auf dieses Institut scheint Haber gegeben zu haben, weshalb Jander nach der Besichtigung den Verdacht äußerte, dass er allein deshalb auf das kleine und für die geplanten Forschungen ungeeignete Institut „aufmerksam gemacht (habe), um zu verhindern, dass wir unsere Arbeiten in der nötigen Anzahl von Räumlichkeiten (in einem) Kaiser-Wilhelm-Institut selbst durchführen".[3]

Vertreibung und Umorientierungen

Inzwischen war indes nicht nur das Habersche Institut zum Gegenstand von Intrigen seitens der neuen Machthaber und des Militärs geworden, sondern die KWG überhaupt in den Fokus der nationalsozialistischen Wissenschaftspolitik gerückt. Wegen des hohen Anteils, den „jüdische" Mäzene zum Grundkapital der Kaiser-Wilhelm-Gesellschaft beigesteuert hätten, der zahlreichen „jüdischen" Senatoren und angesichts der Tatsache, dass viele „jüdische" Wissenschaftler die besonderen Karrierechancen an dieser außeruniversitären Forschungsinstitution genutzt hatten, galt die Kaiser-Wilhelm-Gesellschaft in nationalsozialistischen Kreisen als

3 GSTA, Bl. 33.

Gesetz zur Wiederherstellung des Berufsbeamtentums vom 7. April 1933

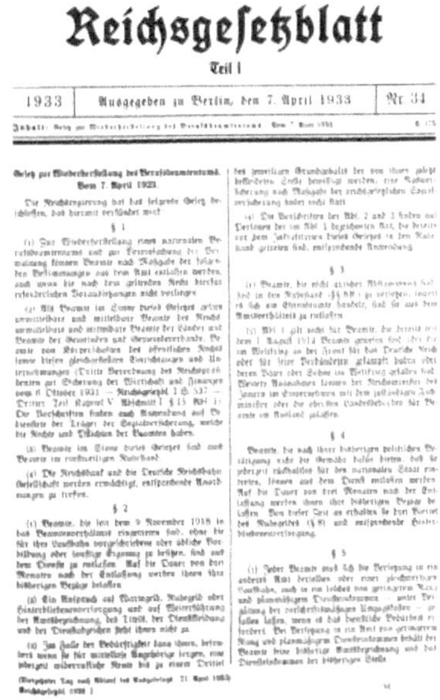

Reichsgesetzblatt

Teil I

1933	Ausgegeben zu Berlin, den 7. April 1933	Nr. 34

Gesetz zur Wiederherstellung des Berufsbeamtentums. Vom 7. April 1933.

„Die Reichsregierung hat das folgende Gesetz beschlossen ... § 3(1) Beamte, die nicht arischer Abstammung sind, sind in den Ruhestand ... zu versetzen; ... § 4 Beamte, die nach ihrer bisherigen politischen Betätigung nicht die Gewähr dafür bieten, daß sie jederzeit rückhaltlos für den nationalen Staat eintreten, können aus dem Dienst entlassen werden."

Das am 7. April 1933 verkündete Gesetz diente zur Gleichschaltung des öffentlichen Dienstes und war erster Höhepunkt in der Verfolgung und Entrechtung von Bürgern jüdischer Herkunft in Deutschland. Da es zum Gesetz keine strengen Ausführungsbestimmungen gab, wurden auf seiner Grundlage auch Angestellte aus privaten Beschäftigungsverhältnissen entlassen sowie Ärzte und Anwälte oder andere freiberuflich Tätige aus berufsständischen Organisationen ausgeschlossen. Der sogenannte Arierparagraph § 3(1) gestattete – bis zum in Kraft treten der Nürnberger Gesetze 1935 – Ausnahmeregelungen für vor dem Ersten Weltkrieg eingestellte Altbeamte, ehemalige Frontkämpfer, sowie Beamte, deren Väter oder Söhne im Kriegsdienst für Deutschland gefallen waren.

In der als privatrechtlicher Verein organisierten KWG hatte das Gesetz an solchen Instituten Gültigkeit, die zu mehr als 50 % aus staatlichen Mitteln finanziert waren. Diese waren dann den Universitäten und anderen staatlichen Forschungsinstitutionen gleichgestellt, was insbesondere für das Habersche Institut zutraf. Am 27. April 1933 wurden durch die Generalverwaltung der KWG entsprechende Anweisungen an die KWIs verschickt und Mitarbeiter dazu aufgefordert, Fragebögen zu ihrer Herkunft und ihrem politischen Engagement auszufüllen. Auf ihrer Grundlage wurden dann die Entlassungen verfügt. In der KWG wurden insgesamt 126 Mitarbeiter entlassen, etwa 11 % ihrer Belegschaft, wobei das KWI für physikalische Chemie und Elektrochemie am stärksten davon betroffen war.

Die deutschen Hochschulen verloren etwa ein Drittel ihres Lehrkörpers, wobei es erhebliche fachliche und regionale Unterschiede gab. So waren beispielsweise Universitäten wie Rostock oder Tübingen von der Entlassungswelle kaum betroffen, da der dort herrschende antisemitische Geist schon vor 1933 die Berufung jüdischer Wissenschaftler stillschweigend verhindert hat. Liberale Hochschulen wie die Berliner oder Frankfurter Universität waren hingegen so stark betroffen, dass nicht nur ihr internationales Ansehen, sondern auch ihre wissenschaftliche Reputation erheblich darunter litt. Disziplinär sind die Schwankungen ebenfalls erheblich. So verlagerte sich der Schwerpunkt von Fachgebieten wie der theoretischen Physik oder der Kunstgeschichte in den angelsächsischen Raum, wobei die Vertreibung ihrer führenden Repräsentanten wie Albert Einstein oder Aby Warburg nur die Spitze des Eisbergs darstellte.

unter „jüdischem Einfluss" stehend bzw. „jüdisch versippt" – für den Altnazi und Vater der Deutschen Physik Philipp Lenard sollte deshalb „diese ganz rein jüdische Angelegenheit einfach zerschlagen werden" und sein Kollege Johannes Stark wollte der Gesellschaft zumindest einen „neuen Geist" aufoktroyieren. Ganz ähnlich, wenn auch bürokratisch verbindlicher, verlautete es aus dem preußischen Kultusministerium. Seine Kritik an der KWG war wegen der oben kurz umrissenen Interessenlage wohl nicht zufällig auf das Habersche Institut fokussiert, und es wurde in der Folgezeit zum Modellfall nationalsozialistischer Wissenschaftspolitik.[4]

In der KWG besaß das Institut den größten prozentualen Anteil sogenannter Nichtarier unter seinen fest angestellten Wissenschaftlern, was schon in der Weimarer Republik Anlass zu öffentlichen Polemiken bot und im Frühjahr 1933 dann zu Denunziationen sowie besonderer Aufmerksamkeit von Parteistellen und Ministerialbürokratie führte.[5] Unter Bezugnahme auf das am 7. April 1933 verabschiedete Gesetz zur Wiederherstellung des Berufsbeamtentums drohte am 21. April 1933 der Personalreferent im Kultusministerium Johannes Achelis für die KWG einen Staatskommissar einzusetzen und damit ihre Existenz infrage zu stellen, wenn am KWI für physikalische Chemie nicht umgehend Konsequenzen aus der neuen Lage gezogen und bis zum Ende der Osterferien der Personalbestand des Instituts nicht grundsätzlich geändert würde.[6] Wie weit man damit die antisemitische Ausgrenzungspolitik der Regierung exekutieren wollte oder auch die oben erwähnten Begehrlichkeiten des Militärs im Auge hatte, lässt sich heute nicht mehr mit Bestimmtheit sagen – auf jeden Fall wurde das Berufsbeamtengesetz zum Einfallstor für Jander und seine Hintermänner bei der Übernahme des KWI.

Zunächst übernahm die Generalverwaltung der KWG die ministerielle Forderung und übte entsprechenden Druck auf Haber aus. Man verlangte eine umgehende und grundsätzliche Änderung des Personalbestands, denn nur so wäre es möglich – wie es in einer Aktennotiz von Achelis heißt, „führende Gelehrte, soweit sie Juden sind, zu halten." Eine solche Strategie war Teil der sogenannten „Selbstgleichschaltung" der Gesellschaft. Dabei sollten mit der zuweilen auch im vorauseilenden Gehorsam erfolgenden minutiösen Umsetzung der staatlichen Vorgaben gravierende nationalsozialistische Eingriffe, wie beispielsweise die Bestellung eines Staatskommissars für die KWG, vermieden und ihre möglichst weitgehende institutionelle Autonomie bewahrt werden. Neben der Anpassung der Leitlinien der Gesellschaft an die forschungspolitischen Erwartungen der neuen Machthaber und der Umgestaltung von Senat und anderen Leitungsorganen der Gesellschaft war die Personalpolitik im Sinne des Berufsbeamtengesetzes ein zentrales Element ihrer Selbstgleichschaltung. Dabei verfolgte man mit der strikten Umsetzung des Gesetzes auf der mittleren und unteren Ebene das Ziel, sich gewisse Spielräume bei jüdischen Spitzenwissenschaftlern erhalten zu können.

4 Vgl. zu Folgendem die ausführlichen Darstellungen in Szöllösi-Janze, *Haber* und Schmaltz, *Kampfstoff-Forschung*.
5 MPGA Abt. I., Rep. 1a, Nr. 531/1; 541/3.
6 MPGA Abt. I., Rep. 1a, Nr. 531/1, Bl. 15.

Abb. 3.2. *Max Planck und Reichs-Innenminister Wilhelm Frick, 1933.*

Max Planck hatte als Präsident der Gesellschaft anlässlich seines Antrittsbesuchs bei Hitler im Mai 1933 dieser Haltung Ausdruck gegeben und dabei nicht nur deutlich zu machen versucht, welchen Schaden für die deutsche Wissenschaft wie für Deutschland insgesamt die Vertreibung von hochrangigen Wissenschaftlern wie Haber zur Folge habe, sondern auch, „daß es doch verschiedenartige Juden gäbe, für die Menschheit wertvolle und wertlose ...daß man doch Unterschiede machen müsse.“[7]

Fritz Haber wollte allerdings nicht so einfach die Erwartungen bzw. Anweisungen von Generalverwaltung und Ministerium umsetzen, sondern das Heft des Handelns zunächst selbst in der Hand behalten, denn wie er gegenüber Schmidt-Ott am 21. April 1933 bekannte, war

> „die Zusammensetzung des mir unterstellten Instituts der wichtigste Gegenstand meiner persönlichen Verantwortlichkeit in meinem Amte. Wenn diese Zusammensetzung unter den Zeitverhältnissen untragbar geworden ist, offenbar weil Nachteile für die Kaiser Wilhelm-Gesellschaft und für das Institut, das ich seit seiner Gründung geleitet habe, davon sich herleiten würden, so betrachte ich es als meine Pflicht, die verlangte Umgestaltung noch selber als Direktor vorzunehmen, weil ich die im wissenschaftlichen und menschlichen Interesse wichtigen Gesichtspunkte am besten kenne und sie mit der Generalverwaltung ...am besten ordnen kann.“[8]

7 Planck, *Besuch*, S. 143.
8 MPGA Abt. I, 1a, Nr. 541/3, Bl. 2.

Ebenfalls am 21. April 1933 hatten beide Abteilungsleiter, Herbert Freundlich und Michael Polanyi, um ihre Versetzung in den Ruhestand gebeten; auch für Haber selbst stand als Resultat innerer Kämpfe fest, dass er „nach Erfüllung dieser Pflicht" sein Amt als Institutsdirektor niederlegen würde, womit sich – so Haber – „in nahezu selbsttätig eintretender Folge die zahlreichen weiteren Einzelfragen der verlangten Umgestaltung" erledigen sollten. Haber bat das zuständige Ministerium am 30. April um seine Versetzung in den Ruhestand zum 30. September 1933, der Durchführungsfrist des Gesetzes. In seinem berühmt gewordenen Entlassungsgesuch stellte er fest, dass er die Mitarbeiter seines Instituts stets nach Qualifikation und Charakter ausgesucht habe und von dieser Grundhaltung könne und wolle er auch angesichts der neuen Bestimmungen nicht abrücken.

Die Führungsriege der KWG, namentlich Max Planck als Präsident und Friedrich Glum als Generaldirektor, versuchte noch, Haber umzustimmen. Sie bedauerten nicht nur den Verlust eines hoch verdienten und international renommierten Kollegen, sondern sahen durch Habers demonstrativen Akt auch die KWG beschädigt und fürchteten, dass damit ein Kerninstitut der Gesellschaft ihrem Einfluss weitgehend entzogen würde. Haber ließ sich aber nicht mehr umstimmen und die Entscheidung wurde unumkehrbar, als Rust in zwei Reden gegen das Entlassungsgesuch öffentlich polemisierte, womit Haber quasi zur persona non grata für die NS-Führung geworden war.

Die Rücktrittsgesuche Habers und seiner Abteilungsleiter besaßen Signalcharakter und wurden nicht nur in der NS-Führung als Protest gegen die verfügten rassistischen Willkürmaßnahmen und die neuen Machthaber gesehen, zumal alle drei als Weltkriegsteilnehmer bzw. „Altbeamte" unter Ausnahmeregelungen des Berufsbeamtengesetzes fielen und daher im Amt verbleiben konnten. In den restlichen Wochen seiner Amtszeit galt Habers Sorge der Zukunft seines Institutes und seiner Mitarbeiter. Für letztere versuchte er, die Folgen des Berufsbeamtengesetzes so weit als möglich zu mildern und den rechtlichen Rahmen für die bestmögliche Versorgung der gekündigten Mitarbeiter auszuschöpfen. Nachdem er am 29. Juli 1933 von der Generalverwaltung definitiv aufgefordert worden war, noch vor den Sommerferien sieben Mitarbeitern zu kündigen, versuchte er für einige Härtefallregelungen geltend zu machen oder sie in neue Stellungen zu vermitteln. Besonders seine langjährige Sekretärin, die ‚Seele des Instituts' Rita Cracauer, seine ‚rechte Hand' Hartmut Kallmann und Irene Sackur galten Haber als Härtefälle. Cracauer arbeitete schon lange am Institut und war ansonsten mittellos, zudem waren ihre Brüder im Ersten Weltkrieg gefallen. Bei Irene Sackur, die erst 1931 ans Institut kam, fühlte sich Haber besonders wegen des tödlichen Unfalles ihres Vaters zu Anfang des Ersten Weltkrieges verpflichtet. Da Habers Gesuche im Ministerium keine Beachtung fanden, wurden schließlich 10.000 RM aus dem Haber-Fonds genutzt, um den entlassenen Mitarbeiterinnen und Mitarbeitern zu helfen und wenigstens ihre finanzielle Notlage zu mildern. Rita Cracauer, die sich nach der Emigration Habers noch um dessen in Berlin verbliebenen Hausrat gekümmert hatte, wanderte später über Großbritannien nach Palästina aus. Irene Sackur konnte für kurze Zeit am Institut bleiben, musste es aber schon im Herbst

1933 auf Grund einer Denunziation verlassen; Mitte der dreißiger Jahre emigrierte sie ebenfalls nach Palästina. Etwas einfacher hatten es international renommierte Wissenschaftler: Freundlich emigrierte zunächst nach London und arbeitete ab 1934 am University College. Dann ging er nach Minneapolis in den USA, wo er bis zu seinem frühen Tod im Jahre 1941 als Research Professor für Kolloidchemie wirkte.[9] Polanyi wurde Professor für physikalische Chemie in Manchester; den Ruf hatte er schon 1932 erhalten, doch noch Mitte Januar 1933 abgelehnt. Hier setzte er zunächst seine Forschungen zu Übergangszuständen chemischer Reaktionen, insbesondere bei katalytischer Umsetzung von Wasserstoff, fort, um sich dann mit Fragen der Philosophie und Sozialwissenschaften zu beschäftigen.[10] Ladislaus Farkas emigrierte 1934 nach Palästina, wo er zusammen mit seinem Bruder an der Hebräischen Universität in Jerusalem die physikalische Chemie aufbaute.[11] Trotz intensiver Bemühungen scheiterte die Emigration Hartmut Kallmanns, so dass er aufgrund seiner „privilegierten Mischehe" mehr schlecht als recht in Deutschland als Mitarbeiter der I.G.-Farbenindustrie und der AEG den Holocaust überlebte.[12]

Haber selbst ging im September 1933 zunächst nach Cambridge, wo ihm im Universitätsinstitut von William Pope die Möglichkeit zu wissenschaftlicher Arbeit eingeräumt wurde. Zusammen mit seinem Dahlemer Assistenten Joseph Weiss führte er zwar noch Experimente zur katalytischen Zersetzung von Wasserstoffperoxid durch, doch war die Zeit seines Exils vor allem von ruheloser Reisetätigkeit geprägt. Auf einer solchen Reise starb er am 29. Januar 1934 in einem Hotel in Basel, einer Zwischenstation auf dem Weg nach Palästina, wo er seine Kollegen der Hebräischen Universität in Jerusalem beim Aufbau der naturwissenschaftlichen Fakultät beraten sollte. Habers Tod erregte nicht nur bei seinen einstigen Mitarbeitern und Schülern große Betroffenheit, auch in der Kaiser-Wilhelm-Gesellschaft sowie in militärischen Kreisen mehrten sich die Stimmen, dass man diesem herausragenden Gelehrten und deutschen Patrioten zumindest im Tod in geeigneter Weise Achtung und Ehre bekunden müsse. Planck nahm als KWG-Präsident diese Stimmung auf und beschloss, zum ersten Todestag eine Gedenkveranstaltung zu organisieren, die gemeinsam von Kaiser-Wilhelm-Gesellschaft sowie der Physikalischen und Chemischen Gesellschaft getragen werden sollte.

> „Es war die letzte Gelegenheit, der Pflicht der Pietät zu genügen. Ein längeres Hinausschieben wäre, namentlich auch mit Rücksicht auf den Eindruck im Ausland nicht mehr zu verantworten gewesen",

stellte Planck in einer Niederschrift zur Haber-Feier fest.[13] Die Pläne zu einer solchen Feier waren in Teilen der NS-Wissenschaftsbürokratie auf erheblichen Widerstand gestoßen, sollte die Feier doch einen jüdischen Gelehrten ehren, der

9 Reitstötter, *Freundlich.*
10 Nye, *Polanyi.*
11 Pallo, *Farkas.*
12 Wolff, *Kallmann.* Zu Kallmanns „priviligierter Mischehe" vgl. seine Selbstauskunft im Brief an den Bundespräsidenten Heuss vom 4.(?) Januar 1954, MPGA, PA Kallmann.
13 Hoffmann, *Planck,* S. 94.

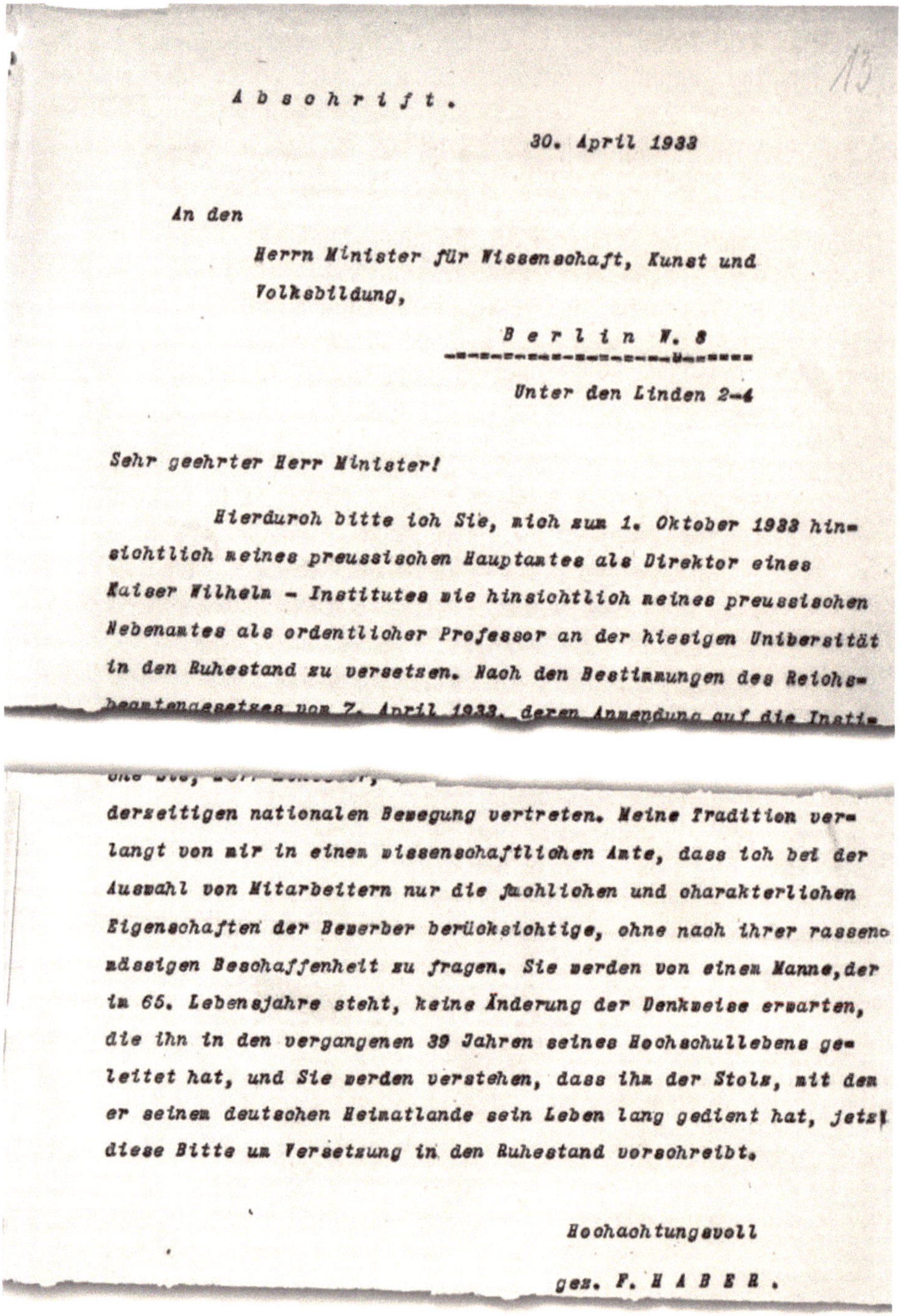

13

Abschrift.

30. April 1933

An den

Herrn Minister für Wissenschaft, Kunst und Volksbildung,

Berlin W. 8

Unter den Linden 2-4

Sehr geehrter Herr Minister!

Hierdurch bitte ich Sie, mich zum 1. Oktober 1933 hinsichtlich meines preussischen Hauptamtes als Direktor eines Kaiser Wilhelm - Institutes wie hinsichtlich meines preussischen Nebenamtes als ordentlicher Professor an der hiesigen Unibersität in den Ruhestand zu versetzen. Nach den Bestimmungen des Reichsbeamtengesetzes vom 7. April 1933, deren Anwendung auf die Insti-

[illegible]

derzeitigen nationalen Bewegung vertreten. Meine Tradition verlangt von mir in einem wissenschaftlichen Amte, dass ich bei der Auswahl von Mitarbeitern nur die fachlichen und charakterlichen Eigenschaften der Bewerber berücksichtige, ohne nach ihrer rassenmässigen Beschaffenheit zu fragen. Sie werden von einem Manne,der im 65. Lebensjahre steht, keine Änderung der Denkweise erwarten, die ihn in den vergangenen 39 Jahren seines Hochschullebens geleitet hat, und Sie werden verstehen, dass ihm der Stolz, mit dem er seinem deutschen Heimatlande sein Leben lang gedient hat, jetzt diese Bitte um Versetzung in den Ruhestand vorschreibt.

Hochachtungsvoll

gez. F. HABER.

Abb. 3.3. *Abschiedsgesuch Habers an Bernhard Rust, 30. April 1933.*

Abb. 3.4. *Abschiedsfeier im Institutsgarten, Juli 1933. Erste Reihe rechts stehend: Friedrich Epstein, sitzend von rechts: Hartmut Kallmann, Michael Polanyi, Fritz Haber, vor ihm am Boden Rita Cracauer. Auf dem übernächsten Stuhl Herbert Freundlich, ganz links am Boden sitzt Glasbläser Karl Klein.*

zudem noch im offensichtlichen Dissens zur nationalsozialistischen Politik gestanden und Deutschland verlassen hatte. Die geplante Ehrung hatte alles Potential, als Protest bzw. Affront gegen die NS-Führung gewertet zu werden. Das Reichs-Erziehungsministerium verbot daher in einem Rundschreiben seinen Untergebenen, namentlich den Beamten und Professoren der Hochschulen und Universitäten, an der Feier teilzunehmen. Planck bestand aber auf der Veranstaltung und setzte sich durch. In seinem Beharren konnte sich Planck auf die Sympathien einflussreicher Militärs, Industrieller und des Reichswehrministeriums stützen, die Habers Einsatz im Ersten Weltkrieg nicht vergessen hatten. Das Ministerium hob daraufhin zwar nicht das ergangene Teilnahmeverbot für seine Beamten auf, doch wurde Planck erlaubt, „die Veranstaltung als rein interne und private Feier der Kaiser-Wilhelm-Gesellschaft stattfinden zu lassen."

Kollegen, die dennoch an der Feier teilnehmen wollten, sollten auf Antrag einen ministeriellen Dispens vom gültigen Verbot erhalten, das übrigens auch von der Deutschen Chemischen Gesellschaft mitgetragen wurde. Allerdings gingen beim Ministerium kaum Anträge auf Dispens ein und viele der Eingeladenen zogen den stillen Protest vor, in dem sie ihre Ehefrauen zur Gedenkfeier schickten. Selbst Max von Laue, der in der Vergangenheit den Nazis schon wiederholt die Stirn geboten und mit einem bemerkenswerten Nachruf auf Haber den Zorn der Mächtigen erneut auf sich gezogen hatte, zog es vor, der Feier fern zu bleiben. Die ministerielle Einschüchterung verfehlte damit ihre Wirkung nicht. Trotz aller Widrigkeiten fand die Gedenkfeier wie geplant am ersten Todestag Habers, dem 29. Januar 1935, im Harnack-Haus statt. Auf ihr hielten allein Planck und Otto

Die Kaiser-Wilhelm-Gesellschaft zur Förderung der Wissenschaften

beehrt sich

in Gemeinschaft mit der

Deutschen Chemischen Gesellschaft

und der Deutschen Physikalischen Gesellschaft

zu einer

Gedächtnisfeier für Fritz Haber

am Dienstag, den 29. Januar 1935, 12 Uhr mittags,
im Harnack-Haus, Berlin-Dahlem, Ihnestraße 16–20,

einzuladen.

1. Andante con moto (Thema mit Variationen)
   aus dem Quartett Nr. 14 von Franz Schubert

2. Einleitende Worte
   Geheimrat Prof. Dr. Max Planck, Präsident der Kaiser-Wilhelm-Gesellschaft zur Förderung der Wissenschaften

3. Gedächtnisreden
   Prof. Dr. Otto Hahn, Direktor des Kaiser-Wilhelm-Instituts für Chemie
   Oberst a. D. Dr.-Ing. e. h. Joseph Koeth
   Prof. Dr. Karl-Friedrich Bonhoeffer, Auswärtiges wissenschaftliches Mitglied des Kaiser-Wilhelm-Instituts für physikalische Chemie und Elektrochemie

4. Cavatine (adagio molto espressivo)
   aus dem Quartett op. 130 von Ludwig van Beethoven
   Die Mitglieder des Philharmonischen Orchesters:
   Konzertmeister Siegfried Borries (1. Violine), Karl Höver (2. Violine), Reinhard Wolf (Viola), Wolfram Kleber (Cello).

Uniform oder dunkler Anzug

Abb. 3.5. *Einladung zur Gedächtnisfeier für Fritz Haber.*

Hahn Gedenkansprachen, wobei letzterer einen Vortrag Karl Friedrich Bonhoeffers verlas, dem als Hochschullehrer die Teilnahme untersagt worden war. Planck als Emeritus und KWG-Präsident sowie Hahn als Direktor eines vorwiegend industriefinanzierten Kaiser-Wilhelm-Instituts konnten sich über solche Zumutungen der staatlichen Wissenschaftsbürokratie hinwegsetzen.

Die Haber-Feier ist oft und gerade in der Nachkriegszeit als eine Aktion des politischen Widerstands und des Mutes der Wissenschaftler und namentlich Max Plancks gegenüber den nationalsozialistischen Willkürakten und dem NS-Staat positiv bewertet worden, doch zeigt das in aller Kürze dargestellte Szenario, dass von wirklichem Widerstand wohl nicht die Rede sein kann und die meisten Akteure dabei nicht einmal besondere Zivilcourage gezeigt haben.[14] Sie ist vor allem als ein Höhepunkt im öffentlichen Dissens der traditionell orientierten naturwissenschaftlichen Elite gegenüber der nationalsozialistischen Wissenschaftspolitik zu werten. Da aber politische Inhalte in diesem Zusammenhang praktisch nicht thematisiert wurden, war die Feier vor allem eine Aktion persönlichen Trotzes und ein Versuch, die fachspezifische Autonomie gegenüber unberechtigten nationalsozialistischen Eingriffen zu sichern.

Solch Übergriffen der neuen Machthaber sah man sich insbesondere bei der Regelung der Nachfolge Habers ausgesetzt. Noch bis zum April 1933 hatte sich Haber der Illusion hingegeben, James Franck als Nachfolger küren zu können, dessen Berufung nach Berlin, als Physikprofessor der Berliner Universität und Direktor eines reorganisierten KWI für Physik, im Januar ja praktisch vor dem Abschluss gestanden hatte. Die politischen Entwicklungen führten solche Pläne recht schnell ad absurdum, doch wollte Haber noch im Mai 1933 Franck als wissenschaftliches Mitglied eines Kaiser-Wilhelm-Instituts für Physik und physikalische Chemie halten. Dieses sollte durch Fusion des Haberschen Instituts und des KWI für Physik entstehen und von Max von Laue und Karl Friedrich Bonhoeffer als Direktoren geleitet werden.[15] Schließlich wurde Mitte Juli 1933 Otto Hahn darum gebeten, die kommissarische Leitung des Instituts zu übernehmen. Diese Entscheidung der Generalverwaltung bzw. des KWG-Präsidenten wurde dadurch konterkariert, dass das sich für die KWG zuständig fühlende Preußische Kultusministerium am 4. August 1933 der Gesellschaft ultimativ mitteilte, dass man Gerhart Jander „mit sofortiger Wirkung" zum kommissarischen Leiter des KWI für physikalische Chemie ernannt habe und dass dieser bereits am folgenden Tag das Institut besichtigen werde.

Otto Hahn stand dennoch dem Institut bis Mitte Oktober als kommissarischer Direktor vor, dann übernahm Jander die Amtsgeschäfte. Inzwischen wurde die Berufung Janders nicht nur vom Kultusministerium, sondern auch vom Reichswehrministerium getragen, so dass sich auch Planck und die KWG dieser beugten. Allerdings wurde in einem Brief an das Erziehungsministerium klar gestellt, dass Janders Ernennung nicht den üblichen wissenschaftlichen Gesichtspunkten,

14 Deichmann, *Flüchten*, S. 92 ff.
15 Haber an Planck, 27. Mai 1933. MPGA I. Abt., Rep. 1a, Nr. 541/3, Bl. 27.

Abb. 3.6. *Gerhart Jander (1892–1961).*

sondern ausschließlich „der speziellen Rücksichtnahme auf die Bedürfnisse des Reichswehrministeriums“ folge.[16]

Mit dem Amtsantritt Janders begann – wie Florian Schmaltz festgestellt hat – „eine neue Ära in der Institutsgeschichte“, die durch eine Reorganisation der Institutsarbeit im Sinne der Kampfstoff-Forschung gekennzeichnet war.[17] Zu seinen ersten Amtshandlungen gehörte die Kündigung sämtlicher noch am Institut tätigen Wissenschaftler, also auch derjenigen, die bisher nicht vom Berufsbeamtengesetz betroffen waren. Besonders tragisch war das Schicksal Friedrich Epsteins, der verbittert durch die nur halbherzige Unterstützung der Generalverwaltung Anfang November 1933 das Institut verließ und nach Frankreich emigrierte; nach der deutschen Besetzung wurde er nach Auschwitz deportiert und Ende 1943 ermordet. Darüber hinaus gab es für Forscher am Institut, die in einem Angestelltenverhältnis mit der KWG standen oder in befristeten und aus Drittmitteln finanzierten Projekten am Institut arbeiteten, keinerlei Möglichkeiten, ihre Tätigkeit fortzusetzen. Im Gegensatz zu den wissenschaftlichen Mitarbeitern, die praktisch alle das Institut verlassen mussten, gab es bei den technischen Angestellten, Laboranten und Handwerkern eine hohe Kontinuität, was u. a. damit zusammenhing, dass viele als hochspezialisierte Fachkräfte nicht problemlos zu ersetzen waren und der Umorientierung des Instituts nicht in Wege standen. Im Frühjahr 1934 dürfte schließlich das Institut im Sinne Janders und des Militärs personell umstrukturiert und arbeitsfähig gewesen sein.

16 Planck an Erziehungsminister 4. Oktober 1933, MPGA Abt. I, Rep. 1a, Nr. 541/4, Bl. 69.
17 Schmaltz, *Kampfstoff-Forschung*, S. 77.

Tab. 3.1. *1933/34 aus rassischen Gründen vertriebene Institutsmitarbeiter.*[18]

Name	Beruf, Tätigkeit am KWI	ins Exil nach
Walter Beck	Chemiker, Assistent, 1925–1933	Frankreich, Ungarn, USA
Hans Beutler	Physiker, Assistent, 1923–1934	USA
Jakob Bikermann	Chemiker, Assistent, 1924–1933	Großbritannien, USA
Rita Cracauer	Sekretärin, 1917(1919)–1933	Großbritannien, Palästina
Hans Eisner	Chemiker, Assistent, 1923–1933	Spanien, Argentinien, Uruguay, USA
Fritz Epstein	Chemiker, Gast, 1912–1933	Frankreich, 1943 in Auschwitz ermordet
Georg Ettisch	Mediziner, Assistent, 1921–1933	Portugal, evtl. USA
Ladislaus Farkas	Chemiker, Assistent, 1928–1933	Großbritannien, Palästina
Herbert Freundlich	Chemiker, Abteilungsleiter, 1916–1933	Großbritannien, USA
Eric Flint (Erich Friedländer)	Chemiker, Assistent 1931–1933	Frankreich, USA
Leopold Frommer	Physiker, Assistent, 1928–1933	Großbritannien
Paul Goldfinger	Chemiker, Assistent, 1929–1933	Belgien
Kurt M. Guggenheimer	Chemiker, Physiker, Mathematiker, Assistent, 1933	USA
Fritz Haber	Chemiker, Direktor, 1911–1933	Großbritannien
Wilfried Heller	Physikochemiker, Assistent, 1931–1933	Frankreich, USA
Hartmut Kallmann	Chemiker, Physiker, Assistent, 1920–1933	blieb in Deutschland
Friedrich Kerschbaum	Chemiker, Gast, 1914–1933, mit Unterbrechungen	unklar
Wladimir Lasareff	Physiker, Assistent, 1930–1933	Belgien
Hilde Levi	Physikerin, Chemikerin, Doktorandin, 1932–1933	Dänemark, Schweden
Michael Polanyi	Mediziner, Chemiker, Abt.leiter, 1923–1933	Großbritannien
Alfred Reis	Chemiker, Gast, 1930–1933	Frankreich
Boris Rosen	Physiker, Gast, 1928–1933	USA
Irene Sackur	Sekretärin, 1932–1933	Palästina
Martin Schmalz	Laborant, ?–1933	Großbritannien, Palästina
Karl Söllner	Chemiker, Assistent, 1928–1933	Großbritannien, USA
Joseph Weiss	Chemiker, Assistent, 1930–1933	Großbritannien
Ida Margarete Willstätter	Physikerin, Volontärin, 1931–1933	USA
Marie Wreschner	Physikerin, Chemikerin, Mitarbeiterin, Stipendiatin, 1920–1933	blieb in Deutschland, 1941 Freitod
Margarete Zuelzer	Zoologin, Gast, 1932–1933	Niederlande, 1943 im KZ ermordet

18 Quellen: Schüring, *Minerva*, S.87–106. Rürup, Schüring, *Schicksale*. Vogt, *Wissenschaftlerinnen*.

Abb. 3.7. *Rudolf Mentzel (1900–1987), ca. 1937.*

Bereits mit dem offiziellen Dienstantritt Janders wurden am Institut zunächst drei Abteilungen eingerichtet und mit „selbständigen Abteilungsvorstehern" besetzt. Neben der „wissenschaftlichen Befähigung" mussten, nach den Worten Janders, „an alle hierfür ausersehene Herren jedoch bestimmte charakterliche Forderungen gestellt werden: Verschwiegenheit, Beharrlichkeit, Disziplіniertheit, Pflichterfüllung im altpreussischen Sinne und Männlichkeit."[19] Zu jenen Auserwählten gehörten Peter Adolf Thiessen, der die physikalisch-chemische Abteilung leitete und bis dahin als Schüler Richard v. Zsigmondys in Göttingen gewirkt hatte, Rudolf Mentzel, Doktorand und Mitarbeiter Janders in Göttingen, der mit der Leitung einer Abteilung für angewandte Chemie und Chemie des Luftschutzes betraut wurde, und Hans Seel, bisher Privatdozent in Hamburg, der einer physiologischen und pharmakologischen Abteilung vorstand.[20] Da Mentzel fachliche Probleme hatte und sich zunehmend auf seine politische Karriere im Reichs-Erziehungsministerium und in der SS konzentrierte, wurde die Abteilung von seinem Assistenten Remigius Hofmann geleitet. Neben diesen Abteilungen waren noch Abteilungen für Anorganische Chemie (August Winkel), Analytische Chemie (Rudolf Kölliker) und Praktische Chemie (Fritz Bauer) geplant, wobei die beiden Letzteren direkt dem Reichswehrministerium unterstehen sollten.[21] Nachweisbar sind allerdings nur die Abteilungen von Winkel und Kölliker.

Parallel zur Installierung der neuen Abteilungsstruktur wurden umfangreiche Baumaßnahmen in die Wege geleitet, doch kam es hierüber zu einem Kleinkrieg mit der Generalverwaltung, die u. a. im Dezember 1933 wegen der ungeklärten Finanzierung einen vorübergehenden Baustopp veranlasste. Im Grunde ging es

19 Jander an Planck, 15 November 1933. GSTA I, Rep. 76, Sek. 2, Tit. 23 Nr. 108, Bl. 111.
20 Ebenda, Bl. 115 ff.
21 Schmaltz, *Kampfstoff-Forschung*, S. 78.

dabei weniger um Geld und auch nicht um die neue Ausrichtung des Instituts, die Planck „im vaterländischen Interesse" durchaus mitzutragen bereit war, sondern vor allem um die Wahrung der institutionellen Autonomie der Gesellschaft. In der Generalverwaltung und anderen Leitungsgremien wurden so auch nach der Inthronisierung von Jander weiterhin Pläne und Allianzen geschmiedet, diesen durch einen renommierteren Forscher zu ersetzen und generell zu verhindern, dass das Institut aus dem Verbund der KWG herausgelöst würde. Daneben verfolgten auch Janders Abteilungsleiter Mentzel und Thiessen Eigeninteressen und profilierten sich zudem als hochrangige Mitarbeiter des Reichs-Erziehungsministeriums. Als im Sommer 1934 dem Innenministerium die administrative Zuständigkeit für die Kaiser-Wilhelm-Gesellschaft entzogen und auf das aus dem Preußischen Kultusministerium hervorgegangene Reichs-Erziehungsministerium übertragen wurde, entstand die merkwürdige Situation, dass Mentzel als Abteilungsleiter des KWI unter Jander arbeitete, ihm zugleich aber als Ressortleiter des Erziehungsministeriums vorgesetzt war. Jander hat später bekannt, dass damit die Zusammenarbeit zwischen beiden ernsthaft gestört wurde.[22] Für Janders Autorität als Institutsdirektor war dies genauso wenig zuträglich wie die Entlassung seines dritten Abteilungsleiter Hans Seel, der wegen Indiskretionen, die die Geheimforschungen des Instituts gefährdeten, schon im Frühjahr 1934 seinen Platz räumen musste.[23] In der Nachfolge Seels wurde eine Abteilung für Faserstoffe unter Caesar Stuhlmann eingerichtet. Neben solch personellen Querelen hielt auch die Führung des Reichswehrministeriums die aktuelle KWI-Lösung „nicht für übermäßig glücklich", was in militärischen Kreisen die Diskussion über die Einrichtung eines eigenen militärisch kontrollierten Forschungsinstituts förderte. Jander konnte so seine Position sowie die eines militärisch forschenden KWIs nicht festigen und vor allem nicht die Interessenkonflikte zwischen Militär, Ministerium und der KWG ausgleichen. Hinzu kam, dass Janders Sympathien für den Strasser-Flügel der NSDAP, der nach der Röhm-Affäre und der Ermordung Strassers im Sommer 1934 politisch marginalisiert wurde, seiner Stellung ebenfalls wenig zuträglich waren. Dies führte dazu, dass Jander zunehmend an Einfluß verlor[24] und zudem selbst über seine Stellung in Dahlem in wachsendem Maße frustriert war. Im Frühjahr 1935 ging schließlich seine Zeit als kommissarischer Direktor des KWI für physikalische Chemie und Elektrochemie sang- und klanglos zu Ende. Er wurde an die Universität Greifswald abgeschoben, wo er bis in die Nachkriegszeit als ordentlicher Professor und Direktor des Chemischen Instituts wirkte; 1951 wechselte er an die TU Berlin-Charlottenburg und leitete dort bis zu seinem Tode das Institut für Anorganische Chemie.

Nach der Wegberufung Janders wurde Peter Adolf Thiessen zum 1. April 1935 mit der kommissarischen Leitung des Instituts betraut. Bereits am 9. April machte

22 Schmaltz, *Kampfstoff-Forschung*, S. 87.
23 Schmaltz, *Kampfstoff-Forschung*, S. 83 f.
24 Schmaltz, *Kampfstoff-Forschung*, S. 92.

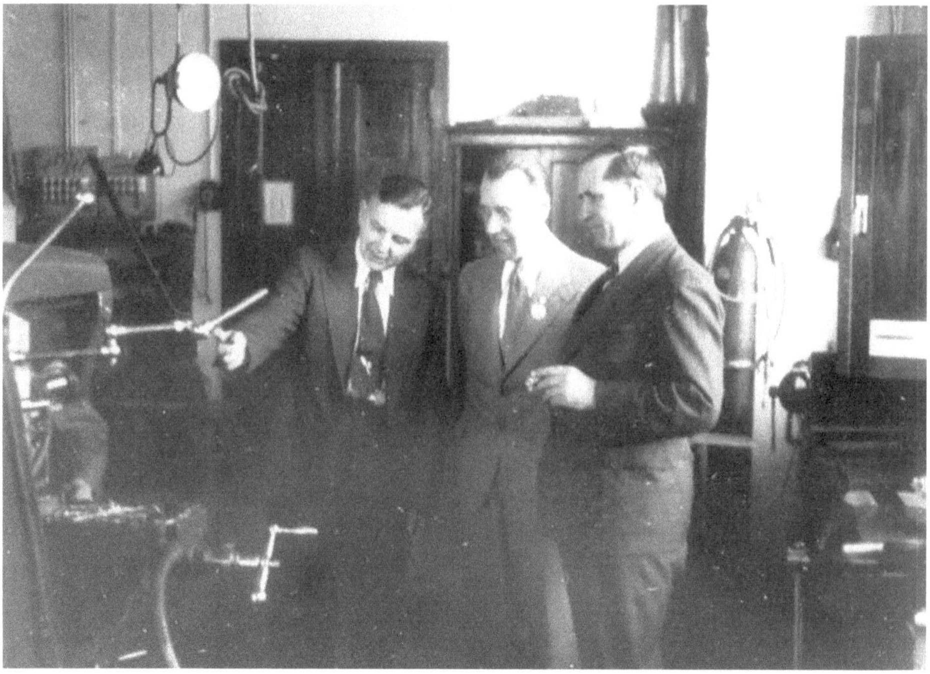

Abb. 3.8. *Peter Adolf Thiessen, links, zeigt Konstruktionsdetails in der Werkstatt, ca. 1939.*

Mentzel als Vertreter des Erziehungsministeriums in einer Sitzung des Verwaltungsausschusses der KWG den Vertretern der Gesellschaft unmissverständlich deutlich, dass es sich dabei nicht wieder um ein „Kommissariat", sondern um den Kandidaten des Ministeriums für die Direktorenstelle handelte und dass auch das Reichswehrministerium bereits seine Zustimmung zu dieser Personalie gegeben hätte. Weder auf dieser Sitzung noch in den folgenden „Nachverhandlungen" konnten Planck und die KWG ihren Standpunkt geltend machen, dass man „bei der Wahl des Direktors die berechtigten Wünsche des Reichswehrministeriums und die Notwendigkeit einen führenden Wissenschaftler zu gewinnen, vereinen müsse." Für Planck wäre der Münchener Nobelpreisträger Hanns Fischer der geeignete Direktor gewesen, doch wurde dieser allein schon wegen seines wissenschaftlichen Profils als Organiker vom Ministerium für die anstehenden militärischen Aufgaben des Instituts als wenig geeignet angesehen; auch Karl Friedrich Bonhoeffer und Arnold Eucken, den anderen Wunschkandidaten Plancks, erging es ähnlich. Nach den Vorstellungen von Erziehungs- und Reichswehrministerium sollten am KWI bis zur Gründung eines geeigneten Instituts der Reichswehr die militärtechnischen Forschungen weitergeführt werden, wofür Thiessen nach Meinung der Ministerien die sehr viel bessere Personalie als die wissenschaftlich ausgewiesenen Kandidaten der KWG war. Parallel zu diesen Vorgängen wurde Thiessen auch mit einem adäquaten akademischen Status versehen. Nachdem angestrebte Berufungen in Freiburg und Frankfurt gescheitert waren, erhielt Thiessen im März

1935 einen Ruf als Ordinarius und Direktor des Chemischen Instituts der Universität Münster, wo er die Nachfolge von Rudolf Schenck antreten sollte. Obwohl das Erziehungsministerium die Berufung zum 1. April bestätigte, hat Thiessen sein Amt in Münster nie angetreten. Zum 20. Mai 1935 wurde er durch das Erziehungsministerium zum Direktor des Kaiser-Wilhelm-Instituts für physikalische Chemie und Elektrochemie sowie zum ordentlichen Professor für physikalische Chemie der Berliner Friedrich-Wilhelms-Universität ernannt. Einen Monat später gab Planck zwar noch auf der Kuratoriumssitzung des Instituts zu Protokoll, dass die Ernennung des neuen Institutsdirektors auf „ungewöhnliche Weise" erfolgt sei, doch wurde gleichzeitig der politische Oktroy akzeptiert und betont, mit Thiessen nun „in gemeinsamer Arbeit zusammenwirken" zu wollen.

Obwohl Thiessen in seinen Lebenserinnerungen meint, dass unter Jander „im Jahre 1933 und 1934 an Forschungsarbeiten nahezu nichts (geschehen war)," hatte dieser in Dahlem sein Göttinger Forschungsprogramm zur Aggregation und kolloiden Struktur hochmolekularer anorganischer Verbindungen, vor allem der Iso- und Heteropolysäuren, weitergeführt. Ein weiterer Schwerpunkt von Janders Arbeiten war die konduktometrische Analytik und ihre praktische Umsetzung, wobei man vor allem in Form von Handbuchartikeln[25] zur Verbreitung dieses Verfahrens

Abb. 3.9. *Peter Adolf Thiessen auf der Bunsen-Tagung 1938 in Düsseldorf im Kreis von Kollegen: Erich Hückel, Peter Debye, Peter Adolf Thiessen, Klaus Clusius und Hans-Heinrich Frank (v.l.n.r.).*

25 Z. B. Jander, *Maßanalyse*. Jander, Pfundt, *Leitfähigkeitsreaktionen*.

beitrug. Das spiegelt die wissenschaftliche Stellung Janders wieder, der zwar keine grundlegend neuen Ergebnisse präsentierte, aber in seinem Arbeitsgebiet durchaus anerkannt war. Zudem wird er laufende militärische Forschungsprojekte, die schon in den 1920er Jahren im Geheimen in Göttingen angelaufen waren, weitergeführt haben. Jedenfalls stellte Thiessen auf der Kuratoriumssitzung anlässlich seiner Amtsübernahme 1935 sein Arbeitsprogramm für das Institut vor. Dabei betonte er, dass sich dieses „vorläufig den Aufgaben widmen (würde), die ihm vom Reichskriegsministerium als vordringlich bezeichnet wurden." Damit dürfte Thiessen die ab Frühjahr 1934 angelaufenen Forschungen zunächst fortgesetzt haben. Jedenfalls kündigte Thiessen bei seiner Amtsübernahme 1935 an, die laufenden Geheimprojekte fortzuführen.

Thiessen selbst war nach der Übernahme des Instituts vor allem mit dem Neuaufbau einer modernen technischen Infrastruktur beschäftigt und im Jahre 1936 wurde zudem eine umfassende Reorganisation des Instituts eingeleitet, die vor dem Hintergrund gravierender Änderungen in der Organisation der Chemiewaffenforschung durch das Heereswaffenamt geschah.[26] Das KWI sollte nun nicht mehr zu jenem von Jander, Mentzel und militärischen Kreisen angedachte Forschungszentrum für chemische Kampfstoffe ausgebaut werden, denn das Heereswaffenamt plante im Zuge der offenen Aufrüstungspolitik des Dritten Reiches eigene zentralisierte Forschungseinrichtungen auf diesem Gebiet. Auch wenn so im Laufe des Jahres 1936 entsprechende Abteilungen aus dem Institut ausgegliedert und einschlägige Forschungsthemen eingestellt wurden, verblieb dort qualifiziertes Forschungspotenzial zu diesem Problemkomplex und bis zum Kriegsende wurde am Institut weiterhin chemische Kampfstoffforschung betrieben. Auch sonst war man auffällig darum bemüht, den forschungspolitischen Leitlinien der NS-Führung zu folgen und einen aktiven Beitrag zum Autarkiestreben und den verstärkten Rüstungsanstrengungen des NS-Regimes zu leisten. Damit wurde das Institutsprofil auf Fragen der Zweckforschung und dazu relevanter Grundlagenforschung ausgerichtet, womit auch nach 1936 keine klare Trennung von der Militärforschung erfolgte und die Bearbeitung militärtechnisch orientierter Themen relevant blieb.[27] Ein Besuch des ehemaligen KWG-Präsidenten Planck im Jahr 1938 machte deutlich, wie sich der Arbeitsstil an Thiessens Institut von der wissenschaftlichen Ausrichtung der älteren Wissenschaftlergeneration und des Haberschen Instituts unterschied. Viele Jahre später berichtete Thiessen, dass Planck bei seinem Besuch die technischen Möglichkeiten und besonders ein bei Thiessen konstruiertes Röntgenbeugungsgerät durchaus zu schätzen gewusst hätte, doch war sein Hauptkritikpunkt die nach seinem Wissenschaftsverständnis fehlende Ausrichtung auf die allgemeinen, grundlegenden physikalischen Gesetze gewesen.[28] Geht man von einem solchen Wissenschaftsbild aus, kann durchaus von einem „Verfall" wissenschaftlicher Standards am Institut nach 1933 gesprochen

---

26 Vgl. Schmaltz, *Kampfstoff-Forschung*, S. 100–124.
27 Ebd.
28 Thiessen, *Planck*.

Peter Adolf Thiessen (1899–1990)

Peter Adolf Thiessen wurde im schlesischen Schweidnitz als Sohn eines Gutsbesitzers geboren und nahm nach dem Abitur als Freiwilliger am Ersten Weltkrieg teil. Ab 1919 studierte er Chemie in Breslau, Freiburg, Greifswald und Göttingen, wo er 1923 bei Richard v. Zsigmondy mit Untersuchungen zum kolloiden Gold promovierte und anschließend dessen Assistent wurde. Nach der Habilitation im Jahre 1926 wirkte er dort als Privatdozent und ab 1932 als außerordentlicher Professor für physikalische Chemie; allerdings gelang es ihm nicht, die Nachfolge seines Lehrers als Ordinarius für Anorganische Chemie anzutreten. In die Göttinger Jahre fiel auch Thiessens frühes Engagement für die nationalsozialistische Bewegung – bereits 1922 wurde er Mitglied von NSDAP und SA, deren Strukturen er im Göttinger Raum mit aufbaute. Um seine Hochschulkarriere nicht zu gefährden, ließ er 1926 seine Parteimitgliedschaft ruhen, die er nach der nationalsozialistischen Machtübernahme aber sofort reaktivierte. Im Winter 1933 ging er nach Berlin, wo er zunächst Abteilungsleiter, ab 1935 Direktor des KWI für physikalische Chemie und Elektrochemie wurde. Parallel zu seiner wissenschaftlichen Tätigkeit trug er als Referent im Reichserziehungsministerium aktiv zur nationalsozialistischen Umgestaltung des deutschen Hochschulwesens bei. Auch als sich Thiessen Mitte der dreißiger Jahre aus dem Ministerium zurückzog, blieb er in der NS-Wissenschafts- und Forschungspolitik aktiv – u. a. ab 1937 als Leiter der Fachsparte Chemie des neugegründeten Reichsforschungsrates. Seine aktive Rolle in der NS-Forschungspolitik, die prestigeträchtige Leitung des KWI, die Mitgliedschaft in der Berliner Akademie (seit 1939), der Vorsitz der Bunsen-Gesellschaft (1942/45) und andere Funktionen machten Thiessen zu einem der einflussreichsten und mächtigsten Wissenschaftler und Wissenschaftsmanager des Dritten Reichs.

Nach dem Untergang des Dritten Reiches diente sich Thiessen der Sowjetunion an und übersiedelte im Herbst 1945 mit einigen seiner Mitarbeiter und Teilen der Institutsausrüstung in die Sowjetunion, wo er in den folgenden Jahren zusammen mit anderen deutschen „Spezialisten" in einem speziellen Forschungsinstitut im Kaukasus Arbeiten für das sowjetische Atombombenprogramm durchführte. 1956 kehrte er nach Deutschland, in die damalige DDR zurück. Die Rückkehr war mit der Wiederaufnahme in die Berliner Akademie der Wissenschaften, die ihn 1945 aus politischen Gründen ausgeschlossen hatte, verbunden; zugleich wurde er Direktor des Akademieinstituts für physikalische Chemie und Professor der Humboldt-Universität zu Berlin. Auch die Fortsetzung seiner wissenschaftlichen Karriere im Sozialismus erfolgte im Schulterschluss mit der politischen Macht – so war er zwischen 1957 und 1965 Vorsitzender des Forschungsrates und von 1960 bis 1963 Mitglied des Staatsrats der DDR. Hoch dekoriert starb Thiessen 90jährig in Berlin.

werden. Dem stehen aber Leistungen im Bereich der angewandten und Zweckforschung entgegen, die in der zeitgenössischen Wissenschaft durchaus Beachtung und Anerkennung fanden.

Die fachliche Ausrichtung

Der thematische Schwerpunkt der meisten Abteilungen im Thiessenschen Institut lag auf dem Gebiet der Strukturuntersuchung von Fasern, Gläsern, Kunststoffen und Metallen. Thiessen selbst leitete eine relativ große Abteilung, deren Hauptthema Untersuchungen der Struktur von Seifen und Seifengelen war, die als Modell für die kolloiden Eigenschaften langkettiger Moleküle dienten. Dies erfolgte mit der Absicht, die Ergebnisse auf eine große Zahl von Stoffen wie höhere Kohlenhydrate, Farbstoffe, Kautschuk, Zellulose und andere Hochpolymere zu übertragen: „Im besonderen wird es nach der grundsätzlichen Erkenntnis der Vorgänge bei der Gelbildung möglich sein, auch das Verhalten der technisch wichtigen Gemische zu klären, zu begründen und praktisch wertvolle Eigenschaften zweckbewußt zu züchten."[29] Neben der Röntgenanalytik und dem Ultramikroskop wurden auch optische und thermodynamische Methoden angewandt, um das entscheidende Zusammenspiel der stabförmigen Strukturen mit hydrophilem und hydrophobem Anteil darzustellen. Joachim Stauff beschrieb eine Doppelschicht, bei der sich Wassermoleküle zwischen die einander zugewandten hydrophilen Karbonsäurereste schieben und die Struktur zusammenhalten. Die lipophilen Reste bilden die Außengrenze des Films. Damit erkannte er erstmals klar das grundsätzliche Bauprinzip der Zellmembranen und vieler ähnlicher Aggregate.[30] Bei der mikrofotografischen Dokumentation von Umwandlungen der Seifen im festen Aggregatszustand durch Farbänderungen im polarisierten Licht wurde später ein neu entwickelter Agfa-Farbfilm genutzt. Auch hier wurde wieder nach Beziehungen zwischen den Eigenschaften und dem Bau der Moleküle, ihrer räumlichen Anordnung und den Dreh-, Längs- und Querschwingungen ihrer Teile gesucht. Die Vorgänge sind komplex, es konnten daher keine allgemein gültigen quantitativen Gesetzmäßigkeiten aufgestellt werden.

Im Sinne der erläuterten Forschungsinteressen arbeiteten am Institut eine Reihe von Spezialisten für moderne analytische Messverfahren. Werner Wittstadt, der 1933 bei Thiessen in Göttingen promoviert hatte und verantwortlich für die apparative Ausstattung des Instituts war, untersuchte mit Röntgenmethoden die Umwandlungen zwischen anisotroper Kristall- und isotroper Glasstruktur in gedehntem Kautschuk.[31] Hier stand die Frage nach der Ursache für die Dehnbarkeit des Materials im Vordergrund, letztlich aber auch die Verbesserung technischer

29 Thiessen, *Seifen als Kolloide.*
30 Stauff, *Mizellenarten.*
31 Thiessen, Wittstadt, *Änderung.*

Produkte. Theodor Schoon und Rudolf Kohlhaas untersuchten ebenfalls röntgenographisch die Struktur anorganischer und organischer Materialien. Methodisch vergleichbare Arbeiten findet man z. B. in den Gruppen von Rudolf Brill und Hermann Mark bei der BASF, Ersterer wirkte später an der TH Darmstadt, Letzterer an der Universität Wien, ebenfalls wäre in diesem Zusammenhang John Desmond Bernal in Cambridge zu nennen. Am KWI für physikalische Chemie wurden zusätzlich auch Oberflächen röntgenografisch untersucht, z. B. von Maschinenlagern. Hier war erneut wissenschaftliches Interesse am Feinbau von Grenzflächen eng mit aktuellen technischen Anwendungen verknüpft. Da Elektronen weniger in das Material eindringen als Röntgenstrahlen, erschien die seit etwa 1928 angewandte Elektronenbeugung besonders geeignet für Oberflächenuntersuchungen. Allerdings wurde die mathematisch und apparativ aufwendige Methode in der chemischen Forschung kaum verwendet. Am KWI arbeitete man mit schnellen Elektronen (HEED), die weniger experimentelle Schwierigkeiten machten als langsame Elektronen. Zur Methodenentwicklung gehörten Präpariertechniken und neue mathematische Auswertungsverfahren, welche die erhaltenen Daten in Form einer Atom- oder Molekülstruktur darstellen konnten. Später versprach auch die Anwendung des Elektronenmikroskops Fortschritte bei der Untersuchung von Oberflächenschichten. Da Oberflächen bei Adsorptionsvorgängen der heterogenen Katalyse eine wesentliche Rolle spielen, untersuchte Schoon u. a. feinkristalline Pt-Katalysatoren und katalytisch ebenfalls aktives Eisen(III)oxid. Ergänzend dazu liefen Arbeiten, die sich mit der Porosität und Gasdurchlässigkeit von katalytischen Materialien befassten und systematisch Daten zu technischen Katalysatoren sammelten. Schoon konnte dabei bereits ab 1941 am neuen bei Siemens

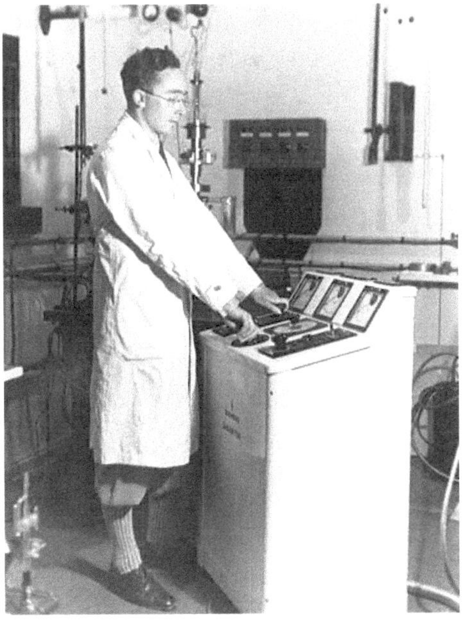

Abb. 3.10. *Theodor Schoon am Steuerpult einer Siemens Röntgenanlage, ca. 1938.*

Abb. 3.11. *Rohbau des Röntgenbaus, 1938.*

entwickelten Elektronenmikroskop arbeiten,[32] dessen Konstrukteur Ernst Ruska in persönlichem Kontakt zu Thiessen stand.[33] Schoon nutzte das Instrument auch zur Untersuchung der Gestalt und Größe von Kautschukfüllstoffen, vor allem Rußen, und deren Einfluss auf die Eigenschaften von Kautschukmischungen.

Der Arbeitsstil bei Thiessen erinnert an die materialwissenschaftlichen Untersuchungen Tammanns in Göttingen, eine Richtung, die auch Rudolf Schenck in Münster und Tammanns Nachfolger Arnold Eucken vertraten. Besonders typisch für Thiessen war der intensive Einsatz moderner apparativer Methoden und die für einen Kolloidwissenschaftler nicht ungewöhnliche Orientierung an Mikrostrukturvorstellungen, mit denen makroskopische Phänomene und Eigenschaften qualitativ und soweit möglich auch mit mathematisch formulierten quantitativen Regeln erklärt werden sollten. In diesem Sinne waren grundlegende naturwissenschaftliche Vorstellungen eng mit Anwendungsfragen verzahnt. Neben den üblichen akademischen Publikationsorganen wie der „Zeitschrift für physikalische Chemie", der „Zeitschrift für Elektrochemie" oder der „Kolloid-Zeitschrift" erschienen viele Veröffentlichungen auch in Zeitschriften wie „Metallwirtschaft", „Die Chemische Fabrik", „Kautschuk", „Holz als Roh- und Werkstoff", „Öl und Kohle" oder „Fette und Seifen".

32 Schoon, Klette, *Der Aufbau.*
33 Interview Klaus Thiessen.

Der Röntgenbau von 1938 ist ein noch heute sichtbarer Ausdruck des technisch orientierten Forschungsstils am Thiessenschen Institut. Er verfügte über variable Messplätze, die durch Leitungen versorgt wurden, die sich hinter den abgehängten Decken befanden. In dieser Beziehung dürfte das Institut damals das am besten ausgerüstete Forschungsinstitut Deutschlands gewesen sein. Die Publikationen spiegeln die Ausstattung wider, da die Bilder und Daten der Instrumente häufig den Kern der Arbeiten darstellen. Darüber hinaus zeigen sie eine rege Konstruktionstätigkeit: es wurden z. B. Messbrücken, Röhrenregler, neue Dilatometer,[34] Kolorimeter,[35] technische Verbesserungen der Ultramikroskope oder eine Fotoaufnahmekassette für das Siemens-Elektronenmikroskop[36] beschrieben. Von besonderer Bedeutung für die Arbeit am Institut war das bereits erwähnte, von Schoon und Thiessen entwickelte Elektronenbeugungsgerät.[37]

Die Interpretation der physikalisch-chemischen Messdaten erforderte mathematisch gut ausgebildete Wissenschaftler. Erster theoretisch-physikalischer Spezialist war der Physiker Gert Molière, der 1935 bei Max von Laue promoviert hatte und dann bis etwa 1940 am Institut arbeitete. Dort formulierte er auch eine quantenmechanische Behandlung der Röntgeninterferenzen in Metallen auf der Basis der durch Laue aufgestellten Version der klassischen dynamischen Theorie, bei der die Kristalle als kontinuierliches Dielektrikum betrachtet werden. Es unterstreicht die Verbundenheit Gert Molières mit dem Institut, dass sein jüngerer Bruder Kurt dort eine 1939 abgeschlossene Dissertation über den Einfluss der Absorptionsphänomene auf die Beugung von Elektronenstrahlen anfertigte. Analog zu Arbeiten seines Bruders versuchte dieser die spezifischen Gesetze der Elektronenbeugung unter Anwendung der Quantenmechanik zu entwickeln, wobei er auf Theorien Laues und Hans Bethes aufbaute. Die Modellsubstanz Zinkblende wurde zum experimentellen Abgleich verwendet. Mit dem Hilbert-Schüler Bernard Baule kam ein weiterer Experte für angewandte Mathematik an das Institut. Der in katholischen Studentenverbindungen in Graz aktive Baule kam angeblich auf Veranlassung Thiessens aus der „Schutzhaft" frei,[38] jedenfalls war er ab April 1940 am Thiessenschen Institut,[39] berechnete thermodynamische Vorgänge und half bei der Interpretation von Röntgenbeugungsmustern.

August Winkel leitete ab 1934 eine eigene Abteilung für Kolloidchemie, in der er seine bereits bei Jander durchgeführten Arbeiten zu Aerosolen, Rauchen und Nebeln weiterführte. Er wies selbst auf Verbindungen zur Meteorologie, zum Arbeitsschutz vor Industriestäuben durch Rauch- und Staubfilterung, deutlich zurückhaltender auch auf die militärische Relevanz für Kampfstoffe hin. Neben Tarnnebel betraf das die beim Einsatz als Aerosol verteilten, in der Regel flüssigen

34 Klein, Überreiter, *Das Dilatometer.*
35 Witzmann, *Mikrokolorimeter.*
36 Frey, *Kassette.*
37 Schoon, Thiessen, *Elektronen-Beugungsgerät.*
38 Vortrag Kurt Überreiter, Berlin, 2. Juli 1981, MPGA, Abt. VII/2 Tonträger, Überreiter T 135 1/2. Weigand, *Die Technische Hochschule Graz.*
39 Aktennotiz Walther Forstmann an Ernst Telschow, 8. Mai 1940, MPGA, Abt. I, 1a, Nr. 1175.

Giftgase; thematisch nahe lagen auch Arbeiten zu Kampfstofffiltern und zu filterbrechenden Substanzen. Es wurden vor allem Adsorptionsphänomene an Filtern und porösen Materialien untersucht, aber auch Vorgänge bei der industriellen Elektrofilterung, bedeutsam für die Rückgewinnung knapper Roh- und Werkstoffe. Hans Witzmann versuchte in diesem Zusammenhang die Grundlage einer ersten systematischen Filterbeschreibung zu legen, ermittelte mit Experimenten an Modellsubstanzen elementare Regeln der Filtration und führte die Filterkennzahl K_Z als charakteristische Kenngröße ein.[40] Da Aerosole, Rauch und Nebel schwierig zu produzieren und von kurzer Lebensdauer sind, war ein hoher experimenteller Aufwand erforderlich. Zur Messung der bis zu 0.1 µm kleinen Teilchen dienten moderne analytische Methoden wie die Lichtabsorptionsspektroskopie, die Röntgenstrukturanalyse und als Schlüsselmethode das bei Richard v. Zsigmondy konstruierte Ultramikroskop, später auch Verfahren der Elektronenbeugung und Elektronenmikroskopie. Wie bei seinem Lehrer Jander bildeten Leitfähigkeitsmessungen einen weiteren analytischen Zweig von Winkels Abteilung, vor allem die von Jaroslav Heyrovský entwickelte Polarographie, die auch für die Strukturuntersuchung organischer Moleküle genutzt wurde, indem die erhaltenen Reduktionspotenziale, z. B. von Keto-, Carbonyl- und Carboxylgruppen, in Zusammenhang mit der sie umgebenden chemischen Struktur gesetzt wurden.[41]

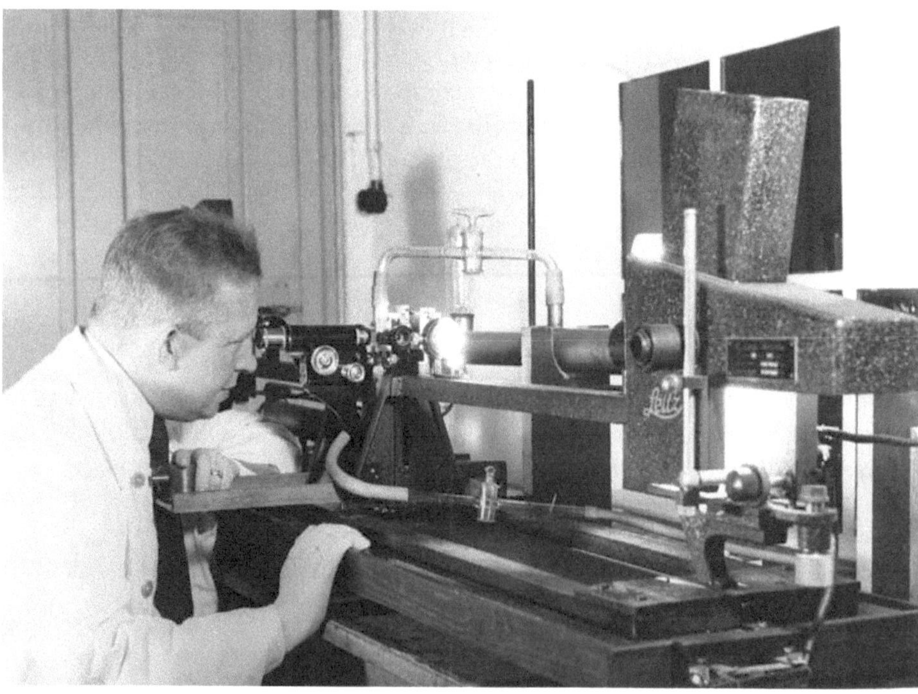

Abb. 3.12. *August Winkel am Ultramikroskop, ca. 1938.*

40 Witzmann, *Elementarvorgänge.*

41 Proske, Winkel, *Über die elektrolytische Reduktion.*

Dietrich Beischer begann seine wissenschaftliche Karriere in der Abteilung Winkels und wurde zu einem Pionier elektronenmikroskopischer Verfahren. Er beschäftigte sich seit Ende der 1930er Jahre zunächst in Zusammenarbeit mit Friedrich Krause,[42] einem Mitarbeiter Ruskas am Hochspannungsinstitut in Neubabelsberg, und später mit Manfred von Ardenne mit der geeigneten Präparation elektronenmikroskopischer Proben. 1938 stand dafür der Prototyp des ersten Rasterelektronenmikroskops im nahe gelegenen Labor Ardennes in Lichterfelde zur Verfügung, mit dem bis dahin nie gesehene Strukturdetails von Katalysatoren, Kunststoffen, Rußen, Metalloxid-Rauchen und Kautschuk bzw. Buna abgebildet wurden.[43] Anknüpfend an lichtmikroskopisch erhaltene Ergebnisse Hermann Staudingers und die röntgenografischen Untersuchungen von Faserstoffen wurden Fadenmolekülbündel von Hochpolymeren sichtbar gemacht, die auch unter mechanischer Belastung untersucht wurden, um die Veränderung der Primäraggregate als Ursache von Eigenschaftsveränderungen genauer zu identifizieren. 1941 wurde Beischer an die „Reichsuniversität Straßburg“ berufen und setzte dort seine elektronenmikroskopischen Arbeiten fort. Am KWI für physikalische Chemie arbeitete man weiter mit dem ab 1939 erhältlichen elektromagnetischen Übermikroskop nach Ruska von der Firma Siemens und dem ab 1940 arbeitsbereiten elektrostatischen Elektronenmikroskop Hans Mahls von der AEG.

Ernst Jenckel, der 1932 bei Tammann in Göttingen promoviert und bei Schenck in Münster habilitiert hatte, kam 1935 an das Institut und untersuchte die Struktur von Gläsern, Polymeren und Legierungen. Bei den Metalllegierungen stand die systematische Untersuchung der Veränderung mechanischer Eigenschaften durch Strukturveränderungen der Mischkristalle im Vordergrund, im Bereich der Gläser interessierte ebenfalls die Struktur in Verbindung mit den physikalischen Eigenschaften, was auch die glasartigen Kunststoffe als neue Materialsorte einschloss. Er baute die Kunststoffe zu seinem neuen Arbeitsschwerpunkt aus, dabei übertrug er Konzepte und Kategorien aus dem Arbeitsgebiet der Gläser und Schmelzen auf die neuen Materialien. Die besondere strategische Bedeutung der bei Jenckel durchgeführten Arbeiten wird daraus ersichtlich, dass er 1938 den Auftrag erhielt, ein eigenes Vierjahresplaninstitut aufzubauen. Dieses arbeitete zunächst noch am KWI für physikalische Chemie und wurde 1941 an die TH Aachen verlegt.

1937 kam Kurt Überreiter als Doktorand Jenckels ans Institut. Er wurde zu einem wichtigen Mitarbeiter, der grundlegende Arbeiten zur Struktur und Festigkeit der Kunststoffe durchführte. Überreiter entwickelte zwei Basiskonzepte der frühen Kunststoffforschung, einerseits beschrieb er den glasartigen Zustand von Kautschuk und Kunstharzen als „Flüssigkeit fixierter Struktur“, die entsteht, wenn die Abkühlungsgeschwindigkeit schneller wird als die Relaxationsgeschwindigkeit der Struktur in der Schmelze.[44] Den Vorgang lokalisierte Überreiter durch

42 Beischer, Krause, *Elektronenmikroskop.*

43 Z. B. in Ardenne, Beischer, *Katalysatoren.*

44 Überreiter, *Kautschuk und Kunstharze.*

Abb. 3.13. *Ernst Jenckel, links, mit Mitarbeiter am Luftverflüssiger, ca. 1938.*

einen Knick in der Volumen/Temperaturkurve, beim Kautschuk fand er eine unerwartet tiefe Einfriertemperatur von ca. –65 °C und führte darauf die Elastizität des Materials zurück. Die Beobachtungen erklärte er im Wesentlichen durch die eingeschränkte Beweglichkeit der einzelnen Segmente von Ketten- und Netzmolekülen. Das zweite theoretische Konzept Überreiters war die Unterscheidung zwischen innerer und äußerer Weichmachung makromolekularer Stoffe auf Basis der Molekülstruktur.[45] Innere Weichmacher wirken dabei als flexible Mikroelemente in der molekularen Ketten- oder Netzstruktur, äußere Weichmacher sind mit strukturauflockernden Lösungsmitteln zu vergleichen. Während des Krieges begann Überreiter Reihenuntersuchungen, die an konkreten Anwendungsproblemen orientiert waren und die Wirksamkeit und Qualität von Füllstoffen wie Ruß, besonders wichtig für die Gummiproduktion, oder Zinkoxid zum Thema hatten. Die Ergebnisse wiesen auf die erhebliche Bedeutung der Oberflächenbeschaffenheit der Partikel hin, was der Elektronenmikroskopie einen noch größeren methodischen Stellenwert gab und eine recht enge Anbindung zu Arbeiten Schoons oder Beischers herstellte.

Eine auf dem Gebiet der Organischen Chemie arbeitende Abteilung wurde 1936 unter der Leitung des Windaus-Schülers Arthur Lüttringhaus eingerichtet, dessen Spezialgebiet die Synthese und Untersuchung ausgedehnter ringförmiger Moleküle

45 Überreiter, *Weichmachung*.

wie zyklische Ether und Thioether war. Anhand der experimentell möglichen Ringschlussreaktionen erschloss er erstmals auf klassisch chemischem Weg spezifische Informationen über die Bindungswinkel an Atomen wie Kohlenstoff, Sauerstoff oder Schwefel.[46] Lüttringhaus hatte dabei den Vorteil, zum Abgleich die vorhandene leistungsfähige instrumentelle Analytik nutzen zu können, wobei sich kristallographische und organisch-synthetische Methoden der Strukturuntersuchung ergänzten. Nachdem Lüttringhaus 1940 einen Ruf als außerordentlicher Professor für Organische Chemie an die Universität Greifswald angenommen hatte, übernahm der von der Universität Graz kommende Alfred Pongratz die Abteilung und beschäftigte sich insbesondere mit katalytischen Oxidationen in der Gasphase.

Eine eigenständige Abteilung für spezielle Kolloidchemie wurde ab 1940 von Otto Kratky geleitet,[47] der aber bereits 1943 einen Ruf an die Technische Hochschule in Prag annahm. Kratky war ein Experte für Röntgenstrukturuntersuchungen und hatte bei Mark in Wien die Kleinwinkelstreuung zu einer wirksamen Methode der Strukturaufklärung sehr großer Teilchenaggregate ausgebaut. Er konzentrierte sich auf die Strukturuntersuchung makromolekularer Natur- und Kunststoffe, insbesondere der aus Viskose gewonnenen Zellulose, die in Form von Kunstseide, Zellulosefolie und Zellwolle auch technische Bedeutung hatte. In seiner Abteilung bestimmte man die Anlagerung ihrer Fadenmoleküle als teils blättchenartig kristalline teils amorph verknäuelte Strukturen, was die Ergebnisse Thiessens über Mizelle der Fadenmoleküle ergänzte. Zu Kratkys Arbeitsgebiet gehörte aber auch die Struktur von Proteinen, wobei er zusammen mit seiner engen Mitarbeiterin Aurelie Sekora 1943 erstmals die kugelförmige Gestalt des Chymotrypsin bestimmte .[48] Eine neue, ebenfalls biologisch ausgerichtete Arbeitsgruppe leitete Franz Seelich, der zuvor am Pasteur-Institut in Paris und ab 1927 als Privatdozent in Kiel tätig gewesen war. Er untersuchte ab 1941 die Wirkung von Narkotika auf Zellen und Gewebe.

Das Institut arbeitete keineswegs isoliert. Neben den militärischen Kontakten gab es Verbindungen sowohl zu Industrieinstituten, die in vielen Fällen Proben für die Strukturuntersuchungen lieferten, als auch zu akademischen Forschungseinrichtungen. So wechselte Rudolf Kohlhaas Anfang der vierziger Jahre von Dahlem nach Leuna, einen der modernsten Produktions- und Entwicklungsstandorte der I.G.-Farbenindustrie. Georg Richard Otto Schultze, ein Spezialist für Mineralöltechnologie und Hydrierungsverfahren mit Berufserfahrung in den USA, der als Assistent an der Universität Berlin, später als Professor an der TH Braunschweig wirkte, führte um 1941 als Gastwissenschaftler verfahrenstechnische Arbeiten am Institut durch. Vielfältige Kooperationsbeziehungen gab es auch mit den Dahlemer Instituten – so führte der Hahn-Schüler Georg Graue vom benachbarten KWI für Chemie eine dort entwickelte Emaniermethode am Institut ein, und Otto Hahn überließ dem Nachbarinstitut 1938 eine Härteprüfmaschine nach Caldwell. Kratky

46 Z. B. Hauschild, Lüttringhaus, *Valenzwinkelstudien.*
47 Ausschnitt Deutsche Allg. Zeitung 12. September 1940, MPGA, 1. Abt., 1a, Nr. 1175.
48 Kratky, Sekora, *Röntgenstrahlen.*

kooperierte wiederum mit dem KWI für Biochemie bei Untersuchungen zur Proteinstruktur, die zusammen mit Hans Hermann und Hans Friedrich-Freksa durchgeführt wurden.[49] Theodor Schoon machte in Dahlem elektronenmikroskopische Aufnahmen von Eisenoxiden, die man gleichzeitig am anorganisch chemischen Institut der TH Stuttgart röntgenographisch analysierte.[50]

1938 richtete Thiessen auf Vermittlung Mentzels und der SS eine kleine, vornehmlich militärisch-geheimdienstliche Abteilung für das SS-Mitglied Eugen Weber ein, die in einem einzigen Labor wohl im Wesentlichen an Mikrofilmverfahren und über Geld- und Dokumentenfälschungen arbeitete.[51] Auch die schon bei Jander enger mit dem Militär verbundenen Winkel und Witzmann waren seit 1931 bzw. 1932 Mitglied der SS und stiegen zum Ober-, bzw. Untersturmführer auf.[52] Während des Krieges nahm die Zahl der Projekte weiter zu, die einen unmittelbaren militärischen Bezug hatten. Die Rekonstruktion der militärischen Arbeiten gestaltet sich allerdings schwierig, da sie einerseits bis 1945 streng geheim gehalten, andererseits nach dem Krieg die entsprechenden Unterlagen weitgehend vernichtet wurden oder eventuell in den Besitz alliierter Stellen übergingen und dort ebenfalls der Geheimhaltung unterlagen. Einige der noch identifizierbaren Rüstungsprojekte bei Thiessen sollen hier kurz genannt werden. Es gab eine Arbeitsgruppe über Lagerreibung und Schmierung unter Leitung Anton Bartels, der 1941 von Leuna ans Institut kam. Bartel hatte seine Maschinen zur Verschleißmessung im Gebäude des KWI für Chemie aufgestellt. Eine von Horst Böhme geleitete ausgebombte Außenstelle des Heereswaffenamtes wechselte im November 1943 auf Einladung Thiessens an das KWI für physikalische Chemie. Kurz vor Kriegsende verlagerte Böhme seine Abteilung nach Hessen und wurde dann 1946 Professor für Pharmazeutische und Organische Chemie in Marburg.[53] Robert Haul war 1937 Mitarbeiter Winkels geworden und promovierte 1938 an der TH Berlin. Er leitete ab 1944 eine Außenabteilung des KWI für physikalische Chemie und Elektrochemie, die an einem Sprengstoffinstitut des Heereswaffenamtes in Prag eingerichtet wurde. Dort scheint er im Stil des Dahlemer Institutes modernste analytische Methoden benutzt zu haben; zumindest stand er in Kontakt mit Jaroslav Heyrovský und konnte dessen polarographische Ausrüstung, bei der Signale schon damals oszillografisch registriert wurden,[54] für die Bestimmung der Redoxpotenziale von Treib- und Sprengstoffen nutzen.[55] Ein weiteres Beispiel der Rüstungsforschung am Institut ist die Arbeit des Chemikers Ludwig Ziehl, der als Diplomand 1944–1945 Versuche mit einer Verbrennungsbombe aus Edelstahl im Keller des

49 Kratky, Sekora, Weber, *Kleinwinkelinterferenzen*. Friedrich-Freksa, Kratky, Sekora, *Röntgeninterferenzen*.
50 Fricke, Schoon, Schröder, *Umwandlungsreihe*.
51 Interview Klaus Thiessen.
52 Zu Winkel vgl. Deichmann, *Flüchten*, S. 232–233 und S. 545 und Schmaltz, *Kampfstoff-Forschung*, S. 33, S. 78, S. 106–118 und S. 127–134. Zu Witzmann vgl. Deichmann, *Flüchten*, S. 545 und Schmaltz, *Kampfstoff-Forschung*, S. 108–109, S. 133 und S. 137.
53 Schmaltz, *Kampstoff-Forschung*, S. 118–123.
54 Podaný, *Heyrovský*, S. 547.
55 Haul, Scholz, *Grenzflächen-Reaktionen*, S. 232–234.

teilweise zerstörten KWI für Chemie durchführte.[56] Die geheim gehaltene Versuchsapparatur bestand aus einer mit einem Fenster ausgestatteten Reaktionskammer,[57] mit der die Verbrennung der Proben, wahrscheinlich Treibstoffe und Treibstoffzusätze, direkt beobachtet werden konnte. Ziehl gehörte wie Werner Wittstadt und Hans Bartel zu jenen Technowissenschaftlern, die mit Thiessen im Herbst 1945 in die UdSSR gingen und zusammen mit diesem in das sowjetische Atombombenprogramm integriert wurden. Thiessen selbst begutachtete und testete nebenbei als physikalisch-chemischer Experte zumeist recht abstruse Ideen für Wunderwaffen, die bei den Behörden eingereicht wurden.[58]

Die genaue Abteilungsstruktur des Instituts nach 1939 ist weitgehend unklar, die Übersicht auf den Umschlagseiten zeigt den bisher rekonstruierten und abgesicherten Wissensstand. ‚Abteilung' und ‚Arbeitsgruppe' werden vor allem bei Selbstbezeichnungen häufig als synonyme Begriffe verwendet und der Status ist manchmal nicht sonderlich plausibel. So wird die aus etwa drei Mitarbeitern bestehende Gruppe Heinz Habers, die im Potsdamer astrophysikalischen Observatorium untergebracht war und einen Gitterspektrographen konstruierte, als Abteilung bezeichnet. Sie war aber in ihrer Funktion und Bedeutung keinesfalls mit den Abteilungen Thiessens oder Winkels vergleichbar. Die gemeinsame Nutzung der Instrumentenspezialisten und das recht einheitliche Konzept, charakteristische Eigenschaften von Stoffen auf molekulare und atomare Strukturen zurückzuführen, hatten zur Folge, dass eine Reihe von Arbeiten als Kooperation zwischen Mitgliedern verschiedener Abteilungen durchgeführt wurden. Dies führte zu einer zusätzlichen Verwischung der Abteilungsgrenzen. Gerade während des Krieges schwächte sich die Abteilungsstruktur des Institutes zugunsten von projektorientierten Arbeitsgruppen weiter ab.

Auch wenn in den Jahren von 1933 bis 1945 am Thiessenschen Institut keine nobelpreisverdächtigen Leistungen erbracht wurden, kann man nicht – wie in der Literatur häufig geschehen – von einem Junktim zwischen „diktatorischem Regime" und „schlechter Wissenschaft" sprechen. Vielmehr fand in den Jahren des Dritten Reiches eine Akzentverschiebung in Richtung zweckorientierter und militärtechnisch relevanter Forschung statt, die durchaus anerkannte wissenschaftliche Leistungen hervorbrachte und nachhaltig zum Ansehen des Instituts und seiner Wissenschaftler beitrug. Viele Wissenschaftler des Thiessenschen Instituts konnten so nach dem Krieg ihre Karriere unter höchst unterschiedlichen wissenschaftlichen wie politischen Rahmenbedingungen erfolgreich fortsetzen: Lüttringhaus wurde Ordinarius für Organische Chemie an der Universität Freiburg, Haul Ordinarius für Physikalische Chemie und Elektrochemie an der TH Hannover, Seelich ernannte man zum Vorstand des Instituts für Medizinische Chemie der Universität Wien, und er gilt als Pionier der österreichischen Krebsforschung. Otto Kratky wurde ordentlicher Professor für Theoretische und Physikalische Chemie

56 Florek, *Erinnerungen*, S. 176.
57 Roth, Ziehl, *Bombe*.
58 Florek, *Erinnerungen*, S. 175.

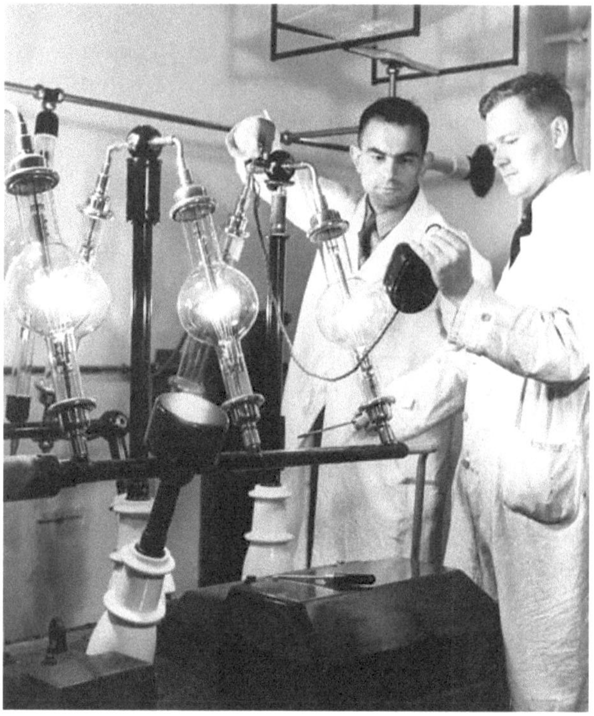

Abb. 3.14. *Werner Wittstadt, links, mit einem Mitarbeiter am Röntgengleichrichter, ca. 1938.*

der Universität Graz und ein weltweit anerkannter Experte auf dem Gebiet der Röntgenstrukturuntersuchung, Joachim Stauff war später ordentlicher Professor am Institut für physikalische Biochemie der Universität Frankfurt/M. und Ernst Jenckel ordentlicher Professor für theoretische Hüttenkunde und Physikalische Chemie an der TH Aachen. Nach ihrer Rückkehr aus der Sowjetunion wurden Werner Wittstadt Professor für Kolloidchemie an der TU Dresden[59] und Hans Witzmann Professor für Physikalische Chemie an der Universität Greifswald.[60]

Karriereschwierigkeiten scheinen in der Nachkriegszeit dagegen einige Techniker des Instituts gehabt zu haben. So hatte Anton Bartel nach dem Krieg trotz aller Bemühungen keine Chance mehr im akademischen Umfeld. Er beklagte sich, der MPG Präsident Otto Hahn hätte ihm seine Zeit am „Naziinstitut" vorgehalten. Dieser Vorwurf wurde anderen, weniger ausschließlich technisch orientierten Institutsmitgliedern nicht gemacht. Bei den Mitarbeitern, die mit Thiessen 1945 in die Sowjetunion gingen, scheint diese Ausrichtung dagegen von Vorteil gewesen zu sein. Ebenfalls schätzten die westlichen Siegermächte dieses Wissen bei Dietrich Beischer, der als begehrter Spezialist im Zuge des amerikanischen Project Paperclip von der U.S. Marine angeworben wurde und an der School of Aviation

59 Hänseroth, Petschel, Pommerin, *175 Jahre*, S. 1059.
60 Beneke, *Kolloidwissenschaftler*.

Medicine in Pensacola/Florida bis in die 1970er Jahre wirkte. Dort profilierte er sich zu einem angesehenen Spezialisten für Exomedizin und -biologie, dem 1958 sogar eine Bildreportage im Life Magazine gewidmet wurde. Auch die westdeutsche Industrie nutzte die im Institut erworbene Expertise im Fall August Winkels, der nach dem Krieg ein Institut zur Industriestaubforschung in Bonn leitete.

Die Verankerung im NS-System

Am von Thiessen reorganisierten Institut wurde nicht nur die Forschung mustergültig auf die militärisch-wirtschaftlichen Bedürfnisse des Regimes ausgerichtet, auch im ideologischen und weltanschaulichen Bereich war man dezidiert darum bemüht, den Erwartungen der NS-Herrschaft nachzukommen. So wurde am Institut den Aktivitäten der von Robert Ley 1933 gegründeten Deutschen Arbeitsfront (DAF), welche die verbotenen Gewerkschaften ersetzen sollte, ungewöhnlich breiter Raum gegeben. Der Betrieb war damit eine Art „Volksgemeinschaft" im Kleinen und sollte in idealer Weise eine administrative, soziale, kulturelle und rassische Kampfgemeinschaft sozialdarwinistischer Ausprägung verkörpern, die in diesem Sinne vom Betriebsleiter als Führungsfigur gelenkt wurde. Jeder war verpflichtet, sein Bestes für die Gemeinschaft zu tun, und der „Führer" hatte im Gegenzug eine umfassende Fürsorgepflicht für die „Volksgenossen", für ihre physische, mentale und ökonomische Situation. Klassische Konfliktbereiche wie niedrige Löhne bei langen Arbeitszeiten wurden dabei verwischt.[61]

Am KWI für physikalische Chemie und Elektrochemie wurden diese Vorstellungen der DAF weitgehend umgesetzt. So gab es Gefolgschaftsausflüge und Gefolgschaftsabende und man legte Wert darauf, auf den Gemeinschaftsfeiern der Berliner KWG-Institute zu besonderen Feiertagen wie dem „Führer"-Geburtstag oder dem 1. Mai möglichst vollständig zu erscheinen. In Krankheitsfällen, wie im Fall des an Tuberkulose leidenden Leiters der Glasbläserei Karl Klein, sorgte die Institutsleitung dafür, dass die Familie finanziell unterstützt wurde – durch Zuschüsse aus der Institutskasse oder durch von ihr befürwortete Anträge auf finanzielle Hilfen bei der Generalverwaltung der KWG. Bei all diesen Aktionen ging es nicht primär um den Anteil an Nationalsozialisten in der Belegschaft, sondern darum, neue soziale Hierarchien zu festigen und alte abzubauen, also eine nationalsozialistische Ordnung zu schaffen. Besonders aktiv wurde in dieser Beziehung Georg Graue, der am KWI für Chemie bei Otto Hahn promoviert hatte. Er kam 1934 an das Institut, war Parteigenosse und Mitglied der SS, wurde Sprecher der DAF-Betriebszellen aller Dahlemer Forschungsinstitute und auch der Dozentenbundführer vor Ort sowie ab 1938 Verwaltungsleiter am Thiessenschen Institut. Der Briefwechsel zwischen Graue und der Generalverwaltung unter Ernst Telschow zum KWG-Schwimmbad, das 1937/38 auf Veranlassung Telschows für die Angestellten der

61 Reulecke, *Leistungskampf*, S. 242–272. Eibl, *Thiessen*, S. 178–179.

KWG an der Ecke Boltzmann/Garystraße errichtet wurde, belegt beispielhaft eine Art Wettbewerb um die Gunst der Mitarbeiter, da sich auch Telschow den neuen politischen Gegebenheiten anzupassen suchte.

Um die wirtschaftliche Leistung des Reiches und die ideologische Disziplinierung der Bevölkerung weiter voranzutreiben, rief die DAF 1936 einen jährlich stattfindenden reichsweiten Wettbewerb aus, bei dem nach ihren Maßgaben vorbildliche Betriebe mit dem Titel „NS-Musterbetrieb" ausgezeichnet werden sollten. Der Wettbewerb hatte vor allem die großen Rüstungsbetriebe und staatliche Behörden im Visier, doch signalisierte die DAF 1939, dass auch KWIs Anträge auf diese Auszeichnung stellen sollten, was die Generalverwaltung umgehend als Empfehlung an die Institute weitergab. Das KWI für physikalische Chemie entsprach weitgehend den Kriterien der DAF und war bereits ein Jahr zuvor auf Gauebene mit einer ähnlichen Auszeichnung bedacht worden. Es bewarb sich umgehend für den Ehrentitel „NS-Musterbetrieb" und als erstem (und wohl auch einzigem) wissenschaftlichem Institut wurde dem KWI für physikalische Chemie und Elektrochemie die hohe Auszeichnung im Jahre 1940 zugesprochen. In einer pompösen, bei Krupp in Essen stattfindenden Feier wurde am 1. Mai 1940 dem Institut und den anderen Musterbetrieben die Verleihungsurkunde und die Goldene Fahne durch Rudolf Hess übergeben. Der Ehrentitel wurde alljährlich erneuert, was bei den ausgezeichneten Betrieben die Regel war.

Aus der Perspektive des „Musterinstituts" ist eine Gruppe von Mitarbeitern von besonderer Bedeutung, die einen wesentlichen Teil des Institutes ausmachte, aber in klassischen Institutsgeschichten in der Regel nur am Rande erwähnt wird, wenn überhaupt. Es sind die technischen Angestellten, Laboranten, Handwerker und das Verwaltungspersonal. Bei der Enthauptung des Instituts 1933 blieb der größte Teil dieser Mitarbeiter weiter vor Ort. Während Thiessen und seine durchweg jungen wissenschaftlichen Mitarbeiter, von denen sich nicht wenige auch in nationalsozialistischen Organisationen engagierten, ihre wissenschaftlichen Karrieren im prestigereichen Dahlemer Institut unter hervorragenden Bedingungen beginnen konnten, fehlte diese Motivation bei den technischen Mitarbeitern, die sich vielfach noch Haber persönlich verbunden fühlten. Dennoch integrierten sie sich in das neue Institut und arbeiteten weiter hart für seinen Erfolg, auch wenn ihnen die Möglichkeit offen stand, das Institut zu verlassen. Sie waren in der Mehrzahl keine überzeugten Nationalsozialisten und hatten eine hervorragende Ausbildung, waren also gesuchte Spezialisten, wie z. B. der Glasbläsermeister Karl Klein, der Mechanikermeister Edmund Ihme oder der technische Assistent Kurt Hauschild, der Mitarbeiter Polanyis gewesen war. Ihr Know-how war eine wichtige Voraussetzung für den ab 1933 erfolgten technischen Ausbau des Instituts. Thiessen bemühte sich daher um diese Mitarbeiter in besonderer Weise und in den Aussagen von Institutsangehörigen werden die Arbeitsbedingungen durchaus gelobt: das Institut war modern, sauber und hatte eine hervorragende Ausstattung.

Wegen des an instrumentellen Methoden orientierten Forschungsstils hing der Erfolg wesentlich von den Fähigkeiten dieser Techniker ab. Diese Haltung spiegeln einige etwa 1938 hergestellte Laboraufnahmen einer Bilderserie wider, von denen

NS-Musterbetrieb

Im Mai 1933 wurde durch Robert Ley die Deutsche Arbeitsfront (DAF) gegründet, welche die verbotenen Gewerkschaften ersetzen und zur „endgültigen Überwindung des Klassenwahnsinns und des Klassenkampfes“ beitragen sollte. Als Teil des nationalsozialistischen Herrschaftsapparates hatte sie für die „Erziehung der schaffenden Deutschen“ Sorge zu tragen und insbesondere in den Betrieben die Einflusssphäre der Partei zu festigen bzw. auszubauen. Durch propagandistische, aber auch arbeitswissenschaftlich gestützte und belohnende Maßnahmen wurde versucht, die „Volksgemeinschaft“ für die Durchsetzung der nationalsozialistischen Interessen zu mobilisieren. Zu diesen Maßnahmen gehörte der „Leistungskampf der Betriebe“, der 1936 von Hitler verkündet und durch die DAF organisiert wurde, wobei die Ehrung mit dem Titel „nationalsozialistischer Musterbetrieb“ alljährlich am 1. Mai erfolgte.

DER FÜHRER

Ich verleihe auf Vorschlag des Reichsorganisationsleiters der NSDAP. und Leiters der Deutschen Arbeitsfront dem Betrieb

Kaiser-Wilhelm-Institut für physikalische Chemie und Elektrochemie • Berlin-Dahlem, Faradayweg 4-6

heute am Nationalfeiertag des Deutschen Volkes die Bezeichnung

NATIONALSOZIALISTISCHER MUSTERBETRIEB

Die Auszeichnung erfolgt auf Grund von Verdiensten im Sinne meiner Verfügung vom 29. August 1936 über nationalsozialistische Musterbetriebe. Mit der Überreichung dieser Urkunde erhält die Betriebsgemeinschaft das Recht, die Flagge der Deutschen Arbeitsfront mit goldenem Rad und goldenen Fransen zu führen.

Berlin, den 1. Mai 1940

Die begleitende ideologische Programmatik der DAF kam im vermeintlich sozialistischen Anstrich daher, denn es wurde ein Zusammenhalt der im üblichen Jargon „Gefolgschaft“ genannten Betriebsbelegschaft ohne Rücksicht auf Standesunterschiede postuliert. Die DAF-Organisation „Kraft durch Freude“ veranstaltete Urlaubsreisen, es gab Gefolgschaftsausflüge und abendliche Gefolgschaftstreffen; aber auch Verbesserungen im Arbeitsschutz, bei den Arbeitsbedingungen und den Weiterbildungsmöglichkeiten sollten den Angestellten das Gefühl geben, in Betrieb und Staat gut aufgehoben zu sein. Obwohl die goldene Fahne der Musterbetriebe „Ausdruck des Sieges der nationalsozialistischen Bewegung auf sozialem Gebiet“ sein sollte, diente der Wettbewerb nicht zuletzt der Steigerung von Produktivität und Leistungskraft der Betriebe mittels wirtschaftlichem Einsatz der Arbeitskraft und innerbetrieblicher Rationalisierungsmaßnahmen.

Die Zahl der am Wettbewerb teilnehmenden Betriebe wuchs von 80.559 im Jahr 1937/38 auf 272.763 im Jahr 1939/40 – darunter vor allem Unternehmen der Rüstungsindustrie, des Bergbaus, der Metall-, Chemie- und Baubranche, aber auch staatliche Dienststellen. Allein die Meldung zum Wettbewerb galt als Bekenntnis zu den Parteizielen. Bis Mai 1940 wurden 297 Musterbetriebe ausgezeichnet, 2.923 erhielten Leistungsabzeichen vom Reichsorganisationsleiter und 5.435 Betriebe Gaudiplome von den Gauleitern. 1940 befand sich unter den ausgezeichneten nationalsozialistischen Musterbetrieben auch das KWI für physikalische Chemie und Elektrochemie, bei dem die wissenschaftliche Ausrichtung an den Zielen der NS-Forschungspolitik und der Führungsstil des Direktors Thiessen mit der Strategie der DAF gut korrespondierten. Es war das erste und wahrscheinlich einzige wissenschaftliche Forschungsinstitut, das mit diesem NS-Ehrentitel ausgezeichnet wurde.

hier Beispiele zu sehen sind. Häufig sind dort eine Maschine, ein Wissenschaftler oder ein Techniker, oder alle zusammen in Szene gesetzt. Techniker werden dabei auf gleicher Ebene wie die wissenschaftlichen Mitarbeiter dargestellt, die traditionell höhere soziale Stellung der Wissenschaftler ist nicht zu erkennen; Klein ist sogar eine eigene Portraitaufnahme gewidmet. Das war in dieser Ausprägung neu und hatte auch propagandistische Bedeutung. Mitarbeiter des Instituts waren auch an Propagandaausstellungen zu Naturwissenschaft und Technik im Dritten Reich beteiligt.[62] So existiert eine bebilderte Wandzeitung der NSDAP-Propagandaabteilung aus dem Jahr 1943, welche die Arbeit an wissenschaftlichen Instituten vermitteln sollte. Es ist bezeichnend, dass die gezeigten Bilder im selben Stil fotografiert sind wie die oben angesprochenen Aufnahmen vom Thiessenschen Institut und zwei Bilder der Wandzeitung wahrscheinlich sogar dort gemacht wurden. Die Aussage des Plakates deckt sich mit der Vorstellung, die auch Thiessen selbst propagierte: Wissenschaftler und Techniker arbeiten im nationalen Interesse Hand in Hand, ausgerüstet mit den besten und modernsten Instrumenten und Apparaten.

Abb. 3.15. *Illustrierte Wandzeitung der Propagandaabteilung der NSDAP, 1943. Unten links Kurt Überreiter, mitte Anton Bartel, rechts Ernst Ruska.*

62 Abschrift, Goebbels an Thiessen, 3. September 1936, MPGA, Abt I., 1a, Nr. 1174.

Tab. 3.2. *Publikationen von technischen Angestellten des KWI für physikalische Chemie und Elektrochemie:*

Wilhelm Ulfert	Zerspanung des Stahles mit 18 % Chrom und 8 % Nickel mit Werkzeugen aus Silberstahl, Stahl und Eisen 55 (1935).
Erich Franke	Eine vielseitig verwendbare Vakuumkammer für Röntgenfeinstrukturaufnahmen, Zeitschrift für physikalische Chemie 31 (1936).
Walter Spatz	Verbesserung der Mikrobürette, Chemische Fabrik 9 (1936).
Kurt Hauschild	Fraktionierte Vakuumdestillation fester Substanzen, Chemische Fabrik 10 (1937).
Karl Klein	Verbesserte Quecksilberreinigung, Chemische Fabrik 10 (1937).
Karl Klein	Über einen neuartigen Thermoregler, Zeitschrift für Instrumentenkunde 59 (1939).
Wilhelm Ulfert	Ein Präzisions-Schlagzahn, Feinmechanik und Präzision 48 (1940).
Karl Klein	Feinfraktionierkolonne ganz aus Glas unter Verwendung von Mehrkammerrohren, Zeitschrift für physikalische Chemie A 189 (1941).
Wolfgang Srocke	Ein Winkel-Krauskopf, ein verstellbarer Drehstahl-Halter, Feinmechanik und Präzision 50 (1942).
Wilhelm Ulfert	Ankörn- und Zentriergerät, Feinmechanik und Präzision 50 (1942).
Wilhelm Ulfert	Verstellbare Bohrvorrichtung, Feinmechanik und Präzision 50 (1942).

Der Status der technischen Mitarbeiter erfuhr eine zusätzliche Aufwertung, indem sie prominent in der Publikationstätigkeit des Instituts erschienen. Ab 1935 wurde ihnen nicht nur in Artikeln gedankt, sie traten auch als Co-Autoren auf. Darüber hinaus veröffentlichten sie in technischen Zeitschriften auch eigenständig unter ihrem Namen kurze Artikel zu von ihnen entwickelten Verbesserungen an Instrumenten, Apparaten oder Werkzeugen. Dies war bis dahin völlig unüblich gewesen. Auffällig ist, dass Wilhelm Ulfert, noch bei Haber als Mechanikerlehrling eingestellt und 1933 Leiter der NSDAP-Betriebszelle,[63] die neuen Möglichkeiten besonders intensiv nutzte. Ein anderes Beispiel ist aber auch Kurt Hauschild, der im Gegensatz zu Ulfert kein Nationalsozialist und bis in die 1970er Jahre am Institut tätig war.

Die technischen Mitarbeiter erhielten zwar keine bessere Bezahlung oder leitende Positionen, die Beobachtungen sprechen aber dafür, dass sie zumindest die Überzeugung gewinnen sollten, ihre Tätigkeit würde nun deutlich höher als früher eingeschätzt. Das war nicht nur den fachlichen Bedürfnissen geschuldet, sondern entsprach gleichzeitig den pseudo-egalitären ideologischen Vorgaben der NS-Herrschaft. Dazu trug offenbar auch Thiessen persönlich bei, der von vielen Mitarbeitern als anständig und konziliant geschätzt wurde und sich zudem in Einzelfällen sogar vor Angestellte gestellt hatte, die in Konflikt mit dem System gekommen waren. Dazu gehörte auch, dass es ihm und seinen leitenden Mitarbei-

63 Aktenvermerk Ernst Telschow, 29. August 1933, MPGA, I. Abt. 1a, Nr. 1168.

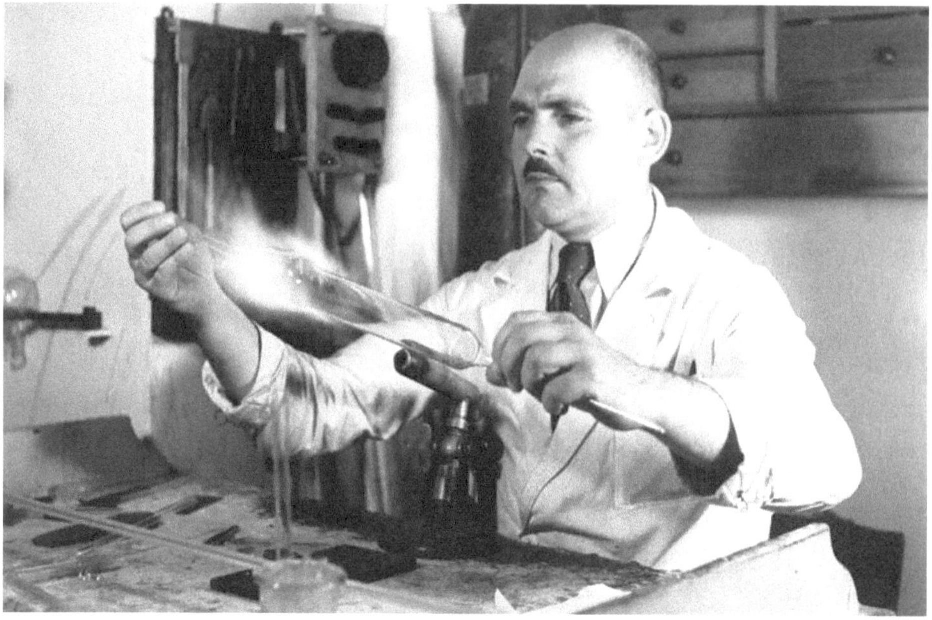

Abb. 3.16. *Glasbläser Karl Klein, ca. 1938.*

tern aufgrund ihrer aktiven Rolle im Nationalsozialismus möglich war, eine Reihe von Angestellten vom Kriegsdienst freistellen zu lassen.

1937 wurde Thiessen zum leitenden Verantwortlichen für Chemie und organische Werkstoffe, später dann physikalische Chemie im Reichsforschungsrat ernannt.[64] Der Reichsforschungsrat war im Rahmen der ab 1936 von Mentzel geleiteten Deutschen Forschungsgemeinschaft, Nachfolgerin der Notgemeinschaft Deutscher Wissenschaft, für die Forschungsförderung zuständig. In dieser Funktion hat Thiessen nicht nur maßgeblich geholfen, die Leitlinien der nationalsozialistsichen Forschungs- und Wissenschaftspolitik umzusetzen, und insbesondere die Autarkiepolitik des Dritten Reiches in der Chemie forschungspolitisch vorangetrieben, sondern in seinen entsprechenden Stellungnahmen auch für eine möglichst enge Zusammenarbeit von chemischer Theorie und Praxis geworben. Ganz im Sinne Wilhelm Ostwalds hat er die physikalische Chemie wiederholt als Allgemeine Chemie charakterisiert, da sie Grundlagen für alle Bereiche dieser Wissenschaft legt. Ein besonderes Merkmal Thiessens war, dass er in der Arbeit an seinem Institut wie auch in seinen Reden der Grundlagenforschung einen begrenzten kreativen Freiraum einräumte und diesen sogar gegen antiintellektualistische Angriffe verteidigte.[65] Die verteidigte Existenzberechtigung der Grundlagenforschung verknüpfte er aber argumentativ mit ihrer Bedeutung für die Anwendungspraxis, was in Grundzügen an das später von Vannevar Bush in den USA

64 Schmaltz, *Kampfstoff-Forschung*, S. 125 ff.
65 Thiessen, *Physikalische Chemie*.

Peter A. Thiessen, Berlin:
„Wissenschaft und Vierjahresplan".

(Vortrag gehalten am 18. 2. 1937 vor dem Nationalsozialistischen Deutschen Dozentenbund, Berlin.)

Professor Dr. **Thiessen:** Verehrte Gäste, liebe Kameraden! Ich bin außerordentlich dankbar, daß ich vor Ihrem Kreis über eine Frage sprechen darf, die unser Volk seit einigen Jahren bewegt und in vielen Schichten auch aufgewühlt hat: die Frage der Befestigung und Neuschaffung wesentlicher Lebensgrundlagen der Nation. Sie wissen alle, daß die Vorsehung die Früchte einer warmen Sonne und des Bodens sehr ungleich verteilt hat. Neben Völkern, die in jeder Beziehung im Überfluß leben, gibt es eine Reihe von Nationen, die an den lebenswichtigsten Dingen Mangel leiden, und dazu gehört auch unsere Heimat. Diese Entbehrung ist in den Jahren vor dem Umbruch in der allgemeinen Armut, die damals herrschte, nicht klar empfunden worden. Sie ist nicht so fühlbar gewesen, weil die Wirtschaft teils tot schien, teils außerordentlich schwach war. Aber in dem Maße, in dem sie nach dem Umbruch auflebte, wurden die Mängel in den Grundlagen der Rohstoffbasis empfindlich fühlbar. Es wurde die ungeheure Spanne merklich, die besteht zwischen dem, was wir brauchen, ja, sogar dringend benötigen und dem, was wir tatsächlich zur Verfügung haben. Und was fehlt uns? Eine ungeheure Liste! Ich kann nur Beispiele nennen.

Es fehlen uns von den Metallen die sehr wichtigen bronzebildenden Metalle fast völlig. Es fehlt uns das Kupfer bis auf eine ganz kleine Menge, die uns die eigene Scholle zur Verfügung stellt; ein Quantum, das, gemessen an dem Bedarf, nicht der Rede wert ist. Es fehlt uns das Zinn praktisch vollkommen. Es fehlt uns eine ganze Gruppe von Zuschlagsmetallen, die uns Körper, welche in Mengen vorhanden sind, erst wertvoll machen. Von anderen Stoffen, die wir dringend brauchen, fehlt uns das Leder in dem nötigen Umfang. Bitteren Mangel haben wir ferner an Treibstoffen aller Art. Völlig fehlt uns der Kautschuk, ein Körper, auf den unsere motorisierte Kultur nicht mehr verzichten kann. Diese Liste ließe sich außerordentlich stark erweitern*). Es hilft auch nichts, daß demgegenüber eine Reihe von Stoffen steht, die wir

*) Vgl. P. A. Thiessen: „Grundlagen und Wege der deutschen Stoffwirtschaft", Vortrag in Wien v. 17. 12. 1936, erscheint in den Mitteilungen des Österr. Kuratoriums für Wirtschaftlichkeit, Julius Springer, Wien; ferner J. Werlin: „Rohstoffplan und Motorisierung", Der Vierjahresplan **1**, 12 (1937)

1

Abb. 3.17. *Abdruck des Vortrags von P. A. Thiessen vor dem NS-Dozentenbund, Berlin 18. Februar 1937.*

prominent vertretene lineare Modell der Beziehungen zwischen Wissenschaft und Technik erinnert.

Wichtiger als solche gleichermaßen politische wie wissenschaftliche Programmatik war jedoch, dass das mit seiner forschungspolitischen Tätigkeit verknüpfte Netzwerk optimal funktionierte und für das Institut nutzbar gemacht werden konnte. So lag der Anteil der in der Sparte Thiessens für Wissenschaftler seines Institutes bewilligten Mittel bei etwa 30%. Daher nehmen in den Listen der am stärksten geförderten Wissenschaftler viele Mitarbeiter des KWI für physikalische Chemie und Elektrochemie Spitzenplätze ein – neben Thiessen z. B. Stauff, Winkel, Kratky und Beischer.[66] In vielen Institutspublikationen aus dieser Zeit wird der DFG für Stipendien, vor allem aber für die Finanzierung der Instrumente und Materialien gedankt. Ebenfalls gab es enge Beziehungen des Instituts zur 1934 gegründeten Wehrtechnischen Fakultät der TH Charlottenburg, die ein Prestigeprojekt der NS-Forschungspolitik war und der bis zu seinem Tod Karl Becker als Dekan vorstand – derselbe General Becker, der Jander bei der Institutsübernahme unterstützt hatte. 1939 wurde August Winkel zum außerordentlichen Professor am gaschemischen Institut der Fakultät berufen, doch blieb er faktisch am KWI, nachdem der Zweite Weltkrieg die hochfliegenden Ausbaupläne der Wehrtechnischen Fakultät gestoppt hatte.

Im Dritten Reich gab es so am Thiessenschen Institut vielseitige und vielschichtige Zusammenhänge zwischen den wissenschaftlichen Arbeiten und ihrer forschungspolitischen und ideologischen Ausrichtung im Sinne der nationalsozialistischen Herrschaft: So waren die Arbeitsthemen am Autarkieprogramm und den Rüstungsbedürfnissen orientiert, was im Gegenzug zu einer herausragenden Förderung führte und die Aufwertung der technischen Komponenten physiko-chemischer Forschung wurde zur ideologisch motivierten Aufhebung von alten Hierarchien und Sozialunterschieden und damit zur Festigung der nationalsozialistischen Macht genutzt.[67]

Dass die nationalsozialistische Herrschaft keine tausend Jahre dauern würde, scheint Thiessen in den letzten Kriegsjahren erkannt zu haben. Es gibt Indizien, dass er gegen Ende des Krieges sogar eine kommunistisch orientierte Widerstandszelle duldete bzw. von deren Existenz Kenntnis hatte. Dieser Zelle gehörte u. a. der Chemiker Alfred Wende an, nach dem Krieg Leiter der antifaschistischen Betriebsgruppe am Institut und später in der DDR Direktor eines eigenen Akademieinstitutes für Kunststoffe. Offenbar wurden auch schon vor der Kapitulation Vorkehrungen getroffen, sich nach dem Krieg der Sowjetunion anzudienen. Zum rationellen Kalkül einer solchen Entscheidung gehörte, dass sich Thiessen dort die besten Chancen ausrechnete, seine wissenschaftliche Karriere unter angemessenen Bedingungen fortsetzen zu können;[68] als „Nachfolger“ Habers wäre dies in Amerika wegen seines schlechten Rufs in einflussreichen Emigrantenkreisen

66 Vgl. Deichmann, *Flüchten*, S. 232.
67 Vgl. dazu Maier, *Rüstungsforschung*. Maier, *Gemeinschaftsforschung*.
68 Eibl, *Thiessen*, S. 185–187.

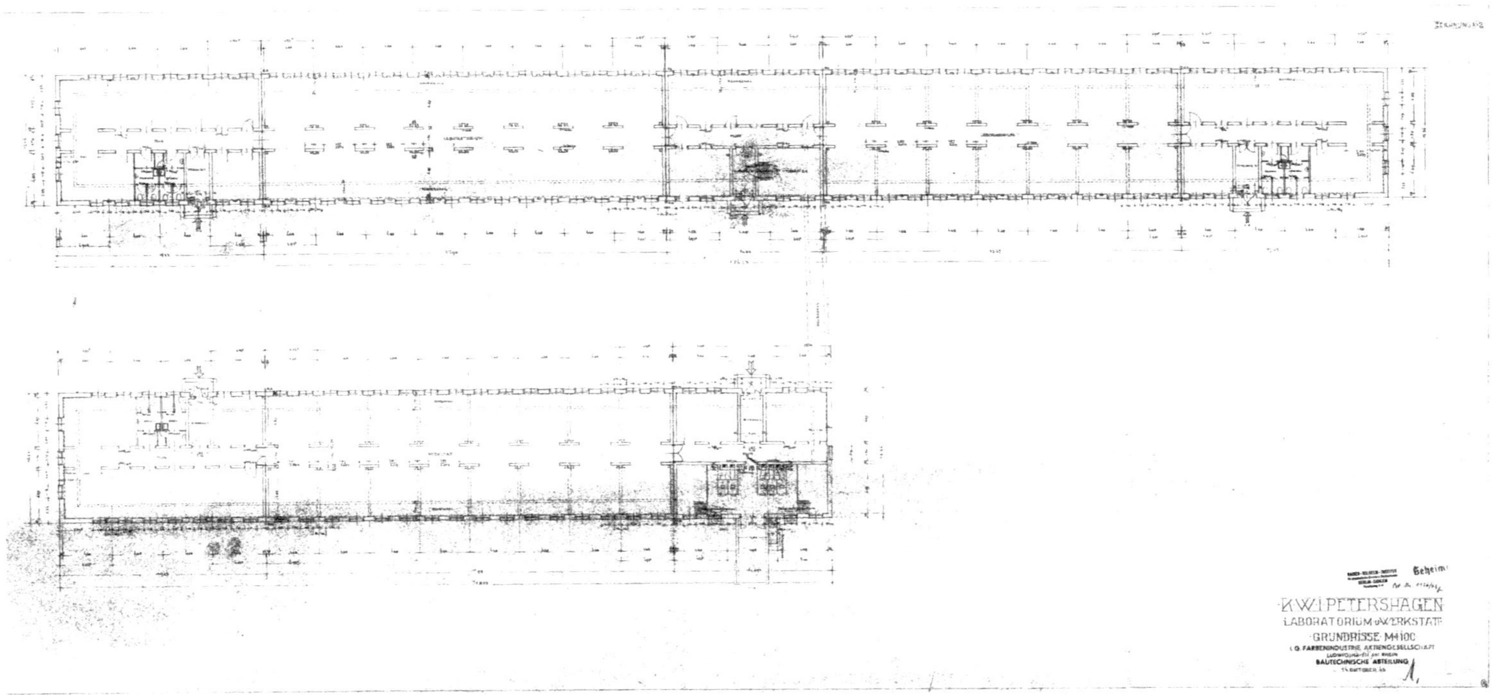

Abb. 3.18. *Plan für das „KWI Petershagen", 1943.*

sicherlich nicht so einfach möglich gewesen und in Deutschland waren schon allein die materiellen Voraussetzungen denkbar ungünstig.

Keineswegs zufällig hat Thiessen so sein Institut bis zum Kriegsende arbeitsfähig gehalten und alle Aufforderungen unterlaufen, es – wie die meisten anderen Dahlemer Institute – ab 1944 nach West- und Süddeutschland zu verlagern. Es wurden nur kleinere und weniger aufwändig ausgerüstete Abteilungen ausgelagert. Beispielsweise wurde, wie bereits erwähnt, 1944 die Sprengstoffabteilung unter Robert Haul in Prag eingerichtet und die vom KWI für Physik übernommene spektroskopische Abteilung Heinz Habers weitgehend am astronomischen Observatorium in Potsdam untergebracht. Ab etwa 1941 war aber zunächst etwas Größeres in Planung gewesen. In Falkenhagen nahe Frankfurt/Oder wurde von der chemischen Industrie im Auftrag des Militärs eine „Seewerk" genannte, großteils unterirdische Fabrik zur Produktion des Brandbeschleunigers und Treibstoffzusatzes Stickstofftrichlorid (Tarnname „N-Stoff") errichtet. Das Produktionsverfahren beruhte auf den Ergebnissen einer Dissertation, die Siegfried Glupe bei Thiessen angefertigt hatte, der selbst auch als Berater in Falkenhagen fungierte.[69] Noch im Oktober 1943 erstellte die Bauabteilung der I.G.-Farbenindustrie in Oppau Pläne für ein „KWI Petershagen" in der Nähe von Falkenhagen. Die weitläufigen Gebäude hätten das gesamte KWI für physikalische Chemie aufnehmen können, waren aber aufgrund der wirtschaftlichen und militärischen Lage im Jahr 1943 reine Utopie. Als Alternative wurden auf dem Gelände des Seewerkes Falkenhagen 1944 bis 1945 zwei kleinere Ziegelbauten errichtet, die für die Aufnahme der Abteilung Winkel geeignet waren, welche wohl mit der Produktion verknüpfte Forschungen durchführen sollte. Im Zusammenhang mit solchen Kampfstoffforschungen sind zwei Fälle von gezieltem Einsatz von Sklavenarbeitern unter unmenschlichen Bedingungen belegt. Die Bauten am Seewerk Falkenhagen wurden nach einer für diese Zwecke üblichen Organisationsform im Auftrag militärischer Stellen von Privatfirmen durchgeführt, in diesem Fall von einer Tochter der I.G.-Farbenindustrie. Wegen des chronischen Arbeitskräftemangels wurden ab 1943 in Falkenhagen auch hunderte von der SS gegen eine Gebühr zur Verfügung gestellte KZ-Häftlinge zur Arbeit gezwungen. Die SS übernahm die Bewachung und den Ersatz der zu Tode gequälten Arbeitskräfte. Das Thiessensche KWI beauftragte und bezahlte ab 1943 das bereits in Falkenhagen tätige Unternehmen mit dem Bau der Laborbaracken. Ab 1944 wurden dabei auch Häftlinge eingesetzt, was einigen Institutsmitarbeitern und Thiessen selbst bei ihren vielen Besuchen der Baustelle wohl kaum entgangen sein dürfte.[70] Darüber hinaus hatten Stellen der SS, der Wehrmacht, des Reichsforschungsrates und des Instituts für deutsche Ostarbeit zur Unterstützung vordringlich eingestufter Forschungen Spezialkommandos für mathematisch-naturwissenschaftliche Aufgaben in Konzentrationslagern aufgestellt, darunter auch ein Chemikerkommando, dessen wissenschaftliche Leitung

69 Schmaltz, *Kampfstoff-Forschung*, S. 156.

70 Vgl. dazu Strebel, Wagner, *Zwangsarbeit*, S. 46–48 und Schmaltz, *Kampfstoff-Forschung*, S. 164–169.

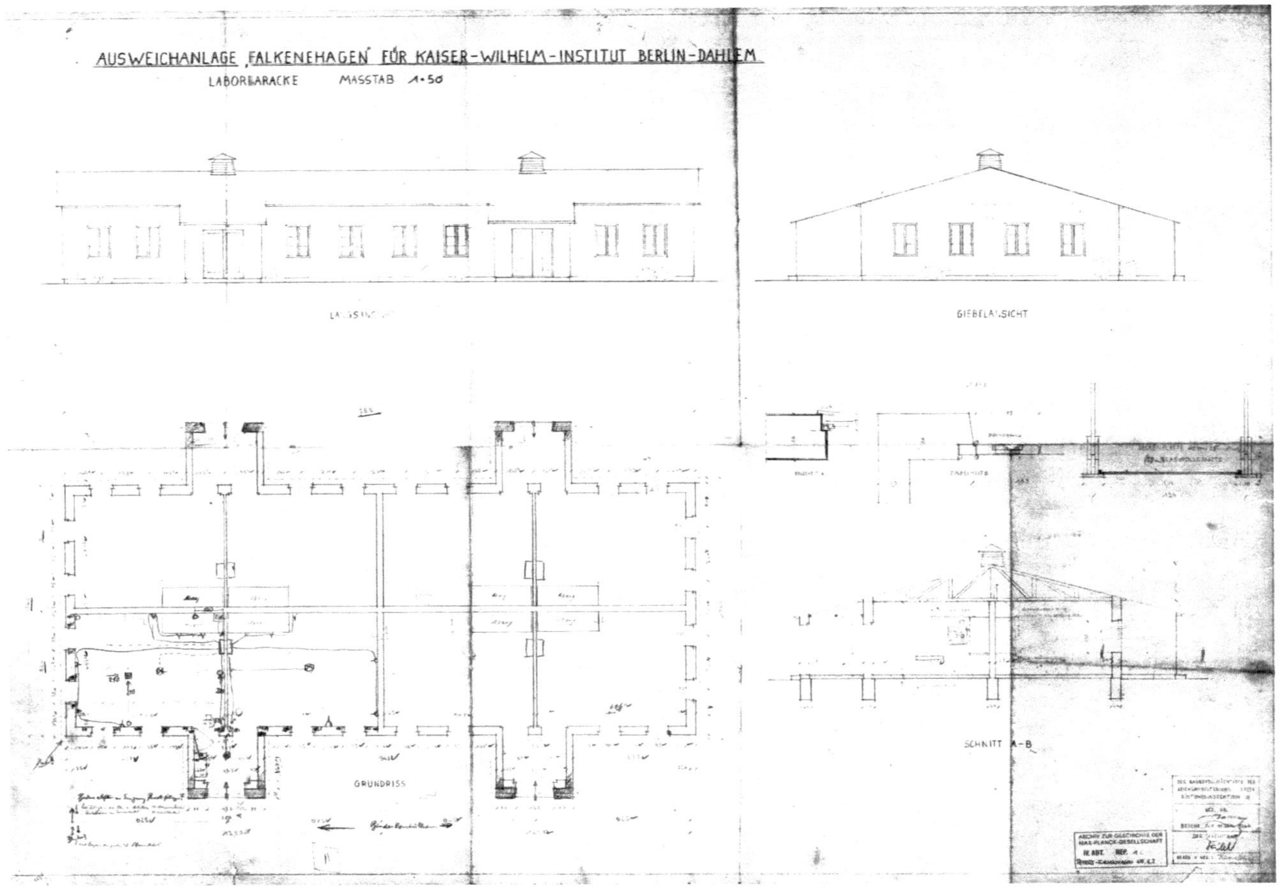

Abb. 3.19. *Ausweichanlage Falkenhagen, 1944.*

Winkel auf Vorschlag Mentzels übernahm. Das Spezialkommando wurde Ende 1944 von Krakau in das KZ Flossenbürg verlegt. Es konstruierte und baute u.a. ein mit Mitteln des Reichsforschungsrates finanziertes Instrument zur Gasanalyse für Winkels Abteilung und bearbeitete Aufträge von Marine und Wehrmacht. Schließlich sei auch auf einzelne Kontakte Thiessens und seines Verwaltungsleiters Georg Graue mit dem SS-Ahnenerbe und KZ-Medizinern zur Koordinierung der Giftgasforschung verwiesen.[71]

Der wissenschaftliche Betrieb der genannten Abteilung in Falkenhagen wurde kriegsbedingt nicht mehr aufgenommen, auch wenn die Institutsbibliothek in der Nähe eingelagert und einige zum Teil neue Instrumente und Ausrüstung dorthin gebracht worden waren. Ein Teil der Ausrüstung wurde zusammen mit der Institutsbibliothek kurz vor Kriegsende in den Westen, zunächst nach Winnenden in Niedersachsen, gebracht. Noch Ende 1944 ordnete Thiessen den Aufbau einer Außenstelle in Osterburg/Altmark an, für die er 20.000 Mark zur Verfügung stellen wollte.[72]

Aus den verstreuten, sehr lückenhaften Unterlagen ergibt sich der Eindruck, dass Thiessen eine voranschreitende Verlagerung vortäuschte, dabei aber die zentralen und modernsten Institutsteile nach wie vor in Dahlem beließ. Darüber hinaus wurde sein Institut Anlaufstelle für in Berlin verbliebene Reste anderer KWIs. Am Ende des Krieges war es als einziges in Dahlem gebliebenes, großes naturwissenschaftliches KWI eine Art Zentrum für die dort verbliebenen naturwissenschaftlichen Forschungsgruppen eine Funktion, die sich nach Ende des Krieges noch verstärken sollte. Dazu hatte aber nicht nur Thiessens Hinhaltepolitik beigetragen, sondern auch die Tatsache, dass das Thiessensche Institut kaum Bombenschäden aufwies – im Gegensatz etwa zum benachbarten KWI für Chemie, das – allerdings erst nach seiner Evakuierung – am 15. Februar 1944 nach einem Bombenangriff ausgebrannt war. Die Folgen eines Nachtangriffs britischer Bomber einen Monat später, bei dem Brandbomben den Dachstuhl des Vordergebäudes entzündet hatten, konnten dagegen am KWI für physikalische Chemie recht schnell behoben werden, so dass die Forschungstätigkeit kaum beeinträchtigt wurde. Vor dem Hintergrund der damaligen Materialknappheit und des Arbeitskräftemangels macht diese Tatsache sowohl die strategische Bedeutung, die dem Institut zugestanden wurde, als auch die guten Beziehungen Thiessens zu führenden NS-Stellen deutlich.

Am 25. April 1945 besetzte die Rote Armee Dahlem. In den letzten Kriegstagen waren die Familien der Mitarbeiter am Institut untergebracht worden, um ihnen einen gewissen Schutz vor den Kampfhandlungen, aber auch vor befürchteten Übergriffen zu geben. Sowjetische Kommissionen inspizierten sofort das Institut und führten ausgiebige Befragungen der Mitarbeiter durch. Da die Rote Armee aufgrund alliierter Absprache Dahlem Ende Juni 1945 zu räumen und an die

71 Schmaltz, *Thiessen*, hier S. 320–329.

72 Dr. Breitner an MPG, z.Hd. Telschow, 17. Juni 1949, MPGA, Abt. II, 1a, Institutsbetreuerakten MPI für (bio)physikalische Chemie, Allgemein, Bd. 1 1945 bis 31. Dezember 1959. Mit Dank an Frau Dr. Marion Kazemi für den Hinweis auf diesen Bestand.

Abb. 3.20. *KWI für physikalische Chemie und Elektrochemie, Sommer 1944. Das zerstörte Dach des Vordergebäudes wurde ersetzt.*

Amerikaner zu übergeben hatte, wurde das Institut - wie auch andere Einrichtungen im Westteil der Stadt - ab dem 25. Mai komplett demontiert. Dabei bot sich den Anwohnern die willkommene Gelegenheit, als Helfer Lebensmittel zu verdienen. Hatten die KWIs bei der sowjetischen Demontageplanung besondere Priorität, so war das intakt gebliebene Thiessensche Institut mit seiner hochwertigen technischen Ausstattung das Filetstück.

Da Thiessen der hochrangigste Vertreter der KWI in Berlin war, wurde er am 12. Mai 1945 vom Zehlendorfer Bürgermeister als Nachfolger Vöglers, des letzten Präsidenten der KWG, zum provisorischen Leiter der KWG ernannt. Hauptaufgabe des neuen „Präsidenten" war, das administrative Chaos einzudämmen, die verbliebenen Reste der Ausstattung zu sichern und eine Versorgung der Mitarbeiter zu organisieren. Schon im Juli 1945 teilte Thiessen allerdings mit, er beabsichtigte, in die Sowjetunion zu gehen, und könnte daher die Aufgabe nicht mehr erfüllen; dies war auch deshalb nicht mehr möglich, weil er den abziehenden sowjetischen Truppen gefolgt und mit einigen Mitarbeitern in den sowjetischen Sektor der Stadt, nach Spindlersfeld, umgesiedelt war. Von dort bzw. vom nahegelegenen Flughafen Adlershof wurde die Gruppe im Herbst 1945 nach Moskau ausgeflogen und in den folgenden Jahren mit der Durchführung von Arbeiten zum sowjetischen Atombombenprogramm beauftragt. Damit ging die Ära Thiessen und das „Tausendjährige Reich" am Kaiser-Wilhelm-Institut für physikalische Chemie und Elektrochemie zu Ende.

4 Ein Patchwork-Institut

„Ich kam nach Dahlem als die kurze, für die Dahlemer Kaiser-Wilhelm-Institute sehr schmerzliche Periode der russischen Besetzung dieses Stadtteils gerade endete. Vor mir war der Nazidirektor Prof. Thiessen von den Russen mit der Verwaltung der Institute beauftragt worden. Thiessen, der sich verpflichtet hatte, mit seinem Institut nach Russland zu gehen, leitete den gründlichen und planmässigen Abtransport aller wertvollen Einrichtungen der Institute nach Russland. So bot sich mir beim Beginn meiner Tätigkeit ein trostloses Bild. Die Institute waren vollkommen ausgeplündert, selbst die Schalttafeln und Leitungen waren grösstenteils entfernt. Nur wenige Wissenschaftler waren in Berlin verblieben."[1]

Das stellt ein Bericht von Robert Havemann vom Sommer 1947 fest, den dieser während eines Kuraufenthalts in der Schweiz verfasst hatte. Havemann war zwei Jahre zuvor durch den Berliner Magistrat und namentlich vom kommunistischen Leiter der Abteilung für Volksbildung Otto Winzer zum „Leiter der Kaiser-Wilhelm-Gesellschaft" bestellt worden. Die Einsetzung Havemanns in dieses Amt war eine politische Entscheidung und geschah vor dem Hintergrund, dass Berlin in Vorbereitung der Potsdamer Konferenz im Juli 1945 in vier Sektoren aufgeteilt wurde, wobei Dahlem zum amerikanischen Sektor gehörte. Mit dieser Berufung wurden seitens des kommunistisch orientierten Berliner Magistrats und der sowjetischen Militäradministration vollendete Tatsachen geschaffen, war Havemann

Abb. 4.1. *Robert Havemann und das von ihm konstruierte lichtelektrische Kolorimeter.*

1 R. Havemann: Bericht über meine Tätigkeit als Leiter der Verwaltung der Kaiser-Wilhelm-Institute in Berlin-Dahlem. St. Gallen 16.8.1947. Havemann-Archiv Berlin.

doch für sie in dieser Funktion der ideale Mann: Einerseits war er Kommunist und galt durch seine antifaschistische Widerstandstätigkeit, für die er 1944 zum Tode verurteilt worden war, nicht nur bei der sowjetischen Besatzungsmacht als integer; andererseits verfügte er als habilitierter Kolloidchemiker über eine ausgewiesene fachliche Kompetenz, die in antifaschistischen Gelehrtenkreisen, zumal wenn sie der kommunistischen Partei nahestanden, damals nicht allzu häufig vorhanden war; nicht zuletzt hatte er für einige Zeit als Doktorand von Georg Ettisch am Haberschen Institut gearbeitet. In dieses kehrte er nun zurück, denn zur „Präsidentschaft" der KWG gehörte die Verwaltung des Instituts und zudem baute er dort eine Abteilung für Kolloidchemie auf; auch wurde das Institut in den folgenden fünf Jahren zu seinem Lebensmittelpunkt, bezog er doch Teile der Haber-Villa als Dienstwohnung.

Konsolidierung und Überleitung in die MPG

Havemanns Inthronisierung als Berliner KWG-Präsident stieß umgehend auf den geharnischten Protest der etablierten Vertreter der KWG. Eine Gruppe von Direktoren und leitenden Mitarbeitern aus den Berliner Instituten wandte sich in einem Schreiben vom 7. Juli energisch gegen die Anweisung und reklamierte, dass das im Dritten Reich ausgesetzte „satzungsgemäße Recht, den Präsidenten und andere führende Persönlichkeiten durch freie Wahl im Senat und im wissenschaftlichen Rat zu bestellen", nun wieder in vollem Maße gültig wäre; auch der von Göttingen aus amtierende Interimspräsident der KWG Max Planck und die Generalverwaltung widersprachen energisch der Ernennung und wollten sie – wenn überhaupt – nur auf den russischen Besatzungsbereich beschränkt sehen. In der Folgezeit kam es zu einem zermürbenden Macht- und Prestigekampf zwischen der Göttinger Generalverwaltung und der Berliner „Gegen-Regierung Havemann," wobei im Zeichen des sich forcierenden Kalten Kriegs Havemanns Stellung in zunehmendem Maße marginalisiert wurde und seiner Tätigkeit immer engere Grenzen gesetzt wurden. Zu den wenigen praktischen Maßnahmen, die durch Havemann initiiert und auch umgesetzt wurden, gehörte die Berufung eines wissenschaftlichen Rats für die Berliner KWG-Institute – eine korporative Vertretung der wissenschaftlichen Mitglieder der KWG, die 1928 nicht zuletzt auf Anregung Habers eingerichtet worden war und ähnlich einer Fakultät die maßgeblichen Wissenschaftler an der Führung der Gesellschaft beteiligen sollte; im Dritten Reich war dieses Organ einer partiell demokratischen Mitverantwortung suspendiert worden. In den ersten Nachkriegsjahren trug der wissenschaftliche Rat, dem die Leiter der Berliner Kaiser-Wilhelm-Institute angehörten, wesentlich dazu bei, dass die in Dahlem verbliebenen Institute der KWG in ihrem Bestand gesichert wurden und ein neues wissenschaftliches Profil entwickeln konnten. Einen andere Initiative Havemanns aus der unmittelbaren Nachkriegszeit betraf die Einleitung von Entnazifizierungsmaßnahmen. Dazu wurden Fragebögen erarbeitet, die alle Mitarbeiter

Robert Havemann (1910–1982)

Robert Havemann hatte ab 1929 in München und seit 1932 in Berlin Chemie studiert. Nach der nationalsozialistischen Machtübernahme schloss er sich dem antifaschistischen Widerstand an. Seine Mitarbeit in der Gruppe „Neu-Beginnen" währte bis Mitte der dreißiger Jahre und blieb unerkannt, so dass er sein Studium abschließen und im Frühjahr 1934 an der Berliner Universität promovieren konnte; große Teile seiner kolloidchemischen Arbeit hatte er unter Georg Ettisch in der Abteilung Freundlich am Dahlemer KWI durchgeführt. Nach der Promotion setzte er seine chemische Forschungsarbeit an verschiedenen Berliner Krankenhäusern fort und ab 1937 ist er Assistent am Pharmakologischen Institut der Berliner Universität. In dieser Zeit profilierte er sich zu einem anerkannten Forscher auf dem Gebiet der Kolloid- und Proteinchemie. Im Sommer 1943 habilitiert er sich auf diesem Gebiet. Bereits wenige Wochen später wird er als Mitglied der Widerstandsgruppe „Europäische Union" verhaftet und in einem Hochverratsprozess zum Tode verurteilt. Kollegen des Heereswaffenamtes, für das er seit Kriegsausbruch gearbeitet hatte, konnten ihren Einfluss geltend machen und Havemann für kriegswichtige Forschungen reklamieren. Die Vollstreckung des Todesurteils wurde so aufgeschoben, und Havemann führte bis zu seiner Befreiung Ende April 1945 in einem speziell für ihn eingerichteten Laboratorium im Zuchthaus Brandenburg Untersuchungen zu Giftgasen und Filtern durch.

In der Nachkriegszeit wird ihm von der sowjetischen Besatzungsmacht die Verwaltung der Berliner Kaiser-Wilhelm-Institute übertragen und er kann zudem in Dahlem seine kolloidchemischen Forschungen zu Proteinen und Farbstoffen fortsetzen. Als bekennender Kommunist und Gegner der amerikanischen Nuklearpolitik gerät er an der Wende zu den fünfziger Jahren in zunehmenden Konflikt mit den Westberliner Behörden, die ihn Anfang 1950 auf dem Höhepunkt des Kalten Kriegs fristlos kündigen. Er siedelt in die DDR über, wo er an der Humboldt-Universität als Nachfolger Boenhoffers zum Professor für physikalische Chemie und Institutsdirektor berufen wird, seine Forschungen zur Proteinchemie fortsetzen kann und sich zudem der Photochemie zuwendet. Neben seiner Forschungstätigkeit ist er auch politisch aktiv, u. a. als Studentendekan und Prorektor der Universität sowie als Mitglied des DDR-Parlaments, der Volkskammer. Seine Karriere als stalinistischer Staatsfunktionär und Wissenschaftler erfährt an der Wende zu den sechziger Jahren einen Bruch. Mit seinem öffentlich artikulierten Zweifel an der Allmacht der kommunistischen Macht und Ideologie gerät er in zunehmenden Konflikt mit den Mächtigen und den Machtstrukturen der DDR. Seine Vorlesungen „Dialektik ohne Dogma" von 1963/64 markieren den endgültigen Bruch und er entwickelte sich in seinen beiden letzten Lebensjahrzehnten zum bedeutendsten Kritiker und Dissidenten der DDR. Diese versucht ihn aus dem öffentlichen Leben der DDR zu verbannen und zu kriminalisieren. Dennoch kann er unmittelbaren Einfluss auf die Herausbildung einer unabhängigen Ökologie- und Friedensbewegung nehmen und so zum Pionier der Bürgerrechtsbewegung in der DDR werden.

auszufüllen hatten und auf deren Grundlage dann die Entlassung von Anhängern der NSDAP erfolgte. Unter den Wissenschaftlern vor Ort gab es nur noch wenige ehemalige aktive Nazis, da die meisten sich entweder in den Westen abgesetzt hatten oder wie Thiessen in die Sowjetunion gegangen waren. Nach eigener Aussage bereitete Havemann der Fall des Direktors des Kaiser-Wilhelm-Instituts für Silikatforschung Wilhelm Eitel das größte „Kopfzerbrechen", da dieser zu den besonders aktiven Nazis gehört und „sich 1933 sehr übel benommen" hatte; andererseits war er aber auch ein renommierter Wissenschaftler. Durch Havemann wurde er von seiner Position als Institutsdirektor entbunden, doch gestattete man ihm die Fortsetzung seiner theoretischen Forschungen. Auf Anordnung der amerikanischen Militärregierung wurde er 1946 aber doch entlassen und ein Ermittlungsverfahren gegen ihn eingeleitet; später ging er in die USA und 1966 ehrte ihn die Freie Universität Berlin sogar mit einer Ehrenpromotion.

Ungemein schwierig gestaltete sich die Wiederaufnahme der Forschungstätigkeit, da diese auf Anordnung der Alliierten faktisch bis ins Jahr 1946 ruhte; selbst die Wiederaufnahme des traditionsreichen Institutskolloquiums wurde untersagt. Im ersten Nachkriegsjahr musste man sich so auf die Beschaffung und Herstellung von Apparaten sowie Aufräumungs- und Reparaturarbeiten beschränken. Dabei war dem Bericht Havemanns zufolge eine spezielle Kolonne damit beschäftigt,

> „aus sämtlichen Institutsgebäuden, teilweise aus dem Schutt, die vorhandenen Überreste der einst stattlichen Einrichtungen (zu sammeln), sie nach Instandsetzung in einem zentralen Materiallager (zu ordnen) und aus zerstörten Institutsgebäuden in anderen Stadtteilen Maschinen und Apparate zu bergen, deren Reparatur irgendwie aussichtsreich erschien ...So gelang es innerhalb relativ kurzer Frist eine erstklassig eingerichtete feinmechanische Werkstatt im Kaiser-Wilhelm-Institut für physikalische Chemie einzurichten, die heute nach zweijährigem Bestehen nicht ihresgleichen in anderen deutschen Forschungsinstituten besitzt. Diese Werkstatt ist mit nahezu 20 Mechanikern, Schlossern und Lehrlingen ununterbrochen mit der Neuherstellung und Reparatur von wissenschaftlichen Apparaten beschäftigt."[2]

Parallel zur Wiedereröffnung der Berliner Hochschulen wurde dann auch am Dahlemer Institut Anfang 1946 der reguläre Forschungsbetrieb wieder aufgenommen. Dabei bestimmte das Gesetz Nr. 25 des Alliierten Kontrollrats vom 29. April 1946 die Rahmenbedingungen für die Tätigkeit deutscher Forschungsinstitute. Es sollte „wissenschaftliche Forschung für militärische Zwecke und ihre praktische Anwendung für solche Zwecke verhindern, und ...auf anderen Gebieten, wo sie ein Kriegspotenzial Deutschlands schaffen könnte, überwachen und in friedliche Bahnen lenken."[3] Das Gesetz sah erhebliche Einschränkungen für technologisch bedeutsame chemische und physikalische Forschungen vor und untersagte insbesondere Arbeiten im Bereich von angewandter Atom- und Kernphysik, der Kampfstoffforschung oder der Luftfahrtechnik. Auch wenn die am Institut

2 R. Havemann: Bericht über meine Tätigkeit als Leiter der Verwaltung der Kaiser-Wilhelm-Institute in Berlin-Dahlem. St. Gallen 16.8.1947. Havemann-Archiv Berlin.

3 Berlin, *Verordnungsblatt*, S. 151.

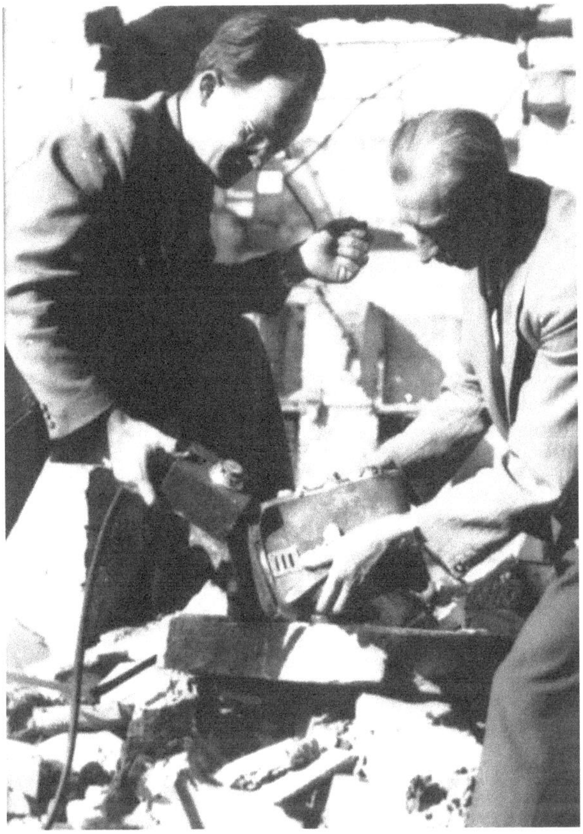

Abb. 4.2. *Kurt Hauschild, rechts, und ein Kollege 1949 beim Durchsuchen des KWI für Chemie nach Brauchbarem.*

nach 1945 weitergeführten Forschungen keine unmittelbaren Berührungspunkte zu den einschränkenden Bestimmungen des Kontrollratsgesetzes besaßen, mussten vierteljährlich ausführliche Berichte über die betriebenen Forschungen, den Personalstand sowie die Finanzen des Instituts für die alliierten Behörden verfasst werden. Selbst die Wiederaufnahme des berühmten Institutskolloquiums bedurfte der alliierten Sanktionierung, die im Oktober 1946 persönlich durch L.D. Clay, stellvertretender amerikanischer Militärgouverneur in Deutschland, erfolgte. Das Kolloquium stand nun unter der Leitung von Hartmut Kallmann und versuchte an seine große Tradition aus den zwanziger Jahren anzuknüpfen. Man war bemüht, nicht nur Kollegen aus Dahlem und Berlin zum Vortrag zu bitten, sondern trotz der schwierigen Reisebedingungen der Nachkriegszeit auch Wissenschaftler aus ganz Deutschland einzuladen.

Nicht nur das Kolloquium dokumentiert das Bemühen, die große Tradition des Instituts aus den zwanziger Jahren wieder aufleben zu lassen. Ein anderes Beispiel war die von Kallmann organisierte Gedenkfeier für Haber, die anlässlich Habers 78. Geburtstag am 9. Dezember 1946 stattfand und auch als Versuch zu werten

RH 04

OFFICE OF MILITARY GOVERNMENT FOR GERMANY (U. S.)
Office of the Deputy Military Governor
APO 742

16 October 1946

Dear Professor Dr. Havemann:

I regret very much that I am unable to attend the reopening of the scientific colloquium of the former Kaiser Wilhelm Institutes at Dahlem on Thursday, 17 October.

American Military Government is very glad to see the nucleus of a new research and teaching activity started which will eventually include all of those located in the American Sector of Berlin. These activities can contribute much to the re-growth of peaceful industry in Germany.

I know that the colloquium will receive particular encouragement in that the opening address is to be made by a Nobel Prize winner, Professor Dr. Otto Warburg.

I wish you a successful opening and rapid progress in the re-development of scientific activities with peaceful objectives in Berlin.

Sincerely yours,

LUCIUS D. CLAY
Lieutenant General, U. S. Army
Deputy Military Governor

Professor Dr. R. Havemann
c/o Dahlem Scientific Colloquium
Faradayweg 8
Berlin-Dahlem

Abb. 4.3. *Schreiben des stellvertretenden amerikanischen Militärgouverneurs Lucius D. Clay zur Wiedereröffnung des Institutskolloquiums am 17. Oktober 1946.*

ist, die Geschichte des Instituts im Dritten Reich und insbesondere die Vertreibung Habers aufzuarbeiten. Dass man bei diesem Bemühen um Aufarbeitung keineswegs überall und in jeder Hinsicht offene Ohren fand, macht die Tatsache deutlich, dass es nicht gelang, die Erinnerungsrede Kallmanns zum zwölften Todestag Habers in den „Naturwissenschaften“ abzudrucken. Otto Hahn, inzwischen Präsident der Max-Planck-Gesellschaft, hatte sich zwar für den Abdruck ausgesprochen, doch zugleich den schroffen Ton des Aufsatzes moniert. Solche Reaktionen und die von Kallmann kritisch wahr genommene hohe Kontinuität und Ignoranz seines akademischen Umfelds gegenüber den Verbrechen des Nationalsozialismus[4] sowie natürlich die schlechten Arbeitsbedingungen und die unsichere politische Lage im Nachkriegsdeutschland führten dazu, dass Kallmann 1948 einem Ruf in die USA folgte und so doch noch zum Emigranten wurde; wie problematisch Kallmanns Position unter seinen damaligen Kollegen war, zeigt der gescheiterte Versuch Laues aus dem Jahre 1957, den Gelehrten als Auswärtiges Wissenschaftliches Mitglied wieder enger an das Institut und die MPG zu binden,[5] wobei die Akten über die konkreten Gründe der Ablehnung schweigen.

Kallmann versuchte in seinem Nachkriegswirken am KWI an seine Tätigkeit vor 1933 anzuknüpfen, wobei die fehlende materielle Ausstattung und die restriktiven Bestimmungen des Kontrollratsgesetzes Nr. 25 enge Grenzen setzten, so dass er sich zunächst auf theoretische Arbeiten konzentrierte. Parallel zu dieser Forschungsarbeit baute er die Abteilung für Physik wieder auf und lehrte als Professor für Theoretische Physik an der wiedereröffneten Technischen Universität Berlin-Charlottenburg. Ab Ende 1946 scheint er auch wieder experimentell gearbeitet zu haben, wobei seine Forschungen auf die Untersuchung des Leuchtmechanismus fester Körper, insbesondere von Leuchtstoffen bei Anregung durch Licht, Röntgenstrahlen und Korpuskeln ausgerichtet waren und es ihm u. a. um die Verbesserung der Röntgenphotographie und die physikalischen Grundlagen der Korpuskularphotographie ging. Dabei gelang ihm in Zusammenarbeit mit Doktoranden wie Immanuel Broser, Ruth Warminsky, die spätere Ehefrau I. Brosers, und Lieselott Herforth die Entwicklung der ersten Szintillationszähler, die bis heute beim Nachweis elektrisch geladener Teilchen, insbesondere von Elektronen, eine wichtige Rolle spielen.[6]

Da das Dahlemer Institut zu den wenigen Forschungsstätten in Berlin gehörte, die weitgehend unzerstört, wenngleich ausgeplündert das Inferno von Kriegsende und Untergang des Dritten Reiches überstanden hatten, entwickelte es sich in der ersten Nachkriegszeit zu einer Anlaufstelle für Wissenschaftler, die über keine institutionelle Anbindung mehr verfügten bzw. sich neu orientieren mussten. Neben Havemann und Kallmann gilt dies auch für Rudolph Frerichs, der bis zum Kriegsende im Forschungslabor der AEG über Kadiumsulfid-Kristalle an Fotodetektoren für militärische Zwecke gearbeitet hatte[7] und seine Forschungen

4 Zachmann, *Mobilisierung*, S. 89. Schüring, *Minerva*, S. 214–217 und S. 303. Wolf, *Kallmann*.
5 Sektionsprotokoll, 18. Juni 1957. MPGA, CPT Akten, Niederschriften der Sitzungen.
6 Broser, *Szintillationszähler*. Niese, *Discovery*. Zachmann, *Mobilisierung*, S. 87–90.
7 Weiss, *Forschung*.

Die Deutsche Forschungshochschule Dahlem

Die Gründung einer Deutschen Forschungshochschule in Dahlem geht auf eine Idee Robert Havemanns zurück. Als Leiter der Berliner Kaiser-Wilhelm-Gesellschaft musste er 1946 auf die drastischen Mittelkürzungen des Magistrats reagieren, die die Existenz der ihm unterstellten Institute infrage stellten. Sein Plan, die Institute zu einer Hochschule der wissenschaftlichen Forschung zusammenzuschließen, stieß in der amerikanischen Militärverwaltung auf Interesse. Namentlich Fritz Karsen, einstiger Bildungsreformer der Weimarer Republik, Emigrant und nach dem Krieg amerikanischer Bildungsoffizier, nahm sich Havemanns Idee an und trieb die Pläne zur Gründung der Forschungshochschule engagiert voran. Für Karsen stellte diese nicht nur einen Versuch dar, die damaligen finanziellen Engpässe zu lösen, sondern sie sollte auch beispielhaft die Demokratisierung des deutschen Hochschulsystems befördern und dieses um die innovative Idee einer Hochschule bzw. „School of Advanced Studies“ bereichern. Dabei ging es ihm nicht allein um die Verknüpfung von Spitzenforschung und akademischer Ausbildung, vielmehr sollten „bereits vorgebildete Wissenschaftler auf dem Gebiet ihrer Wissenschaft weitergebildet und auch ihre allgemeine Bildung dadurch gefördert werden, daß sie durch das Zusammenleben mit Wissenschaftlern anderer Fachgebiete und durch Teilnahme an Colloquien, Vorträgen und Kursen – als

DER KURIER — Montag, 7. November 1949

Vorstoß ins Reich des Unsichtbaren

Das Kaiser-Wilhelm-Institut für physikalische Chemie und Elektrochemie zeigte einem kleinen Kreis von Wissenschaftlern und Pressevertretern das erste seit Kriegsende in Berlin neu entwickelte Elektronenübermikroskop.

Die Technik der Uebermikroskopie ist noch verhältnismäßig jung; während das Lichtmikroskop eine mehr als 300jährige Geschichte hinter sich hat, sind seit der Erfindung des Uebermikroskops kaum zwei Jahrzehnte vergangen.

In Deutschland wurde die Elektronenmikroskopie seit 1931 entwickelt, Siemens & Halske zeigte im Frühjahr 1938 das erste Gerät aus industrieller Fertigung. Die ersten deutschen Entwicklungsarbeiten gehen zurück auf M. Knoll, E. Ruska, B. v. Borries, H. Mahl und M. v. Ardenne. Seit 1939 war eine serienmäßige Fertigung möglich, so daß bei Kriegsende etwa 40 Geräte in Deutschland aufgestellt waren, die nach der Besetzung größtenteils ins Ausland gingen. Amerika hat erst neun Jahre nach Beginn der deutschen Entwicklung mit der industriellen Fertigung des Uebermikroskops begonnen. Außer Deutschland stellen heute die USA, England, Kanada, Frankreich, die Schweiz, Holland, Schweden und Rußland Uebermikroskope her, doch gehört Deutschland heute wieder zu den führenden Ländern auf dem Gebiet der Herstellung von Elektronenmikroskopen.

Das Uebermikroskop bedient sich an Stelle des Lichtes der Elektronen und unterschreitet auf diese Weise die dem Lichtmikroskop gesetzte Grenze in der Auflösung von Einzelheiten des Objekts. Statt Glaslinsen werden elektrische oder magnetische Felder verwandt; Mikroskope höchster Leistungsfähigkeit sind mit magnetischen Feldlinsen ausgestattet. Das Auflösungsvermögen der Elektronenmikroskope ist linear 100mal größer als das der besten Lichtmikroskope, das bedeutet, daß man volumenmäßig eine millionmal kleinere Teilchen sehen kann als im Lichtmikroskop. Die Auflösung ist so groß, daß die größten Moleküle sichtbar sind; man hat sogar die Anordnung der Moleküle in Kristallen abgebildet. Damit ist die Bedeutung der Elektronenmikroskopie für die wissenschaftliche und technische Forschung gekennzeichnet. In der medizinisch-biologischen Forschung, insbesondere auf dem Gebiet der Virusforschung, in der Faserstoffchemie, in der Chemie der Kunststoffe und der Metallochemie ist sie seit langem ein unentbehrliches Hilfsmittel. Im Jahre 1938 wurde der Erreger der Tabakmosaikkrankheit mit Hilfe der Uebermikroskopie dem Auge sichtbar gemacht und danach viele andere Virusarten.

Die Berliner Forschungsinstitute verdanken das neueste Instrument den westdeutschen Staaten und dem Berliner Magistrat, die seine Herstellung gefördert und finanziell unterstützt haben. Durch die Aufstellung des neuen Gerätes wird es nun möglich sein, viele dringende Forschungsprobleme sowohl auf technischem wie vor allem auf medizinischem Gebiete in Gemeinschaft mit anderen Berliner Instituten zu bearbeiten. Gr.

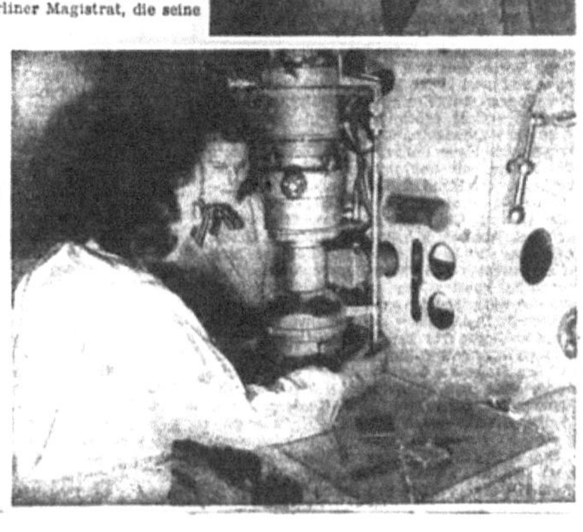

Bild oben rechts: Das erste deutsche Elektronen - Uebermikroskop, das nach dem Kriege der Forschung zur Verfügung gestellt werden konnte. Darunt.: Zwei Assistentinnen bei der Bedienung des Gerätes.

Sonderaufnahmen für den „Kurier“; Perlia

Hörer wie auch als Vortragende – in die Probleme benachbarter Wissenschaften und in die großen Grundprobleme des wissenschaftlichen Forschens überhaupt eingeführt werden."

Die Forschungshochschule sollte nach den Vorstellungen ihrer Gründungsväter maximal 400 Studenten aufnehmen, deren Studienziel entweder die Promotion oder ihre weitere fachliche Ausbildung war. Ihre Ausbildung sollte durch Stipendien finanziert werden. Mit diesem interdisziplinären Konzept ließ sich die Forschungshochschule in das amerikanische Reeducation-Programm einordnen, wobei sie nicht zuletzt ein Gegengewicht zu der im Ostsektor der Stadt gelegenen Berliner Universität bilden sollte – zumal sich diese zunehmend dem Einfluss der westlichen Besatzungsmächte entzog und mehr und mehr unter sowjetischen und damit kommunistischen Einfluss geriet. Die Forschungshochschule war gemeinsam von den Länder der amerikanischen Besatzungszone zu finanzieren. Allerdings erhoben die Vertreter der Länder von Anfang an Bedenken gegen das Vorhaben, weil es die tradierte Autonomie der deutschen Länder in Bildungsfragen infrage stellte – man sprach sogar polemisch von einem „gesamtdeutschen Erziehungsministerium". Dennoch kam es nach langwierigen Verhandlungen 1948 zur Gründung einer Stiftung „Deutsche Forschungshochschule", die nach einem speziellen Schlüssel von den Ländern der amerikanischen Besatzungszone und später auch durch den Berliner Magistrat finanziert wurde. Die Forschungshochschule hatte im ersten Jahr einen Etat von 2,5 Millionen Reichsmark, der nach der Währungsreform 1,5 Millionen DM betrug, und sie bestand aus sechs Instituten – ihr Kern war das Dahlemer Kaiser-Wilhelm-Institut für physikalische Chemie, das mit Kurt Überreiter auch den Stiftungsbevollmächtigen bzw. Leiter stellte.

Die Forschungshochschule konnte zu keinem Zeitpunkt die in sie gesetzten Erwartungen erfüllen und hat in den fünf Jahren ihrer Existenz auch nur ein Schattendasein geführt. Verantwortlich hierfür war nicht nur der hinhaltende Widerstand der westdeutschen Länder gegen die Gründung, sondern auch die besondere Lage (West)Berlins und der sich verschärfende Kalte Krieg. Darüber hinaus beargwöhnten viele westdeutsche Hochschulen das demokratische Konzept der Forschungshochschule, da es die konservative deutsche Ordinarienuniversität konterkarierte; auch befürchtete man eine Umverteilung der Bildungsetats zugunsten der Forschungshochschule. Die 1948 gegründete Max-Planck-Gesellschaft sah wiederum ihre Mitsprache- und Eigentumsrechte hinsichtlich der einstigen Dahlemer Institute der Kaiser-Wilhelm-Gesellschaft gefährdet. Mit der Gründung der Freien Universität im Jahre 1948 ging zudem ein großer Legitimationsverlust der Forschungshochschule einher, da beide hinsichtlich ihrer Bildungsstrategie ganz ähnliche Ziele verfolgten und die Freie Universität in dieser Konkurrenzsituation als traditionelle Bildungsinstitution über die besseren Voraussetzungen verfügte.

Nachdem sich die Westbindungen der Stadt gefestigt hatten, der Unmut der westdeutschen Länder über die Finanzierung der Berliner Forschungsinstitute weiter gewachsen war und Verhandlungen zwischen dem Berliner Senat und der Max-Planck-Gesellschaft zudem die Möglichkeit eine Reintegration der einstigen Kaiser-Wilhelm-Institute in die MPG eröffnet hatten, wurde im Frühjahr 1953 die Auflösung der Stiftung in die Wege geleitet, wobei man sich der Tatsache bediente, dass sich die ursprüngliche Idee einer „School of Advanced Studies" in keiner Weise erfüllt habe. Damit war auch das Ende der zukunftsweisenden Idee einer Forschungshochschule besiegelt.

zum inneren fotoelektrischen Effekt und die Züchtung entsprechender Kristalle nun am Dahlemer Institut fortsetzte; 1947 ging er schließlich in die USA, wo er seine Karriere an der Northwestern University in Evanston/Illinois fortsetzte. Institutsfremd waren auch der Elektrochemiker Friedrich Tödt sowie die Chemiker Willy Lautsch und Richard Asmus, die Arbeitsgruppen leiteten, welche sich u. a. mit Problemen der Korrosionsforschung bzw. mit pharmakologischen Fragen und der Herstellung von Feinchemikalien beschäftigten.

Darüber hinaus gab es natürlich auch noch den Stamm einstiger Institutsmitglieder, die Thiessen nicht in die Sowjetunion gefolgt waren oder die Zeitläufe nicht an andere Orte verschlagen hatten. Dazu gehörten die einstigen Arbeitsgruppenleiter Kurt Molière, Kurt Überreiter und Iwan Stranski. Der Bulgare Iwan N. Stranski hatte 1925 an der Berliner Universität bei Paul Günther promoviert und anschließend in seiner Heimat wissenschaftliche Karriere gemacht. 1930/31 kehrte er als Stipendiat der Rockefeller-Stiftung nach Berlin zurück und von 1941 bis 1944 war er Gastprofessor an der Universität Breslau. Von dort wechselte er ans Dahlemer Institut mit dem er zuvor schon in Kontakt gestanden hatte und das ihn nun zum Wissenschaftlichen Mitglied ernannte. Unmittelbar nach dem Krieg stand er einer Abteilung für Kristallforschung vor und beschäftigte sich vor allem mit Keimbildungs- und Kristallwachstumsvorgängen. Kurt Überreiter setzte nach dem Krieg in einer eigenen Abteilung seine Forschungen zur physikalischen Chemie der Makromoleküle fort. Wie eng in den ersten Nachkriegsjahren die Kooperation mit den Berliner Universitäten war, macht die Tatsache deutlich, dass an der wieder eröffneten Technischen Universität in Charlottenburg nicht nur Kallmann lehrte, sondern auch Stranski die Nachfolge von Max Volmer als Ordinarius für physikalische Chemie antrat, da dieser auch in die Sowjetunion gegangen war. Überreiter wurde wiederum zum außerordentlichen Professor der Berliner Universität berufen.

Trotz solcher Anerkennung und erster wissenschaftlicher Erfolge war die Situation des KWI für physikalische Chemie wie auch aller anderen Kaiser-Wilhelm-Institute in Berlin problematisch. Zum einen stand der Beschluss des Alliierten Kontrollrats im Raum, die Kaiser-Wilhelm-Gesellschaft wegen ihrer zwiespältigen Rolle im Dritten Reich aufzulösen. Andererseits stellten die Dahlemer Institute nur noch eine Rumpfmasse dar, die in den vielfältigen Interessenkonflikten jener Zeit schnell zur Disposition gestellt werden konnte – zumal ihre Finanzierung alles andere als geregelt war. So wurde beispielsweise der Etat des Instituts für das Haushaltsjahr 1946 von der alliierten Kommandantur auf ein Drittel zusammengestrichen, was nicht nur die laufenden Forschungsarbeiten, sondern die Existenz des Instituts selbst infrage stellte. Mit Unterstützung des Berliner Stadtkämmerers konnte diese Gefahr gebannt werden, wobei die pekuniäre Not aber Überlegungen stimulierte, die institutionelle Einbindung zu festigen.

Versuchte man in Göttingen die Weiterexistenz der KWG und ihrer Institute dadurch zu sichern, dass man sich mit Duldung der britischen Besatzungsmacht im September 1946 in Bad Driburg als Max-Planck-Gesellschaft in der Britischen Zone konstituierte, so verfolgte Havemann zusammen mit dem amerikanischen

Kontrolloffizier Fritz Karsen die Idee der Gründung einer Forschungshochschule. Diese sollte nicht nur die durch drastische Mittelkürzungen in ihrem Bestand gefährdeten Dahlemer Kaiser-Wilhelm-Institute sichern und eine Fortsetzung der Forschung erlauben, sondern als eine Art School of Advanced Studies Teil des amerikanischen Reeducation-Programms sein und die Demokratisierung des deutschen Hochschul- und Forschungssystems fördern. Die Deutsche Forschungshochschule wurde offiziell im Mai 1948 gegründet, doch schon nach fünf Jahren wieder aufgelöst.

Zu den ersten Maßnahmen des Stiftungsrates gehörte die Ernennung Karl Friedrich Bonhoeffers zum Direktor des KWI für physikalische Chemie und Elektrochemie. Bonhoeffer, der seine wissenschaftliche Karriere am Haberschen Institut begonnen hatte, war bereits 1946 an die Berliner Universität als Ordinarius für physikalische Chemie berufen worden und hatte seitdem auch wieder engeren Kontakt zum Dahlemer Institut gehalten. Anfang 1947 erhielt er aus Göttingen eine informelle Anfrage, ob er das Institut übernehmen wollte. Obwohl die Zentralverwaltung für Volksbildung im April die Zustimmung für diese Pläne gab, wurde Bonhoeffer erst ein Jahr später berufen. Der Grund dieser Verzögerung lag in der noch ungeklärten Situation der Kaiser-Wilhelm- bzw. Max-Planck-Gesellschaft, die sich offiziell und mit Zustimmung der britischen und amerikanischen Militärregierung erst im Februar 1948 in Göttingen gründete. Ihre zentrale Aufgabe bestand in der Fortführung der Institute und Forschungsstellen der früheren KWG, weshalb man nun auch ganz offiziell die Fühler gen Berlin ausstreckte, um die einstigen Institute und namentlich das Kaiser-Wilhelm-Institut für physikalische Chemie und Elektrochemie in die Gesellschaft zu integrieren. Allerdings gab es inzwischen auch in Göttingen selbst intensive Bemühungen, ein neues Institut für physikalische Chemie zu gründen, das anfangs jene Teile des Dahlemer Instituts – so die Gruppe um Joachim Stauff sowie die Institutsbibliothek – aufnehmen sollte, die es in den letzten Kriegsmonaten in den Westen verschlagen hatte. Zum 1. Februar 1949 übernahm Bonhoeffer dann auch noch die Leitung dieses MPI für physikalische Chemie in Göttingen, so dass er nun zwischen Berlin und Göttingen zu pendeln hatte; seine Aufenthalte in Berlin wurden mehr und mehr zur ungeliebten Pflichtübung, da der Schwerpunkt seiner Aktivitäten bald auf dem Aufbau des neuen Göttinger Instituts lag und er zudem – wie er seinem Freund Paul Harteck schrieb – „den Komfort des Westens ungeheuer" genoss.

Mit Bonhoeffer stand dem Institut wieder ein Direktor vor, der den Standards der Max-Planck-Gesellschaft entsprach und der zudem das Vertrauen der Göttinger Verwaltung genoss. Bonhoeffer wurde so auch als Emissär tätig, um mit dem Berliner Magistrat über die Wiedereingliederung der Dahlemer Institute in die Max-Planck-Gesellschaft zu verhandeln. Dies geschah nicht zuletzt vor dem Hintergrund, dass die Forschungshochschule nach wie vor keine nennenswerten Aktivitäten entfaltete und ab Anfang der 1950er Jahre zunehmend in die Krise geriet.

Die Demontage der Forschungshochschule ging mit einer zunehmenden Einschränkung der Wirkungssphäre Havemanns einher. Als sich im Frühjahr 1949 der Berliner Magistrat von der Finanzierung spezieller Forschungsgruppen der

Abb. 4.4. *Robert Havemann auf einer Anti-Atomwaffen-Demonstration in Westberlin, 18. Juli 1950.*

Forschungshochschule zurückzog, stand wohl nicht zufällig auch die Abteilung Havemanns zur Disposition, da diese ausschließlich vom Magistrat finanziert wurde. Havemanns Verbleib am KWI konnte schließlich durch den Einsatz Bonhoeffers gesichert werden, der nicht nur Havemanns frühere Verdienste anerkannt wissen wollte, sondern sich auch „von seiner wissenschaftlichen Arbeit eine Mehrung des Ansehens des Instituts versprach."[8] In den zurückliegenden Jahren hatte Havemann seine Vorkriegsforschungen wieder aufgenommen und sich mit kolloidchemischen Problemen und speziell mit der Physiko- und Biochemie der Proteine beschäftigt. Allerdings verstand sich Havemann immer auch als homo politicus, der aus seiner kommunistischen Überzeugung kein Hehl machte und sich für politische Initiativen und Organisationen des im Herbst 1949 gegründeten ostdeutschen Teilstaats DDR engagierte – u. a. war er Abgeordneter der Volkskammer, des DDR-Parlaments, und engagierte sich auch sonst im politischen Tagesgeschehen. Dies sorgte in der aufgeheizten politischen Atmosphäre der „Frontstadt" (West)Berlin für Argwohn und zahlreiche Anfeindungen seitens der politischen Macht. So wurde er im Juli 1949 auf Betreiben der Amerikaner seiner Funktion als Verwaltungsleiter der Berliner Kaiser-Wilhelm-Institute enthoben, weil er angeblich im Widerspruch zum Kontrollratsgesetz „widerrechtlich wissenschaftliche Forschung ermöglicht, gestattet und dazu ermutigt" hatte. Als Havemann

8 Bonhoeffer an Verwaltung des KWI, 25. März 1949. Havemann-Archiv Berlin.

sich Anfang Februar 1950 in einem Artikel der (Ost)Berliner Tageszeitung „Neues Deutschland“, Zentralorgan der kommunistischen Staatspartei, ebenso kritisch wie polemisch mit der US-amerikanischen Atomwaffenpolitik auseinander setzte und außerdem in populärer Form das Funktionsprinzip der Wasserstoffbombe erklärte, wurde dies in den westlichen Medien ausführlich und spektakulär kommentiert. Man lancierte in diesem Zusammenhang sogar den Verdacht, dass Havemann ein „Atomspion“ sein könnte und mit dem wenige Wochen zuvor enttarnten Klaus Fuchs im Kontakt gestanden hätte. Die Westberliner Behörden und die hinter diesen stehenden amerikanischen Besatzungsbehörden nahmen die Affäre zum Anlass, Havemann fristlos aus seinem Amt als Abteilungsleiter am KWI zu entlassen. Bonhoeffer als Institutsdirektor versuchte zwar noch zwischen den Fronten zu vermitteln, doch war an der Entscheidung des Senats und auch an der Überzeugung Havemanns nicht zu rütteln. Fortan lebte und wirkte Havemann in der DDR, u. a. als Professor der Berliner Humboldt-Universität und überzeugter Parteigänger der herrschenden SED, doch wandelte er sich in den sechziger Jahre zum prominentesten Dissidenten der DDR.

Bonhoeffer zog sich 1951 endgültig aus dem Dahlemer Institut zurück und Max von Laue übernahm zum 1. April 1951 die Leitung des Instituts, dessen Eingliederung in die Max-Planck-Gesellschaft nur noch eine Frage der Zeit war. Laue, Physiknobelpreisträger des Jahres 1914, hatte an der Berliner Universität studiert, dort 1903 bei Max Planck promoviert und an der Seite seines verehrten Lehrers zwischen 1920 und 1944 gewirkt. Er fühlte sich damit in besonderer Weise mit Berlin, aber auch mit der Kaiser-Wilhelm- bzw. Max-Planck-Gesellschaft verbunden. Darüber hinaus erwies er sich trotz seiner 71 Jahre als dynamischer Wissenschaftsmanager, der sein großes internationales Renommee für die Institutsbelange einsetzte und sich intensiv um die Angliederung der Berliner Kaiser-Wilhelm-Institute an die Göttinger Max-Planck-Gesellschaft bemühte. Gebremst wurden Laues entsprechende Bemühungen zunächst durch die strittigen Vermögensverhältnisse in Dahlem, denn die MPG fühlte sich als direkter Rechtsnachfolger der KWG und leitete daraus Entschädigungszahlungen für die Nutzung einstiger KWG-Immobilien durch die Freie Universität ab. Weiterhin wollte die Berliner Wissenschaftsverwaltung ihren Einfluss auf die Dahlemer Institute nicht ganz verlieren und insbesondere der Abwanderung qualifizierter Wissenschaftler entgegen wirken; nicht zuletzt der Wechsel Bonhoeffers von Berlin nach Göttingen hatte in diesem Zusammenhang für einigen Unmut gesorgt.

Auf der anderen Seite hatte die Berlin-Blockade und die aggressive Deutschlandpolitik der Sowjetunion klar gemacht, dass Westberlin nur überlebensfähig war, wenn die Teilstadt möglichst enge Bindungen zur Bundesrepublik pflegen würde. Neben der sukzessiven Übernahme des bundesrepublikanischen Wirtschafts-, Finanz- und Rechtssystem spielte die Pflege kultureller und wissenschaftlicher Beziehungen mit der Etablierung entsprechender Institutionen bzw. spezieller Kontakte in die Bundesrepublik eine besondere Rolle. Der (West)Berliner Regierende Bürgermeister Ernst Reuter war einer der engagiertesten Verfechter dieser Position, die zur tragenden Säule der Westberliner Politik bis zur deutschen

Wiedervereinigung wurde. Die Integration der Dahlemer Kaiser-Wilhelm-Institute in die Max-Planck-Gesellschaft war so nicht nur für diese von großer Bedeutung, sondern hatte auch für die Stadt und ihre Westintegration einen hohen symbolischen und politischen Stellenwert. Der Berliner Senat war daher bereit, der MPG weitgehend entgegenzukommen und insbesondere hinsichtlich der Vermögensfragen und der Regelung der Immobilienverhältnisse der Freien Universität Zugeständnisse zu machen. Der MPG wurden so in Dahlem grundsätzlich die Besitzrechte der KWG zugestanden, was zu einem zügigen Abschluss der Verhandlungen mit der Freien Universität über Entschädigungsregelungen für die von ihr in Dahlem genutzten Gebäude führte. Parallel dazu nahm die MPG Verhandlungen mit der Forschungshochschule und dem Berliner Senat auf und zeigte in Berlin mit der Einrichtung einer Verwaltungsstelle Flagge. Die ursprüngliche Forderung Reuters, die MPG solle ihren Hauptsitz wieder nach Berlin verlegen, war allerdings seitens der MPG nicht verhandlungsfähig und wegen der gefährdeten Insellage der Stadt auch politisch von wenig Realitätssinn getragen.

Abb. 4.5. *Karl Friedrich Bonhoeffer bei der Enthüllung der Haber-Gedenktafel am 9. Dezember 1952.*

Allerdings stand bei der anstehenden Integration des Dahlemer Instituts der Name „physikalische Chemie und Elektrochemie" zur Disposition, da es inzwischen ja das Göttinger MPI für physikalische Chemie gab. Man griff einen Vorschlag Max von Laues auf und nannte das Institut „Fritz-Haber-Institut der Max-Planck-Gesellschaft im Rahmen der Deutschen Forschungshochschule", ab 1953 dann einfach Fritz-Haber-Institut der MPG. Laue unterstrich am 9. Dezember 1952 die Habersche Tradition des Instituts, indem er am Geburtstag Habers eine größere Feier organisierte, in deren Verlauf eine von Rudolf Scheibe gestaltete bronzene Gedenktafel im Treppenhaus des Vordergebäudes von 1912 enthüllt wurde. Hauptredner der Festveranstaltung war Bonhoeffer, der dort jene Rede nachholte, die er wegen des ministeriellen Verbots auf der Haber-Feier 1935 nicht halten durfte.

Nachdem am 29. Januar 1952 zunächst nur ein Kooperationsabkommen zwischen der MPG und der Deutschen Forschungshochschule abgeschlossen wurde und die Reintegration des Instituts in die MPG weiterhin zur Diskussion stand, wurden die Verhandlungen intensiv von der dazu unter der Leitung Bonhoeffers eingerichteten Berliner Kommission der MPG, der Generalverwaltung der MPG, der Forschungshochschule und dem Berliner Senat fortgeführt. Bonhoeffers Senatskommission empfahl am 8. Januar 1953 die Aufnahme verschiedener Institute der Forschungshochschule, zumeist frühere Kaiser-Wilhelm-Institute oder Abteilungen ehemaliger KWIs, in die MPG. Am 4. Februar wurde im Warburgschen Institut ein entsprechender Vertrag zwischen dem Stiftungsrat der DFH sowie Vertretern der MPG-Generalverwaltung und dem Land Berlin ausgehandelt, den der Senat der MPG im Rahmen einer im Harnack-Haus abgehaltenen Jahreshauptversammlung am 20. Mai 1953 ratifizierte.[9] Die Berliner Kommission unter Bonhoeffer hatte damit ihre Aufgabe erfüllt und wurde mit Zustimmung Ernst Reuters aufgelöst. In seiner Rede zur Hauptversammlung verkündete MPG-Präsident Otto Hahn die Aufnahme der Berliner Forschungseinrichtungen zum 1. Juli 1953. Es zeugt vom Stolz auf das Erreichte, dass man auf dieser Hauptversammlung Günter Neumann das „Lied der MPG" vortragen ließ.[10] Später bedankte sich Hahn schriftlich für die Hilfe Reuters und drückte bei dieser Gelegenheit auch seine Anteilnahme an den Ost-Berliner Ereignissen des 17. Juni 1953 aus.[11] Er verband das mit dem damals illusorisch wirkenden Wunsch, die Eingliederung der Forschungshochschule möge der Beginn einer deutschen Wiedervereinigung sein und damit auch die Rückkehr der MPG nach Berlin einleiten. Verknüpft war solche politische Rhetorik mit einer Bestandsgarantie seitens der MPG für ihre neuen Berliner Institute, die nur im gegenseitigen Einvernehmen aufgelöst oder verlagert werden durften.

Die Bemühungen Laues um die weitere Profilierung des Instituts konnten nun innerhalb eines gefestigten institutionellen Rahmens fortgesetzt werden, wobei

9 Bericht der Berliner Kommission aus der Niederschrift des wiss. Rates der MPG vom 19. Mai 1953. Auszug Niederschrift der Senatssitzung der MPG, 20. Mai 1953, S. 11, MPGA, Abt. IA, 9/1 /3 Berliner Angelegenheiten, Korrespondenz der Geschäftsstelle Berlin, 1953–1957.

10 Marianne Reinold an Heinz Pollay, 22. Juli 1953. Ebd.

11 Hahn an Reuter, 25. Juni 1953. Ebd.

die personelle und räumliche Ausdehnung des Instituts stetig wuchs. Dennoch ergaben sich aus der isolierten Position Westberlins als „Frontstadt" des Kalten Krieges Schwierigkeiten, international renommierte Wissenschaftler an das FHI zu holen. Dies führte dazu, dass viele der neuen Institutsmitarbeiter sehr jung waren und ihr wissenschaftliches Renommee häufig erst noch erwerben mussten. Einige kamen direkt aus Berlin, oft waren es auch Flüchtlinge aus der DDR. Aufgrund der politischen Situation und der geographischen Lage der Stadt blieb der personelle Austausch mit der internationalen Wissenschaftlergemeinschaft eingeschränkt, was u. a. dazu führte, dass vergleichsweise viele Wissenschaftler des Instituts ihre gesamte Karriere dort verbrachten. Darüber hinaus wurde die Institutsstruktur in den fünfziger Jahren durch eine heterogene Zusammensetzung der Abteilungen geprägt, deren Ursache nicht zuletzt im häufigen Wechsel der Institutsleitung zwischen 1945 und 1959 lag.

Allerdings versuchte Laue in diesem Punkt gegenzusteuern und die Forschungen des Instituts stärker inhaltlich zu fokussieren. So hatte er bereits 1948 in Göttingen einen Arbeitsplan für das neue MPI für physikalische Chemie entworfen, dessen Direktor eigentlich Bonhoeffer werden sollte, der es jedoch vorzog, zunächst in Berlin zu bleiben. Laue wollte deshalb die auf Bonhoeffer zugeschnittene fachliche Auslegung verändern und schlug im Frühjahr 1948 vor, die Räume als ein MPI für Strukturforschung zu nutzen:

> „Ziel ist die Untersuchung der Materie mit Röntgen- und Elektroneninterferenzen, welche auch die Elektronenmikroskopie, wenn auf diese Zwecke angewandt,

Abb. 4.6. *Max v. Laue, ca. 1954.*

nicht ausschließt. Wenn Forschungsbeschränkungen wegfallen, können noch die wichtigen Methoden der Neutroneninterferenzen dazu kommen."[12]

Laue sah für das Institut fünf Abteilungen vor: für Röntgen- und Elektronenuntersuchungen an Gasmolekülen und Flüssigkeiten, für Kristallstrukturen und Elektronenverteilung in Kristallen, für Elektronenmikroskopie, für die Untersuchung von Gasen und Kristallen mit Raman- oder Lichtabsorptionsspektroskopie und eine kleine Abteilung, die den Kontakt zu den klassischen Kernbereichen der physikalischen Chemie sichern sollte. Zusammengefasst hätten die Abteilungen die Mikrostruktur von Materie untersucht. Ernst Telschow wollte den Vorschlag prüfen lassen, allerdings nur, wenn Bonhoeffer wirklich nicht nach Göttingen kommen würde. Bonhoeffer erfuhr vom Änderungsplan und zeigte sich beunruhigt, entsprach der Plan doch nicht seinem Forschungsinteresse.[13] Als er sich dann aber gegen Berlin und für Göttingen entschied, waren Laues Überlegungen für Göttingen obsolet geworden und wurden nun als Leitlinie für die Entwicklung des Berliner Instituts ab 1951 in großen Teilen wiederbelebt.

Die 1954 verabschiedete Institutssatzung des FHI betont die lange Tradition des Instituts in der KWG, welche durch die MPG fortgeführt wurde, und beschreibt die Aufgabe des FHI sehr allgemein mit „Forschung auf physikalischem, chemischem und benachbarten Gebieten". Eine konkrete Ausrichtung lässt sich nicht daraus herleiten, was dem Direktor, der die „einheitliche Gesamtleitung" des Instituts innehatte, erhebliche Freiheiten bei der Auswahl der Arbeitsgebiete gab. Ebenfalls fand keine grundlegende Veränderung der Institutshierarchie statt. Dem Institutsleiter war ein stellvertretender Direktor beigeordnet sowie ein ständiger Geschäftsführer als Leiter der Institutsverwaltung. Die Posten wurden mit Iwan Stranski und dem Physiker Dietrich Schmidt-Ott, Sohn von Friedrich Schmidt-Ott, besetzt. Dritte Führungskraft, falls erforderlich, war der dienstälteste Abteilungsleiter, also Kurt Überreiter. Die wissenschaftlichen Mitarbeiter waren anfangs auf drei selbstständige und drei unselbstständige Abteilungen aufgeteilt, wobei die selbstständigen Abteilungsleiter auch Wissenschaftliche Mitglieder der MPG waren. Die selbstständigen Abteilungsleiter wurden laut Satzung der MPG auf Vorschlag des Direktors von der für das FHI zuständigen Chemisch-Physikalisch-Technischen Sektion (CPT) des Wissenschaftlichen Rates vorgeschlagen und – nach Bestätigung durch den Senat der MPG – vom Präsidenten ernannt. Der Direktor sollte in Abstimmung mit ihnen den Haushaltsplan erstellen. Damit ergab sich eine vierstufige Instituts-Hierarchie: Dem Harnack-Prinzip folgend, stand an der Spitze der Direktor, der alleinverantwortlich den Jahresbericht erstellte, die Mitarbeiter einstellte und dem Verwaltungsrat der MPG gegenüber verantwortlich war. Dann kamen die selbstständigen Abteilungsleiter, die am Haushaltsplan und als Wissenschaftliche Mitglieder auch an den Entscheidungen in der Sektion beteiligt waren, weiter die von Fragen der Institutsführung ausgeschlossenen Leiter

12 Max v. Laue an Otto Hahn, Göttingen, 8. März 1948. MPGA, Abt. II, Rep. IA. Institutsbetreuerakten MPI für (bio)physikalische Chemie, Allgemein, Bd. 1, 1945 bis 31.12.1959.

13 K.F. Bonhoeffer an Otto Hahn, 16. März 1948 und Hahn an Bonhoeffer, 31. März 1948. Ebd.

Max von Laue (1879 – 1960)

Max von Laue wurde als Sohn eines hohen preußischen Militärbeamten geboren und verlebte Kindheit und Jugend in verschiedenen Garnisonsstädten des Deutschen Reiches. 1898 legte er in Straßburg sein Abitur ab und studierte anschließend an der dortigen Universität sowie in Göttingen und Berlin Physik. Die Berliner Universität wird schließlich seine geistige Heimstatt, an der er im Jahre 1903 nicht nur als einer der wenigen Doktoranden von Max Planck promovierte und sich 1909 habilitierte, sondern auch die längste Zeit seines akademischen Lebens wirkte – zunächst zwischen 1905 und 1909 als Assistent und dann von 1919 bis 1943 als Professor. Der Zweite Weltkrieg verschlug ihn zunächst nach Westdeutschland, doch kehrte er 1951 nach Berlin, ans Dahlemer KWI für physikalische Chemie und Elektrochemie zurück, das er bis kurz vor seinem Tode leitete und als Fritz-Haber-Institut in die Max-Planck-Gesellschaft integrierte.

Seine wichtigste wissenschaftliche Leistung, die Entdeckung der Röntgenstrahlinterferenz, die ihn berühmt machte und die Ehrung mit dem Nobelpreis für Physik des Jahres 1914 eintrug, gelang ihm aber im Sommer 1912 in München, wo er an der Ludwig-Maximilians-Universität zwischen 1909 und 1912 als Privatdozent wirkte. Dort entwickelte er die Idee, einmal zu prüfen, ob nicht ein Kristall für Röntgenstrahlen dasselbe darstelle wie ein Beugungsgitter für gewöhnliches Licht. Seine Kollegen Walter Friedrich und Paul Knipping konnte er dafür gewinnen, die Idee experimentell umzusetzen, was im Sommer 1912 nach Monaten intensiver Arbeit auch gelingt. Mit der Entdeckung ist der zweifelsfreie Nachweis erbracht, dass es sich bei Röntgenstrahlen um eine kurzwellige Strahlung handelt und Kristalle regelmäßig aus Atomen in Form von Raumgittern aufgebaut sind. Nicht nur für Einstein gehörte das „Experiment zum Schönsten, was die Physik erlebt hat", so dass die Entdeckung rasch publik wurde und ins Zentrum der damaligen physikalischen Diskussionen rückte. Laue selbst hat zwar noch eine detaillierte Theorie der Röntgenstrahlinterferenzen erarbeitet, die trotz ihrer Näherungen bis heute die wichtigste Grundlage aller kristallographischen Strukturbestimmungen ist, doch wurde die von ihm begründete Röntgenstrukturanalyse und -spektroskopie die Domäne anderer Forscher. Laue war in seinem wissenschaftlichen Schaffen vor allem an den großen, allgemeinen Prinzipien interessiert, was sich auch in seinen anderen wichtigen Beiträgen zur modernen Physik, beispielsweise zur Relativitätstheorie oder zur Theorie der Supraleitung widerspiegelt.

Die Entdeckung der Röntgenstrahlinterferenzen machte für Laue den Weg zu einer steilen akademischen Karriere frei, die ihn noch im Entdeckungsjahr als Professor nach Zürich und 1914 nach Frankfurt am Main führte. Im Jahre 1919 gelingt es Laue schließlich durch „Ämtertausch" mit Max Born nach Berlin und an die Seite seines verehrten Lehrers Max Planck zurückzukehren. Bis zu seiner Emeritierung wirkt er nun an der Berliner Universität als Professor und ist daneben aufs engste mit den anderen Wissenschaftseinrichtungen der Stadt verbunden: 1920 wählt ihn die Berliner Akademie zu ihrem Mitglied, 1921 wird er stellvertretender Direktor des Kaiser-Wilhelm-Instituts für Physik, und nachdem sich Einstein in der zweiten Hälfte der zwanziger Jahre zunehmend von der Leitung des Instituts zurückzieht, faktisch dessen amtierender Direktor. Zwischen 1925 und 1933 war er zudem theoretischer Berater der Charlottenburger Physikalisch-Technischen Reichsanstalt und auf die Tätigkeit der Physikalischen Gesellschaft nahm er nicht allein in den Jahren 1931 bis 1933 als deren Vorsitzender Einfluss. Darüber hinaus war er die „Seele" des berühmten Berliner Physikalischen Kolloquiums, das den Sammelpunkt und das Kommunikationszentrum der Berliner Physikerschaft darstellte und als „Max-von-Laue-Kolloquium" bis in die Gegenwart hinein fortgeführt wird.

Als im Januar 1933 den Nationalsozialisten die Macht angetragen wurde, gehörte Max von Laue zu den wenigen deutschen Gelehrten, die sich nicht im eilfertigen Opportunismus den politischen Zeitumständen anpassten und gegenüber den nationalsozialistischen Machthabern und ihren Statthaltern in der Wissenschaft Standhaftigkeit und Zivilcourage zeigten. Seine aufrechte Haltung trug Laue vielfache Anerkennung und Bewunderung ein: Für Einstein war er „nicht nur ein Kopf, sondern auch ein Kerl" und sein Münchener Kollege Arnold Sommerfeld hat ihn als „Ritter ohne Furcht und Tadel" charakterisiert. Trotz aller Resistenz und Zivilcourage blieb aber auch für Laue das Leben in der Diktatur von Anpassung und Kompromissen geprägt, was indes nicht verhinderte, dass sich die nationalsozialistischen Machthaber immer wieder von ihm herausgefordert sahen und ihn schließlich 1943 – als er auf einer Vortragsreise in Schweden Einsteins Relativitätstheorie öffentlich würdigte – vorzeitig in den Ruhestand schickten.

Nach dem Untergang des Dritten Reiches, den Laue lange vorausgesehen und erhofft hatte, machen ihn seine große wissenschaftliche Reputation und untadlige Vergangenheit zu einer der Schlüsselfiguren beim Wiederaufbau deutscher Wissenschaftseinrichtungen und der Wiederaufnahme internationaler Kontakte – nicht zuletzt am Standort Berlin. Darüber hinaus hat er sich immer wieder über die Barrieren des Kalten Kriegs hinweg für die Pflege von Kontakten zwischen den Physikern in Ost und West eingesetzt.

der unselbstständigen Abteilungen oder Arbeitsgruppen und schließlich die wissenschaftlichen, technischen und administrativen Mitarbeiter. Laue, Stranski und Überreiter waren Wissenschaftliche Mitglieder, nicht selbstständig waren zunächst die Abteilungen von Ernst Ruska, Kurt Molière und Gerhard Borrmann.

Strukturforschung bei Laue

In Berlin war Laue mehr als Wissenschaftsorganisator denn als Forscher tätig, wobei er aber auch versuchte ältere eigene Forschungsprojekte fortzuführen. Dazu gehörte die Erweiterung seiner dynamischen Theorie der Röntgenbeugung sowie die Ausarbeitung einer Theorie der Supraleitung auf der Grundlage der Maxwellschen Elektrodynamik und anknüpfend an die entsprechenden Anregungen seines früheren Assistenten Fritz London.[14] Darüber hinaus interessierte sich Laue vor allem für neue Konzepte der Strukturforschung, insbesondere auf der Grundlage von Röntgenstrahlexperimenten. Als Impuls gebende Wissenschaftler holte er dazu Gerhard Borrmann und Rolf Hosemann nach Dahlem.

Borrmann[15] kannte die Dahlemer Institute bereits sehr gut. Er war als Schüler Walther Kossels 1935 Mitarbeiter Laues am KWI für Physik geworden und ging 1943 zusammen mit dem Institut nach Hechingen.[16] Dennoch blieb er dem bei seinem Lehrer Kossel in Danzig begonnenen Arbeitsthema treu, dessen wichtigstes Ergebnis der 1941 nachgewiesene Borrmann-Effekt war: die anomale reduzierte Absorption von Röntgenstrahlen in idealen Kristallen im Interferenzfall.[17] Ende der vierziger Jahre drohte die Schließung des Standortes Hechingen und Borrmann nahm wieder mit seinem alten Chef Kontakt auf,[18] wobei er sich vehement gegen Laues Vorwurf zu wehren hatte, theoretisch veraltet zu argumentieren. Da seine Verteidigung von großer Sachkenntnis getragen war, führte dies 1951 zum Angebot, als Leiter einer Abteilung für Kristalloptik der Röntgenstrahlen nach Berlin zu kommen.[19] Borrmann nahm das Angebot an und wurde schon 1956 zum Wissenschaftlichen Mitglied des FHI ernannt.[20] Bis zum Tode Laues blieb er mit Laue eng „liiert“ und wurde dabei „vom Interesse des mächtigen Direktors getragen“.[21]

Die Abteilung Borrmann spezialisierte sich zunehmend auf die Messung und Interpretation der Feinstruktur von Röntgenbeugungserscheinungen an Kristallen. Basis war die Theorie der dynamischen Röntgenbeugung, die auf Peter Paul

14 Laue, *Röntgenstrahl-Interferenzen*. Laue, *Supraleitung*.
15 Vgl. Hildebrandt, *Borrmann*.
16 Zu den Umständen vgl. Walker, *Waffenschmiede*.
17 Borrmann, *Extinktionsdiagramme*.
18 Borrmann an Laue, 1. Juli 1949. MPGA, Nachlass Laue, Nr. 324.
19 Laue an Borrmann, 28. Oktober 1950 und 7. November 1950. Archiv der MPG, ebd.
20 Sektionsprotokoll, 11. Juni 1956. MPGA, CPT Akten, Niederschriften der Sitzungen. Senatsprotokoll, 12.06.1956. MPGA, Abt. II, Rep. 1A, Senatsprotokolle.
21 Borrmann, *Danksagung*.

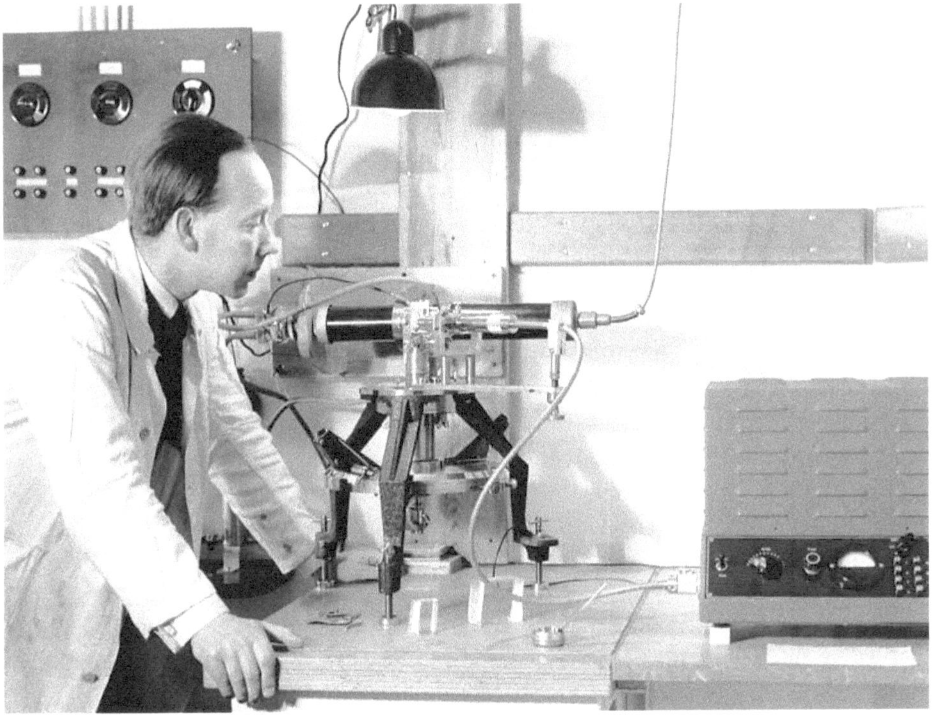

Abb. 4.7. *Gerhard Borrmann an Röntgenbeugungsapparatur, 1952.*

Ewald und Laue zurückging. Hoch präzise Messungen belegten die kleinen, durch anomale Absorptionserscheinungen hervorgerufenen Effekte. Das Absorptionsvermögen im Kristall wurde für verschiedene Spezialfälle untersucht und konnte dann ebenso wie das Streuvermögen zur Strukturanalyse insbesondere der Kristalldefekte eingesetzt werden, was die Untersuchungen Stranskis zum Kristallwachstum an Oberflächen ergänzte. Wichtigster Mitarbeiter bei diesen Forschungen war der aus Berlin stammende Gerhard Hildebrandt, der 1952 zu Borrmann kam und wesentlich zu den experimentellen und theoretischen Ergebnissen beitrug.[22] Anfangs arbeitete er über den experimentellen Beweis des von Borrmann theoretisch vorhergesagten Borrmann-Fächers, einem Röntgenwellenfeld zwischen Einfalls- und Reflexionswinkel, was 1955 gelang. Nach Abschluss seiner Doktorarbeit 1958,[23] für die er auf Vorschlag Laues als erster Preisträger den Karl-Scheel-Preis der Berliner Physikalischen Gesellschaft zuerkannt bekam, wurde er wissenschaftlicher Mitarbeiter des FHI. Er leitete seine Arbeitsgruppe nach der Pensionierung Borrmanns bis 1987. Borrmann hatte zwar bei seinem Eintritt in das Institut die Reste der Abteilung von Müller übernommen, weitete aber sein eigenes Arbeitsinteresse nicht auf die Feldelektronenmikroskopie aus.

22 Vgl. Bradaczek, *Hildebrandt.*
23 Hildebrandt, *Röntgenstrahlen.*

Erwin W. Müller war 1947 von Stranski ans Institut geholt worden, der bereits vor dem Kriegsende elektronenmikroskopische Untersuchungen zur Prüfung seiner Kristallwachstumstheorie angestellt hatte und sich vom Erfinder des Feldelektronenmikroskops neue Impulse für diese Forschungen versprach. Kurz bevor Müller, der 1950 Abteilungsleiter geworden war, im Jahre 1951 das Institut in Richtung Amerika verließ, konnte er noch ein spektakuläres Ergebnis präsentieren. Er erreichte erstmals eine elektronenmikroskopische Auflösung von atomarer Größenordnung. Dazu modifizierte er das Verfahren zu einem Feldionenmikroskop, bei dem an der Metallspitze Wasserstoff ionisierte, welcher dann für die Abbildung der Probe sorgte. Eine der Modellsubstanzen waren an der Spitze adsorbierte Phtalocyanine und Müller meinte deren Benzolringe erstmals direkt erkennen zu können – ein alter Traum der Strukturchemiker. Diese Interpretation der Bilder blieb jedoch heftig umstritten. Die Forschungsrichtung wurde in den fünfziger Jahren und in intensivem Kontakt mit Müller insbesondere durch Peter Wolf und Michael Drechsler weiter geführt. Am Institut wurde ein mit einer Feldionenquelle arbeitendes Massenspektrometer entwickelt, das einer Grundidee des Bonner Physikers Hans-Dieter Beckey folgte und mit dem u. a. Werner A. Schmidt arbeitete.

Der zweite engere Mitarbeiter Laues, Rolf Hosemann, hatte wie Borrmann Physik studiert und bei George von Hevesy in Freiburg promoviert, kurz nachdem dieser 1934 von den Nationalsozialisten in die Emigration gezwungen wurde. Bereits 1937 habilitierte er sich über die Röntgenkleinwinkelstreuung an Kolloidclustern an der TH Stuttgart. Nach dem Kriegsdienst bei der Marine hielt er sich zunächst mit verschiedenen Gelegenheitsjobs über Wasser – aus dieser Zeit stammt wohl ein 1948 eingereichtes Patent zur Schnelltrocknung von Nudeln.[24] 1947 konnte er wieder im akademischen Bereich unterkommen, zunächst an der Universität Utrecht und später in Stuttgart, doch musste er schon bald auf Grund der Entnazifizierungsbestimmungen seine Dozententätigkeit einstellen. In den nächsten Jahren wirkte er als Lehrer an einer Fortbildungseinrichtung im nordhessischen Treysa.[25] Laue war von einem Kolloquiumsvortrag Hosemanns in Göttingen im Januar 1950 und seiner regen Publikationstätigkeit so angetan, dass er ihn für das Berliner Institut zu gewinnen suchte. Doch war die AEG ebenfalls an Hosemanns Fähigkeiten bei der Konstruktion von Röntgenröhren interessiert, so dass er Anfang 1951 ans Berliner Forschungslabor der AEG ging.[26] 1952 wechselte Hosemann schließlich ans FHI und wurde Oberassistent und Leiter einer Arbeitsgruppe in Laues Abteilung; im selben Jahr ernannte ihn die Technische Universität Berlin zum außerplanmäßigen Professor. Etwas länger dauerte es, bis Hosemann zur unmittelbaren Führungsriege des FHI gehörte, denn erst 1960 erhielt er eine eigene Abteilung und weitere sieben Jahre später wurde

---

24 Hosemann, *Patent*.
25 Hosemann an Laue, 3. September 1948. MPGA, Nachlass Laue, Nr. 924.
26 Hosemann an Laue, 24. Juli 1950. Ebd.

er als „eine dynamische Persönlichkeit mit allen in diesem Begriff enthaltenen Vor- und Nachteilen“[27] Wissenschaftliches Mitglied der MPG.[28]

In Fortführung seiner Arbeiten zur Röntgenfeinstruktur der Kolloide, Realkristalle und Polymere formulierte Hosemann 1950 seine Theorie der Parakristalle, die ein neues, umfassendes Materiestrukturmodell sein sollte, welches die Kolloidwissenschaft auf eine mathematisch exakt formulierte Basis stellte und dabei die Erkenntnisse von Statistik, mathematischer Physik und Quantenmechanik integrierte. Der Anspruch war visionär: Die Parakristallforschung sollte zu einem neuen Wissenschaftszweig der „Zwischenkörper zwischen kristallinem und amorphem Zustand“ werden.[29] In seiner Abteilung untersuchte Hosemann daher beispielhaft die Struktur von nichtidealen Festkörpern aus dem Bereich der Kunststoffe, Realkristalle oder Metalllegierungen. Man bediente sich dabei physikalischer Methoden, insbesondere der Klein- und Weitwinkelstreuung von Röntgenstrahlen, die das Forschungsgebiet Laues ergänzten und in gewisser Weise auch an die Institutstradition anschlossen. An der mathematischen Durchgestaltung der Theorie war zunächst vor allem Hosemanns indischer Mitarbeiter Subodh Nath Bagchi beteiligt, der 1951 ebenfalls von Laue ans Institut geholt worden war.[30] 1957 kehrte Bagchi in seine Heimat zurück und wurde Professor für Chemische Physik am University College in Kalkutta.[31] Neben diesen theoretischen Arbeiten wurden insbesondere durch Heinz Barth auch messtechnische Verfahren zur räumlichen Darstellung spektroskopischer Daten entwickelt.[32] Das Gästebuch der Abteilung belegt, dass die Arbeiten Hosemanns durchaus internationales Interesse erregten, insbesondere seitens der Industrie, und es entstanden Spin-Off Unternehmen. Hans Bradaczek entwickelte in seiner Zeit am FHI einen Röntgen-Generator, den Richard Seifert & Co produzierte. 1961 gründete er die EFG Röntgentechnik. Ein anderes Beispiel ist die Gründung der Röntgen-Technik Dr. Warrikhoff KG, die auf Harald Warrikhoff zurückgeht, der während seiner Tätigkeit am FHI ein photoelektrisches Strahlenschutz-Dosimeter gebaut hatte.[33] Insgesamt wurde in der Abteilung Hosemann eine erstaunliche Spannweite von theoretischen und technischen Arbeiten durchgeführt. Dennoch gelang es Hosemann nicht, eine Schule seiner Parakristallforschung zu initiieren, was nicht nur mit fachinternen Gründen zu tun hatte, sondern wohl auch an seinem wenig kompromissbereiten Auftreten und nicht zuletzt an der isolierten Lage Berlins lag.

Ähnlich wie Hosemann und ungeachtet seines internationalen wissenschaftlichen Renommees sowie seiner langen Institutszugehörigkeit musste auch Kurt Molière unverhältnismäßig lange auf seine Ernennung zum Wissenschaftlichen Mitglied warten. Dies geschah erst 1960 und auf Antrag des neuen Direktors

27 Sektionsprotokoll, 15. November 1966. MPGA, CPT Akten, Niederschriften der Sitzungen.
28 Sektionsprotokoll, 7. April 1967. MPGA, CPT Akten, Niederschriften der Sitzungen.
29 Hosemann, *Lattice*.
30 Bagchi an Laue, 4. Oktober 1951. MPGA, Nachlass Laue, Nr. 197.
31 Bagchi an Laue, 29. Dezember 1959. Ebd.
32 Barth, Hosemann, *Parallelstrahlmethode*.
33 Warrikhoff, *Dosimetrie*.

Abb. 4.8. *Das FHI 1955 mit v.l.n.r alter Glasbläserei, Röntgenbau mit Anbau für die Abteilung Ruska, Fabrikgebäude mit Röntgenanbau, Haupteingang und Vordergebäude. Davor der Laubengang.*

Abb. 4.9. *Iwan Stranski, links, und Kurt Molière, 1961.*

Rudolf Brill.[34] Mit einer neu konstruierten Elektronenbeugungsapparatur für mittelschnelle Elektronen waren an der Molièreschen Abteilung zu Beginn der 1950er Jahre die Versuche zu den physikalischen Grundlagen der Elektroneninterferenzen intensiviert worden. In den sechziger Jahren erbrachten dann auch Beugungsexperimente mit langsamen Elektronen, die unter technisch sehr aufwändigen Hochvakuumbedingungen durchgeführt werden mussten, wichtige Erkenntnisse

34 Sektionsprotokoll, 9. Mai 1960. MPGA, CPT Akten, Niederschriften der Sitzungen.

über den Zustand von Kristalloberflächen. Im Mittelpunkt des Forschungsinteresses Molières standen aber die dynamische Interferenztheorie der Elektronenwellen in idealen Kristallen, die kinematische Theorie der Elektronenstreuung und numerische Anwendungen zur präzisen Untersuchung von Reflexfeinstrukturen.

Im Bereich der experimentellen Techniken konnte Molière sich auf gründlich ausgebildete, langjährige Mitarbeiter wie Günther Lehmpfuhl stützen. Lehmpfuhl hatte an der Freien Universität Physik studiert, war aber seit dem Beginn seiner Diplomarbeit 1953 am FHI, wo er 1963 Oberassistent wurde. Sein Arbeitsgebiet war der Vielstrahlfall der Elektronenbeugung und die Untersuchung von Adsorptionserscheinungen. Zum Arbeitsstil der Abteilungen Molière und Borrmann gehörte es, relativ wenige, dafür aber in ihrem Spezialgebiet umfassende Publikationen zu erarbeiten. Für den guten Ruf der Arbeiten spricht, dass Lehmpfuhl 1965 auf Einladung von Albert Lloyd George Rees ein halbes Jahr in einem Labor der Commonwealth Scientific and Industrial Research Organisation in Melbourne arbeitete und dort auch das Angebot einer Festanstellung erhielt. Ende der 1960er Jahre wurden zunehmend Computer für die Berechnung der theoretischen Daten verwendet, die dann mit den experimentell erhaltenen Werten abgeglichen wurden. Ein wichtiger Mitarbeiter Molières auf diesem Gebiet war Kyozaburo Kambe, der Theorien und Verfahren entwickelte, die auch in Computerprogramme umgesetzt wurden.[35]

Abb. 4.10. *Ausrüstung der Maschinenhalle mit neuer Technik, ca. 1955.*

35 Z. B. Kambe, *Cellular Method.*

Laue sorgte aber nicht nur für einen wissenschaftlichen Neuansatz, sondern er bemühte sich auch intensiv darum, die technische Infrastruktur des Instituts zu modernisieren. Zwischen 1954 und 1956 wurde die alte Ausrüstung der Maschinenhalle durch moderne Installationen und Apparate der Firma Siemens & Halske ersetzt, im Anschluss daran 1957 bis 1958 ein nun ebenfalls finanzierbarer von der Linde AG gebauter Vier-Liter-Heliumverflüssiger nach dem System Meißner sowie eine Wasserstoff- und Stickstoffverflüssigungsanlage installiert. Das flüssige Helium sollte u. a. im Sinne Laues eine intensivere Bearbeitung der Supraleitung ermöglichen.[36] Laue wählte als Betreuer der Anlage Gustav Klipping aus, einen Schüler Stranskis,[37] der aber auch eine ingenieurtechnische Vorausbildung hatte. Klipping, der erst in die Aufgabe eingearbeitet werden musste, gelang es, die Anlage erfolgreich zu betreiben und sie zusammen mit seiner Frau Ingrid, geb. Karutz, die er am Institut kennenlernte, zu einem weitgehend selbstständig arbeitenden Tieftemperaturlaboratorium zu entwickeln. Anlässlich der Verlobung der beiden 1957 schrieb Laue: „Sollte das Institut nicht in seinem Tätigkeitsbericht auch die im Institut zustande gekommenen Ehen aufführen?“[38] Klipping erfand und patentierte neue Kühlverfahren und Tieftemperaturapparate, arbeitete aber auch wissenschaftlich. Tieftemperaturverfahren wurden zu einer Art Spezialität des Instituts, die allen Abteilungen zur Verfügung stand und auch rege genutzt wurde. Das Tieftemperaturlabor war darüber hinaus eine essenzielle regionale Forschungsressource, da es für mehrere Jahre die einzige derartige Anlage in Berlin blieb, was Klipping ein umfangreiches Beziehungsnetzwerk sicherte.[39]

Unter den Abteilungsleitern aus der Frühzeit des FHI ragt der bereits oben kurz erwähnte Iwan Stranski wegen seines wissenschaftlichen Ansehens heraus; zudem war er ein enger Freund und Verbündeter Laues und wurde nach der Integration des FHI in die Max-Planck-Gesellschaft dessen Stellvertreter in der Institutsleitung.[40] Stranski passte als Spezialist für Kristallwachstum und Kristalloberflächen gut in das Lauesche Konzept der Strukturforschung und war zudem eine Schlüsselfigur der Berliner Wissenschaft in der Nachkriegszeit mit internationalem Renommee. In seiner Abteilung am FHI, die er in Personalunion mit der TH-Professur leitete, wurden Kristallformen verschiedener anorganischer und organischer Verbindungen untersucht, vor allem aber die Modifikationen des Arseniks, wobei auch eine neue gefunden werden konnte. In Verbindung mit theoretischen Berechnungen brachten Experimente über das Keim- und Kristallwachstum, Phasenübergänge, Adsorption, Sublimation und Lösungsvorgänge aufschlussreiche Informationen über die Struktur von Kristalloberflächen und ihre Veränderungen. Ein damit zusammenhängendes, besonders intensiv bearbeitetes Thema war die Triboluminiszenz. Weiterhin wurde auch in Stranskis Abteilung Röntgenstrukturuntersuchung betrieben, vor allem von Kobalt- und Nickelkomplexen, aber auch

36 Zeitz, *Laue*, S. 178.
37 Klipping, *Hexamethylentetramin.*
38 Laue an Dietrich Schmidt-Ott, 16. August 1957. MPGA, Nachlass Laue, Nr. 1776.
39 Komarek, *Klipping.*
40 Sektionsprotokoll, 19. Mai 1953. MPGA, CPT Akten, Niederschriften der Sitzungen.

Abb. 4.11. *Die Heliumverflüssigungsanlage des FHI, System Meißner, Maschinenhalle 1958.*

Abb. 4.12. *Karikatur zur Heliumverflüssigung am FHI.*

organischen Molekülen. Eine kleine Reminiszenz an den Direktor war wohl die Strukturbestimmung des Phosphorminerals Laueit.[41]

Die vor dem Einsatz von Computern noch recht mühsame Strukturbestimmung mittels Fourier-Rechnung war ein zentrales Arbeitsgebiet von Kurt Becker, der bereits 1951 nach seiner Dissertation[42] planmäßiger Assistent und 1955 Oberassistent Stranskis wurde. Gemeinsam mit Karl Plieth, der ebenfalls ein Schüler Stranskis war und als außerordentlicher Professor an der Technischen Universität bzw. ab 1966 als ordentlicher Professor für Kristallographie an der Freien Universität wirkte, wurden auch zahlreiche Diplom- und Doktorarbeiten betreut. Becker forschte 1964/65 als Austauschdozent am MIT in Boston und erhielt dort die Anregung für ein neues Forschungsprogramm zur Reaktionskinetik der heterogenen Katalyse an Molekularsieben. Als Stranski Anfang 1967 in Ruhestand ging, wurde die Arbeitsgruppe Stranskis durch Becker weiter betreut; 1968 ernannte ihn die TU zum außerplanmäßigen Professor für physikalische Chemie.

Kurt Überreiter, der seit Ende der dreißiger Jahre am Institut war und sich als Präsident der Dahlemer Forschungshochschule große Verdienste um die Erhaltung des Instituts erworben hatte, wurde im Januar 1954 zum Wissenschaftlichen Mitglied der MPG ernannt. Auch Überreiters noch von Ernst Jenckel geprägtes Arbeitsgebiet, die Struktur und Eigenschaft von Hochpolymeren, gliederte sich in das Konzept Laues ein. Allerdings war Überreiter stärker chemisch ausgerichtet und seine analytisch eher thermodynamisch orientierten Methoden wie Dampfdruckmessung, Schmelzpunktserniedrigung, Viskosimetrie oder Dilatomerie wichen von den vorwiegend spektrometrischen Untersuchungen der anderen Abteilungen ab. Ein enger Mitarbeiter Überreiters war Gerhard Kanig, der 1943 bei ihm diplomiert und auch am Institut seine noch im März 1945 abgeschlossene Doktorarbeit angefertigt hatte. 1958 wurde er Oberassistent Stranskis an der TU Berlin, wo er sich 1959 habilitierte und im selben Jahr als Leiter eines kolloidchemischen Labors zur BASF wechselte.[43] Mit Mitarbeitern wie Kanig, Frithjof Asmussen und Hideto Sotobayashi untersuchte Überreiter die Darstellung, Zusammensetzung, Phasenübergänge und vor allem den Polymerisations- und Lösungsvorgang von Hochpolymeren.

Nicht alle Forschungsthemen des Instituts passten in das Strukturkonzept Laues. So hatte Bonhoeffer mit seiner Übernahme der Institutsleitung 1948, d. h. vor der Ära Laue, eine Arbeitsgruppe unter seinem Schüler Klaus Vetter etabliert, die im folgenden Jahr durch eine weitere ergänzt wurde, die Georg Manecke leitete. Beide gehörten zur Direktorenabteilung und sollten elektrochemische Probleme bearbeiten. Vetter, der aus Berlin stammte und 1941 als angeblich letzter Schüler bei Max Bodenstein promoviert hatte, war bereits 1946 am Institut angestellt worden, wechselte aber noch im selben Jahr als Assistent Bonhoeffers an die Berliner Universität. Dort erhielt er seine entscheidende fachliche Prägung und kam dann 1948

41 Plieth, Ruban, Smolczyk, *Laueit.*
42 Becker, *Claudetit.*
43 Springer, *Kanig.*

wieder zurück ans KWI, nun als Leiter einer Arbeitsgruppe. Deren Arbeitsgebiet war die klassische Elektrochemie von Redoxvorgängen an Metallen und Metalloxiden. Dazu gehörten elektrodenkinetische Untersuchungen, aber auch Experimente zur elektrochemischen Oberflächenaktivierung und -passivierung vor allem von Eisen und Nickel, und zur Korrosion von Metallen.[44] Vetter wurde schnell einer der führenden Elektrochemiker Deutschlands, der 1953 zusammen mit Heinz Gerischer – einem anderen Schüler Bonhoeffers, der für das FHI noch von Bedeutung werden sollte – den ersten Nernst-Haber-Bodenstein Preis der Deutschen Bunsen-Gesellschaft erhielt. 1961 wurde Vetter der erste ordentliche Professor für physikalische Chemie an der Freien Universität Berlin und bezog einen Trakt im Gebäude des ehemaligen KWI für Chemie. Die Professur erleichterte ihm wie auch seinen Kollegen am FHI den Zugang zu den Studenten, so dass es kaum Schwierigkeiten bei der Rekrutierung neuer Mitarbeiter gab. Im Gegenzug waren die Wissenschaftler des FHI wesentlich am Aufbau des universitären Lehrbetriebs in der physikalischen Chemie nach dem Zweiten Weltkrieg beteiligt. Vetter leitete neben seiner Tätigkeit als Ordinarius seine kleine Arbeitsgruppe am FHI weiter und wurde 1966 zum Auswärtigen Wissenschaftlichen Mitglied des FHI ernannt.[45]

Abb. 4.13. *Klaus Vetter, links, und Georg Manecke, 1957.*

44 Z. B. Vetter, *Korrosion.*

45 Sektionsprotokoll, 22. Juni 1965 und 21. Juni 1966. MPGA, CPT Akten, Niederschriften der Sitzungen.

Georg Manecke, der die zweite Arbeitsgruppe Bonhoeffers leitete, wechselte von der Berliner Universität ans KWI. Er war mit seinen Mitarbeitern auf Elektronenaustauscherharze spezialisiert, wobei das Arbeitsprogramm auf die chemische Synthese solcher Redoxharze hoher Kapazität und die anschließende Analyse ihrer Struktur und ihrer Eigenschaften ausgerichtet war. Was die Synthese betrifft, war die Gruppe Manecke außerordentlich erfolgreich. Verschiedene Trägerpolymere wurden mit funktionstragenden Elementen – darunter auch Enzyme – verknüpft, so dass an stationärer Phase Reaktionen ablaufen konnten. Diese Redoxharze konnten also als elegante, stereoselektive Reaktoren eingesetzt werden, was natürlich großes ökonomisches Interesse fand. Die Redoxharze sollten z. B. zur Dialyse oder zur Herstellung von Wasserstoffperoxid verwendet werden. Sie wurden ein wichtiger Bestandteil der Methoden der modernen Biotechnologie. Manecke wechselte 1957 als außerordentlicher Professor für Makromolekulare Organische Chemie an die Freie Universität und wurde 1963 zum Auswärtigen Wissenschaftlichen Mitglied des FHI ernannt.[46] Ab 1964 war er dann Direktor des Instituts für Organische Chemie der FU.[47] Auch nach seiner Berufung an die FU blieben einige seiner Mitarbeiter weiterhin am FHI tätig und andere arbeiteten an der TU Berlin, wo Manecke zudem Honorarprofessor für Chemie und Technologie der Kunststoffe war. Die Ausdehnung der Arbeitsgruppe dürfte für die gute Position Maneckes beim Einwerben von Drittmitteln sprechen.

Laue strebte nicht an, die Bonhoefferschen Arbeitsgruppen aus dem Institut zu entfernen.[48] Beide gehörten so zwar nominell der Abteilung Laues an, arbeiteten aber in der Praxis weitgehend autonom und ohne größere fachliche Anknüpfungspunkte an die Interessen des Direktors.

Der Spezialfall Ruska

Im Prinzip hätte die Abteilung Ernst Ruskas eine gute Ergänzung des Laueschen Planes ergeben, da sich die Elektronenmikroskopie als neue Methode der Strukturforschung anbot. Zudem hatte sich Ruska besonderes Ansehen in Berlin erworben, weil er sich entgegen der Mehrzahl der renommierten Wissenschaftler und Techniker dafür entschieden hatte, in der Stadt zu bleiben und attraktive Angebote aus Westdeutschland auszuschlagen.

1949, im selben Jahr, in dem seine Abteilung am KWI für physikalische Chemie und Elektrochemie eingerichtet wurde, war Ruska zum Honorarprofessor für Elektronenoptik und Mikroskopie an der Freien Universität und zum Privatdozenten der Technischen Universität Berlin ernannt worden, ab 1959 war er dort außerplanmäßiger Professor. Ruska war zunächst nur in Teilzeit am Institut beschäftigt

46 Senatsprotokoll, 6. Dezember 1963. MPGA, Abt. II, Rep. 1A, Senatsprotokolle.
47 Broser, *Geschichte*.
48 Zeitz, *Laue*, S. 168.

Ernst Ruska (1906–1988)

Ernst Ruska wurde als Sohn eines Wissenschaftshistorikers und Orientalisten in Heidelberg geboren, wo er aufwuchs und 1925 das Abitur ablegte. Anschließend begann er an der Technischen Hochschule in München Elektrotechnik zu studieren und wechselte 1928 an die TH Berlin-Charlottenburg. Dort bestand er 1931 die Diplomprüfung, promovierte 1934 und habilitierte sich 1944.

Ruska hatte sich im Rahmen seiner Diplomarbeit bei Max Knoll mit der Bündelung von Elektronenstrahlen in Kathodenstrahlröhren befasst. Bereits 1928 erhielt er mit einer elektronenoptischen Anordnung einen Verstärkungsfaktor von 17.5 und 1932 veröffentlichte er zusammen mit Knoll die erste Beschreibung eines Elektronenmikroskops mit elektromagnetischen Linsen. Dessen Vergrößerungsgrad lag bereits in der Nähe der lichtmikroskopischen Auflösungsgrenze, die Ende 1933 mit einem weiterentwickelten Prototyp erstmals überschritten wurde und die Geburtsstunde des „Übermikroskops" markiert. Danach mussten die Versuche wegen mangelnder finanzieller Förderung eingestellt werden und Ruska beschäftigte sich in den folgenden Jahren vornehmlich mit der Fernsehentwicklung. 1937 konnte er schließlich die Firma Siemens dazu bewegen, ein spezielles „Laboratorium für Übermikroskopie" einzurichten. Hier entwickelte er in den folgenden Jahren gemeinsam mit seinem Schwager Bodo v. Borries das erste serienmäßige (magnetooptische) Elektronenmikroskop mit einem Vergrößerungsfaktor von über 30.000 und einer Auflösung von etwa 30 Nanometern. Bis Kriegsende wurden ca. 40 Exemplare dieses Durchstrahlungs-Elektronenmikroskops hergestellt und vornehmlich der physikalischen, aber auch der biomedizinischen Forschung zur Verfügung gestellt. An diesem Erfolg war auch Helmut Ruska, der jüngere Bruder von Ernst, beteiligt, der mit seinem Interesse, kleinste biologische Objekte sichtbar zu machen, eine treibende Kraft der Entwicklungsarbeiten war. 1938 konnten erstmals Viren sichtbar gemacht werden, wodurch H. Ruska zum Pionier der Virologie und Wegbereiter der medizinisch-biowissenschaftlichen Elektronenmikroskopie wurde.

Nach dem zweiten Weltkrieg widmete sich E. Ruska als Entwicklungsingenieur und Abteilungsleiter bei Siemens der weiteren Perfektionierung von Elektronenmikroskopen. 1954 kam mit dem Elmiskop I die erste noch unter Ruska durchgeführte Nachkriegsneuentwicklung auf den Markt, die sich in zehn Jahren mehr als tausend Mal verkaufte und damit ein Schlüsselinstrument für die Verbreitung der Elektronenmikroskopie wurde. In der Nachkriegszeit spielte Ruska nicht nur als Konstrukteur, sondern auch als Repräsentant der deutschen Elektronenmikroskopiker eine wichtige Rolle. Seit 1949 konnte er auch die Forschungsmöglichkeiten des späteren Fritz-Haber-Instituts nutzen, an das er schließlich 1955 vollständig überwechselte und zwei Jahre später Leiter des für ihn eingerichteten Teilinstituts für Elektronenmikroskopie wurde. Dort wirkte er über seine Emeritierung im Jahre 1974 hinaus. Zwei Jahre vor seinem Tod erfuhr der bereits Hochgeehrte für seine bahnbrechende Erfindung des Elektronenmikroskops die späte Ehrung durch den Nobelpreis für Physik des Jahres 1986.

und hatte Laue 1952 vorgeschlagen, seine Abteilung auszubauen und ganz ans FHI zu wechseln. Dies hatte für ihn den Vorteil, dass er ohne Konstruktionseinschränkungen weiter arbeiten konnte, denn die Siemens-Firmenstrategen wollten nun vor allem Großseriengeräte und keine aufwändigen und teuren Hochleistungsgeräte entwickeln, wie sie Ruska im Sinn hatte.

Allerdings zögerte Laue anfangs, denn er wollte sein Institut nicht zu groß und damit unkontrollierbar werden lassen. Zu Laues Entschluss, Ruskas Initiative doch zu unterstützen, hat sicherlich beigetragen, dass der Siemens-Konzern für die Ruskaschen Forschungen erhebliche Finanzmittel zugesagt hatte.[49] Die Etataufstellungen legen nahe, dass 1954 und 1955 150.000 DM, 1956 bis 1961 200.000 DM und dann wieder 150.000 DM pro Jahr an Ruskas Abteilung bzw. Institut geflossen sind.[50] Ruska wurde im Januar 1954 zum Wissenschaftlichen Mitglied ernannt,[51] weshalb er verabredungsgemäß 1955 sein Arbeitsverhältnis mit Siemens beendete.[52] Die auf seinen Wunsch und unter Beteiligung seines Bruders und engsten Vertrauten Helmut schon in der Forschungshochschule gegründete Arbeitsgruppe für Mikromorphologie wurde in Ruskas Abteilung eingegliedert;[53] 1962 wurde Helmut Ruska, der inzwischen in Düsseldorf wirkte, zum Auswärtigen Wissenschaftlichen Mitglied des FHI ernannt.

Die vom Biologen Johann-Gerhard Helmcke geleitete Gruppe für Mikromorphologie blieb im ehemaligen Gebäude des KWI für Faserstoffchemie im Faradayweg 16 untergebracht, womit bereits ein Teil dieses Gebäudes dem FHI zur Verfügung stand. Helmcke arbeitete hauptsächlich an der elektronenmikroskopischen Beschreibung des Zahnaufbaus[54] und der kristallchemischen Analyse des Zahnschmelzes. Dabei erhielt man wichtige Erkenntnisse über das Zahnwachstum und über den Zerfall durch Karies, was sich auch in der Anwendung der Fluorprophylaxe niederschlug und Helmcke recht bekannt machte.[55] Daneben war er Herausgeber der Nachkriegsbände des „Handbuchs für Zoologie"[56] und eines Diatomeenatlasses.[57] Zusätzlich vermaß er Diatomeen elektronenmikroskopisch und untersuchte dabei die technischen Abbildungsmöglichkeiten. Die faszinierenden Mikrostrukturen brachten ihn in Kontakt mit dem Architekten Frei Otto, mit dem er Konstruktionsbeziehungen zwischen Diatomeenschalen und modernen technischen Tragwerken diskutierte.[58] Die Ergebnisse der Kooperation mit Helmcke gingen anscheinend auch in Ottos Planung des Olympiastadions von

49 Sektionsprotokoll, 19. Mai 1953. MPGA, CPT Akten, Niederschriften der Sitzungen.
50 Institutsetats in MPGA, Abt. II, Rep. IA, I Generalia J6.
51 Senatsprotokoll, 29. Januar 1954. MPGA, Abt. II, Rep. 1A, Senatsprotokolle.
52 Sektionsprotokoll, 19. Mai 1953 und 9. Juni 1954. MPGA, CPT Akten, Niederschriften der Sitzungen.
53 Weil keine Aussicht auf Rückkehr Helmut Ruskas nach Dahlem bestand. Senatsprotokoll, 14. Dezember 1954. MPGA, Abt. II, Rep. 1A, Senatsprotokolle. Und MPGA, II. Abt, Rep 1A, IB-Akten Mikromorphologie, 22. Dezember 1954.
54 Helmcke, *Atlas*.
55 Anon., *Karies*.
56 Beier, Krumbach, Helmcke, v. Lengerken, *Handbuch*.
57 Helmcke, Krieger, *Diatomeenschalen*.
58 Helmcke, Otto, *Konstruktionen*.

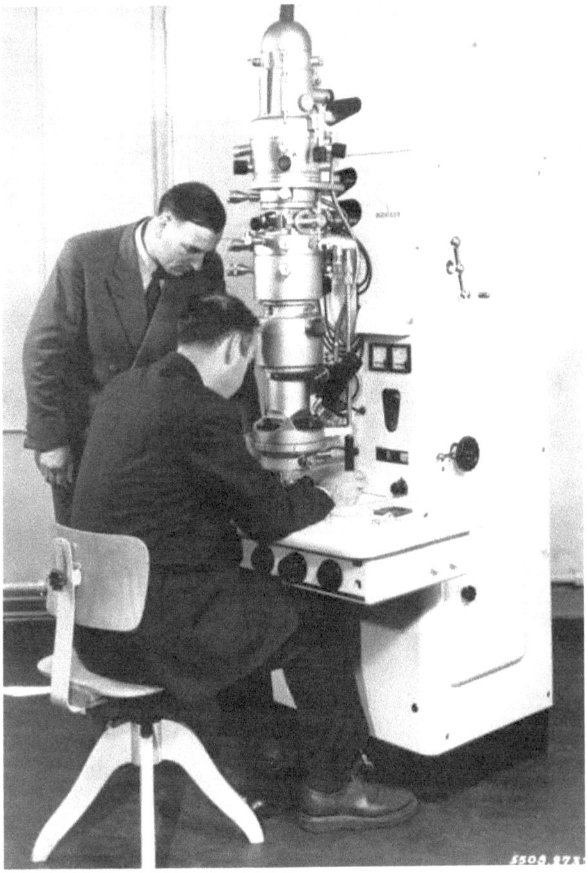

Abb. 4.14. *Ernst, links, und Helmut Ruska am Elektronenmikroskop, ca. 1957.*

München ein. Über Otto kam Helmcke auch in Verbindung mit Richard Buckminster Fuller, der die Arbeitsgruppe für Mikromorphologie 1962 besuchte und von den Diatomeen-Aufnahmen begeistert war.[59]

Zu Ruskas Abteilung gehörten auch die von Immanuel Broser als Arbeitsgruppe geleiteten Reste der ehemaligen Abteilung Kallmanns. Dort wurden im Anschluss an schon bei Frerichs und Kallmann begonnene Arbeiten mit CdS die damals hoch aktuelle Halbleiterforschung forciert und die optischen und elektrischen Eigenschaften photoelektrischer Kristalle von II-VI-Halbleitern mit großem Bandabstand untersucht. Dazu mussten die entsprechenden, später auch mit Übergangsmetallen dotierten Kristalle gezüchtet werden. Man beobachtete und interpretierte Phänomene wie die Emission, die Absorption, den Exzitonen- und Energietransport in Halbleitern, die Elektrophotolumineszenz, den photodielektrischen und den photokapazitiven Effekt. Dabei konnten vorher nicht geklärte Emissions-

59 Andraschke, Hennig, *WeltWissen*, S. 307–308.

Abb. 4.15. *V.l.n.r. Immanuel Broser, Kurt Überreiter, Ernst Ruska, 1962.*

und Absorptionsbanden aufgrund theoretischer Überlegungen zugeordnet werden. So wurde erkannt, dass Störzentren im Kristallinnern das elektronische Verhalten stärker beeinflussen als bis dahin erwartet und der Luminiszenzmechanismus bei CdS und ZnS konnte weitgehend aufgeklärt werden. Die von Immanuel Broser und seinen Mitarbeitern erarbeiteten theoretischen Kenntnisse wurden nicht nur in die Interpretation von Daten eingebracht, sondern auch beim Bau von vor allem in der Radiomedizin verwendeten Dosimetern und verbesserten feinkristallinen Leuchtschirmen für die objektgetreue Bilderzeugung bei Elektronenmikroskopen umgesetzt. Immanuel Broser wurde nach seiner Habilitation 1961 zum außerplanmäßigen Professor der Technischen Universität ernannt, bevor er 1964 als außerordentlicher und 1966 als ordentlicher Professor für Experimentalphysik an die Technische Universität berufen wurde; zugleich ernannte man ihn zum Auswärtigen Wissenschaftlichen Mitglied des FHI. Der Umzug an die TU Berlin verzögerte sich allerdings bis weit in die 1970er Jahre hinein, da sich die Fertigstellung des TU Neubaus mit seinen großzügig ausgelegten Labors immer wieder hinauszog.

Mit dem Kern seiner Abteilung konzentrierte sich Ernst Ruska ausschließlich auf Konstruktionsfragen, um die Auflösung von Elektronenmikroskopen bis in den theoretisch möglichen atomaren Bereich zu steigern, wobei er anfangs in freundschaftlicher Konkurrenz zu seinem Kollegen Erwin W. Müller stand, der – wie schon erwähnt – bis 1951 eine eigene Abteilung am Institut leitete. Ruska brachte Käthe Müller und Wolfgang Dieter Riecke von Siemens mit ans FHI, die leitende Mitarbeiter seiner Abteilung wurden. Auch viele andere wissenschaftliche und technische Mitarbeiter Ruskas wechselten von Siemens an das FHI, so dass der Arbeitsstil der Abteilung stark davon geprägt wurde. Dieser orientierte sich weniger an wissenschaftlichen Fragen, sondern versuchte bevorzugt technische Probleme bei der Konstruktion leistungsfähiger Elektronenmikroskope zu lösen. Dabei interessierte man sich nicht nur für magnetische, sondern auch für elektrostatische Linsensysteme und es wurden neben den damals im Mittelpunkt des Interesses stehenden Durchstrahlmikroskopen auch andere elektronenoptische Anwendungen behandelt. Ein solches anspruchsvolles Vorhaben war das Dissertationsprojekt Wilfried Engels, der zwischen 1960 und 1968 ein hochauflösendes Emissions-Elektronenmikroskop entwickelte, bei dem die abbildenden Elektronen wahlweise thermisch, durch UV-Licht, oder durch Bestrahlung mit neutralen Gasatomen erzeugt werden konnten.[60]

Die apparativen Verbesserungen an den Mikroskopen betrafen Präparationstechniken, die exakte Fokussierung der Elektronenoptik, Sonden, Blenden sowie Linsen- und Kondensorsysteme. Dabei wurden die Anforderungen in diesen Bereichen mit steigender Vergrößerung immer größer, weshalb eine sehr gute materielle und personelle Ausstattung der Werkstätten unabdingbar war. Dies erlaubte Käthe Müller, bis 1965 ein einfaches Durchstrahl-Elektronenmikroskop mit Permanentmagneten zu entwickeln, welches dann von Siemens als preisgünstiges Routineinstrument für geringere Ansprüche angeboten wurde.[61] Das eher an kommerziellen und nutzerspezifischen Bedürfnissen orientierte Projekt war ungewöhnlich, denn zu Ruskas Arbeitsstil gehörte es, von der kleinsten Schraube bis zum komplizierten Objektiv alles selbst zu entwickeln und möglichst in der Institutswerkstatt zu bauen, wobei fast ausschließlich die eigenen Ziele und Vorstellungen maßgebend waren. Das förderte ungewöhnliche Lösungen, erschwerte aber auch den praktischen Umgang mit den als Einzelstücke gebauten Hochleistungsmikroskopen. Heinz Niehrs, ebenfalls ein ehemaliger Siemens-Mann, der sich 1958 an der Freien Universität habilitierte,[62] stellte häufig die generellen theoretischen Vorüberlegungen an und übernahm die Berechnung der zu erwartenden Phänomene auf der Grundlage allgemeiner Gesetzmäßigkeiten. So zeigte er, dass es prinzipiell möglich ist, atomare Gitter mit zufrieden stellendem Kontrast elektronenmikroskopisch abzubilden. Riecke und Peter Schiske, der aus Wien, wo er Physik studiert hatte, zu Ruska kam, berechneten Strahlengänge in Zusammenhang mit der Konstruktion konkreter neuer Instrumente. Die numerischen Berechnungen konnten in den 1960er Jahren mit elektronischen Rechnern erheblich beschleunigt werden.[63]

Das Kernprojekt Ruskas war die Entwicklung eines völlig neuartigen, kurzbrennweitigen elektromagnetischen Einfeld-Kondensor-Objektivs, bei dem das Objekt genau im Magnetfeld der Linse liegt. Der obere Teil wirkt als Kondensorlinse, der untere Teil als Objektivlinse. Heute ist diese Anordnung Standard in der Elektronenmikroskopie. Die Konstruktionselemente und Einstellparameter

60 Engel, *Emissionsmikroskop.*
61 Müller, Ruska, *Durchstrahlungs-Elektronenmikroskop.*
62 Niehrs, *Ausbreitung.*
63 Preisberg, *Simulation.*

Abb. 4.16. *Das DEEKO 100. Schnittzeichnung auf dem Titelblatt eines Prospektes.*

wurden für dieses empfindliche Hochleistungssystem neu berechnet. Zur Korrektur der Abbildungsfehler wurde dem Objektiv noch eine elektrostatische Linse als Stigmator vorgeschaltet. Das Resultat war das 1965 fertig montierte DEEKO 100, ein Durchstrahl-Elektronenmikroskop, dessen Beschleunigungsspannung 100 kV betrug und das eine Vergrößerung von 800.000 : 1 ermöglichte. Die hohe Leistung erhöhte die Schwierigkeiten: Spannungsquellen und elektronische Mess- und Regeleinrichtungen mit höherer Konstanz waren erforderlich. Besonders unerfreulich war, dass durch die konstruktiv angelegte hohe Baulänge das gesamte Mikroskop anfällig gegen Erschütterungen war. So konnte der beste Auflösungswert von 2.5 Ångström nur in der Nacht erreicht werden, wo die Bodenerschütterungen minimal sind. Daher wurden von Riecke erste Versuche zu einer schwingungsdämpfenden Aufhängung angestellt. Hans Günther Heide, einer der begabtesten Konstrukteure Ruskas, schlug einen anderen Weg ein und entkoppelte den

Verstellmechanismus vom Objekttisch. Hierdurch und mit weiteren mechanischen Veränderungen konnte die Erschütterungsempfindlichkeit des Elmiskop I um eine Größenordnung verbessert werden.

Die spezifisch auf Ruska zurückzuführende technische Ausrichtung passte eigentlich weder in Laues Konzept noch in das Selbstverständnis der Max-Planck-Gesellschaft als Institution wissenschaftlicher Grundlagenforschung.[64] Ruska hatte aber mit seinem technischen Knowhow und als international renommierter Pionier der Elektronenmikroskopie sowie nicht zuletzt als Berliner Lokalpatriot eine besonders starke Stellung in der Stadt und bei ihren politischen Repräsentanten. Bereits 1953 waren mit ihm Verhandlungen geführt worden, seine Abteilung noch weiter aufzuwerten und als eigenständiges MPI für Elektronenmikroskopie aus dem FHI herauszulösen.[65]

Da sich Ruska wenig für wissenschaftspolitische und organisatorische Fragen interessierte, bevorzugte er einen Kompromiss zwischen maximaler Autonomie und minimaler administrativer Belastung: Noch 1957 wurde so seine Abteilung zum Institut für Elektronenmikroskopie (IFE) am Fritz-Haber-Institut aufgewertet,[66] d. h. als eigenständiges Institut ans FHI angegliedert, womit eine zusätzliche

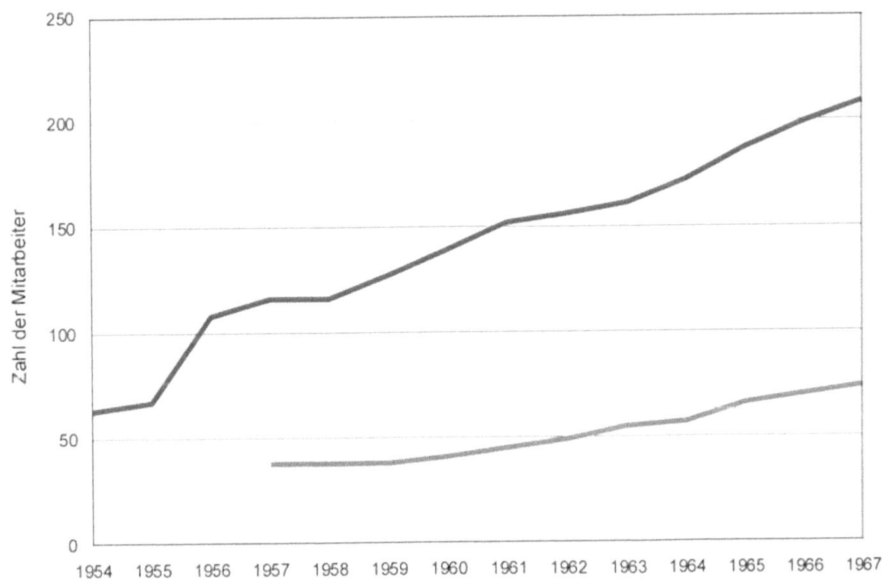

Abb. 4.17. *Die Zahl der am gesamten FHI (oben) und am IFE (unten) beschäftigten Mitarbeiter. Bemerkenswert ist der starke Anstieg in der frühen MPG-Phase 1955–1957. Einen wesentlichen Anteil dürfte der Aufbau der selbstständigen Abteilung Ruskas beigetragen haben. Quelle: Jahresberichte des FHI und des IFE.*

64 So wurde 1956 beschlossen das Institut für Instrumentenkunde in Göttingen aus der MPG auszugliedern, da es sich um kein Institut im Sinn der MPG handelte.

65 Sektionsprotokoll, 19. Mai 1953. MPGA, CPT Akten, Niederschriften der Sitzungen.

66 MPG, *Jahrbuch* 1958, S. 59.

Hierarchieebene am FHI eingeführt war. Ruska war als Institutsdirektor des IFE weitgehend unabhängig vom Gesamtdirektor, da das IFE eine eigene Finanzverwaltung hatte und seinen eigenen Jahresetat aufstellte, der dann in den Gesamtetat des FHI zu integrieren war. So spiegelte sich die fachliche Heterogenität in der organisatorischen Aufsplitterung. Dieser Effekt wurde noch durch die große Mitarbeiterzahl des IFE verstärkt, die einen erheblichen Teil des am FHI tätigen Personals ausmachte.

Was einerseits nicht richtig passten wollte, nutzte andererseits der Infrastruktur und dem Prestige des FHI. Nachdem am 5. Juli 1957 endlich der Berlin-Vertrag zwischen der MPG und dem Berliner Senat zum Abschluss gebracht werden konnte, der die Besitzverhältnisse der Dahlemer KWG-Immobilien grundsätzlich klärte, konnten Ruska und Laue erreichen, dass ein großer Teil des durch den Vertrag verfügbar werdenden Geldes dem IFE für einen großzügigen Neubau zur Verfügung gestellt wurde.

Um eine geeignete Baufläche zu schaffen, wurde die südöstliche Grundstücksgrenze des FHI begradigt und der Laubengang sowie der während des Zweiten Weltkrieges für neue Hochspannungsanlagen des KWI für Chemie errichtete sogenannte Minerva-Turm abgerissen. Das hoch aufragende vierstöckige Gebäude für die Elektronenmikroskopie führte eine neue Größenordnung beim Aufbau der Berliner MPIs ein und zeigte auch den Willen der Stadt Berlin, sich trotz widriger Umstände als zukunftsträchtiger Wissenschaftsstandort zu präsentieren. So

Abb. 4.18. *Gelände vor Baubeginn von Bibliotheks- und Verwaltungsgebäude am 10. März 1958. Links das A-Gebäude des FHI, rechts der Minerva-Turm und ganz rechts das Radiumhäuschen des ehemaligen KWI für Chemie.*

Abb. 4.19. *Grundsteinlegung für das Institut für Elektronenmikroskopie am FHI, 5. Juli 1957. V.l.n.r. Laue, reg. Bürgermeister Otto Suhr, Ernst Ruska (mit Hammer) und der MPG Vizepräsident Wilhelm Bötzkes.*

wurden am 5. Juli 1957 die Grundsteinlegung in Anwesenheit der politischen Prominenz der Stadt und führender Repräsentanten der MPG gefeiert.[67] Schon im Herbst 1958 konnte das Gebäude auf Wunsch Ruskas öffentlich präsentiert werden, wobei der notdürftig hergerichtete Rohbau eine Instrumentenausstellung für den vom 10. bis 17. September in Berlin stattfindenden 4. Internationalen Kongress für Elektronenmikroskopie beherbergte.

Zum Finanzierungspaket des IFE gehörte auch der Neubau von Bibliothek und Verwaltung sowie eines großen Institutshörsaals. Die Gebäude des FHI bildeten nun einen fast geschlossenen Ring um die Haber-Linde und Laue soll Wert darauf gelegt haben, trockenen Fußes von seinen Räumen im alten Vordergebäude zur neuen Bibliothek gelangen zu können.

Wegen der Bebauungs- und Parkplatzvorschriften war im Zuge des Neubaus geplant, den 1927–1928 unter Haber errichteten Röntgenanbau abzureißen. Brill bat aber 1961 und erneut 1965 darum, den Anbau wegen der allgemeinen Platznot des Instituts zu erhalten. Daher konnte dort 1967 das erste mit einem englischen Mainframe-Rechner ausgestattete Rechenzentrum des FHI eröffnet werden. Das

67 Anwesend waren u. a. der Regierende Berliner Bürgermeister Otto Suhr und der MPG-Vizepräsident Wilhelm Bötzkes, die beide kurze Zeit später verstarben. MPG, *Jahrbuch* 1958, S. 59.

Abb. 4.20. *Baustelle des Instituts für Elektronenmikroskopie und des Bibliotheks- bzw. Verwaltungsgebäudes, 9. Mai 1958. Links im Hintergrund die Baustelle des FU-Campus.*

FHI dehnte sich in dieser Zeit noch weiter aus. So hatte es bereits nach der Pensionierung von Elisabeth Schiemann 1956 die Räumlichkeiten ihrer nun aufgelösten Forschungsstelle für Kulturpflanzen übernommen. Als Luise Holzapfel, Leiterin der Berliner Außenstelle des MPI für Silikatforschung, 1962 in einer recht ungewöhnlichen Aktion wegen ‚ungenügender Leistung' zwangsweise in den Ruhestand versetzt wurde, konnte das FHI auch die restlichen Räume des Gebäudes im Faradayweg 16 übernehmen.

Rudolf Brill und das Ende der Ära Laue

Laues Direktorat führte am FHI zu einem Schwerpunkt in der Strukturforschung, doch waren die damit befassten Abteilungen bei der Ausbildung ihres Forschungsprofils relativ selbstständig und verfolgten spezifische Interessen der Abteilungsleiter. Man nutzte zwar gemeinsam die vorhandene Infrastruktur und das Knowhow der Institutstechniker, wissenschaftliche Kooperationen bewegten sich aber nur auf der Ebene gegenseitiger Hilfestellung in Einzelfällen und waren nicht durch gemeinsame, mehrere Abteilungen umfassende Forschungsprojekte etabliert. Es wurde nach wie vor ein Institutskolloquium abgehalten und bei gemeinsamen Institutsfeiern und Ausflügen wurden die sozialen Beziehungen gepflegt. Trotz seiner starken Stellung als Direktor gelang es Laue aber nicht, dem Institut ein einheitliches und verbindliches wissenschaftliches Profil zu geben.

Nachdem 1955 Sektion und Senat der MPG Laues Dienstzeit um weitere 3 Jahre verlängert hatten, stand 1958 dessen Emeritierung endgültig an. Durch den Nachfolger sollte nach Tradition der KWG und MPG die weitere fachliche Entwicklung festgelegt werden. Laue selbst votierte für seinen Kollegen Iwan Stranski als Nachfolger. Dieser hätte zweifellos im Sinne Laues den Schwerpunkt Strukturforschung weiter gepflegt. Altersbedingt konnte Stranski, der bereits das 60. Lebensjahr überschritten hatte, nur eine Übergangslösung sein. Allerdings war es damals keineswegs einfach, einen renommierten Wissenschaftler in das nach wie vor vom Kalten Krieg geprägte und geopolitisch isolierte Berlin zu holen.

Da auch in der Chemisch-Physikalisch-Technischen Sektion (CPT) die Meinung dominierte, dass am FHI weiter Strukturforschung betrieben werden sollte, wurden in der Nachfolgekommission die Namen entsprechender Kandidaten diskutiert.[68] Konkrete Berufungsverhandlungen wurden aber nur mit den Züricher Kristallographen Fritz Laves geführt, der in seiner fachlichen Ausrichtung mit Stranski vergleichbar war. Nachdem Laves den Ruf abgelehnt hatte,[69] zog sich die Regelung der Nachfolge Laues weiter hin, so dass dieser sich bereit erklärte, auch über 1958 hinaus im Amt zu bleiben.[70] Stranski fand weiterhin trotz der engagierten Unterstützung Laues keine ausreichende Zustimmung,[71] wobei insbesondere Otto Warburg, dem man ein gespanntes Verhältnis zu Laue nachsagte, gegen Stranski Front machte. Otto Hahn brachte als MPG-Präsident zudem Rudolf Brill ins Spiel und gab zu Protokoll, dass eine Entscheidung auch gegen den Willen Laues getroffen werden sollte.[72] Ein Motiv für Hahns dezidierte Stellungnahme war sicherlich, dass ihm die ebenfalls im Raum stehende und das Harnack-Prinzip infrage stellende Lösung mit mehreren Direktoren nicht geheuer erschien.[73] Nach mühevollen Beratungen konnte sich die Findungskommission schließlich Anfang 1958 auf Brill einigen,[74] der auch bereit war, nach Berlin zu kommen. Brill hatte vor dem Krieg im Forschungslabor der IG-Farben in Ludwigshafen gearbeitet und war 1941 als Nachfolger Eduard Zintls als ordentlicher Professor und Direktor des Instituts für Anorganische und Physikalische Chemie an die TH Darmstadt gewechselt, wobei er sein Institut als „absoluter Monarch“ geleitet haben soll.[75]

68 Sektionsprotokoll, 18. Juni 1957. MPGA, CPT Akten, Niederschriften der Sitzungen.

69 Hahn an Karl Ziegler, 15. Oktober 1957. MPGA, Abt. II, Rep. 1A -IA5/-, Handakten Ziegler Mappe 5/1.

70 Laue an Borrmann, 21. Dezember 1957. MPGA, Nachlass Laue, Nr. 324.

71 Protokoll Kommissionssitzung, 17. Dezember 1957 und Hahn an Ziegler, 31. Januar 1958. MPGA, Abt. II, Rep. 1A -IA5/-, Handakten Ziegler Mappe 5/1. Sektionsprotokoll, 17. Dezember 1957. MPGA, CPT Akten, Niederschriften der Sitzungen.

72 Hahn an Ziegler, 23. Oktober 1957. MPGA, Abt. II, Rep. 1A -IA5/-, Handakten Ziegler Mappe 5/1. Hahn an Ziegler, 31. Januar 1958. Ebd.

73 Hahn an Ziegler, 25. März 1958. Ebd.

74 Niederschrift Sitzung der Kommission Nachfolge Laue, 19. Mai 1958. Ebd.

75 Abschrift Ulrich Hofmann, TH Darmstadt, an Wolfgang Grassmann, MPI für Eiweiß- und Lederforschung, 16. Dezember 1957. Ebd.

Abb. 4.21. *„Der Lotse geht von Bord": Laue nach der Amtsübergabe des Institutsdirektoriums an Brill am 1. März 1959. Der alte Institutsname über dem Haupteingang ist bis heute erhalten.*

Abb. 4.22. *Feier zum 80. Geburtstag v. Laues in der Maschinenhalle, 9. Oktober 1959. V.l.n.r., erste Reihe: Otto Hahn, Lise Meitner, Max v. Laue. Zweite Reihe: Elisabeth Schiemann, Magdalena v. Laue, Anna Maria D'Ans. Dritte Reihe: Dietrich Schmidt-Ott.*

1946 ging er im Rahmen des Project Paperclip in die USA, wo er zunächst für das Militär arbeitete, bald aber in die Industrie und von dort an das Polytechnische Institut in Brooklyn/N.Y. zu Herman Mark wechselte. Brill, Jahrgang 1899, war nur zwei Jahre jünger als Stranski und hatte zweifelsohne den Gipfelpunkt seiner wissenschaftlichen Leistungsfähigkeit bereits überschritten. Als ein Pionier der röntgenographischen Strukturforschung schien Brill aber für Laue wie für das Institut insgesamt ein tragbarer Kompromiss gewesen zu sein, auch wenn er nicht mehr zum engeren Kreis der zeitgenössischen Spitzenforscher gehörte. Obwohl naturgemäß bei den geführten Nachfolgediskussionen die Person im Vordergrund stand, war das Sachprinzip, also die generelle fachliche Ausrichtung des Instituts, dann doch entscheidend für die Nachfolgeregelung.

Brill übernahm das Amt offiziell am 1. März 1959 und die feierliche Amtsübergabe erfolgte am 16. März. Im Herbst desselben Jahres wurde dann auch der 80. Geburtstag Laues mit einer Feier in der Maschinenhalle des FHI begangen, zu der eine illustre Gästeschar nach Dahlem gekommen war – neben dem Freund und MPG-Präsidenten Otto Hahn Lise Meitner aus Stockholm, Peter Paul Ewald aus den USA und Walther Meißner aus München, der die Festrede hielt. Der Berliner Regierende Bürgermeister Willy Brandt überreichte dem Jubilar zudem das große Verdienstkreuz mit Stern. Es sollte der letzte große Auftritt Laues im Institut sein, denn im Frühjahr 1960 war er in einen schweren Verkehrsunfall auf der Berliner Avus verwickelt, an dessen Folgen er verstarb.

Während der Amtszeit Brills bestand das FHI aus sechs weitgehend selbstständigen Abteilungen. Dies machte die Verwaltungs- und Koordinierungsarbeit für den Direktor, bei dem laut Institutssatzung nach wie vor die Gesamtverantwortung lag, keineswegs leicht. Doch zunächst rückten eher die Erfolge der Ausdehnung des Instituts in den Vordergrund und nicht die strukturellen Schwierigkeiten. Am 9. Oktober 1963 wurde die Übergabe des Neubaukomplexes gefeiert und zugleich etwas verspätet das 50jährige Gründungsjubiläum des Instituts begangen.[76]

Das Verhältnis zwischen Brill und seinen Abteilungsleitern wird als eher distanziert beschrieben, wozu sicherlich beitrug, dass Brill als Direktor der „alten Schule" im Konfliktfall autoritär auftrat. Die Arbeitsgruppe für Tieftemperaturuntersuchungen blieb in der Direktorenabteilung und wurde weiterhin vom relativ unabhängigen Gustav Klipping geleitet. Brill gründete aber auch zwei neue Arbeitsgruppen, eine auf dem Gebiet der Röntgenographie unter der Leitung des Chemikers Hans Dietrich. Dieser war 1957 aus Heidelberg in Laues Direktorenabteilung gewechselt und dann erst einmal zu Dorothy Hodgkin nach Oxford geschickt worden, um dort die Kristallstrukturbestimmung mit Röntgenmethoden zu lernen. Bei Brill untersuchten er und seine Mitarbeiter vor allem die Struktur der katalytisch interessanten metallorganischen Komplexverbindungen. Die Gruppe um Dietrich kooperierte auch mit dem Hahn-Meitner-Institut (HMI), das 1959 auf maßgebliche Initiative Laues in Berlin-Wannsee gegründet worden war

76 MPG, *MiMax*, 1964, S. 23–51.

Abb. 4.23. *Das FHI im September 1961. Bibliotheksbau, IFE, Röntgenanbau von 1928, Fabrikgebäude von 1912. Links die Haberlinde.*

Abb. 4.24. *Otto Hahn in der neuen Bibliothek des FHI, 9. Oktober 1963.*

und über einen Forschungsreaktor verfügte.[77] 1960 war eine für das FHI installierte Neutronenbeugungsanlage mit dem Forschungsreaktor als Quelle im Bau, wobei von Dietrichs Gruppe ein automatisches Neutronendiffraktometer für die Strukturforschung entwickelt und am Reaktor aufgestellt wurde. Mit Unterstützung der Abteilung Reaktorphysik des HMI wurde noch ein zweiter Strahlenkanal für das FHI eingebaut und mit der neu entwickelten Neutronenoptik konnte dann die Struktur des Dekaborans bestimmt werden.[78]

Für die Einheitlichkeit des Institutes war es wenig zuträglich, dass Brill nicht die Strukturforschung, sondern die Oberflächenkatalyse als sein neues Hauptarbeitsgebiet auserkor; Forschungen zur Oberflächenkatalyse waren im Übrigen seit den frühen Tagen Habers nicht mehr am Institut betrieben worden. Ein Schwerpunkt war nun gerade der Reaktionsmechanismus des Haber-Bosch-Verfahrens am Eisenkontakt. Brill glaubte mit Hilfe moderner Analytik nachgewiesen zu haben, dass der am Metall adsorbierte Wasserstoff sich mit den Stickstoffmolekülen zu höheren Stickstoffhydriden verbindet, die sich dann in einem abschließenden Schritt zu Ammoniak aufspalten.[79] Weiter wurde der Einfluss von Aktivatoren, Promotoren und Kontaktgiften auf den Ammoniakkatalysator und andere Katalysatoren untersucht.

Darüber hinaus richtete Brill 1964 eine zweite neue Arbeitsgruppe zur Feldemissionsspektroskopie ein. Sie stand zunächst unter der Leitung von Werner A. Schmidt, der von der in die Abteilung Borrmann integrierten ehemaligen Gruppe Erwin Müllers zu Brill wechselte. 1966 übernahm Jochen H. Block dann diese Arbeitsgruppe. Damit gab es am FHI eine fünfzigjährige Traditionslinie der Feldemissionsspektroskopie, welche vom Ende der 1940er bis in die 1990er Jahre reichte. Brill versuchte Block zur Führungskraft aufzubauen, da sich dieser vor allem mit spektroskopischen Methoden – insbesondere auch mit der Feldionen-Massenspektroskopie – beschäftigte, die zur Untersuchung von Oberflächen geeignet waren und damit Brills neue Ausrichtung in Richtung der heterogenen Katalyse sehr gut ergänzten. Block hatte 1954 in München bei Georg-Maria Schwab, dem Vater der deutschen Katalyseforschung, promoviert und dort auch 1960 habilitiert. Anschließend war er wissenschaftlicher Mitarbeiter der European Research Association in Brüssel und ein Jahr Berater bei der Union Carbide in den USA. Blocks Arbeitsgruppe führte Experimente mit Feldemissionsmiskroskopen und -massenspektrometern durch, mit denen man sowohl die Methode weiter entwickeln als auch den Mechanismus von oberflächenkatalytischen Reaktionen aufklären wollte. Die durch Infrarotspektren ergänzten Ergebnisse im Massenspektrometer schienen z. B. die von Brill vertretene Hypothese einer Hydrierung des Stickstoffmoleküls am Eisenkontakt zu stützen.[80]

1965 beantragte Brill eine Verlängerung seiner Dienstzeit bis zum 70. Lebensjahr, um so noch wichtige Forschungsvorhaben abschließen zu können. In seinem

77 Weiss, *Großforschung*.
78 Hamilton, *Neutron Diffraction*. Brill, Dietrich, Dierks, *Bindungselektronen*.
79 Brill, *Ammoniak*.
80 Schmidt, *Massenspektrometrie*. Brill, Jiru, Schulz, *Infrarotspektren*.

Antrag fühlte er sich zudem zur Feststellung veranlasst, dass er auch den am 1. Januar 1966 an das Institut kommenden Mitarbeiter Block etablieren müsste und die Frage seiner eigenen Nachfolge von der Entwicklung Blocks abhängig wäre.[81] Diese Gründe wurden vom MPG-Präsidenten akzeptiert, so dass Brill dem Institut bis 1969 vorstand.

Mit der Emeritierung Iwan Stranskis Anfang 1967 wurde die Orientierung des Instituts auf Probleme der Strukturforschung weiter geschwächt. Seine Abteilung verlor ihren selbstständigen Status und wurde der Direktorenabteilung Brills formal angegliedert – sie lief langsam aus. Eine fachliche Umorientierung des FHI war damit angestoßen, was jedoch zunächst zu einer weiteren Zersplitterung des Instituts führte und auch Unruhe stiftete. Der Komplexität des Problems entsprechend, wurde durch die Sektion 1967 nicht nur eine Findungskommission für die 1969 anstehende Nachfolge Brills eingesetzt, sondern eine sogenannte Stammkommission, die über das zukünftige Profil des Instituts befinden sollte. Wie an anderen großen Instituten der MPG war auch am FHI ein Einzelner kaum mehr in der Lage, alle dort existierenden Forschungsrichtungen kompetent zu vertreten. Die Stammkommission stand also vor der Aufgabe, nicht nur einen Nachfolger für das Institut zu finden, sondern für dieses ein neues fachliches und organisatorisches Gesamtkonzept zu entwickeln.

Abb. 4.25. *Rolf Hosemann, rechts liegend, mit seiner Abteilung, 1968.*

81 Brill an MPG Präsident Adolf Butenandt, 15. Juni 1965. MPGA, Abt. II, Rep. 1A -IA5/-, Handakten Gentner, Zukunft des FHI – Nachfolge von Prof. Brill, Korrespondenz/Gutachten.

Parallel dazu kursierte ein unter Federführung von Hosemann verfasstes Papier der Leiter der Abteilungen, die sich mit Fragen der Strukturforschung befassten. Es enthielt ein Entwicklungskonzept, das den alten Plan Laues wieder aufnahm und vorschlug, das Institut weiter zu einem Zentrum für Beugungs- und Interferenzmethoden der atomistischen und molekularen Strukturforschung auszubauen.[82] 1967 war das Konzeptpapier bereits dem seit 1960 amtierenden MPG-Präsidenten Adolf Butenandt zugeleitet worden. Man wies im Vorschlag nicht zuletzt darauf hin, dass der Plan auch der aktuellen internationalen Forschungsentwicklung entspräche, denn insbesondere in den USA würden die Materialwissenschaften eine intensive Förderung genießen.[83] Das FHI könnte so im Bereich der Elektronen- und Röntgenbeugung das Gegenstück zum Institut Laue-Langevin in Grenoble werden, wo man vor allem Strukturforschung mit Neutronen betrieb. In diesem Zusammenhang wurde auch Brill vorgeworfen, die von Laue gelegten Anfänge nicht weiter entwickelt zu haben, wodurch „das Institut in den folgenden Jahren an Einheitlichkeit und Konzentration verloren (hat)."

Das neue alte Konzept brachten Hosemann und Borrmann auch der Stammkommission zur Kenntnis. Diese trat erstmals am 15. Januar 1968 am FHI zusammen, um das Institut zu besichtigen[84] und MPG-gemäß von den Wissenschaftlichen Mitgliedern, aber nicht von allen Wissenschaftlern, die Meinung zur Zukunft des Instituts einzuholen.[85] Borrmann, Hosemann, Molière und Überreiter beschrieben ihre Arbeitsgebiete und legten ihre Konzepte für die Zukunft des FHI dar – letztere waren weitgehend konform und entsprachen dem Konzeptpapier von 1967. Zusätzlich plädierten sie für die Einführung einer kollegialen Leitung des Instituts – wohl auch, weil sie sich möglichst unabhängige Abteilungen wünschten. In der späteren kommissionsinternen Aussprache vertrat Brill die Meinung, die Arbeitsgebiete von Borrmann und Überreiter wären kein wissenschaftliches Neuland mehr und sollten mit dem Ruhestand der Abteilungsleiter auslaufen. Er setzte sich für eine intensive Bearbeitung der Pioniergebiete in der Katalyse, der Kinetik rascher Oberflächenreaktionen und der Feldemissions-Massenspektrometrie ein, was implizit ein Plädoyer für seinen Protegé Block war. Schließlich sprach er sich für die Berufung von Hans-Dieter Beckey aus, der zusammen mit Block die zukunftsweisende Gruppe am Institut bilden sollte. Das entsprach in etwa auch der Ansicht der Kommission, zumal die eingeholten Gutachten durchweg positiv ausgefallen waren.[86] Konkret schlug die Kommission vor, drei Institutsteile zu

82 Borrmann und Hosemann an Sektions- und Kommissionsvorsitzenden Wolfgang Gentner, 17. Mai 1968. Ebd., „unerledigt".

83 Ebd., Anlage: R. Hosemann, Zur Zukunft des Fritz-Haber-Institutes (Ausarbeitung einer Aktennotiz vom 31.3.1967).

84 Sektionsprotokoll, 23. Februar 1968. MPGA, CPT Akten, Niederschriften der Sitzungen.

85 Niederschrift über die Sitzung der Kommission „Zukunft des Fritz-Haber-Instituts, Berlin – Nachfolge von Herrn Prof. Dr. R. Brill", 15. Januar 1968. MPGA, Abt. II, Rep. 1A –IA5/–, Handakten Gentner, Zukunft des FHI – Nachfolge von Prof. Brill, Protokolle/Unterlagen zu Kommissionssitzungen/Einladungen und Anwesenheitslisten.

86 Z.B. Robert Haul an Wolfgang Gentner, 29. Oktober 1968. MPGA, Abt. II, Rep. 1A –IA5/–, Handakten Gentner, Zukunft des FHI – Nachfolge von Prof. Brill, Korrespondenz/Gutachten.

bilden: einen neuen mit Beckey und Block, einen zweiten mit Ruskas IFE und der dritte Institutsteil sollte die nicht mehr als produktiv angesehenen Abteilungen von Borrmann, Hosemann und Überreiter aufnehmen. Der Status Molières blieb dabei ungeklärt und er sollte sich selbst sein Teilinstitut wählen können. Erst zum Abschluss der Sitzung wurde Ruska um seine Meinung gefragt, der den Umstrukturierungsplänen zustimmte.

Mit den Plänen einer Umorientierung waren die Positionen von langjährigen, aber nicht fest angestellten Mitarbeitern gefährdet. So gab es bereits 1966 eine Abteilungsleiterbesprechung über diese Personengruppe.[87] Vor allem Brill hatte die Habilitation dieser Mitarbeiter gefördert, um ihnen so die Möglichkeit zu geben, sich für Professuren oder andere ihren wissenschaftlichen Fähigkeiten angemessenen Positionen zu bewerben, was natürlich am Institut auch Platz für neue Mitarbeiter geschaffen hätte. Andererseits wurde seitens der Abteilungsleiter und Mitarbeiter die Strategie verfolgt, Dauerstellen einzurichten.

Erster Kandidat für die Nachfolge Brills war der Bonner Physikochemiker Hans-Dieter Beckey. Dieser hatte sich mit neuen und innovativen Methoden der Massenspektrometrie hohes Ansehen erworben und sein Bonner Institut in den vorangegangenen Jahren zu einem führenden Zentrum auf diesem Gebiet zukunftsträchtig ausgebaut, so dass er mit den Möglichkeiten in Bonn sehr zufrieden sein konnte. Dennoch zeigte er sich am Angebot der Max-Planck-Gesellschaft und den Aussichten, das FHI neu auszurichten, sehr interessiert. Allerdings machte er als Vertreter einer neuen Wissenschaftlergeneration klar, dass er sich nicht mehr mit den überbordenden administrativen Pflichten einer alleinigen Institutsleitung belasten wollte. Damit rannte er natürlich offene Türen ein, da somit das Prinzip der Kollegialleitung leichter zu implementieren war. Ganz im Sinne Brills formulierte Beckey als künftigen Arbeitsschwerpunkt die Physik oder physikalische Chemie der Oberflächen.[88] Als neuen Direktoriumskollegen schlug er Erwin Müller vor, der wie beschrieben bereits an der Wende zu den fünfziger Jahren am Institut gearbeitet, doch auch nach seiner Übersiedlung in die USA den Kontakt zu seinen ehemaligen Kollegen gehalten hatte, u. a. durch regelmäßige Besuche in Berlin; keineswegs zufällig hatte man ihn 1957 zum Auswärtigen Wissenschaftlichen Mitglied des Instituts berufen.[89] Müller hatte im Übrigen kritisiert, dass Borrmann das Potential der ehemaligen feldelektronenmikroskopischen Abteilung nicht konsequent ausgeschöpft habe.[90] Er machte aber recht schnell klar, lieber in den USA bleiben zu wollen, und hielt Beckey oder Heinz Gerischer für sehr gute Kandidaten für das Direktorat am FHI, wobei er jedoch bezweifelte, dass diese nach Dahlem wechseln würden. Sein amerikanischer Blick ließ ihn zudem sofort die fast unüberbrückbaren Hindernisse einer grundlegenden

87 Molière an Brill, 7. Februar 1967. Ebd., „unerledigt".

88 Gentner an MPG-Präsident Butenandt, 25. März 1968. MPGA, Abt. II, Rep. 1A -IA5/-, Handakten Gentner, Zukunft des FHI – Nachfolge von Prof. Brill, Korrespondenz/Gutachten.

89 MPG, *Jahrbuch* 1958, S. 56.

90 Müller an W. Gentner, 15. Februar 1967 (eigentlich 1968). MPGA, Abt. II, Rep. 1A -IA5/-, Handakten Gentner, Zukunft des FHI – Nachfolge von Prof. Brill, Korrespondenz/Gutachten.

Umorientierung des Instituts erkennen: „Die arbeitsrechtlichen Beschränkungen dürften für jeden neuen Direktor ein ernstes Problem sein.“[91]

Ende 1968 machte die CPT dann den konkreten Vorschlag, das FHI in die Teilbereiche Oberflächenchemie und -physik, dem nun auch Molière zugeordnet wurde, Elektronenmikroskopie und Strukturforschung zu gliedern sowie das Gesamtinstitut unter kollegiale Leitung zu stellen. Die angestrebten organisatorischen Veränderungen, die auch in einer neuen Satzung zu manifestieren waren, sollten aber erst unter Beteiligung der neuen Direktoren umgesetzt werden. 1968 verteilten sich die Planstellen für Mitarbeiter des FHI folgendermaßen (ohne IFE):[92]

Tab. 4.1. *Planstellen am FHI.*

Strukturforschung		Oberflächen-Elektrochemie		Serviceeinrichtung	
Abt. Becker (ehem. Stranski)	17	Abt. Brill	25	Tieftemperaturlabor Klipping	20
Abt. Borrmann	13	Abt. Molière	13	Werkstätten	49
Abt. Hosemann	18	Ag. Manecke	7	Verwaltung	6
Abt. Überreiter	20	Ag. Vetter	4	Rechenzentrum	4
				Elektroniklabor	2
Gesamt:	68		49		81

Als die Diskussionen um die Zukunft des Instituts ihren Höhepunkt erreichten, stand auch ein Ereignis an, das an die wechselvolle Institutsvergangenheit erinnerte. Am 9. Dezember 1968 jährte sich der Geburtstag Fritz Habers zum hundertsten Mal, was mit einem Festakt im neuen Institutshörsaal gefeiert wurde.[93] An diesem nahmen nicht nur die führenden Repräsentanten der Max-Planck-Gesellschaft und andere hochkarätige Wissenschaftler teil, auch zahlreiche hochrangige Vertreter aus Politik und Wirtschaft waren zugegen. Zu den Ehrengästen gehörte auch Michael Polanyi, der seit der Nachkriegszeit wieder mit dem Institut in Kontakt stand und 1953 gegenüber Laue seine Freude über die Umbenennung des Instituts ausgedrückt hatte.[94]

Auch wenn Laue schon acht Jahre tot war, markiert der Festakt eine Art symbolisches Ende der Ära Laue. Brill hatte für das Frühjahr 1969 um seine vorzeitige Pensionierung ersucht und gleichzeitig die Ernennung von Block zum

91 Ebd.

92 Fritz-Haber-Institut. Personal nach Stand vom 14.5.1968 mit Zahl der unbesetzten Stellen. Ebd., Protokolle/Unterlagen zu Kommissionssitzungen/Einladungen und Anwesenheitslisten.

93 MPG, *MiMax* 6/1969, S. 326–352.

94 Polanyi an Laue, 26. November 1952. MPGA, Nachlass Laue, Nr. 1554.

Abb. 4.26. *100. Geburtstag Fritz Habers am 9. Dezember 1968. V.l.n.r. Adolf Butenandt, Michael Polanyi und Rudolf Brill.*

Wissenschaftlichen Mitglied beantragt. Der Antrag war mit Beckey abgestimmt worden, da zu diesem Zeitpunkt die Berufungsverhandlungen mit ihm noch liefen.[95] Allerdings entschied sich Beckey im Frühjahr 1969, doch nicht nach Dahlem zu kommen und in Bonn zu bleiben. Sehr schnell wurde in Heinz Gerischer eine Alternative gefunden. Nach Einholung der nötigen Gutachten und einer eingehenden Befragung Gerischers wurde dieser schließlich der offizielle Kandidat für die Nachfolge Brills.[96] Dabei war wohl nicht nur die wissenschaftliche Qualifikation Gerischers ausschlaggebend, sondern auch, dass er optimal auf das bereits vorliegende Konzept einging, das Institut zu einem Zentrum für Oberflächenphysik und -chemie auszubauen. Gerischer erklärte sich ebenfalls damit einverstanden, nach einer Übergangszeit die Leitung des Instituts einem Kollegium zu übergeben. Seine Vorschläge zur wissenschaftlichen Ausrichtung des Instituts gingen im Übrigen mit den Plänen der MPG konform, die Festkörperforschung zu intensivieren und die Gründung eines Instituts für Festkörperphysik im Stuttgarter Raum zu betreiben. Damit wurde auf einen von verschiedenen forschungspolitischen Gremien konstatierten Rückstand Deutschlands in der Festkörperforschung und namentlich in der Halbleiterphysik reagiert. Sowohl das 1972 eröffnete Stuttgarter

95 Sektionsprotokoll, 20. Februar 1969. MPGA, CPT Akten, Niederschriften der Sitzungen.

96 Gentner an Gerischer, 10. März 1969 und Gerischer an Gentner, 21. Mai 1969. MPGA, Abt. II, Rep. 1A -IA5/-, Handakten Gentner, Zukunft des FHI - Nachfolge von Prof. Brill, „unerledigt".

Abb. 4.27. *Übergabe des Direktorpostens an Heinz Gerischer, 9. Dezember 1968. V.l.n.r. Erste Reihe: A. Butenandt (mit Amtskette), H. Gerischer, R. Gerischer. Zweite Reihe: Karl-Heinz Herrmann, K. Überreiter, I. Stranski. Vierte Reihe rechts: R. Hosemann.*

Institut als auch die Neuausrichtung des FHI sollten die entsprechenden deutschen Defizite in diesem Forschungsbereich möglichst schnell kompensieren.

Vor diesem Hintergrund kam es nun im Sommer 1969 sehr schnell zum Beschluss der Sektion, dem Senat der Max-Planck-Gesellschaft die Berufung von Heinz Gerischer zum Direktor des Fritz-Haber-Instituts zu empfehlen; in der gleichen Sitzung wurde im Übrigen auch die Ernennung Blocks zum Wissenschaftlichen Mitglied vorgeschlagen, vorausgesetzt, Gerischer würde den Ruf annehmen.[97] Dieses Junktim macht deutlich, dass die Personalfragen wieder eng mit den Sachentscheidungen gekoppelt waren, wobei letztere schon vor den Verhandlungen mit Gerischer und unter wesentlicher Beteiligung von Brill getroffen worden waren.

Die weiteren Schritte wurden nun recht schnell vollzogen: Brills Dienstzeit als Direktor endete am 31. März 1969, mit der kommissarischen Leitung des Instituts wurde Ernst Ruska betraut.[98] Jochen H. Block wurde am 12. Juli 1969 zum Wissenschaftlichen Mitglied und Leiter einer selbständigen Abteilung ernannt, zugleich

97 Sektionsprotokoll, 11. Juni 1969. MPGA, CPT Akten, Niederschriften der Sitzungen.

98 MPG, *MiMax* 1/1969, S. 52 und MPG, *MiMax* 6/1969, S. 361. Butenandt an Brill, 28. März 1969. Präsident Butenandt an Ernst Ruska, 28. März 1969. MPGA, Abt. II, Rep. 1A –IA5/–, Handakten Gentner, Zukunft des FHI – Nachfolge von Prof. Brill, Korrespondenz/Gutachten.

bestätigte der Senat der MPG die Berufung Gerischers zum Direktor des FHI,[99] der den Ruf nach kurzen Verhandlungen am 1. November 1969 annahm. Am 9. Dezember 1969, dem Geburtstag Habers, wurde Brill traditionsbewusst verabschiedet und gleichzeitig Gerischer durch den MPG-Präsidenten Butenandt offiziell in das Amt eingeführt, das er schließlich am 1. Juli 1970 antrat.[100] Damit waren die Weichen für ein neues FHI endgültig gestellt.

99 Butenandt an Gerischer, 16. Juni 1969. Ebd., Protokolle/Unterlagen zu Kommissionssitzungen/Einladungen und Anwesenheitslisten.

100 Senatsprotokoll, 12. Juni 1969. MPGA, Abt. II, Rep. 1A, Senatsprotokolle.

5 Die Rekonstruktion des Fritz-Haber-Instituts

In der Bundesrepublik bahnte sich in den 1960er Jahren ein Generationswechsel an, der mit einer Vielfalt gravierender Veränderungen einherging. Verwiesen sei beispielsweise auf die Anfänge der Massenkonsumgesellschaft, die Entspannungspolitik, die Emanzipationsbewegungen in Schwellen- und Entwicklungsländern oder das weltweite Aufkommen neuer philosophischer Strömungen, neuer politischer Gruppierungen und auch neuer persönlicher Lebensweisen – wozu die Naturwissenschaft z.B. mit der Entwicklung der Anti-Baby-Pille durchaus beitrug.[1] Dieser grundlegende gesellschaftliche Wandel wird gegenwärtig in das kulturelle Gedächtnis eingebunden und häufig mit dem Symbol 1968 verknüpft, doch kündigten sich die damit verbundenen Prozesse schon Jahre vorher an und kulminierten um das Jahr 1970. Etwas modifiziert und zeitverschoben gilt der makroskopische Verlauf auch für das FHI bzw. die gesamte Max-Planck-Gesellschaft. Für das FHI gab Rudolf Brill erste Impulse zu einem grundlegenden Wandel. Das erscheint überraschend, gehörte er doch zur Vorkriegsgeneration, was den Höhepunkt seiner wissenschaftlichen Leistungen, aber auch seine Auffassung über die Führung des Instituts betraf. Auf der anderen Seite steht die Förderung seines jüngeren Mitarbeiters Jochen H. Block, womit er dem neuen Arbeitsgebiet der Katalyse weitere Impulse geben wollte. Die Nachfolge Brills und die mittelfristig anstehenden Emeritierungen der altgedienten Wissenschaftlichen Mitglieder des FHI waren dann der durchaus MPG-übliche Anlass für eine geplante, tief greifende inhaltliche und strukturell-administrative Rekonstruktion.

Der ebenfalls noch zur alten Generation zählende MPG-Präsident Adolf Butenandt sprach 1972 in einem Gratulationsschreiben zum 60. Geburtstag von Rolf Hosemann etwas sibyllinisch davon, dass

> „gerade in diesem Institut durch schicksalsmäßig bedingte Veränderungen und die Besonderheiten der Lage in Berlin gewisse Schwierigkeiten beim Wiederaufbau unvermeidbar gewesen (sind), die mit Hilfe der einsichtigen und verantwortungsbewußten Wissenschaftler aber stets überwunden werden konnten.“[2]

Das FHI war aber in der damaligen Wahrnehmung von MPG-Leitung und CPT-Sektion eines der Probleminstitute. Die über Jahrzehnte gewachsene Abteilungsstruktur des FHI war zersplittert. Im Gegensatz dazu war unter der Präsidentschaft von Adolf Butenandt in der MPG ein Prozess in Gang gekommen, der einer

---

1 Für einen Überblick vgl. Gassert, Klimke, *1968*.

2 Butenandt an Hosemann, 18. April 1972, Privatbesitz Prof. Hans Bradaczek.

gezielten Forschungsplanung und -politik mehr Gewicht einräumte und die Einrichtung von Großinstituten homogener fachlicher Ausrichtung mit kollegialer Leitung förderte.

Neue und auslaufende Forschungsprogramme

Am FHI begann eine Übergangsphase, in der zunächst Heinz Gerischer noch als alleiniger Direktor die Verantwortung für die Neuorientierung des Instituts trug. Schon 1974 wurde allerdings eine Satzungsänderung beschlossen, die eine erste Weichenstellung für die angestrebten Veränderungen darstellte. Das FHI gliederte sich danach in drei Teilinstitute: ein Institut für Physikalische Chemie mit Gerischer, Block und Molière, der anscheinend die Seiten gewechselt und sich gegen den Teilbereich Strukturforschung entschieden hatte; das Institut für Elektronenmikroskopie unter Ruska; und das Institut für Strukturforschung mit Hosemann und Überreiter. Die neue Struktur des FHI war praktisch mit dem Vorschlag identisch, der im Rahmen der Nachfolgeüberlegungen Brill entwickelt worden war.

Gerischer brachte eine ganze Reihe von Mitarbeitern aus München mit und erweiterte dann in Berlin seine Gruppe durch neue Diplomanden und Doktoranden, wobei er von seiner Tätigkeit als Honorarprofessor an TU und FU profitieren konnte. Weiterhin übernahm er auch Arbeitsgruppen der Direktorenabteilung Brills, u. a. die Mitarbeiter von Klaus J. Vetter und Georg Manecke. Beide kannten Gerischer aus ihrer gemeinsamen Zeit bei Bonhoeffer an der Humboldt-Universität. Vetter setzte seine Untersuchungen zur Kinetik von Elektrodenprozessen sowie zur Passivierung und Korrosion der Metalle fort, doch kam es durch seinen frühen Tod im Jahre 1974 zu keiner intensiveren Kooperation mit Gerischer. Die Arbeitsgruppe von Manecke blieb ebenfalls bei ihrem klar definierten und erfolgreichen Arbeitsprogramm der Synthese und Analyse funktionalisierter Hochpolymere. Gerischer übernahm auch die Gruppe Hans Dietrichs, die weiterhin die Struktur von Borverbindungen oder metallorganischer Komplexe mit Neutronen- und Röntgenbeugungsmethoden untersuchte. Auch die aus der ehemaligen Abteilung Stranski stammenden Gruppen um Kurt Becker und Rolf Lacmann, der 1974 als Professor für Physikalische Chemie an die TU Braunschweig wechselte, setzten ihre Studien zu katalytischen Reaktionen insbesondere an Zeolithen bzw. zum Wachstum und Lösungsverhalten von Kristallen fort. Die Autonomie des Tieftemperaturlaboratoriums unter Gustav Klipping[3] verstärkte sich noch. 1978 stellte Klipping z. B. ein heliumgekühltes Infrarot-Teleskop für das Spacelab vor,[4] was seinen weit über das FHI hinausreichenden Tätigkeitsbereich verdeutlicht. Zu seiner Eigenständigkeit trug bei, dass er sich 1970 in seinem Spezialgebiet Kryotechnik an der TU Berlin habilitieren konnte. Trotz seiner eher technischen

3 Klipping, Klipping, *Laboratory*.
4 Klipping, Lemke, Römisch, *Telescope*.

Heinz Gerischer (1919 – 1994)

Heinz Gerischer wurde in der Lutherstadt Wittenberg geboren und besuchte dort das Melanchthon-Gymnasium. Nach dem Abitur nahm er ab 1937 an der Leipziger Universität ein Chemiestudium auf, welches er nach Ausbruch des zweiten Weltkriegs unterbrechen musste. Ab 1941 konnte er weiter studieren und 1944 das Diplom ablegen. Als sogenannter „Halbjude“ konnte er seine Ausbildung nur deshalb abschließen, weil dies von seinem akademischem Lehrer Karl Friedrich Bonhoeffer sowie Professoren wie Friedrich Hund und Werner Heisenberg, aber auch einem Universitätsbeamten gedeckt wurde. Dies ermöglichte ihm, trotz offiziellem Verbot, als private wissenschaftliche Hilfskraft mit seiner Promotion zu beginnen. 1944/45 musste er im Rahmen der Organisation Todt Zwangsarbeit leisten. Im Herbst 1945 nahm er seine Forschungstätigkeit wieder auf, wurde Assistent Bonhoeffers am Institut für physikalische Chemie der Universität Leipzig und promovierte bereits 1946 über oszillierende Reaktionen an Elektrodenoberflächen. Im selben Jahr folgte er seinem Lehrer nach Berlin und wurde dessen Assistent am traditionsreichen Institut für physikalische Chemie der Universität. 1949 ging Gerischer zusammen mit Bonhoeffer an das neu gegründete Göttinger MPI für physikalische Chemie, dessen Mitarbeiter er bis 1953 war. Nach Konflikten mit der Universität Göttingen wegen seiner Habilitation wechselte er als Abteilungsleiter an das MPI für Metallforschung in Stuttgart, wo er sich 1955 an der dortigen Technischen Hochschule habilitieren konnte. 1960 wurde er zum Wissenschaftlichen Mitglied des MPI ernannt und 1962 ging er als außerordentlicher Professor für Physikalische Chemie an die TH München, wo er 1964 auch Ordinarius und Direktor des Instituts für physikalische Chemie wurde. 1969 folgte er einem Ruf der Max-Planck-Gesellschaft und übernahm die Leitung des Berliner Fritz-Haber-Instituts, die er bis zu seiner Pensionierung im Jahre 1987 ausübte. Daneben lehrte er an der TU und FU Berlin und nahm zahlreiche Gastprofessuren wahr; 1971/72 war er zudem Vorsitzender der Bunsen-Gesellschaft.

In seiner Stuttgarter Wirkungszeit hatte Gerischer die Doppelpuls-Methode entwickelt, mit welcher der Ladungsaustausch unabhängig von Diffusions- und Konzentrationspolarisation messbar ist. In der Folgezeit verfolgte er ein breites Spektrum elektrochemischer Fragestellungen, die er mit einer ungewöhnlichen Methodenvielfalt bearbeitete. Im Mittelpunkt seiner Forschungen stand die Katalyseforschung. Mit seinen bahnbrechenden Untersuchungen konnte sich Gerischer zu einem der führenden Elektrochemiker seiner Zeit profilieren. Er starb 75jährig in Berlin.

Ausrichtung genoss Klipping hohes internationales wissenschaftliches Ansehen. Ein derart eigenständig operierendes kryotechnisches Labor kollidierte mit den Planungen, das Profil des FHI zu straffen. Es standen zudem größere Investitionen an, denn die mengenmäßigen Anforderungen an Kühlmittel überstiegen allmählich die Möglichkeiten der veralteten Anlagen, obwohl diese von Klipping und seinen Mitarbeitern stetig verbessert worden waren. Da vor allem die FU Berlin an den Serviceleistungen des Labors interessiert war, wurde in schwierigen Verhandlungen der langfristige Bestand der Einrichtung garantiert und Klipping 1978 zum außerplanmäßigen Professor für Kryotechnik am Fachbereich Physik der FU Berlin ernannt; 1982 überführte man schließlich das Tieftemperaturlabor aus dem FHI an diesen Fachbereich der FU Berlin. Es wurden aber Versorgungsverträge mit dem FHI, das sich finanziell an der neuen Anlage beteiligte, der TU Berlin, dem Hahn-Meitner-Institut und BESSY geschlossen.

Gerischer setzte seine bereits profilierten elektrochemischen Forschungsprogramme zu Elektrodenprozessen sowie zur Photoanregung fort und legte seine eigenen Arbeitsgruppen darauf aus, grundlegende Erkenntnisse zu gewinnen. Er ließ die Arbeiten über die Kinetik schneller Reaktionen fortführen und entwickelte gemeinsam mit Josef Holzwarth die Strömungsverfahren weiter. Darüber hinaus wurde eine neue durch einen Iodlaser initiierte Temperatursprungmethode erarbeitet. Im Vergleich zu den damals üblichen Verfahren bot die Emissionsanregung eine große Anwendungsbreite bis in den Subnanosekundenbereich. Untersucht wurde z. B. die Dissoziation von Wasser, dabei wurde erstmals auch eine direkte Photodissoziation nachgewiesen.[5] Ein weiteres Thema war die temperaturabhängige Dynamik der Struktur von Lipid-Doppelschichten, dem Grundgerüst aller biologischen Membranen.[6]

Angeregt von der Entwicklung der MOS-Transistoren hatte Gerischer ab 1957 mit Untersuchungen von Ladungstransferprozessen an Halbleiterelektroden begonnen, die er in München intensivierte. So hatte er schon anfang der 1960er Jahre den Elektronenübergang zwischen Metall- oder Halbleiterelektroden und Elektrolyt als Tunnelprozess durch die Doppelschicht beschrieben.[7] Diese theoretischen Arbeiten waren bahnbrechend und sind für die Photochemie und Photovoltaik von Halbleitern von großer Bedeutung. In diesem Sinne wurden unter anderem von Bruno Pettinger, der heute Forschergruppenleiter der Abteilung für Physikalische Chemie ist, am FHI Kontakte von Redoxsystemen in Lösung an den sehr dünnen Deckschichten von II–VI Verbindungshalbleitern oder Metallelektroden auch bei Photoanregung analysiert.[8] Zu diesem Arbeitsgebiet zählte auch das damals weitgehend unbekannte elektrochemische Verhalten sulfidischer Halbleiter. So konnte Helmut Tributsch den Mechanismus aufklären, nach dem Bakterien sulfidische Erze oxidieren.[9]

5 Frisch, Goodall, Greenhow, Holzwarth, Knight, *Single-Photon.*
6 Eck, Genz, Holzwarth, *Jodine Laser.*
7 Gerischer, *Halbleiter I.* Gerischer, *Halbleiter II.* Gerischer, *Halbleiter III.*
8 Pettinger, *Tunnelprozesse.*
9 Tributsch, *Desintegration.*

Klassische elektrochemische Methoden haben den Vorteil, dass man sie in situ auf die Oberfläche in der elektrochemischen Zelle anwenden kann; dagegen sind spektroskopischen Verfahren wegen der geringen Durchlässigkeit des Elektrolyten enge Grenzen gesetzt. Deshalb wurden Versuche unternommen, die Elektrodenfläche außerhalb der Zelle im Ultrahochvakuum zu untersuchen. Es wurde gezeigt, dass die Oberflächenverhältnisse unter günstigen Bedingungen sogar im Ultrahochvakuum stabil bleiben. Daher konnten z.B. Karl Jacobi und Wolfgang Ranke Adsorptions- und Oxidationszustände von Metall- und Halbleiterkristallen wie GaAs oberflächenspezifisch und winkelaufgelöst spektroskopieren.[10] An die Untersuchungen zu Metall- und Halbleiterelektroden schlossen sich die Experimente zur Photoreaktion an Grenzflächen an. Dazu wurden Photoelektronenemissionen aus Metallen und Halbleitern in umgebende Elektrolyten analysiert, die richtungsabhängigen Photoemissionsausbeuten erlaubten Aussagen über das Verhalten angeregter Elektronen und Defektelektronen.[11] Daneben untersuchte Gerischer zusammen mit Karl Doblhofer die Elektrochemiluminiszenz an Elektroden in nichtwässrigen, Alkali- und Erdalkalikationen enthaltenden Elektrolyten und erklärte den Mechanismus.

Nach den Ölkrisen der siebziger Jahre waren Gerischers Arbeiten über elektrochemische Solarzellen von besonderem praktischen Interesse. Er berechnete und

Abb. 5.1. *V.l.n.r. Jochen H. Block, Heinz Gerischer, Erwin W. Müller, 1976.*

10 Jacobi, Ranke, *GaAs Surfaces.*
11 Sass, *Photoemission.*

prüfte mit Mitarbeitern wie Tributsch und Jürgen Gobrecht diese Möglichkeit zur Energiegewinnung und baute „nasse“ Versuchssolarzellen mit beachtlichem Wirkungsgrad. Es gelang, die Lichtabsorption mit einer Redoxreaktion zu koppeln. Die Energie ließ sich so mit nur wenig Verlust chemisch z. B. als Wasserstoff speichern.[12] Helmut Tributsch hatte an der TH München promoviert und war nach Forschungsaufenthalten in Amerika ab 1978 Mitarbeiter der Abteilung für Physikalische Chemie. 1982 wurde er Professor für physikalische Chemie der FU Berlin. Sein Forschungsinteresse an Solaranlagen und solarer Energetik spiegelt diese Arbeitsrichtung Gerischers wider. Das Hauptproblem der photoelektrochemischen Zellen war die mangelnde Korrosionsbeständigkeit der Elektroden. Es wurden verschiedene Halbleiter getestet und interessante Ergebnisse zu elektronischen Eigenschaften der Kristalle, zur Korrosion und zur Kinetik von Redoxreaktionen an der Phasengrenze erhalten. Wie breit das Konzept Gerischers angelegt war, zeigen seine Untersuchungen zur Umwandlung der chemisch gespeicherten Energie mit Brennstoffzellen. Hier sollten teure Edelmetallkatalysatoren ersetzt werden. An der Abteilung für Physikalische Chemie wurden organische Katalysatoren gefunden, die aber wegen ihrer geringen Leitfähigkeit stabil in dünnen Schichten auf Metallelektroden aufgebracht werden mussten. Die elektrochemische Analyse von Polymerschichten auf dünnen Metallelektroden wurde zum Hauptarbeitsgebiet Karl Doblhofers, späterer Forschergruppenleiter am FHI, der bis zu seinem Ruhestand im Jahre 2001 am Institut wirkte.[13]

Ladungsübertragungen an Grenzschichten behandelten auch die Untersuchungen zur Ladungsinjektion in dotierte Molekülkristalle aus kondensierten Aromaten wie Naphthalin oder Perylen, z. B. durch mit Laserblitzen angeregten Farbstoffmolekülen. Es zeigte sich die Möglichkeit, Farbstoffmoleküle zu adsorbieren und mit einem Energieübertragungssystem elektrischen Strom zu gewinnen. Bei Gerischer wurden Mechanismus und Kinetik der Hauptreaktionsschritte untersucht. Derartige Vorgänge sind weit verbreitet und treten z. B. bei der Photosynthese oder bei fotografischen Verfahren auf. Es überrascht nicht, dass einige Mitarbeiter Gerischers wie Tributsch, Frank Willig, später Gruppenleiter am Hahn-Meitner-Institut, oder Laurence Peter, später Professor für physikalische Chemie der University of Bath, anerkannte Experten für Solarzellen, Photoelektrochemie und elektrochemische Energieübertragung wurden.

Ein weiterer Arbeitsbereich Gerischers, den er im Hinblick auf das Institutskonzept ausbaute, war die Untersuchung für die heterogene Katalyse relevanter Grenzflächen- und Adsorptionsreaktionen. Mit neuen spektroskopischen Methoden sollte auch die lokale Struktur und Orientierung der Oberflächenadsorbate analysiert werden. So wurden Verfahren wie die Photoelektronen-Spektroskopie, die hochauflösende Energieverlust-Spektroskopie (HRELS), die Auger-Elektronen-Spektroskopie und die oberflächenverstärkte Ramanspektroskopie (SERS) eingesetzt und gaben Informationen über die optischen, vibronischen oder elektronischen

12 Gerischer, Gobrecht, Kautek, *Semiconducting Materials.*
13 Z. B. Doblhofer, *Membrane-Type Coatings.*

Eigenschaften der Grenzflächen. SERS nutzt ein erst 1974 entdecktes Phänomen an speziell präparierten Oberflächen bestimmter Metalle aus. Pettinger arbeitete in diesem Bereich und wurde zu einem Spezialisten für die Raman-Spektroskopie.

Die im Ultrahochvakuum durchgeführten Verfahren, zu denen noch die Untersuchung durch Beugungserscheinungen langsamer Elektronen (LEED), die Reflexion von in flachem Winkel einfallenden energiereichen Elektronen (Reflected High Energy Electron Diffraction, RHEED) und die Photoemissions-Spektroskopie mit Synchrotronstrahlung zählen, konnten hinreichend detaillierte topographische Informationen geben. Mitglieder der Abteilung wie Dieter M. Kolb oder Frank Forstmann, ab 1974 Universitätsdozent und später Professor am Institut für Theoretische Physik der FU Berlin, nutzten solche Methoden. Kolb, der in München bei Gerischer promoviert hatte, wurde 1971 wissenschaftlicher Mitarbeiter in Gerischers Abteilung und später auch Arbeitsgruppenleiter. Der Fachbereich Chemie der FU ernannte ihn 1984 zum außerplanmäßigen Professor und 1990 wurde er Professor und Leiter der Abteilung Elektrochemie an der Universität Ulm. Die Mitarbeiter Gerischers analysierten z. B. Metall-Einkristallelektroden in verschiedener kristallographischer Orientierung und die charakteristischen Reflexionen von epitaktischen Monoschichten aus Metallatomen. Kolb baute mit Forstmann und Wilfried Schulze, der bei Klipping promoviert hatte und danach zur Abteilung für Physikalische Chemie wechselte, die Matrixisolationsspektroskopie als eine neue Forschungsmethode am Institut auf. Dabei werden Atome, Moleküle oder ihre Aggregate gemeinsam mit einem inerten Trägergas kondensiert, so dass sie in isolierter Form spektroskopischen Untersuchungen zugänglich sind.[14] Die elektronischen Verhältnisse in Mikroclustern ließen Rückschlüsse auf die katalytische Aktivität zu, weil sie Modelle mit überschau- und weitgehend berechenbaren Verhältnissen boten.

Messungen an adsorbatbedeckten Elektroden führten zur Identifizierung von Überstrukturen, welche Aussagen zur geometrischen Lage der chemisorbierten Moleküle zuließen. Das war der Arbeitsbereich, in denen die später noch ausführlicher zu erwähnenden Mitarbeiter Alexander Bradshaw, Karsten Horn und Harm Hinrich Rotermund tätig waren – letzterer nahm 2003 einen Ruf als Professor für Physik an der Dalhousie University in Halifax an. Letztlich konnten der Bindungsort, Dissoziationsgrad, die räumliche Lage sowie die lateralen Bewegungen und Umorientierungen von an Metallen oder Halbleitern adsorbierten Molekülen wie CO, O_2 oder N_2 aufgeklärt werden.

Die Arbeiten seiner Abteilung zeigen, dass Gerischer elektrochemischen Fragestellungen mit ungewöhnlich vielfältigen Methoden nachging und dabei einen der Institutsausrichtung entsprechenden Schwerpunkt im Bereich der Katalyseforschung ausbildete. Trotz gesundheitlicher Probleme blieb er auch nach seiner Emeritierung im Jahre 1987 dem Institut verbunden. Sein Kollege Jochen H. Block, der zusammen mit Gerischer den Keim des neuen, auf Grenzflächenforschung

14 Gerischer, Kolb, Schulze, *Optical Absorption.*

Abb. 5.2. *Jochen H. Block, links, und Kurt Becker bei dessen Emeritierung am 25. April 1986.*

und Katalyse ausgerichteten Instituts bildete, führte eine eigene, auf sein engeres Arbeitsgebiet spezialisierte Mitarbeitergruppe.

Block konnte die spätere Abteilung für Grenzflächenreaktionen aus seiner bereits bei Brill etablierten Arbeitsgruppe entwickeln. Nach einer Anlaufphase stieß noch die Arbeitsgruppe um Kurt Becker dazu. Becker setzte sein Programm zur Untersuchung der heterogenen Katalyse insbesondere an Zeolithen fort. Diese Alumosilikate werden u. a. in der petrochemischen Industrie als Katalysatoren eingesetzt. Bei den Studien wurde vor allem ihre Struktur, Stabilität und Reaktivität untersucht. Zum Verständnis des Katalysemechanismus trugen Versuche zur Reaktionskinetik und zur Vergiftung des Katalysators bei. Beckers Gruppe fand die Ursache der begrenzten Lebensdauer der petrochemischen Zeolith-Katalysatoren in einer Selbstvergiftung durch polymerisierte olefinische Reaktionsprodukte.[15] Hellmut G. Karge, der 1996 in Ruhestand ging, war ein besonders produktives

15 Karge, Ladebeck, *Mordenite*.

Mitglied der Gruppe. So modifizierte er u. a. Zeolithe durch Ionenaustauschverfahren und verbesserte damit Lebensdauer und Selektivität der Katalysatoren.

Erster Schwerpunkt der Arbeiten Blocks war das Verhalten von Oberflächen in starken elektrischen Feldern, gegeben durch das Modellsystem der Feldelektronen- und Feldionenmikroskope, sowie der Feldionen-Massenspektrometrie. Die Felddesorption lässt Aussagen über die elektronischen Eigenschaften der Oberflächen oder Oberflächenadsorbate zu und die atomare Auflösung der Methode erlaubte eine sehr genaue lokale Analyse kristallographisch wohl definierter Oberflächen. Die Substrate mussten allerdings in Form entsprechend präparierter dünner Nadeln darstellbar sein. Da die Photoanregung der Feldionenbildung mit Licht, Synchrotronstrahlung oder Laserimpulsen keine Eindringtiefe zeigt, wurde sie als allein auf die Oberfläche wirkendes Verfahren angewendet. Es wurden bei verschiedenen Temperaturen Proben aus Wolfram, Silber oder Aluminiumoxid analysiert, an die Gase wie H_2, O_2, H_2S oder Ethylen adsorbiert waren. Später wurden auch Supraleiter untersucht.[16] Ein langjähriger Mitarbeiter im Bereich der Photo-Feldemission war Wolfgang Drachsel, später Forschergruppenleiter in der Abteilung von Hans-Joachim Freund und bis 2004 am Institut tätig.

Zentrales und beständiges Arbeitsgebiet war die heterogene Katalyse, für die sich Block als Mitbegründer und erster Vorsitzender der DECHEMA-Fachsektion Katalyse schon früh interessiert hatte. Block ließ zum Testen der Feldemissionsmethode zunächst einfache Systeme wie die Adsorption von Edelgasen oder die Chemisorption von CO bearbeiten, welche signifikante Unterschiede zur entsprechenden Reaktivität ohne elektrisches Feld zeigten. Die Experimente wurden durch theoretische Modelle einer „Hochfeldchemie" gestützt. Dabei bestand eine enge Zusammenarbeit mit Hans Jürgen Kreuzer, Professor für Theoretische Physik an der Dalhousie University in Halifax/Canada, der 1988 zum Auswärtigen Wissenschaftlichen Mitglied des FHI ernannt wurde. Bei Block wurden die flächenspezifische Adsorption und Chemisorption verschiedener kleiner Moleküle an Metalloberflächen untersucht, die in der heterogenen Katalyse von entscheidender Bedeutung sind. Dazu waren Verfahren nötig, welche die Empfindlichkeit des Nachweises steigerten. Deshalb wurde das Feldionenmikroskop mit einer Art Atomsonde ausgestattet und zu einem Feldionen-Energiespektrometer ausgebaut, das räumliche und energetische Informationen über einzelne Oberflächenatome an definierten Plätzen der Mikroskopspitze erbrachte. Ein Modellsystem der induzierten Felddesorption war die Bildung von einfach und mehrfach geladenen Wasserstoffionen. Bei linearen H_3^+ Ionen im hohen Feld wurde festgestellt, dass sich die H_{3ad} Spezies an der Sondenoberfläche aufrecht linear anordnen.[17] Norbert Kruse, ab 1977 fast zehn Jahre in Berlin und mit dem FHI verbunden, heute Professor für Chemische Physik an der Université Libre de Bruxelles, gehörte zu den Mitarbeitern Blocks, die sich mit der Kinetik von Reaktionen an Metalloberflächen beschäftigten.

---

16 Bozdech, Ernst, Melmed, *Field Ion.*

17 Block, Bozdech, Ernst, Kato, *Formation.*

Abb. 5.3. *Jochen H. Block, 1979.*

Block legte großen Wert auf moderne technische Ausrüstung, so dass an seiner Abteilung für Grenzflächenforschung noch weitere vorwiegend mit der Feldelektronen- oder Ionenemission verbundene Methoden verwendet wurden. Bei Block entwickelte Feldpulsverfahren ermöglichten den Einsatz der Flugzeit-Massenspektroskopie,[18] die durch eine Variante ergänzt wurde, bei welcher zur exakteren Massenbestimmungen ein laserangeregter Photoemitter den Hochspannungs-Pulsgenerator ersetzte.[19] Für die Photoemission mit UV-Licht wurde Synchrotronstrahlung am HASYLAB des DESY und am BESSY (vgl. unten) verwendet. Durch die Kombination von gepulster Desorption mit Flugzeit-Massenspektrometrie und digital bearbeiteter Bilddarstellung der desorbierten Ionen ließen sich Bildungsplätze unterschiedlicher Moleküle exakt ermitteln. Die zunehmende Bedeutung der Computertechnik bei der Instrumentenentwicklung lässt sich daran ablesen, dass 1988/89 an der Abteilung für Grenzflächenreaktionen 8 Diplomarbeiten zu Rechnern und Rechnernetzwerken betreut wurden.

Direkte Verbindung zu Arbeiten der Abteilung Gerhard Ertls zeigten die kinetischen Beobachtungen zur Umsetzung von CO mit O_2 an Platinmetalloberflächen. Die lokalen Reaktionsoszillationen (vgl. unten) werden auch über die Gasphase synchronisiert, was durch Kopplungsserscheinungen zweier nur über die Gasphase verbundener Vergleichskristalle gezeigt werden konnte.[20] Das „PEEMchen", über das auch eine Verbindung zu den Arbeiten an der Abteilung für Elektronenmikroskopie bestand (vgl. unten), wurde u. a. für die Analyse solcher Phänomene verwendet. Die Arbeiten zu instabilen Reaktionen an Oberflächen wurden in Kooperation mit Klaus Christmann, Professor an der FU Berlin und Schüler Ertls, unternommen. Zur Untersuchung der Oberflächenabsorptions- und -desorptionskinetik diente auch die Röntgen-Photoemissions-Spektroskopie (XPS), bei der Röntgenstrahlung als Auslöser der Photoemission benutzt wird.

18 Abend, Block, Cocke, *Time-of-Flight.*
19 Song, *photonenstimulierte Felddesorption.*
20 Block, Christmann, Ehsasi, Frank, *Oszillators.*

Mit dem Instrument konnten z.B. neue Erkenntnisse bei der Untersuchung der dissoziativen Chemisorption des Stickstoffs an einer Fe (111) Oberfläche bei den hohen beim Haber-Bosch-Verfahren verwendeten Temperaturen gewonnen werden.[21] Ein später weiter entwickeltes Röntgen-Feldemissions-Spektrometer wird heute in der Abteilung Anorganische Chemie verwendet (Vgl. Kap. 6.). Darüber hinaus begannen 1987 in Kooperation mit IBM in der Schweiz auch erste Versuche, die Möglichkeiten des 1981 erfundenen Rastertunnelmikroskops in der Grenzflächenforschung auszuloten.[22]

Der frühe Tod Jochen H. Blocks im Sommer 1995 lässt offen, ob die vorhandenen Neuansätze den Arbeiten am FHI neue Impulse gegeben hätten. Die mit ihm verbundene wissenschaftliche Fachgemeinde bestätigte jedenfalls noch einmal das Ansehen, das er genoss, denn die DECHEMA-Fachsektion Katalyse, später die Deutsche Gesellschaft für Katalyse verleiht seit 1997 jährlich den Jochen-Block-Preis, einen Förderpreis für junge, auf dem Gebiet der Katalyse tätige Wissenschaftler. Im Jahr 1998 war mit Werner Weiß auch ein Mitarbeiter des FHI Preisträger. Neben den Gruppen um Block und Gerischer gab es am FHI in den 1970er Jahren noch die Abteilungen oder Institutsteile mit zum Teil sehr langer ungebrochener Forschungstradition. In Kurt Molières Abteilung für Elektronenbeugung, die in diese Gruppe einzuordnen ist, drückte sich die wissenschaftliche Kontinuität in Arbeiten zur elastischen und unelastischen Beugung schneller (HEED) und langsamer Elektronen (LEED) aus; ein Gebiet in dem er schon seit den 1930ern aktiv war und internationalen Ruf genoss. Da insbesondere LEED hervorragend für Untersuchungen von Oberflächenenergiestrukturen geeignet ist, passte das Arbeitsprogramm prinzipiell auch in das Teilinstitut für Physikalische Chemie.

Schwerpunkt der Untersuchungen wurde folgerichtig die Physik und Chemie der Festkörper-Oberflächen, insbesondere die Untersuchung der Strukturen von Kristalloberflächen und Adsorptionsschichten, bei der nun auch photoemissionsspektroskopische Methoden eingesetzt wurden. Auch hier war die winkelaufgelöste Anwendung wichtig zur Bestimmung der geometrischen Verhältnisse an Oberflächen und bei Oberflächenreaktionen.[23] So gab es in einzelnen Fällen thematische Verbindungen und Kooperationen mit Mitarbeitern Gerischers und im Bereich der HEED und Elektronenoptik auch zum Institut für Elektronenmikroskopie.[24] Daneben setzten langjährige Mitarbeiter wie Günter Lehmpfuhl oder Kyozaburo Kambe das alte Forschungsprogramm der Untersuchung von Kristallstrukturen mittels Beugungserscheinungen schneller Elektronen fort. Dabei wurden theoretisch komplexe Zusammenhänge vor allem auf Basis von Blochwellen und Rechnungen zur Elektronendichteverteilung analysiert.[25] Zeittypisch spielten auch hier Computer eine zunehmende Rolle. Die Kooperationen erleichterten nach Auflösung der früheren Abteilung Molière die Eingliederung ihrer Mitarbeiter in

21 Golze, Grunze, Hirschwald, Polak, *XPS-Study*.
22 Z.B. Gimzewski, Sass, Schlittler, Schott, *Scanning Tunneling*.
23 Forstmann, Kambe, Scheffler, *Angle Resolved Photoemission*.
24 Fujimoto, Kambe, Lehmpfuhl, Uchida, *Dunkelfeldtechnik*.
25 Z.B. Fujimoto, Kambe, Lehmpfuhl, *Electron Channeling*.

Abb. 5.4. *V.l.n.r. Matthias Scheffler, Karl Doblhofer, Edith und Kurt Molière, Elmar Zeitler, 1992.*

andere Bereiche des FHI. Kyozaburo Kambe, Betreuer der Dissertation von Matthias Scheffler, wechselte z.B. im Jahr 1988 an die neu gegründete Abteilung Theorie (Vgl. Kap. 6).

Bei Kurt Überreiter betrieb man weiterhin Forschungen zu den thermodynamischen Eigenschaften der Polymere und ihrer Lösungen. Überreiter ließ darüber hinaus Themen wie kristallisationsverzögernde und -beschleunigende Strukturelemente oder die Zusammenhänge zwischen Molekularstruktur und makroskopischen Eigenschaften untersuchen. Es wurde u.a. erstmals an Polymerlösungen ein Einfluss der Konfiguration auf die Oberflächenspannung gemessen.[26] Mitarbeiter der Abteilung konstruierten eine Reihe von Instrumenten wie Hochdruckdilatometer,[27] Differentialrefraktometer und Rotationsebullimeter. Theoretische Beiträge zum Verständnis der inneren Struktur von Makromolekülen leisteten Monte-Carlo-Rechnungen an Computermodellen, die u.a. auch Hideto Sotobayashi durchführte, der bereits 1957 ans FHI gekommen war, dort bis zu seiner Pensionierung 1994 arbeitete und auch darüber hinaus Berlin treu blieb. Er hat als junger Schüler den Abwurf der Bombe in Hiroshima am 6. August 1945 überlebt und in jüngster Zeit damit begonnen, mit beeindruckenden Schilderungen vor dem unbedachten Einsatz atomphysikalischen Wissens zu warnen.

Gerhard Borrmann, der am Institut schon seit 1951 eher zurückhaltend agiert hatte, war bereits 1970 vorzeitig in Ruhestand gegangen. Seine Abteilung hatte

26 Überreiter, Yamaura, *Surface Tension.*
27 Karl, *Hochdruckdilatometer.*

Abb. 5.5. *Rolf Hosemann, links, und Gerhard Hildebrandt, 1987.*

zumindest formal unter der Leitung von Gerhard Hildebrandt weiter bestanden, der die Arbeiten zur Röntgenfeinstrukturuntersuchung fortsetzte. Michael Drechsler mit seiner Gruppe gehörte ebenfalls zu diesem Rest der Borrmann-Abteilung, die 1974 der Gruppe Hosemanns angegliedert wurde. Dort baute Hildebrandt das Projekt der Röntgentopographie mit konventioneller und mit Synchrotronstrahlung aus. Zunächst wurden die Experimente am Speichering DORIS des DESY in Hamburg gemacht. Dann bekam die Gruppe die Erlaubnis, am HASYLAB, das 1981 am DORIS eingerichtet wurde, einen Arbeitsplatz zu benutzen.

Der Kern der Abteilung Hosemanns, die 1971 vom alten Institutscampus in das Hintergebäude des ehemaligen KWI für Faserstoffchemie umzog, konzentrierte sich weiter auf die Parakristallforschung. Neue theoretisch begründete Regeln, Analysemethoden und computergestützte Interpretationen verfeinerten die Strukturanalysen an synthetischen Polymeren, Biopolymeren, Katalysatoren und Schmelzen. Sie sollten die Häufigkeit mikroparakristalliner Bereiche in der Natur weiter untermauern und auf die Vorteile des Konzepts gegenüber verschiedenen etablierten Lehrmeinungen aufmerksam machen. Doch die Bemühungen Hosemanns um breitere Unterstützung blieben erfolglos. Nach Auflösung der Abteilung Parakristalle im Jahre 1980 konnte er an der in unmittelbarer Nachbarschaft gelegenen Bundesanstalt für Materialforschung und -prüfung ein Institut für Parakristallforschung gründen und seine Forschungen bis zu seinem gesundheitsbedingten Rückzug im Jahre 1987 fortsetzen.

Abb. 5.6. *1997 wurde das Hintergebäude Faradayweg 16, in das die Abteilung Hosemann 1971 umgezogen war, abgerissen um Platz für den Neubau der Chemischen Physik zu schaffen.*

Das Institut für Elektronenmikroskopie zwischen Technik und Wissenschaft

Die Emeritierung Ernst Ruskas stand zum Ende des Jahres 1974 unwiderruflich an. Der Druck in Richtung einer Neuorientierung des FHI wurde durch den neuen und tatkräftigen MPG-Präsidenten Reimar Lüst verstärkt, da dieser die unter Butenandt noch sehr vorsichtig angegangenen Reformversuche mit größerer Intensität und Konsequenz betrieb. Dies rief bei vielen älteren, konservativen Mitgliedern der MPG einige Befürchtungen hervor. Im Vordergrund der neuen Agenda stand die zeitgemäße Ausrichtung und Leitung der Institute; auch musste auf die Forderung der Mitarbeiter nach Mitbestimmung reagiert werden. Als Konsequenz wurden nun erstmals auch am FHI die wissenschaftlichen Mitarbeiter offiziell über Entscheidungsprozesse der Institutsleitung informiert und Hellmut G. Karge, der als Doktorand Stranskis an das FHI gekommen war, wurde als Mitarbeitervertreter in die Chemisch-Physikalisch-Technische Sektion (CPT) und dort auch zum Vertreter der Mitarbeiter in den Senat der MPG gewählt. Der neue Schwung der MPG unterstützte die Umorientierung unter Gerischer. Lüst betonte die Regelung, nach der das Pensionsalter für Wissenschaftliche Mitglieder nicht mehr verlängert werden sollte, was den anstehenden Generationswechsel und die Neuorientierung nicht nur am FHI beschleunigte. Im Falle des FHI trug diese konsequente Haltung u. a. dazu bei, den von Rolf Hosemann in Form von Gegenvorschlägen bis hin zu Presseaktionen zäh vorgebrachten Widerstand gegen die Neuausrichtung einzudämmen.

Meinungsverschiedenheiten gab es ebenfalls bei der Regelung der Nachfolge Ruskas, denn am IFE sollte eine grundlegende Veränderung stattfinden – wie so oft war auch in diesem Fall die Personalentscheidung mit inhaltlichen Fragen verknüpft. Die Mitarbeiter Ruskas waren in einem spezifischen Arbeitsstil groß geworden, der eher den Gepflogenheiten in der Industrieforschung entsprach als denen eines wissenschaftlichen Instituts. Mit dem Renommee Ruskas, seinen bahnbrechenden konstruktiven Arbeiten und dem über Jahre angesammelten Knowhow hoch spezialisierter Mitarbeiter genoss das IFE einen einzigartigen Ruf in der internationalen Elektronenmikroskopie, auch wenn die Mehrheit der Wissenschaftler die technische Ausrichtung für übertrieben hielt. Die CPT-Sektion richtete zwei Kommissionen ein: eine beschäftigte sich mit der Nachfolge Ruskas und die andere hatte weiter die künftige Ausrichtung des FHI im Auge, beide arbeiteten aber Hand in Hand. Die konsultierten Experten waren mehrheitlich der Meinung, dass die Elektronenmikroskopie am FHI stärker mit wissenschaftlich-experimentellen Forschungen verbunden werden sollte. Ruska, wie auch die Mehrzahl seiner Mitarbeiter, wollte die Ausrichtung des Institutes dennoch nicht völlig verändert sehen. Allerdings hatte sein designierter Nachfolger Wolfgang Dieter Riecke das IFE bereits 1970 in Richtung Baden-Baden verlassen, wo man ihm ein eigenes Institut mit Hochleistungsmikroskop versprochen hatte, das auf felsigem Grund im Schwarzwald erschütterungsfrei aufgestellt werden sollte. Riecke meinte, dass in Berlin wegen der starken Bodenerschütterungen prinzipiell keine atomar auflösende Elektronenmikroskopie möglich wäre.

Ruska war enttäuscht, aber nicht entmutigt, verfügte er doch noch über genügend Einfluss, um für sein Institut zu kämpfen. Er versuchte Karl-Heinz Herrmann zu seinem Nachfolger aufzubauen, den er 1971 von der Siemens-Forschungsabteilung ans IFE geholt hatte. Darüber hinaus gelang es Ruska, die Finanzierung des 1974 fertig gestellten neuen Gebäudes der Elektronenmikroskopie zu sichern. In dessen doppelwandigen Türmen konnten zwei DEEKO Elektronenmikroskope in großen Stahlkäfigen an Seilen schwingungsfrei aufgehängt werden. Die Mikroskope waren fest mit der erheblichen Masse der Stahlkäfige verbunden, während der Beobachter auf einem im Turm eingezogenen Boden stand und somit als potenzielle Störquelle vom Instrument mechanisch entkoppelt war. Darüber hinaus konnte man in einem der Türme den Käfig auch auf ein tief im Boden verankertes Stehpendel setzen. Weiterhin wurde der lange, röhrenförmige Grundkörper der Mikroskope durch ein patentiertes dreibeiniges Stativ stabilisiert[28] und die Hochspannungs- und Stromversorgung war störungsminimierend weit entfernt vom Instrument untergebracht. Kurz nach der Fertigstellung des Gebäudes waren solche aufwändigen Türme technisch nicht mehr erforderlich,

28 Ruska, *Foundations*.

Abb. 5.7. *Ernst Ruska beobachtet den Einbau eines Käfigs in einen der Mikroskoptürme, 1974.*

so dass Ruskas Türme weltweit einzigartig blieben. Die beträchtlichen Investitionen machten es nicht leichter, die auf Ruska zugeschnittene Ausrichtung des IFE zu ändern. Es ist nicht auszuschließen, dass Ruska bei seinen Bemühungen um den Neubau auch dies im Auge hatte.

Das IFE blieb so über das Ende seiner Dienstzeit hinaus von Ruska geprägt. 1972 war zudem mit der Konstruktion eines neuen, mit 250 kV Beschleunigungsspannung arbeitenden Einfeld-Kondensormikroskops begonnen worden. Dieses DEEKO 250 sollte eine Auflösung um 1 Ångström möglich machen. Diverse Schwierigkeiten verzögerten die Entwicklung, so dass es erst um 1980 unter Ruskas Nachfolger in Betrieb genommen werden konnte. Das DEEKO 100 wurde dagegen erfolgreich bis an seine theoretische Leistungsgrenze ausgereizt, was in Zusammenhang mit den Türmen beste Beobachtungsbedingungen schuf. Herrmann entwickelte darüber hinaus Bildverstärkungsverfahren, wobei er auf seine Erfahrungen

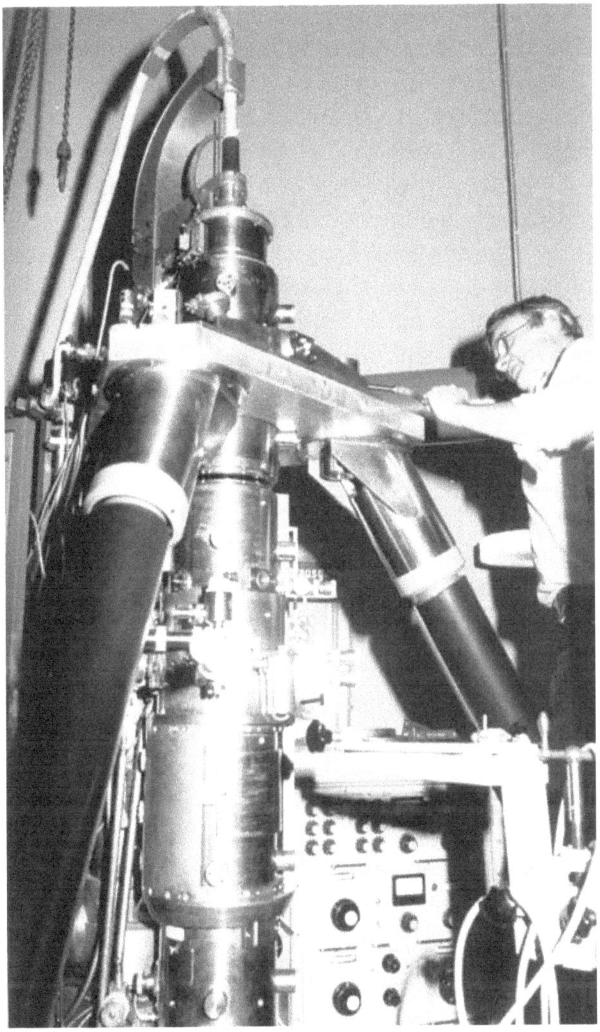

Abb. 5.8. *Abbau des DEEKO 100 in Jahr 1996, mit Klaus Weiß. Man erkennt deutlich das stabilisierende dreibeinige Stativ.*

bei Siemens aufbauen konnte.[29] Zu den Entwicklungen der frühen 1970er Jahre gehörte auch eine von Hans Günther Heide konstruierte, mit Helium gekühlte Einfeld-Kondensorkryolinse, mit der im Bereich von etwa 6 bis 300 K thermostabilisiert beobachtet werden konnte. Ruska vereinbarte mit Alfred Seeger, Direktor des Stuttgarter MPI für Metallforschung, dass im Zuge MPG-interner Hilfe von den bewährten Werkstätten des IFE parallel eine zweite Kryolinse für das Stuttgarter 650 kV Mikroskop gebaut werden sollte. Knut Urban, damals Doktorand am MPI in Stuttgart, wurde dazu nach Dahlem geschickt und in die Konstruktionsarbeiten

29 Herrmann, *Bildverstärker.*

eingebunden. Mit der Kryotechnik ließen sich sowohl thermische Vibrationen als auch Strahlenschäden stark reduzieren, so dass auch empfindliche biologische Objekte untersucht werden konnten. Die ersten Experimente mit Bakterien wurden zusammen mit dem Veterinärmediziner Siegfried Grund unternommen.[30]

Dieter Krahl, der wie Herrmann kurz vorher von Siemens ans IFE gekommen war, begann noch unter Ruska mit der Entwicklung von Energiefiltern, die in der Lage waren, Elektronen unterschiedlicher Energie in exakt monochromatische Anteile zu trennen. Dabei wurde er von jungen Wissenschaftlern unterstützt. Das Herausfiltern der von der Nennspannung abweichenden Elektronen verbesserte nicht nur die Bildqualität, sondern hatte auch Potential zur Elektronenverlustspektroskopie mittels ausgefilterter Elektronen, die einen Teil ihrer Energie beim Zusammenstoß mit den Teilchen des Präparats verloren haben. Der von Krahl nach theoretischen Berechnungen bei Harald Rose an der TU Darmstadt entwickelte und 1975 fertig gestellte Filter arbeitete erstmals rein magnetisch. Es war daher im Gegensatz zu den bereits bekannten elektrostatischen Monochromatoren für die boomende Hochenergiemikroskopie geeignet. Eine weiter entwickelte Konstruktion, inzwischen Omega Filter genannt, wurde 1988 an die Firma Zeiss in Oberkochen übergeben, die ihre Mikroskope damit ausrüstete. Heute gehören derartige Filter zum Standard der Hochenergieelektronenmikroskopie. Seit Anfang der 1970er Jahre versuchte Wilfried Engel in einem anderen Projekt, die Konstruktion eines 100 kV Abtast-Durchstrahlungselektronenmikroskops (STEM) mit Feldemissionskathode voran zu bringen, das hervorragende Auflösung einzelner Schweratome versprach. Erste Arbeiten führten zu einer geeigneten Feldemissionsstrahlenquelle. Daneben testete Siegfried Grund 1974 das Photoelektronen-Emissionsmikroskop Engels an dünnen Gewebeschnitten.[31] Die Präparate wurden ohne die sonst übliche Färbung mit Schwermetallverbindungen kontrastreich abgebildet. Auch Gerischer, der eine Kooperation mit seinem Mitarbeiter Frank Willig und dessen Doktoranden initiierte, war an der Technik interessiert, um damit Oberflächen organisch-chemischer Isolatoren zu untersuchen; zudem regte er Engel zu theoretischen Arbeiten an.

In der Nachfolgekommission Ruska hatte sich inzwischen eine Art Kompromissvorschlag durchgesetzt. Danach sollte Ruskas ehemaliges Institut von einem Kollegium geleitet werden, wobei man eine Dreiteilung vorschlug: eine Gruppe sollte Ruskas konstruktive Richtung fortführen, komplettiert durch eine theoretische und eine anwendungsorientierte Gruppe. Der Kandidat für die experimentelle Abteilung, John M. Cowley von der Arizona State University, wurde befragt und präsentierte Ideen, die kompatibel zu den Zukunftsplänen von Kommission und Institut waren. Dennoch wurde der Vorschlag eines IFE-Direktoriums mit Verweis auf die angespannte Finanzlage der MPG nicht realisiert. Da Cowley den Ruf als alleiniger Nachfolger Ruskas ablehnte, wurde Gerischer am 1. Januar

30 Grund, Heide, *Biological Specimens.*
31 Engel, Grund, *Photoelectron Emission.*

Abb. 5.9. *Entpflichtung Ruskas am 13. Mai 1975. V.l.n.r. MPG-Generalsekretär Dietrich Ranft, Ernst Ruska, seine Ehefrau Irmela, MPG Präsident Reimar Lüst, Heinz Gerischer, MPG-Institutsbetreuer Werner Roeske.*

1975 kommissarischer Direktor des IFE und versuchte, eine stärkere inhaltliche Anbindung insbesondere an seine Abteilung zu initiieren.

Die Kommission war inzwischen weiter auf der Suche nach einem geeigneten Kandidaten, der das Institut in Richtung Anwendung der Elektronenmikroskopie lenken sollte. Nach eingehender Beratung und Befragung in- und ausländischer Gutachter einigte man sich schließlich auf den von Cowley ins Gespräch gebrachten Elmar Zeitler, der damals in Chicago wirkte. Nachdem Zeitler seine Vorstellungen zur Zukunft des IFE der Kommission präsentiert hatte und diese akzeptiert worden waren, stimmte am 5. Februar 1976 die CPT-Sektion der Berufung Zeitlers zum Direktor des IFE zu, was dann auch durch den Senat der MPG bestätigt wurde. Zeitler hatte in Würzburg Physik studiert und 1953 bei Helmuth Kulenkampff promoviert. Nach Erfahrungen in der Industrie und einem Gastaufenthalt an der Abteilung Elektronenmikroskopie des Karolinska Institut für Zellforschung in Stockholm ging er als Assistant Chief für Biophysik an das Armed Forces Institute of Pathology in Washington D.C.; 1971 nahm er einen Ruf der University of Chicago als Professor für Physik und Professor für Biophysik sowie als Mitglied des Enrico Fermi Instituts an.

Ausschlaggebend für die Wahl Zeitlers waren seine Arbeiten zur quantitativen Interpretation elektronenmikroskopischer Abbildungen und zum Raster-Transmissionselektronenmikroskop (STEM), das in seiner Zeit in Chicago bei Albert Crewe entwickelt worden war. Während Ruska die Elektronenmikroskope in Analogie zur Lichtmikroskopie verstand, sah Zeitler die Instrumente eher im

Kontext von Messverfahren. Kurz vor seiner Berufung ans FHI war er Gründungsherausgeber des bei North Holland, heute Elsevier, erscheinenden Journals Ultramicroscopy geworden; eine Funktion, die dazu beitrug, die wissenschaftliche Publikationstätigkeit der ehemaligen Mitarbeiter Ruskas anzuregen. Sein breit angelegtes Interesse, das von der Theorie bis zu Fragen der Anwendung der Elektronenmikroskopie reichte, wurde als Indiz gesehen, die Elektronenmikroskopie mit den Forschungen der anderen Teilinstitute des FHI verknüpfen zu können – dies war zwar erwünscht, doch nicht leicht zu realisieren. Zeitler nahm die Berufung noch im Jahr 1976 an und übersiedelte im Frühjahr 1977 nach Berlin. Er kam ohne wissenschaftliche Mitarbeiter, nur mit Judith Reiffel,[32] die ihn vor allem bei seiner Herausgebertätigkeit unterstützte. Dies machte seine Aufgabe keineswegs leichter, neue Arbeitsprogramme zu entwickeln die sowohl den eigenen, eher biologisch orientierten Forschungsinteressen folgten, als auch das neue FHI-Gesamtkonzept sowie die am IFE vorhandenen hoch spezialisierten technischen und personellen Voraussetzungen zu integrieren hatten.

Zu Zeitlers Interessen gehörte die Mikrostrukturuntersuchung biologischer Objekte. Durch den intensiven Elektronenbeschuss werden sie zerstört, bevor ein zufriedenstellendes Bild generiert werden kann. Eine Reihe verbesserter Methoden führte zu bedeutenden Fortschritten in der Bilddarstellung; dazu gehörte das optimierte Einstellverfahren, das als „Fünf-Männer-Arbeit"[33] bezeichnet wird und von früheren Mitarbeitern Ruskas, darunter dem herausragenden Theoretiker Peter Schiske, entwickelt wurde. Für die praktische Anwendung vereinfachte ein nach dem Erfinder Friedrich Zemlin benanntes Tableau[34] mit übersichtlichen Bilddarstellungen die Justierung der Optik – eine heute unverzichtbare Standardmethode, um an die Leistungsgrenzen der Mikroskope gehen zu können. Mit der durch verschiedene Verfahren optimierten Abbildungsqualität des DEEKO 100 konnten in Zusammenarbeit mit Peter Ottensmeyer in Toronto erstmals halbwegs rauscharme Abbildungen von Protein-Protamin gemacht werden.[35]

Heinz-Günter Wittmann, seit 1964 Direktor am neu gegründeten MPI für molekulare Genetik in Dahlem, begann damals mit dem Aufbau eines internationalen Zentrums für Ribosomenforschung. Dort arbeitete seit 1979 auch die Mikrobiologin Ada E. Yonath vom Weizmann-Institut in Rechovot. Zeitler kannte sowohl Yonath als auch Wittmann von ihren Besuchen in Chicago. Wittmann suchte das am IFE vorhandene elektronenmikroskopische Knowhow zu nutzen, da eine für die Röntgenstrukturanalyse notwendige Kristallisation der Ribosomensubstanz große Probleme bereitete. Um 1980 war klar, dass die digitale Bildbearbeitung für eine aussagekräftige Darstellung solcher Objekte unabdingbar war. Mit Hilfe neuer, leistungsfähiger Computer mussten dabei die verrauschten Bilder vieler Einzelobjekte erkannt, geordnet und zu einem scharfen Bild aufsummiert werden. Eine Mittelwertbildung glättet dabei das statistische Rauschen. Die ca. 20 nm

32 Hawkes, *Reiffel.*
33 Herrmann, Kunath, Schiske, Weiss, Zemlin, *Coma-Free Alignment.*
34 Zemlin, *Procedure for Alignment*
35 Bazett-Jones, Engel, Ottensmeyer, Rust, Weiss, Zemlin, *Radiation Erposure.*

großen Ribosomen boten nun ein aussichtsreiches Ziel: Da sich Ribosomen beim Präparieren in planare Vierergruppen anordnen, sind die möglichen räumlichen Orientierungen stark eingeschränkt, die Einzelbilder sind somit relativ leicht in wenige Klassenbilder sortierbar. Damit war die Aufgabe auch mit der um 1980 verfügbaren Hard- und Software lösbar. Die Informationen aus dem mit Kryomethoden weiter verbesserten elektronenkristallographischen Verfahren bestärkte Yonath in ihren Grundannahmen über Gestalt und Funktion von Ribosomen. 1995 konnte z. B. elektronenmikroskopisch ein ribosomaler Ausgangskanal für Proteine nachgewiesen werden, woran Marin van Heel von der Abteilung für Elektronenmikroskopie des FHI und sein Schüler Holger Stark beteiligt waren.[36] Auch wenn letztlich die Röntgenstrukturanalyse den Durchbruch ermöglichte, hatte die Elektronenmikroskopie des FHI einen kleinen Anteil an der durch Yonath geleisteten Strukturaufklärung der Ribosomen, für die sie 2009 den Nobelpreis für Chemie erhielt.

Die bereits angesprochene Kryomikroskopie war ein weiterer methodischer Baustein der Abteilung für Elektronenmikroskopie – um möglichst naturgetreue Einzelbilder der im wässrigen Milieu arbeitenden Proteine zu erhalten, mussten diese in eine Matrix eingebettet werden, die sie vor den Hochvakuumbedingungen schützt. Richard Henderson und Nigel Unwin vom molekularbiologischen Labor des Medical Research Councils (MRC) in Cambridge schlugen dafür 1975 eine Glukoseschicht vor. Zeitler stand in Kontakt mit Aaron Klug, dem Direktor des MRC-Labors in Cambridge, der wesentlich an der Entstehung der kristallographischen Elektronenmikroskopie beteiligt war, wofür er 1982 mit dem Nobelpreis für Chemie geehrt wurde; seit 1983 ist er Auswärtiges Wissenschaftliches Mitglied des FHI. Der Kontakt nach Cambridge führte zu einer Kooperation mit Henderson über die kryoelektronenmikroskopische Strukturaufklärung des Bacteriorhodopsins,[37] wobei an Zeitlers Abteilung ab 1981 eine Technik entwickelt wurde, mit der die Objekte in eine glasartige Eisschicht eingebettet und bei tiefen Temperaturen untersucht werden konnten.

Schlüsselkomponente war eine im Forschungslabor der Siemens AG in München von der Arbeitsgruppe Isolde Dietrichs 1977 entwickelte supraleitende Linse.[38] Sie wurde 1981 der Abteilung für Elektronenmikroskopie übergeben, denn aufgrund der hohen Produktionskosten hatte das Unternehmen an diesem Prototypen kein weiteres Interesse mehr. Mit diesen Werkzeugen ließen sich „Molekülkarten" von Proteinen erstellen. Der Einsatz der Linse brachte neben einer hohen mechanisch und elektrisch bedingten Signalstabilität auch die konstante Kühlung der Probe auf 4.2 K mit sich. Das erlaubte objektschonende kleine Strahlströme bei langen Belichtungszeiten. Zur Anwendung wurde die supraleitende Linse an der Abteilung für Elektronenmikroskopie mit den noch fehlenden Komponenten zu einem arbeitsfähigen Mikroskop ergänzt, allerdings war die Arbeit mit dem „Suleika"

36 Brimacombe, Dube, Erdemir, Mueller, Orlova, Schatz, Stark, van Heel, Zemlin, *Ribosome*.
37 Baldwin, Beckmann, Ceska, Downing, Erdemir, Henderson, Zemlin, *Bacteriorhodopsin*. Dies., *Model*.
38 Dietrich, Supraleitende Linsen.

Abb. 5.10. *Doktorfeier Holger Starks 1996. Links Friedrich Zemlin, rechts Marin van Heel.*

(Supraleitender Kühlapparat) genannten Instrument beschwerlich. Eine grundlegende Verbesserung war aber mit erheblichen Kosten verbunden. Die Europäische Union bot entsprechende Fördermöglichkeiten, wenn an dem Projekt Wissenschaftler aus verschiedenen Ländern und ein europäisches Industrieunternehmen beteiligt waren. So stellten die Gruppen von Henderson und Zeitler gemeinsam mit Philips einen Antrag, der auch in Brüssel genehmigt wurde und durch den der Einbau der supraleitenden Linse in ein neues Philips CM 200 Elektronenmikroskop finanziert werden konnte; dieses wurde SOPHIE (Superconducting Objective in a Philips EM) getauft.

Die Elektronenkristallographie kleinster Teilchen wurde das Spezialgebiet der Arbeitsgruppe von Marin van Heel, der 1982 von der Universität Groningen nach Berlin kam, bis 1996 am FHI arbeitete und dann Professor am Imperial College in London wurde. Er entwickelte Computerprogramme zur automatisierten Klassifikation von Einzelbildern, wobei die dabei entstandenen Ansichten aus unterschiedlicher Perspektive die Grundlage für eine anschließende tomographische Darstellung[39] von Einzelpartikeln oder Molekülen waren.[40] Damit konnte die Struktur einer Reihe von Rezeptoren, Enzymen und funktionalen Proteinkomplexen wie des Schleusenproteins der Bakteriophage SPP1 aufgeklärt werden. Da am FHI selbst keine biologischen oder molekularbiologischen Arbeiten durchgeführt wurden, versuchte Zeitler externe Forschungsgruppen für die vorhandenen Anwendungsmöglichkeiten zu interessieren. Diese Arbeitsrichtung wurde nach Zeitlers

39 Zeitler, *Electron Tomography.*
40 van Heel, *Classification.*

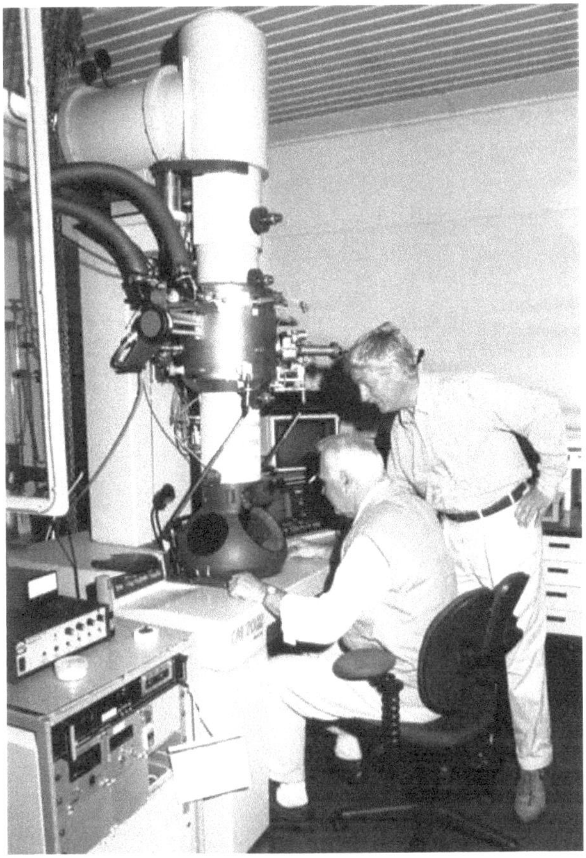

Abb. 5.11. *Der Abbau von SOPHIE 1996. Rechts Friedrich Zemlin, links Erich Beckmann.*

Emeritierung am 31. März 1995 eingestellt, da sich sein Nachfolger Robert Schlögl auf die Untersuchung technisch relevanter katalytischer Prozesse konzentrierte.

Stärkere Anbindung hatten die von Zeitler verfolgten Projekte zu oberflächensensiblen Analyseverfahren als Teil des Methodenrepertoires der Grenzflächenforschung. Die Entwicklungen wurden wesentlich durch die in den 1970er Jahren erheblich verbesserte Ultrahochvakuumtechnik begünstigt. Ernst Bauer von der TH Clausthal war wegen der mangelhaften UHV-Technik erst 1985 in der Lage, das lange bekannte Konzept eines mit langsamen Elektronen arbeitenden (LEEM) Reflektionsmikroskops umzusetzen.[41] Damit konnten kontrastreich in Echtzeit Adsorbatverteilungen auf Einkristalloberflächen beobachtet werden. Alexander Bradshaw untersuchte entsprechende Phänomene, so dass es zu einer von den Direktoren Bradshaw und Zeitler initiierten Kooperation zwischen ihren Mitarbeitern Engel und Marty Kordesch kam, um mit Unterstützung Bauers das revolutionäre Instrument nachzubauen, das mit Lichtanregung als

41 Bauer, *Cathode Lens.*

Photoelektronen-Emissionsmikroskop (PEEM) arbeitete. Dabei werden die auf der Probe durch Lichtanregung freigesetzten langsamen Elektronen zur Abbildung der Oberfläche verwendet. Engel war federführend beim Aufbau des Geräts, der in der Abteilung für Elektronenmikroskopie durchgeführt wurde. Die Dynamik der Bilder des Instruments[42] beeindruckte Bradshaw und Gerhard Ertl – beispielsweise ließ sich die Entstehung von Kohlenstoff bei an Platin adsorbiertem Ethylen beobachten. Es wurde vereinbart, ein vereinfachtes, benutzerfreundliches „PEEMchen" zu konstruieren. Daher stieß Ertls Mitarbeiter Harm Hinrich Rotermund zu der Gruppe, der als Schüler Gerischers an die Abteilung gekommen war. Er machte eindrucksvolle Bilder von raumzeitlich auftretenden Oberflächenstrukturen.[43] Das von der MPG für Engel patentierte „PEEMchen" wurde durch die Münchner Firma STAIB-Instrumente angeboten und bald auch außerhalb des FHI bei der Beschreibung von Oberflächenreaktionen verwendet. Diese wohl einzige in den 1970er und 1980er Jahren von den Direktoren verschiedener Abteilungen gezielt auf den Weg gebrachte Kooperation war also sehr erfolgreich. Die Entwicklungslinie wurde in den 1990er Jahren mit dem SMART Projekt am BESSY II fortgesetzt.

Zeitler nutzte Berufungsmittel, um neue Instrumente oder Instrumentenkomponenten anzuschaffen, denn ein großer Teil der vorhandenen Mikroskope war entweder veraltet oder nicht einsatzbereit, wie z. B. das geplante 100 kV STEM. Er regte an, die vorhandene Strahlungsquelle in die Konstruktion eines Energieverlustspektrografen zu integrieren, wobei ein Sektormagnet den Elektronenstrahl spektral zerlegte und ein Linsensystem diese Energieverteilung verdrehungsfrei auf die ganze Breite der in verschiedenen Energiebereichen auswählbaren Spektren abbildete.[44] Damit gelang es der Abteilung für Elektronenmikroskopie leistungsfähige Elektronenverlustspektroskopie (EELS) zu betreiben. 1982 erreichten Zeitler, Engel und Hermann Sauer eine konkurrenzlose laterale Auflösung von 0.2 nm bei einer Energieauflösung von 0.2 eV. Als räumlich aufgelöste chemische Analyse kleinster, auf Festkörperoberflächen adsorbierter Materialien wurde die EELS eine wertvolle Methode der Oberflächenforschung. Auch bei John Meurig Thomas, der wie Gábor A. Somorjai und Gerhard Ertl zu den Vätern der modernen Forschung zur heterogenen Katalyse gehört und damals Direktor der Royal Institution sowie des Davy Faraday Research Laboratorys war, wurde mit EELS gearbeitet. So kam Thomas' Schüler Rik Brydson als junger Nachwuchswissenschaftler ab 1986 über viele Jahre regelmäßig nach Dahlem, wo er international herausragende hoch aufgelöste EELS Strukturanalysen komplexer Mineralien wie Rhodizit,[45] Rutil oder Anatas durchführen konnte und die Basis für seine erfolgreiche wissenschaftliche Karriere legte. Neben den dargestellten Hauptprojekten wurden an der Abteilung Zeitlers auch Methoden wie Reflexionselektronenmikroskopie oder Flugzeit-Massenspektroskopie betrieben. Untersuchungen zu Katalysatoroberflächen, Metallen, Zeolithen oder Polymerfilmen boten potenzielle Brücken zu den

42 Bradshaw, Engel, Kordesch, Mundschau, Rausenberger, Zeitler, *Real-Time Observation.*
43 Ertl, Jakubith, Rotermund, v. Oertzen, *Cathode Lens.*
44 Engel, *Spectrograph.*
45 Brydson, Engel, Sauer, Thomas, Williams, Zeitler, *Electron Energy-Loss Spectroscopy.*

Arbeiten der anderen Abteilungen, die aber wenig wahrgenommen wurden. Die elektronenoptischen oder -spektroskopischen Methoden bildeten daher nur eine lockere Klammer zwischen den am FHI getrennt verfolgten Spezialgebieten.

Als Ende der 1970er Jahre schließlich der Physik-Neubau der TU an der Hardenbergstraße bezugsfertig war, konnte Immanuel Broser endlich dorthin umziehen. Allerdings blieb mit Zustimmung Zeitlers ein Teil seiner Arbeitsgruppe in Dahlem, so dass die Gruppe Broser die instrumentellen Möglichkeiten beider Standorte nutzen konnte, was eine sehr produktive Arbeitsphase einleitete. Es wurde in der Tradition der Arbeitsgruppe hauptsächlich eine große Reihe von II–VI Verbindungshalbleitern untersucht. Eine nach der Schließung der Abteilung Hosemanns 1980 von Zeitler formal übernommene Arbeitsgruppe war auch die Gerhard Hildebrandts zur Röntgen- und Neutronentopographie. Die Gruppe, mit der auch Hans Bradaczek kooperierte, erhielt 1982 einen Arbeitsplatz am Synchrotronstrahlungslabor HASYLAB des Deutschen Elektronen-Synchrotrons DESY in Hamburg zugeteilt. Daneben beschäftigte sich Hildebrandt auch mit wissenschaftshistorischen Fragen.[46] Günter Lehmpfuhl arbeitete nach Auflösung der Gruppe Molières zusammen mit Yuji Uchida an verbesserten Verfahren zur Darstellung von Metalloberflächen und Metallclustern mit Elektronenbeugungs- und Elektronenreflexionsmethoden. Die auch für die Abteilungen Blocks und Gerischers interessante elektronenmikroskopische Oberflächentopographie war so leistungsfähig, dass mit Hilfe der Kryolinse einlagige atomaren Stufen eines Metalleinkristalls oder einer Metallauflage deutlich dargestellt werden konnten.

Zeitlers Arbeitsgebiete zeigen, wie versucht wurde, die neue konzeptionelle Ausrichtung des FHI auch auf das ehemalige Ruskasche Institut auszudehnen. 1977 verfassten Gerischer, Block und Zeitler auf der Grundlage der Empfehlungen der Kommission zur Zukunft des FHI einen neuen, mit der Entwicklung der Elektronenmikroskopie abgestimmten Strukturplan, der nun auch dem Betriebsrat zur Stellungnahme vorgelegt werden musste. Das war Teil des neuen Mitbestimmungskonzepts der MPG und zeigt, dass sich die Gepflogenheiten in der MPG wie auch am FHI in einem Jahrzehnt erheblich geändert hatten. Der konkrete Anlass für den neuen Strukturplan waren die im Frühjahr 1980 anstehenden Emeritierungen von Kurt Molière zum 31.3.1980, Kurt Überreiter zum 29.2.1980 und Rolf Hosemann zum 30.4.1980. Damit hatte das Institut für Strukturforschung keinen Direktor mehr, so dass man den schon länger verfolgten Plan umsetzen und das Institut schließen konnte. Ein letztes Mal lehnte die Kommission einen Vorschlag aus dem Lager Hosemanns ab, aus dem FHI ein Institut für Polymerforschung zu machen. Obwohl für ein solches Institut durchaus Bedarf bestand wie die Gründung des MPI für Polymerforschung in Mainz im Jahr 1983 belegt, wurde der Vorschlag auch diesmal nicht verfolgt, denn die Neuausrichtung des FHI war nun weitgehend abgeschlossen.

46 Vgl. z. B. Hildebrandt, Treue, *Lebensbilder*.

Alexander Bradshaw und die Beziehungen zu BESSY

Am 1. Januar 1981 wurde die Umstrukturierung des FHI formal durch eine neue Institutssatzung abgeschlossen, mit der vor allem die kollegiale Leitung festgeschrieben wurde. Da die Teilinstitute wohl eher „Mittel zum Zweck“ waren, wurden sie zu Gunsten traditioneller Abteilungen abgeschafft. Das waren zunächst nur die vier bereits näher beschriebenen für Physikalische Chemie (Gerischer), Grenzflächenreaktionen (Block), Oberflächenphysik (Bradshaw) und Elektronenmikroskopie (Zeitler). Weiter wurde ein Fachbeirat aus internationalen Experten als externes, beratendes Gremium installiert.[47] Diese Satzung ist bis in die Gegenwart gültig. Gerischer selbst fühlte sich wohl eher den alten Konventionen und Traditionen verpflichtet und so blieb er de facto der Primus inter Pares; mit Ausnahme einer Amtsperiode wählte ihn das Kollegium bis zu seiner Emeritierung am 31.12.1987 beständig zum geschäftsführenden Direktor.

Als Leitfigur hatte Gerischer nicht passiv auf die anstehenden Veränderungen gewartet, sondern schon in den 70er Jahren begonnen, Mitarbeiter zu rekrutieren, die das Profil des FHI im Sinne des neuen Institutskonzeptes bereichern sollten. So lud er im Sommer 1976 Alexander Bradshaw ein, an die Abteilung für Physikalische Chemie zu kommen. Bradshaw hatte an der University of London Chemie studiert und dort 1969 bei John Pritchard in physikalischer Chemie promoviert. Sein ursprünglicher Plan war, an die TH München zu gehen, um mit Gerhard Ertl zu arbeiten, doch wechselte dieser gerade an die Technische Universität Hannover.

Abb. 5.12. *Alexander Bradshaw, 1977.*

47 Vgl. S. 287

Bradshaw begann so seine Forschungen in München bei Ertls Nachfolger, dem Oberflächenwissenschaftler Dietrich Menzel, der später Auswärtiges Wissenschaftliches Mitglied des FHI werden sollte. Als dieser 1973 als Professor an die Fakultät für Physik wechselte, bekam Bradshaw eine eigene Forschergruppe am Institut für physikalische Chemie. Er konzentrierte sich vor allem auf Infrarotspektroskopie, die Photoemission adsorbierter Moleküle und die Ellipsometrie – dies blieben auch seine Forschungsthemen, als er 1976 ans FHI wechselte. Dort hatte er zudem die Möglichkeit, sein Arbeitsgebiet auf die winkelaufgelöste Photoemissionsspektroskopie auszudehnen. Aus dieser Zeit stammen experimentelle Überprüfungen von Auswahlregeln und die zusammen mit Karsten Horn durchgeführten ersten Studien über Energieband-Dispersionen an Adsorbatschichten. Horn wurde später Arbeitsgruppenleiter in Bradshaws Abteilung für Oberflächenphysik, nach Bradshaws Weggang in der Abteilung für Molekülphysik von Gerard Meijer; daneben war er von 2004 bis 2011 administrativer Direktor des FHI.

Zusätzlich zu seinen Aktivitäten als Forschungsgruppenleiter von Gerischer wurde Bradshaw treibende Kraft bei der Entwicklung eines neuen Forschungsbereichs am FHI. Er brachte das Projekt voran, in Berlin eine Synchrotronstrahlungsquelle zu etablieren. Damals wurden gerade weltweit von den Nutzern der Synchrotronstrahlung Pläne für den Bau neuer „dedizierter", d. h. zweckorientierter Strahlungsquellen geschmiedet. Im Oktober 1976 stellte Burkhard Wende vom Institut Berlin der Physikalisch-Technischen Bundesanstalt auf einer Tagung in Hamburg seine Pläne für den Bau eines kleineren, für radiometrische Zwecke vorgesehenen 300 MeV Speicherrings in Berlin vor. Mit Unterstützung Gerischers und in Zusammenarbeit mit Helmut Baumgärtel von der FU Berlin begann Bradshaw die Idee eines größeren Ringes zu vertreten, der temporäre Arbeitsmöglichkeiten für regionale Nutzer – auch aus dem FHI – bereitstellen und damit neue Experimente in der Festkörper- und Oberflächenphysik sowie im Bereich der Spektroskopie der Gasphase ermöglichen sollte. Schon bald wurde eine Expertenkommission unter der Leitung Manuel Cardonas vom Stuttgarter MPI für Festkörperforschung berufen, um die Zweckmäßigkeit einer dedizierten Synchrotronstrahlungsquelle in Deutschland zu eruieren. Es gab einen von Ernst-Eckhard Koch, Christoph Kunz und Gottfried Mühlhaupt vom Hamburger DESY eingebrachten Vorschlag, einen 700 MeV Speicherring am DESY zu errichten, dann eine Empfehlung der Arbeitsgruppe des Bundesministeriums für Forschung und Technologie (BMFT), die das Potential der Röntgenlithographie für die Produktion von Mikrochips untersuchte, und drittens auch die Berliner Pläne. Im Januar 1977 kam die Cardona-Kommission zum Ergebnis, die optimale Lösung wäre der Bau von zwei Speicherringen: eines mit 700 MeV für weiche Röntgenstrahlung in Hamburg und einer UV-Quelle, vorzugsweise in Bonn. Das BMFT hatte aber für die Förderung der Berliner Forschungsinfrastruktur spezielle Mittel zur Verfügung, und nachdem Wende zustimmte, sein vom Bundeswirtschaftsministerium gefördertes Projekt in ein größeres Unternehmen einzubringen, erhielt Berlin den Zuschlag für den Bau einer Synchrotronstrahlungsquelle. Es begannen Verhandlungen über die technischen und administrativen Details der Einrichtung und nach gut zwei Jahren

Abb. 5.13. *Helmut Baumgärtel, links, Heinz Gerischer, 1994.*

wurde die Berliner Elektronen-Speicherring Gesellschaft für Synchrotronstrahlung (BESSY) gegründet, um einen 800 MeV Speicherring zu bauen. Sie hatte die damals für ein derartiges gemischtes Konsortium aus Industrie und öffentlichen Forschungseinrichtungen neuartige Rechtsform einer GmbH. Die acht Anteilseigner waren vier Unternehmen der Elektroindustrie – Siemens, Telefunken, Eurosil und Valvo (Philips) – und vier Forschungseinrichtungen – die MPG, die Fraunhofer-Gesellschaft, das Hahn-Meitner-Institut und DESY –, doch kam der Löwenanteil der Finanzierung von den Bundesministerien, die damit natürlich auch die Festigung der Bindungen Westberlins an die Bundesrepublik im Auge hatten.

Gerischer war an der Synchrotronstrahlung interessiert, weil er hoffte, damit Wissenschaftler an das FHI ziehen und den Standortnachteil des Instituts im geographisch isolierten Berlin etwas kompensieren zu können. Noch vor Unterzeichnung der Verträge zur Gründung von BESSY bahnte sich eine Entwicklung an, die zu einer engeren Verbindung zwischen dem FHI und BESSY führte. Vor dem Hintergrund des Interesses von Bradshaw und Gerischer sowie der Pläne zur Umorientierung des FHI stimmte die CPT-Sektion der MPG einem im Februar 1978 gestellten Antrag des FHI zu, dass der wissenschaftliche Direktor von BESSY gleichzeitig Wissenschaftliches Mitglied des FHI werden sollte. Dafür wurde von der CPT-Sektion eine gesonderte Berufungskommission gebildet, die Harald Ibach vom Kernforschungszentrum in Jülich für die Direktorenstelle vorschlug. Als dieser das Angebot ablehnte und auch weitere Versuche gescheitert waren, einen „externen" Direktor zu finden, wurde Bradshaw ins Spiel gebracht. Zunächst wurde aber Helmut Baumgärtel zum Interimsdirektor am BESSY ernannt, der zusammen mit dem technischen Direktor Gottfried Mühlhaupt, der auch für den Bau des ersten Speicherringes verantwortlich zeichnete, bis 1981 sein Amt ausübte. Dann übernahm Bradshaw das Amt des wissenschaftlichen Direktors, 18 Monate bevor die Anlage in Betrieb ging und kurz nachdem man ihn am FHI zum Wissenschaftlichen Mitglied und Direktor der Abteilung für Oberflächenphysik berufen hatte. Er blieb bis 1985 Direktor am BESSY, dann wurde Ernst-Eckhard Koch sein Amtsnachfolger. Nach dem frühen, tragischen Tod Kochs im Jahre 1988 übernahm Bradshaw noch einmal für etwa ein Jahr diesen Posten. Großen Anteil an der erfolgreichen Benutzerbetreuung der Anfangsjahre hatte auch eine kleine, am BESSY eingerichtete Arbeitsgruppe, die von William Peatman geleitet wurde.

Die Aufgaben beim Aufbau von BESSY beanspruchten in den 1980er Jahren den größten Teil der Arbeitskraft Bradshaws. Zunächst gab es einige Unstimmigkeiten über seinen Status und die Finanzierung, deren Ursache wohl darin zu sehen ist, dass er zumindest teilweise an der Institution blieb, von der er gekommen war. Auf Bradshaw und seine Abteilung am FHI gehen einige bemerkenswerte wissenschaftliche Beiträge zurück – vor allem auf instrumentellem Gebiet. So entwickelte er zusammen mit Eberhard Dietz und Walther Braun für BESSY einen ab 1984 einsetzbaren Hochenergie-Toroid-Gitter-Monochromator für hohen Lichtfluss (HE-TGM-1) und gemeinsam mit Manuel Cardona ein im Vakuum arbeitendes Ellipsometer. Das Instrument ermöglichte neuartige Untersuchungen der optischen Eigenschaften von Festkörpern und Oberflächen. Seine Gruppe unternahm auch erste Experimente mit der Infrarotkomponente der Synchrotronstrahlung, zu denen Erhard Schweizer und Ernst Lippert erheblich beitrugen. Am Ende des Jahrzehnts übernahm die Gruppe, hier vor allem Josef Feldhaus, eine führende Rolle bei der Konstruktion der X1B Undulatorstrahlführung an der National Synchrotron Light Source in Brookhaven, New York. Das Projekt kündigte bereits die Unternehmungen der 90er Jahre an, sowohl was die Nutzung von Undulatorstrahlung als auch die nun möglichen Experimente zur molekularen Photoionisation betraf.

Bereits vor Ende seiner ersten Amtszeit als BESSY-Direktor begann Bradshaw den Bau einer Synchrotron-Strahlungsquelle der „dritten Generation" in Berlin anzuregen. Seit der Konzeption von BESSY (ab hier BESSY I genannt) hatten Physiker „Wiggler" und „Undulatoren" als Strahlungsquellen entwickelt, welche die spektrale Brillanz der Synchrotronstrahlung um mehrere Größenordnungen verbesserten, indem sie periodische „seitliche" Schwingungen des Elektronenstrahls in den ansonsten geradlinigen Abschnitten der Speicherringe induzierten. Nur drei Jahre nachdem BESSY I in Betrieb gegangen war erarbeiteten Bradshaw und seine Kollegen Gottfried Mühlhaupt, William Peatman, Walter Braun und Franz Schäfers einen Antrag für einen 1.5 GeV Speicherring, der BESSY I in Berlin-Wilmersdorf als Injektor nutzen sollte.[48] Man wollte in etwa denselben Spektralabschnitt im

48 Bradshaw, Gaupp, Koch, Maier, Peatman, *BESSY II*.

Abb. 5.14. *BESSY I in Wilmersdorf, 1986.*

weichen Röntgenbereich abdecken wie bei BESSY I, doch sollte die Undulatorstrahlung viel höheren Lichtfluss haben. Im Februar 1986 war das Interesse an dem vorgeschlagenen Speicherring groß genug, um 26 führende Wissenschaftler und Ingenieure aus mindestens vier Universitäten, zwei MPIs und einigen Halbleiterfirmen zu einem ersten Planungstreffen am BESSY I zusammenzubringen, dem weitere folgen sollten. Am Ende des Jahres wurde der erste Vorschlag für BESSY II publiziert. Neben Bradshaw und seinem Nachfolger Ernst-Eckhard Koch gehörten auch Karsten Horn, Dieter Kolb und Josef Feldhaus vom FHI sowie Hans-Joachim Freund, der damals noch Professor in Erlangen war und dann 1996 als Direktor der Abteilung für Chemische Physik ans FHI kommen sollte, zu den Unterzeichnern. Es ergaben sich einige Schwierigkeiten, weil das vorgesehene Baugelände zu Gartenanlagen des Bezirks Wilmersdorf und der TU Berlin gehörte und selbst eine unterirdische Anlage auf vehementen Widerspruch der Bürger stieß. Nach der deutschen Wiedervereinigung standen eine ganze Reihe alternativer Standorte zur Verfügung. Am Ende wurde Adlershof im Südosten Berlins ausgewählt, wo nach dem Zweiten Weltkrieg mit zahlreichen naturwissenschaftlichen Forschungsinstituten der Akademie der Wissenschaften der DDR das „Dahlem des Ostens" entstanden war und das seit den 1990er Jahren vom Berliner Senat zu einem modernen Wissenschafts- und Wirtschaftscluster entwickelt wurde.[49] Nach Inbetriebnahme von BESSY II im Jahre 1998 wurde BESSY I abgeschaltet, demontiert und nach Jordanien verbracht, wo es wieder aufgebaut werden soll. Auch

49 Wista-Management, *Adlershof.*

Abb. 5.15. *BESSY II, in Berlin-Adlershof.*

bei BESSY II blieben die engen Verbindungen zwischen den Synchrotronstrahlungsquellen und den Wissenschaftlern am FHI erhalten, es wurden dort nicht nur die Experimente Bradshaws und der Abteilung für Oberflächenphysik fortgesetzt, sondern auch Untersuchungen Hans-Joachim Freunds, Robert Schlögls und ihrer Abteilungen durchgeführt.

Neben Experimenten am FHI zur Schwingungsspektroskopie an Oberflächen mit Brian Hayden und Horst Conrad sowie über Tieftemperatur-Rastertunnelmikroskopie mit Erhard Schweizer, Beat Briner und Hans-Peter Rust führte Bradshaw drei Forschungslinien ein, welche die nun zugängliche Synchrotronstrahlung nutzten. Die erste war eine in Zusammenarbeit mit Philip Woodruff von der University of Warwick durchgeführte Nutzung der energieaufgelösten Photoelektronenbeugung, um adsorbierte Moleküle und Molekülfragmente zu untersuchen. Bradshaw und Woodruff machten bei der Arbeit, für die sie 1994 mit dem Max-Planck-Forschungspreis ausgezeichnet wurden, intensiven Gebrauch von den BESSY-Einrichtungen. Auch wenn zu Beginn dieser Kooperation die Photoelektronenbeugung bereits 15 Jahre bekannt war, waren sie in der Lage, neue quantitative Strukturinformationen über bis jetzt mehr als hundert Adsorptionssysteme zu erbringen, indem sie die Vorteile der Synchrotronstrahlung und die effizenten, neuartigen Simulationscodes Volker Fritzsches kombinierten. Besondere Bedeutung hatte, dass die Photoelektronenbeugung hauptsächlich von der strukturellen Nahordnung des Emitters abhängt und nicht von Überstrukturen. Zusammen mit der Elementspezifizität der Photoelektronenbeugung entsteht so eine lokal bedingte chemische Verschiebung, die für die Ermittlung wichtiger Strukturinformationen genutzt werden kann. Zur selben Zeit leistete vor allem auch Philip Hofmann in der Gruppe Pionierarbeit bei den sogenannten direkten Methoden.

Die zweite von Bradshaw und seinen Mitarbeitern in der Abteilung für Oberflächenphysik verfolgte Forschungslinie umfasste eine Reihe von Photoionisations-Studien der inneren Elektronen freier Moleküle mit bis dahin nicht erreichbarer spektraler Auflösung. Dabei wurde auch die zuvor erwähnte X1B Strahllinie in Brookhaven intensiv genutzt. Neben anderen neuen Erkenntnissen zeigten diese Untersuchungen die Bedeutung der Schwingungskopplungen in Molekülen mit ähnlichen Kernen und lieferten die ersten Messungen zum Einfluss der sogenannten Formresonanzen und Doppelanregungen auf die Schwingungsfeinstruktur der inneren Elektronen verschiedener kleiner Moleküle. Bradshaws dritte Forschungslinie in den 1990er Jahren war die schon oben angesprochene Kooperation mit Wilfried Engel und Elmar Zeitler zur Mikroskopie mit Elektronen niedriger Energie (LEEM) und mit Photoelektronen (PEEM). Umfangreiche Laborversuche z. B. über Diffusionsfronten bei heterogenen Reaktionen führten zu einem gemeinsam mit Eberhard Umbach, damals Universität Würzburg und später Auswärtiges Wissenschaftliches Mitglied am FHI, und Hans-Joachim Freund gestellten Antrag auf ein spektral auflösendes Photoelektronenmikroskop für BESSY II, das SMART Projekt.

Diese Forschungen waren die Ausläufer einer langen Forschungstradition der Abteilung für Oberflächenphysik, Atom- und Molekülphysik mittels Synchrotronstrahlung zu betreiben. Ein maßgeblicher Vertreter dieser Forschungsrichtung war

Abb. 5.16. *Experimenthalle von BESSY I, 1995.*

Ulrich Heinzmann, der mit seiner Gruppe noch vor der Berufung nach Bielefeld im Jahre 1985 am FHI bahnbrechende Experimente zu Photoionisationsprozessen durchgeführt hatte. Ernst-Eckhard Koch, Heinzmanns Nachfolger am FHI und Bradshaws Nachfolger bei BESSY, unternahm bis zu seinem frühen Tod im Jahr 1988 grundlegende Untersuchungen über Molekülkristalle; dessen Nachfolger Uwe Becker beschäftigt sich mit der Dynamik von Photoionisations-Prozessen und leitet eine Gruppe der Abteilung Molekülphysik. Eine andere zur Photoionisation arbeitende Gruppe unter Uwe Hergenhahn begleitete Bradshaw nach Garching (siehe unten).

Bradshaws Forschungsaktivitäten hatten sich immer auch gegenüber seiner Tätigkeit als Wissenschaftsmanager zu behaupten. Zwar war er nur von 1990 bis 1991 geschäftsführender Direktor des FHI, doch waren seine Belastungen außerhalb des Instituts erheblich. So gehörte er für mehr als ein Jahrzehnt den Leitungsgremien der Deutschen Physikalischen Gesellschaft (DPG) an – 1990/91 war er Vorsitzender der Physikalischen Gesellschaft zu Berlin und half die Vereinigung der Physikalischen Gesellschaften in Ost und West zu gestalten; von 1998 bis 2000 war er sogar Präsident der DPG. Im Zuge der Wiedervereinigung berief man ihn in die Evaluierungskommission des Wissenschaftsrates, was eine sehr zeitaufwändige und zudem diffizile Tätigkeit darstellte. In seiner Amtszeit als DPG-Präsident wurde 2000 das „Jahr der Physik" initiiert, das erste „Jahr der Wissenschaften" das von da an alljährlich unter einem spezifischen Motto ausgerufen wird. 1998 wurde er auch Mitbegründer des New Journal of Physics, einer der ersten Open Access Zeitschriften, dessen erster leitender Herausgeber er ebenfalls war. Im selben Jahr erhielt er zudem das Angebot der MPG, die wissenschaftliche Leitung des MPI für Plasmaphysik in Garching (IPP) zu übernehmen. Auf Rat des damaligen MPG-Präsidenten Hubert Markl ging Bradshaw nach München, gab aber seine Position als Direktor am FHI nicht sofort auf, da die Fortführung der Fusionsforschung politisch bedroht schien. Im Jahre 2001 beschloss er dann, vollständig ans IPP zu wechseln, und beendete seine Tätigkeit als Abteilungsleiter und Direktor am FHI. Das Direktorenkollegium strebte die Berufung eines Nachfolgers an, dessen Arbeitsgebiet über die etablierten Fachrichtungen Grenzflächenforschung und heterogene Katalyse hinausgehen, diese aber auch sinnvoll ergänzen sollte. Im Ergebnis wurde 2002 Gerard Meijer zum Direktor und Leiter der neuen Abteilung für Molekülphysik berufen, doch blieb auch Bradshaw dem FHI und BESSY weiter verbunden und kehrte, nachdem er zum Ende des Jahres 2008 aus Altersgründen die Leitung des IPP abgegeben hatte, als Wissenschaftliches Mitglied ans FHI zurück, wo er seine Forschungen zur Photoionisation von Molekülen und Clustern fortsetzt.

Wie oben schon durch die Erwähnung Gerhard Ertls als Direktor der Abteilung für physikalische Chemie angeklungen, fanden am FHI noch weitere wichtige Veränderungen und vor allem eine besonders glückliche Neuberufung statt, welche die Stellung des FHI als internationales Zentrum für Grenzflächenforschung weiter ausbauen sollte. Darauf wird im letzten Abschnitt des Kapitels eingegangen werden.

Die Geschichte geht weiter

1987 konnte das neue Rechenzentrum (Gemeinsames Netzwerkzentrum, GNZ) bezogen werden, welches bis heute die zentrale IT-Einrichtung für alle Berliner MPIs ist. Jürgen Kühn, der Leiter des alten Rechenzentrums, überließ die in den 1970er Jahren angeschaffte Digital Equipment DECSYSTEM-2020 Rechenanlage Lübbo v. Lindern am MPI für Zellbiologie in Ladenburg. Mitarbeiter des FHI halfen sogar dabei, die Anlage dort in Betrieb zu setzen. Doch nicht nur Gebäude und Maschinen wurden getauscht, mit dem Umzug wurde auch ein neuer Leiter des Rechenzentrums berufen. Darüber hinaus waren bereits seit der Umorganisation 1980 Überlegungen zum Aufbau einer eigenständigen Theorieabteilung angestellt worden. Das FHI sollte auch auf der Leitungsebene im theoretischen Bereich verstärkt werden. Aus dem Findungsprozess ging Matthias Scheffler als Kandidat für die Leitung der Abteilung Theorie hervor. Der Senat der MPG berief ihn schließlich zum 1. Juli 1988 zum Wissenschaftlichen Mitglied und Direktor der Abteilung Theorie des FHI.

Parallel dazu sollte das Institut aber auch im experimentellen Bereich verstärkt werden. 1983 reiste Elmar Zeitler als geschäftsführender Direktor nach München, um bei Gerhard Ertl zu sondieren, ob er einen Ruf ans FHI annehmen und nach Dahlem kommen würde. Der Erfolg war zweifelhaft, denn München bot großzügige Forschungsmittel und optimale Forschungsbedingungen; zudem war (und

Abb. 5.17. *Das alte Rechenzentrum mit Speichereinheiten für die DECSYSTEM-2020, 1974.*

blieb) Ertl ein besonders engagierter Förderer der Universitäten. Dass er dennoch 1985 den Ruf nach Berlin annahm, hatte nach eigenem Bekunden eine emotionale Dimension, trat Ertl in Dahlem doch die Nachfolge seines Mentors und wissenschaftlichen Vorbildes Heinz Gerischer an. Neben persönlichen Gründen beeinflussten Ertls Entscheidung aber auch die Gegebenheiten des universitären Umfelds in Berlin. Seine Erfahrungen am MPI in Stuttgart hatten ihm bereits gezeigt, dass ein „optimales Arrangement" möglich war, bei dem ein MPI-Direktor eng mit Doktoranden und Nachwuchswissenschaftlern zusammenarbeiten konnte. Ertl hat so auch in Berlin die Universitäten engagiert in ihren Lehr- und Forschungsaufgaben unterstützt, ohne dabei vom Routinebetrieb in der universitären Lehre und Verwaltung belastet zu werden. Zum 1. April 1985 war Ertl zum Wissenschaftlichen Mitglied und Direktor am FHI ernannt worden, wobei seine direktoralen Aufgaben zunächst eingeschränkt wurden, um ihm in den folgenden zwei Jahren das Pendeln zwischen Berlin und München zu ermöglichen. In dieser Zeit war Gerischer ebenfalls Direktor der Abteilung für Physikalische Chemie, wobei die „Gewaltenteilung" zwischen Ertl und Gerischer problemlos funktionierte, da beide harmonierten und auf vergleichbaren Gebieten arbeiteten. Der Übergang von Gerischer zu Ertl geschah also ungewöhnlich reibungslos und Ertl übernahm dann nach der Pensionierung Gerischers zum 1. April 1987 die uneingeschränkte und alleinige Leitung der Abteilung.

Das Jahr 1986 war zudem von zwei Institutsfeierlichkeiten geprägt. Am 15. Oktober erhielt Ernst Ruska aus Stockholm die Nachricht, dass ihm für „seine grundlegenden Arbeiten in der Elektronenoptik und für die Konstruktion des ersten Elektronenmikroskops" der Nobelpreis für Physik verliehen wurde. Den Preis teilte er sich mit den Erfindern des Raster-Tunnelmikroskops Gerd Binning und Heinrich

Abb. 5.18. *Gerhard Ertl, links, und Heinz Gerischer, 1981.*

Abb. 5.19. *Ernst Ruska, links, und Elmar Zeitler bei der abteilungsinternen Nobelpreisfeier am 30. Oktober 1986 im Ernst-Ruska-Bau.*

Rohrer. Die Feierlichkeiten am Institut fanden am 30. Oktober 1986 statt. Zunächst gab es im kurz zuvor Ernst-Ruska-Bau benannten Gebäude von 1974 eine informelle Feier mit seinen früheren Mitarbeitern und der Abteilung für Elektronenmikroskopie. Dann zog man in den Hörsaal des FHI, wo das Land Berlin einen Empfang für Ruska gab, auf dem wissenschaftliche und politische Prominenz reichlich vertreten war – vom Berliner Regierenden Bürgermeister Eberhard Diepgen über den Präsidenten der MPG Heinz A. Staab bis zu Klaus von Klitzing als vorjähriger Physik-Nobelpreisträger.

Die Feier war nicht zufällig auf den 30. Oktober gelegt worden, fanden doch am folgenden Tag die Festlichkeiten zum 75jährigen Institutsjubiläum im Audimax der Freien Universität statt; am Abend gab es auch noch einen Empfang im Harnack-Haus. Heinz Staab würdigte auf dem Festakt als MPG-Präsident die Rolle und Bedeutung des Fritz-Haber-Instituts für die Max-Planck-Gesellschaft und Heinz Gerischer gab in seinem Festvortrag einen Überblick zur Geschichte des Instituts und seinen aktuellen Forschungsvorhaben. Der New Yorker Historiker Fritz Stern, dessen Familie mit Haber in Breslau freundschaftlich verbunden war, wagte sich an das Thema „Fritz Haber in Krieg und Frieden." Dabei setzte er sich auch mit einer anlässlich des Institutsjubiläums von Mitarbeitern des Instituts und jungen Historikern verfassten Broschüre auseinander, die sich kritisch mit der Geschichte des Instituts und insbesondere mit Habers Rolle als Vater des Gaskriegs befasste.[50] Die politischen Turbulenzen der späten sechziger Jahre, die

50 Chmiel, Hansmann, Krauß, Lehmann, Mehrtens, Ranke, Smandek, Sorg, Swoboda, Wurzenrainer, *Bemerkungen*.

Abb. 5.20. *V.l.n.r. Fritz Stern, Dietrich Ranft und Robert Gerwin bei der Feier zum 75jährigen Institutsjubiläum am 31. Oktober 1986.*

ja an der FU in Dahlem besonders heftig bemerkbar wurden und damals überraschender Weise an der van't Hoff Straße halt gemacht und das FHI kaum berührt hatten, waren damit doch noch im Institut angekommen. Hierfür verantwortlich war eine links orientierte und politisch aktive Mitarbeitergruppe, die die offizielle Institutsgeschichte infrage stellte und zum Initiator der Broschüre wurde. Aus heutiger Sicht ist aber nicht so sehr deren politische Ausrichtung interessant, sondern dass die Broschüre mit ihrer kritischen Analyse der Rolle des Instituts während des Ersten Weltkriegs und im Dritten Reich wichtige Elemente moderner Wissenschaftsgeschichtsschreibung aufnahm und einen Wendepunkt in der Historiographie des Instituts markiert – weg vom Verschweigen „dunkler" Zeiten und von einer ausschließlichen Heldengeschichte.

Im Gegensatz zu den problematischen Zeiten der Vergangenheit erschien die Gegenwart hoffnungsvoll. Obwohl die Direktorenabteilung Gerischers schon recht groß war, brachte Gerhard Ertl noch etwa zwei Dutzend Mitarbeiter aus München mit, hauptsächlich Doktoranden. Relativ selbstständig arbeitete die Gruppe zur biophysikalischen Dynamik von Josef Holzwarth, der mit Gerischer ans FHI gekommen und 1987 zum außerplanmäßigen Professor der FU Berlin ernannt worden war, sowie die Gruppe zur Picosekundendynamik photoelektrochemischer Systeme von Frank Willig. Beide Gruppen bezogen neu eingerichtete Labors in einem Gebäude der Abteilung für Elektronenmikroskopie. Professor Kolb von der FU Berlin betreute die unter Gerischer begonnenen elektrochemischen Projekte weiter. Zwar sank in den nächsten Jahren die Zahl der Mitarbeiter von Ertls

Abb. 5.21. *Die Abteilung Gerhard Ertls bei einem Betriebsausflug nach Berlin-Tegel in den 1990ern.*

Abteilung, doch blieb sie mit Abstand die größte am Institut, wobei Doktoranden die Majorität ausmachten. Ertl entwickelte für seine Abteilung ein Forschungsprogramm, das sich um die Modellreaktion der Oxidation von Kohlenmonoxid an verschiedenen Katalysatoren gruppierte. Das Programm lieferte eine Fülle von Resultaten, welche die Oberflächenwissenschaften, die Katalytik sowie die Erforschung von Phänomenen der Selbstorganisation komplexer Systeme nachhaltig prägte. Neben der Fortführung der Untersuchungen zu katalytischen Reaktionsmechanismen, an denen sich u. a. Karl Jacobi und Herbert Over beteiligten, wurden folgende Forschungen von der Abteilung für Physikalische Chemie verfolgt:

- die Untersuchung nichtlinearer Dynamiken sowie die Beobachtung und Theorie der Ausbildung spatio-temporaler Muster bei Oberflächenreaktionen, u. a. mit Alexander Mikhailov und Harm Hinrich Rotermund;
- elektrochemische Systeme, u. a. mit Markus Eiswirth und Katharina Krischer;
- atomares Imaging von Oberflächenprozessen durch Rastertunnelmikroskopie, u. a. mit Joost Wintterlin;
- die Untersuchung der Dynamik schneller Oberflächenprozesse mit Femtosekunden-Pump-Probe-Lasertechniken, u. a. mit Martin Wolf;
- verschiedene Aspekte der Elektrochemie, u. a. mit Bruno Pettinger und Rolf Schuster;
- Exoelektronenemissionen bei Oberflächenreaktionen.

Gerhard Ertl (geb. 1936)

Gerhard Ertl wurde in Stuttgart geboren, wo er am Gymnasium in Bad Cannstatt das Abitur ablegte und anschließend von 1956 bis 1961 an der Technischen Hochschule Stuttgart Physik studierte. Dort wurde Heinz Gerischer sein akademischer Lehrer, der seine Diplomarbeit betreute und mit dem er anschließend als Doktorand an die TH München wechselte. Die in seiner Promotion betriebenen Untersuchungen von Oberflächenreaktionen nutzten damals noch seltene, aufwändige und teure Experimentaltechniken. Beispielsweise machte die räumliche Strukturanalyse von Oberflächen durch Beugung langsamer Elektronen (LEED) ein stabiles Hochvakuum und die Anschaffung der entsprechenden Vakuumtechnik notwendig, die mit speziellen Fördermitteln der Deutschen Forschungsgemeinschaft finanziert wurde. Für Ertl markieren diese Untersuchung den Beginn „der Ära der eigentlichen Oberflächenwissenschaft".

Charakteristisch für Ertls Doktorarbeit und seine nachfolgenden Untersuchungen ist die Kombination von Strukturinformationen mit thermodynamischen und kinetischen Daten, womit bereits hier der Grundansatz seiner Forschungen zur Oberflächenwissenschaft deutlich wird: „chemische Fragen mit physikalischen Methoden anzupacken." Im Rahmen der Forschungen zur Adsorption und Reaktion einfacher Moleküle an Einkristalloberflächen wurden von Ertl neue experimentelle Techniken wie die Rastertunnelmikroskopie und die Photoemissions-Elektronenmikroskopie für die systematische Untersuchung von Adsorptions- und Chemisorptionserscheinungen an wohldefinierten Einkristalloberflächen genutzt. Solche Arbeiten erwiesen sich als grundlegend für das heutige Verständnis der heterogenen Katalyse. Die schon in München betriebenen mechanistischen Studien zum Haber-Bosch-Prozess und die am FHI intensiv durchgeführten Untersuchungen zur Oxidation von CO am Platinmetallkontakt waren dabei herausragend. Diese Oxidation des CO erfolgt unter bestimmten Bedingungen oszillierend, was zu grundlegenden Überlegungen über das Verhalten gekoppelter Systeme führte. Viele der bahnbrechenden Arbeiten Ertls basieren auf Untersuchungstechniken, die durch ihn und seine Mitarbeiter vielfältige Weiterentwicklungen und Anpassungen an spezielle Versuchsbedingungen erfuhren und darüber hinaus mit anderen Methoden kombiniert wurden.

Der Münchener Promotion und Habilitation (1967) folgte ein schneller akademischer Aufstieg: 1968 wurde er neben Robert Haul zweiter Ordinarius für physikalische Chemie der Technischen Hochschule Hannover, 1973 kehrte er nach München zurück und wurde an der Ludwig-Maximilians-Universität Nachfolger Georg-Maria Schwabs, des „großen alten Mannes" der Katalyseforschung. An der Wende zu den achtziger Jahren wirkte er auch als Gastprofessor an verschiedenen Universitäten der USA. 1985 wechselt er schließlich ans Dahlemer Fritz-Haber-Institut, an dem er über seine Pensionierung im Jahre 2004 hinaus bis heute wirkt. Neben seiner akademischen Lehr- und Forschungstätigkeit war Ertl Mitherausgeber zahlreicher Fachzeitschriften und von 1995 bis 2001 Vizepräsident der Deutschen Forschungsgemeinschaft. Seine wissenschaftlichen Leistungen wurden im Jahre 2007 mit dem Nobelpreis für Chemie gekrönt, der ihm „für seine Untersuchungen chemischer Prozesse an Festkörperoberflächen" verliehen wurde.

Vor dem Hintergrund des breiten Forschungsspektrums und von Ertls Engagement in der universitäten Lehre und Doktorandenausbildung überrascht es nicht, dass zwei der gegenwärtigen Direktoren des FHI, Robert Schlögl und Martin Wolf, ihre wissenschaftliche Prägung von Gerhard Ertl erhielten und diesen als ihren akademischen Lehrer ansehen.

Bei einem Katalyse-Symposium im Jahr 1974 bemerkte der Doyen des Arbeitsgebietes Paul Hugh Emmett: „Die experimentelle Arbeit der letzten 50 Jahre lässt den Schluss zu, dass der geschwindigkeitsbestimmende Schritt der Ammoniak-Synthese an Eisenkatalysatoren die Chemisorption des Stickstoffs ist. Die Frage nach der molekularen oder atomaren Natur der daran beteiligten Stickstoffspezies bleibt noch ungeklärt." Emmetts Klage wurde für Ertl zur Herausforderung und motivierte ihn, den damit zusammenhängenden Problemen intensiv nachzugehen. Er erkannte, dass die ihm inzwischen in München zur Verfügung stehenden verfeinerten Labormethoden der Oberflächenwissenschaft ausreichen könnten, um die grundlegenden Reaktionsschritte der Fixierung des Stickstoffs zu identifizieren. Damit wäre die Grundlage für eine quantitative, mikroskopische Beschreibung des Haber-Bosch-Verfahrens gelegt. Der oberflächenwissenschaftliche Lösungsansatz für die Fragen der Katalyse war bereits in den 1920er Jahren von Irving Langmuir propagiert worden, doch konnte er erst in den 1960ern verwirklicht werden, als man das Ultrahochvakuum langsam beherrschte und oberflächensensible Analyseverfahren wie die Beugung langsamer Elektronen an Oberflächen (LEED) zur Verfügung standen. Ertl und seine Mitarbeiter waren Pioniere in der Anwendung dieser Techniken, mit denen Adsorbate an wohl definierten Einkristalloberflächen analysiert werden konnten. Ein großer Teil der Arbeiten Ertls basierte auf diesen Verfahren, ihren vielfältigen Varianten und auch neuen Entwicklungen wie der Rastertunnelmikroskopie (STM) oder der Photoemissions-Elektronenmikroskopie, um nur zwei der prominentesten Beispiele zu nennen.

Die Notwendigkeit für Ertls neuen Ansatz wird klar, wenn man die Probe eines industriell verwendeten Katalysators näher betrachtet. ►**Abb. 5.22** zeigt einen hoch aktiven Katalysator mit einer recht großen Oberflächenregion spezifischer Struktur, die aus aktiven Nanoteilchen besteht. Bei Reaktionsbedingungen werden diese zu metallischem Eisen reduziert, das von einer Monoschicht aus Kalium (und Sauerstoff) bedeckt ist, welche als „elektronischer" Promotor wirkt. Durch ein Gerüst aus den „strukturellen" Promotoren Aluminium- und Kalziumoxid wird die Konfiguration aktiver Partikel gegen Sinterprozesse stabilisiert. Alle Kristallebenen und -defekte der aktiven Komponenten tragen zur Reaktivität bei.

Ganz allgemein haben die Oberflächenatome eines Festkörpers weniger Nachbarn als die Atome im Inneren und sind damit chemisch nicht abgesättigt. Daher können sie neue Bindungen mit Molekülen eingehen, die aus der umgebenden Gasphase oder Flüssigkeit auftreffen (Chemisorption) und dabei sogar die Bindungen der auftreffenden Moleküle lösen (dissoziative Chemisorption). Die neue Oberflächenspezies kann vom Adsorptionsort zu anderen Oberflächenstellen wandern und dort weiter reagieren. Daraufhin können sich die gebildeten Produkte von der Oberfläche ablösen (Desorption) und sie verlassen. Wenn die

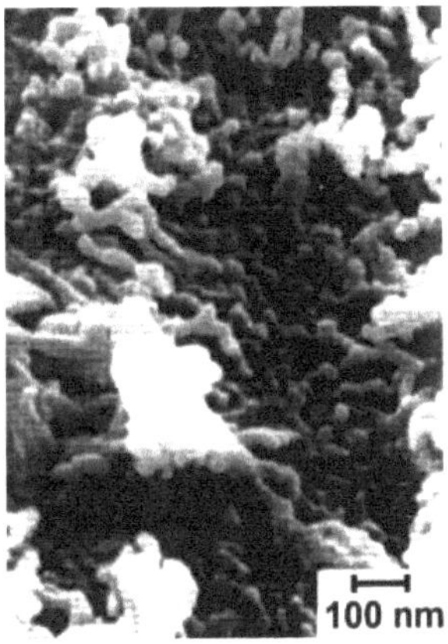

Technical conditions: $T \approx 400°C$, $p \approx 300$ bar
promoted iron catalyst

BASF S6-10 catalyst (at. %)

	Fe	K	Al	Ca	O
Bulk composition	40.5	0.35	2.0	1.7	53.2
Surface –					
unreduced	8.6	36.2	10.7	4.7	40.0
reduced	11.0	27.0	17.0	4.0	41.0
cat. active spot	30.1	29.0	6.7	1.0	33.2

Abb. 5.22. *Elektronenmikroskopische Aufnahme der Probe eines Eisenkatalysators, der von Alwin Mittasch 1911 gefunden wurde und seitdem in der Haber-Bosch Synthese weit verbreitet ist. Die Probe hat eine spezifische Oberfläche von etwa 20 m^2/g.*

Oberfläche katalytisch wirksam ist und in einem Reaktor kontinuierlich versorgt wird, kann sie den Zyklus aus Chemisorption und Desorption aufrecht erhalten, ohne verbraucht zu werden.

Während sich bei geringer Oberflächenbelegung die chemisorbierten Spezies statistisch verteilen, bilden sie bei höherer Konzentration zwei geordnete zweidimensionale Phasen, eine quasi-feste und eine quasi-gasförmige. Ertl und Mitarbeiter sowie andere Kollegen fanden, dass die Ausbildung solcher strukturierter Adsorbatphasen mit großer Periodizität recht häufig vorkommt und dass die Strukturparameter durch Elektronenbeugungsmethoden wie der LEED bestimmt werden können. Eine derartige dissoziative Chemisorption des Stickstoffs an verschiedenen Oberflächen der Eiseneinkristalle ist ein Beispiel für die Ausbildung solcher strukturierter Phasen, die in diesem Fall aus den chemisorbierten Stickstoffatomen gebildet werden. Die Wahrscheinlichkeit der Reaktion ist aber sehr gering, sie liegt normalerweise in der Größenordnung von 10^{-6} und ist damit der geschwindigkeitsbestimmende Schritt der Ammoniaksynthese. In ▶ Abb. 5.23 ist zu sehen, wie sich die Oberflächenkonzentration der an den verschiedenen Flächen der Eiseneinkristalle chemisorbierten Stickstoffatome bei gegebener Temperatur mit der Zahl der auftreffenden Stickstoffmoleküle je Zeiteinheit verändert. Dabei ist der Einfluss der Oberflächenstruktur signifikant: Während die am dichtesten gepackte (110) Oberfläche am wenigsten aktiv ist, zeigt die offenere (111) Ebene die höchste Reaktionswahrscheinlichkeit und ist tatsächlich entscheidend für die Leistung der industriell genutzten Katalysatoren. Die Aktivität wird weiter durch Kaliumatome als elektronische Promotoren verstärkt, was die Dissoziationswahrscheinlichkeit der adsorbierten Stickstoffmoleküle N_{2ad} erhöht. Den gleichen Zusammenhang findet man auch für die dissoziative Stickstoffadsorption bei hohen Drücken, wobei die Ergebnisse proportional zum Druck sind – es gibt bei dieser Reaktion keine Unstetigkeit bezüglich des Drucks.

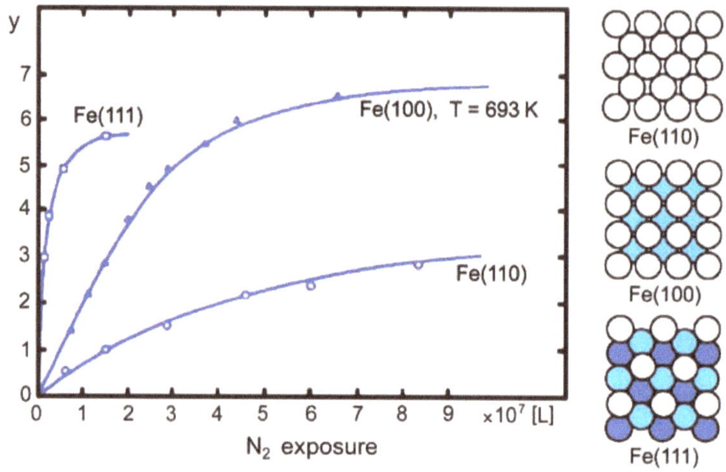

Abb. 5.23. *Der Verlauf der relativen Bedeckung y verschiedener Eiseneinkristalle (Fe) mit Stickstoffatomen N bei 693 K und unterschiedlichem Stickstoffdruck in der Gasphase (1 L = 1.33×10^{-6} mbar, ein Druck, der ausreichte eine vollständige atomare Schicht auszubilden, wenn jedes auf die Oberflächen treffendes Molekül adsorbiert würde).*

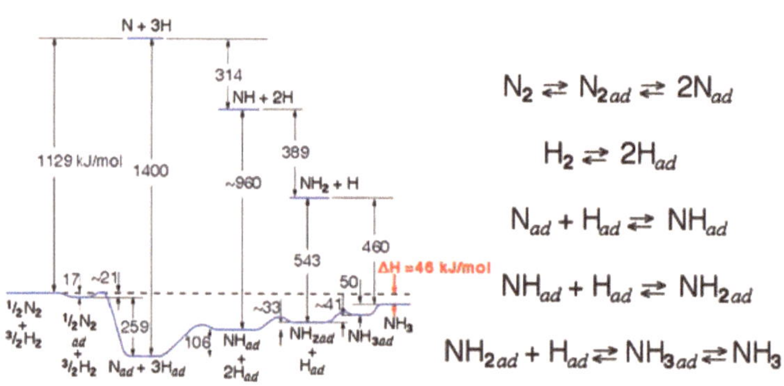

Abb. 5.24. *Mechanismus und Energiediagramm der katalytischen Ammoniaksynthese am Eisenkontakt.*

Ertl und Mitarbeiter identifizierten und analysierten insgesamt sechs Reaktionsschritte der Ammoniaksynthese und bestätigten, dass die dissoziative Chemisorption des Stickstoffmoleküls der langsamste und damit geschwindigkeitsbestimmende Schritt ist. Der von ihnen aufgestellte Gesamtmechanismus mit Energieverlauf ist in ▸Abb. 5.24 dargestellt: Zur Vermeidung der unüberwindlichen Energiebarriere der Dissoziationsenergien der Edukte Stickstoff (N_2) und Wasserstoff (H_2) erlaubt der Katalysator einen alternativen Reaktionsweg über intermediäre Chemisorbate, welche leicht mit der verfügbaren thermischen Energie gebildet werden können. Nachdem sie das Problem der Ammoniaksynthese fast ein Jahrzehnt lang untersucht hatten, waren Ertl und seine Mitarbeiter in der Lage, das von Emmett aufgeworfene Rätsel zu lösen: Sie zeigten, dass ihre Kombination kinetischer Parameter mit den in ▸Abb. 5.24 dargestellten einzelnen Reaktionsschritten eine konstante Ausbeute an Ammoniak ergibt, die in einem weiten Bereich von Reaktionsbedingungen die tatsächlich in Industrieanlagen gemessenen Ausbeuten reproduziert. Diese Übereinstimmung hat gezeigt, dass im Fall der Ammoniaksynthese die Aufklärung der Katalyse mittels der Oberflächenwissenschaft die quantitative Beschreibung eines industriellen Prozesses ermöglicht.

Vergleichbar mit der Ammoniaksynthese stellt die katalytische Oxidation des Kohlenmonoxids den zentralen Teil eines anderen wichtigen technischen Prozesses dar, namentlich der Entgiftung von Autoabgasen. In einem katalytischen Konverter reagieren die Abgase mit den Oberflächen fein verteilter Partikel aus Metallen der Platingruppe. Während die Kohlenmonoxidmoleküle (CO) an der Oberfläche des Katalysators adsorbiert werden, werden die in den Abgasen enthaltenen Sauerstoffmoleküle (O_2) dissoziativ chemisorbiert und bilden die atomaren O_{ad} Spezies. Diese adsorbierten Sauerstoffatome reagieren mit dem chemisorbierten CO zu Kohlendioxid (CO_2), welches sofort in die Gasphase desorbiert.

Im Allgemeinen zeigen die CO-Moleküle eine Tendenz, dicht gepackte Schichten zu bilden, was sogar dazu führen kann, dass sie andere Adsorptionsstellen belegen. Auf der anderen Seite besetzen die Sauerstoffatome dreifach koordinierte Stellen und bilden ein relativ weitmaschiges Netz. Da für die O_2-Dissoziation freie benachbarte Oberflächenatome benötigt werden, wird der Prozess gehemmt, sobald die CO-Bedeckung der Oberfläche einen kritischen Grenzwert überschreitet. Zugleich erlaubt die offene Struktur der adsorbierten atomaren Sauerstoffschicht immer noch die Adsorption von CO. Beides führt zur Bildung einer gemischten Phase, die den engen Kontakt zwischen den beiden Reaktionsteilnehmern CO und O fördert, was die leichte Reaktion zu Kohlendioxid ermöglicht.

Ein stetiger Nachschub der Mischung aus CO und O_2 würde zur völligen Bedeckung der Katalysatoroberfläche mit adsorbiertem CO führen, welche die dissoziative Chemisorption des O_2 und gleichzeitig damit die katalytische Umwandlung von CO zu CO_2 ausschließt. Doch dieses Problem kann durch Erwärmen auf über 450 K verhindert werden, da dann ein Teil des adsorbierten Kohlenmonoxids beständig desorbiert und es damit dem gasförmigen O_2 ermöglicht, in Konkurrenz um die dadurch frei werdenden Adsorptionsstellen zu treten.

Ertl gibt dazu folgende Erläuterung: „Diese Teilreaktion ist der Grund, warum der Katalysator Ihres Autos nicht in der Kälte arbeitet, sondern eine bestimmte minimale Arbeitstemperatur benötigt." Die Sequenz der Teilreaktionen und die Energiediagramme der Reaktionsschritte der Oxidation von CO an Platin sind in ▸Abb. 5.25 zu sehen. Nach der Chemisorption der Reaktionsteilnehmer können O_{ad}+CO_{ad} gemäß dem Langmuir-Hinshelwood Mechanismus reagieren und die Barriere der Aktivierungsenergie von ungefähr 100 kJ/mol überwinden (die bei hoher Bedeckung nur etwa halb so hoch ist). Der dargestellte Reaktionsmechanismus wurde inklusive der energetischen Verhältnisse durch die Dichtefunktionaltheorie bestätigt.

Bei klassischen konstanten Flussbedingungen ist die Geschwindigkeit der Produktbildung zeitunabhängig. Unter bestimmten Bedingungen kann aber, wie

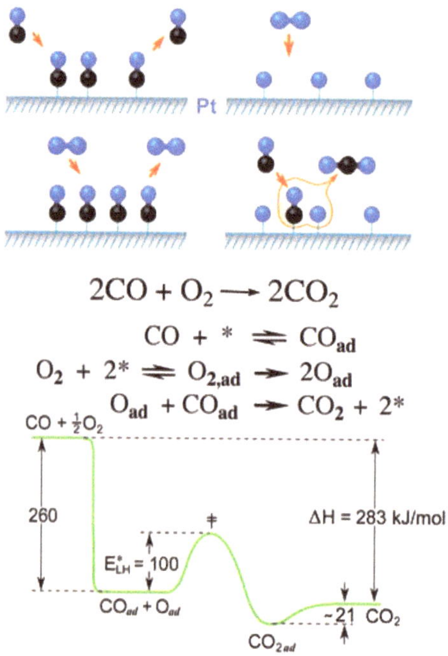

Abb. 5.25. *Mechanismus und Energiediagramm der katalytischen Oxidation von CO an Platin.*

Ewald Wicke und Mitarbeiter bereits 1970 bemerkten, die Gesamtgeschwindigkeit der Reaktion zeitabhängig werden und temporäre Oszillationen ähnlich einer Belousov-Shabotinski-Reaktion in Lösung zeigen, vgl. ►Abb. 5.26.

Die synergetischen Aspekte dieses Verhaltens wurde seit den 1950er Jahren von Ilja Prigogine und Hermann Haken untersucht. Sie sind typisch für offene thermodynamische Systeme, die weit von ihrem Gleichgewichtszustand entfernt sind und dann sogenannte dissipative Strukturen entwickeln können. Ertl erklärt dieses Verhalten mit einem besonders anschaulichem Beispiel, „die zeitliche Veränderung der Anzahl der Hasen- und Luchsfelle, die (von Jägern) an die Hudson's Bay Company geliefert werden. Die oszillierenden Populationen beider Arten sind über eine gewisse Phasenverschiebung miteinander gekoppelt. Der Grund erscheint offensichtlich: Wenn die Luchse genug Fressen (= Hasen) finden, wächst ihre Population, was diejenige der Hasen dezimiert, sobald ihre Geburtsrate die Verluste nicht mehr kompensieren kann. Wenn der Nachschub an Hasen ausbleibt, beginnen die Luchse zu verhungern und ihre Population sinkt ebenfalls, so dass sich die der Hasen erholen kann."[51]

Die Untersuchung solcher oszillierender Systeme mit gekoppelten, nichtlinearen Differentialgleichungen ist das Thema der Nichtlinearen Dynamik. Um die oszillierende Kinetik der CO-Oxidation an Platin (110) zu beschreiben, wird ein System

51 Ertl, *Reactions*, hier S. 128.

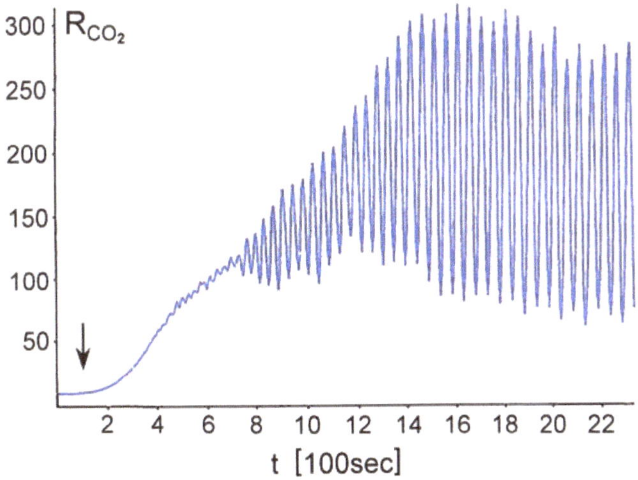

Abb. 5.26. *Zeitabhängigkeit der CO-Oxidationsgeschwindigkeit an einer wohl definierten Platin (110) Oberfläche. Ab der mit einem Pfeil gekennzeichneten Zeit wurde der O_2-Druck schrittweise von 2.0 auf 2.7×10^{-4} mbar erhöht. Als Folge stieg zunächst langsam die Reaktionsgeschwindigkeit, dann setzten periodische Veränderungen mit hoher und konstanter Amplitude ein.*

dreier gekoppelter Differentialgleichungen benötigt. Neben den Bedeckungsgraden mit O und CO ist der Anteil der Platinoberfläche erforderlich der als sogenannte 1×1 Phase zur Verfügung steht, vgl. ▸ Abb. 5.27.

Bereits Langmuir hatte erkannt, dass „Die Atome an einer Kristalloberfläche dahin tendieren (müssen), sich selbst so anzuordnen, dass ihre Gesamtenergie minimal wird. Allgemein wird das auch die Verschiebung ihrer Positionen zueinander beinhalten.“[52] So eine Positionsveränderung (oder Rekonstruktion) zeigt auch die saubere Platin (110)-Oberfläche. Jede zweite Reihe fehlt in ihrer Konfiguration, vgl. ▸ Abb. 5.27a (eine 1×2 Phase), während die Ebenen im Kristallinneren keine derartigen Lücken aufweisen (eine 1×1 Phase), vgl. ▸ Abb. 5.27b. Die 1×2 Struktur stimmt in kleinen Facetten mit einer (111) Orientierung überein und hat an der Oberfläche eine geringere Energie als die 1×1 Phase. 1×1 und 1×2 Phasen zeigen auch verschiedene Adsorptionseigenschaften: CO chemisorbiert an der 1×1 Phase mit einer höheren Adsorptionsenergie als an der 1×2 Anordnung. Daher findet eine lokale Rekonstruktion statt ($1 \times 2 \rightarrow 1 \times 1$), wenn die CO-Bedeckung einen bestimmten Wert überschreitet, der mit etwa 0.2 Monoschichten angegeben werden kann.

Der andere an der Oberfläche ablaufende Adsorptionsprozess, die dissoziative Chemisorption von Sauerstoff, ist dagegen etwa 50 % wahrscheinlicher an der 1×1 Phase als an der 1×2 Phase. Ertl und Mitarbeiter konnten mit der Kombination von O_2- und CO-Chemisorptionsgeschwindigkeiten ein Grundprinzip für die

52 Langmuir, *Constitution.*

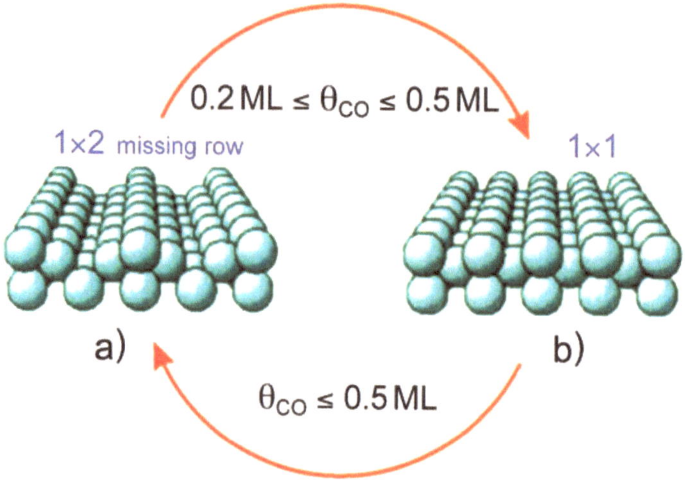

Abb. 5.27. *Die Struktur der sauberen Platin (110) Oberfläche. (a) Die 1 × 2 Phase mit freien (111) Facetten; (b) Die 1 × 1 Struktur wie sie auch im Inneren des Kristalls vorliegt. Eine Rekonstruktion (1 × 2 → 1 × 1) findet statt, wenn die CO-Bedeckung 0.2 Monoschichten (ML) übersteigt. Sauerstoffadatome halten sich eher an der 1 × 1 Phase als an der 1 × 2 Phase auf.*

temporalen Oszillationen angeben, die in ▸ Abb. 5.26 zu sehen sind. Bei Verwendung einer geeigneten Reaktionsmischung aus CO und O_2 reicht die Adsorption von CO an der sauberen Platin 1 × 2 Oberfläche aus, um eine lokale Rekonstruktion, 1 × 2 → 1 × 1, auszulösen. Die neu entstandenen 1 × 1 Flächen begünstigen die Bildung von Sauerstoffadatomen, was zu einer schnelleren Oxidationsgeschwindigkeit von CO zu CO_2 führt. Da nun adsorbiertes CO bei dieser Oxidation verbraucht wird, rekonstruiert sich die 1 × 1 Oberfläche zurück in eine 1 × 2 Anordnung, wenn die CO Bedeckung unter 0.5 Monoschichten fällt. Damit ist ein solcher katalytischer Oxidationszyklus beendet. Doch auch hier geht die Geschichte weiter: Weil die räumliche Struktur der Elemente eines ausgedehnten Systems temporale Oszillationen zeigt, muss es eine Kopplung zwischen diesen Elementen geben, welche das Gesamtsystem synchronisiert. Die entsprechende räumliche Kopplung zwischen verschiedenen Regionen der Oberfläche wird durch Transportprozesse wie Wärmeleitung und Diffusion hergestellt.

Stellen mit Oberflächenkonzentrationen, die höhere Reaktionsgeschwindigkeiten begünstigen, verursachen höhere lokale Temperaturen, weil die Reaktionen exotherm verlaufen. Die Wärmeleitung an der Katalysatoroberfläche ermöglicht daher eine Kopplung. Bei einer sehr dünnen (etwa 200 nm) Platin (110) Einkristallfolie verusacht die periodische Veränderung der Reaktionsgeschwindigkeit bzw. der Temperatur eine thermische Ausdehnung – diese führt zu periodischen Deformationen der Folie, welche der „Herzschlag“ des Katalysators genannt werden kann.

Bei isothermen Bedingungen und niedrigen Drücken treibt die Diffusion aufgrund lokaler Unterschiede die Adsorbate über die Oberfläche. Die Längenausdehnung der resultierenden spatio-temporalen Konzentrationsmuster findet nicht mehr in atomaren Dimensionen statt, sondern innerhalb der sogenannten Diffusionslänge, die bei der CO-Oxidation die Größenordnung von Mikrometern erreicht. Diese Muster können mittels Photoemissions-Elektronenmikroskopie (PEEM) abgebildet werden, einer Technik, die Ertl und Mitarbeiter schon in München verwendet hatten und dann in einer Kooperation dreier Abteilungen am FHI weiterentwickelt haben, vgl. die Abschnitte über Zeitler und Bradshaw. PEEM basiert auf Veränderungen der Austrittsarbeit von Oberflächenelektronen durch die verschiedenen Dipolmomente der adsorbierten Spezies, welche unterschiedliche Intensitäten der photoemittierten Elektronen verursachen.

In Abhängigkeit von Druck und Temperatur entwickeln sich auf der Oberfläche periodische Muster wie die künstlerisch anmutenden, charakteristisch spiraligen Wellen, vgl. ▶ **Abb. 5.28**, die sich mit Frontgeschwindigkeiten von einigen µm/s bewegen. Häufig liegt das Zentrum einer Spirale in einer Oberflächenregion mit gesteigerter Defektdichte. Ertl und Mitarbeiter gelang es, das Zusammenbrechen solcher Spiralen, Spiralturbulenzen und damit den Beginn eines spatio-temporalen Chaos zu beobachten.

Ertls Forschungen zeigten, dass ein recht einfaches System – beispielsweise eine chemische Reaktion, die zwischen zwei zweiatomigen Molekülen auf einer wohl definierten Einkristallfläche unter festgelegten Reaktionsbedingungen nach einem genau erkannten Reaktionsmechanismus abläuft – als Modell für die Untersuchung

Abb. 5.28. *Eine Aufnahme der Bildung von spiraligen Wellen der katalytischen Oxidation von CO an einer Platin (110) Oberfläche mit dem Photoemissions-Elektronenmikroskop („PEEMchen").*

von recht komplexem Verhalten dienen kann. Die am Modell gemachten Beobachtungen erlauben Rückschlüsse über weit vom Gleichgewichtszustand entfernte offene Systeme, welche die Katalyse und die Oberflächenwissenschaft durchziehen, und geben Hinweise auf Gesetze, die offenbar in der gesamten Natur gültig sind.

An der Wende zu den 1990er Jahren gab es aber nicht nur wissenschaftliche Herausforderungen, der Fall der Berliner Mauer und die darauf folgende deutsche Wiedervereinigung zeigten natürlich auch für das Fritz-Haber-Institut wie für die Max-Planck-Gesellschaft insgesamt Konsequenzen. Die besondere politische Lage Berlins hatte dazu geführt, dass es zwischen dem FHI und Wissenschaftseinrichtungen der DDR kaum und vor allem keine institutionalisierten Kontakte gab. Die Mitgliedschaft in der Leopoldina und deren Jahrestagungen boten z. B. Möglichkeiten, quasi inoffizielle Kontakte zu Kollegen in der DDR zu pflegen. Ernst Ruska und Heinz Gerischer, die zudem durch ihren persönlichen Lebensweg emotionale Ostbindungen hatten, haben dies in besonderer Weise getan. Speziell mit Heinz Bethge, seit 1974 Präsident der Leopoldina und zudem Direktor des Hallenser Zentralinstituts für Elektronenmikroskopie und Festkörperphysik der Akademie der Wissenschaften der DDR, unterhielt Ernst Ruska besonders enge persönliche und kollegiale Beziehungen, die u. a. darin ihren Ausdruck fanden, dass Ruskas Studie zur Geschichte der Elektronenmikroskopie 1979 in der Reihe Nova Acta Leopoldina publiziert wurde[53] und Bethge seit Mitte der achtziger Jahre Mitglied des Fachbeirats des FHI war – für die damaligen deutsch-deutschen Wissenschaftsbeziehungen eine höchst ungewöhnliche Tatsache und wohl nur mit Bethges Rolle als Präsident der Leopoldina erklärbar.

Zum eigentlichen Pendant des FHI, dem Zentralinstitut für physikalische Chemie der Akademie in Adlershof, gab es dagegen keinerlei offizielle Beziehungen. Block hatte solche wohl Anfang der 1980er Jahre anzubahnen versucht, doch waren seine Bemühungen ins Leere gelaufen. In den späten achtziger Jahren pflegten Mitarbeiter der Abteilung Physikalische Chemie, insbesondere Hellmut Karge, Kontakte zu Kollegen an der Universität Leipzig, vor allem zu Harry Pfeifer und seiner Kernresonanzspektroskopie-Gruppe; Beziehungen gab es ebenfalls zum Bereich Statistische Thermodynamik und Theoretische Biophysik an der Humboldt-Universität, da deren Arbeiten zur Selbstorganisation und Thermodynamik offener Systeme für Ertls Forschungen zur nichtlinearen Dynamik bei Oberflächenprozessen interessant waren. Es kam so zu brieflichen Kontakten zwischen Ertl und Werner Ebeling, dem Leiter des Bereichs, und Mitarbeiter Ertls besuchten Tagungen und Sommerschulen, die von Ebelings Bereich getragen wurden. Da Westberlin für die DDR eine „besondere politische Einheit" darstellte, waren offizielle Beziehungen zu Institutionen in Westberlin besonders schwierig zu gestalten (auch von westlicher Seite gab es im Übrigen wegen politischer Statusfragen Restriktionen), so dass die Kontakte nicht offiziell durchgeführt oder als „bilaterale Beziehungen" institutionalisiert werden konnten; sie wurden aber quasi halboffiziell und zwischen den jüngeren Mitarbeitern teilweise auch privat weiter

53 Ruska, *Elektronenmikroskopie*.

Abb. 5.29. *Heinz Bethge, links, verleiht Ernst Ruska die Cothenius-Medaille der Leopoldina, Halle 1975.*

gepflegt. Als britischer Staatsbürger hatte es Alexander Bradshaw etwas einfacher, so dass er unter seinen FHI-Kollegen in den achtziger Jahren wohl die intensivsten Kontakte zu Kollegen in der DDR hatte. So konnte er Kollegen an der Universität Leipzig besuchen und eine bescheidene Kooperation mit dem BESSY auf dem Gebiet der Röntgenspektroskopie anbahnen; ebenfalls besuchte er Tagungen des Fachverbandes Oberflächenphysik der Physikalischen Gesellschaft der DDR und nahm Vortragseinladungen nach Jena, Leipzig, Dresden und auch der Adlershofer Akademieinstitute für Optik und Spektroskopie sowie für physikalische Chemie wahr. Wie delikat damals solche Vorträge behandelt wurden, macht die Tatsache deutlich, dass bei seinen Vorträgen in Adlershof der Zuhörerkreis mehr oder weniger handverlesen war, sich unter den Teilnehmern, aber auch kein Vertreter der Institutsleitung befand, geschweige denn, dass Bradshaw von dieser empfangen worden wäre.[54] Aus politischen und Statusgründen wollte man solche Besuche protokollarisch möglichst tief hängen und im quasi Inoffiziellen belassen, erhielten die deutsch-deutschen Wissenschaftsbeziehungen doch erst im Herbst 1987 mit dem Abschluss eines Wissenschaftsabkommens zwischen beiden deutschen Staaten einen offiziellen Rahmen.

Zwei Jahre später waren solche Winkelzüge gegenstandslos geworden. Die Maueröffnung und der Demokratisierungsprozess in der DDR wischten alle Restriktionen

54 *Sehr visionär und kühn*, S. 24.

Max-Planck-Gesellschaft und deutsche Wiedervereinigung

MPI für Mikrostrukturphysik Halle

Der Einigungsvertrag vom Sommer 1990 und die vorangegangenen Diskussionen sahen für das wiedervereinigte Deutschland eine einheitliche Forschungslandschaft vor. Deren Struktur hatte sich an der Forschungslandschaft der alten Bundesrepublik zu orientieren. Für die Max-Planck-Gesellschaft (MPG) bedeutete dies, dass sie die gleiche Rolle wahrnehmen sollte und wollte wie in der alten Bundesrepublik.

Nachdem die MPG im Spätherbst 1989 ein informelles Kooperationsprogramm ins Leben gerufen hatte, das den wechselseitigen Besuch und auch gemeinsame Forschungen von Forschern aus Ost und West fördern sollte, wurde im Sommer 1990 ein Programm gestartet, das die Gründung spezieller Arbeitsgruppen vorsah. MPG-Arbeitsgruppen konnten auf Anregung eines Max-Planck-Instituts eingerichtet werden, von dem sie dann auch betreut wurden. Die Arbeitsgruppe sollte einem herausragenden DDR-Wissenschaftler die Möglichkeit bieten, seine Forschungen im Stile und mit den exzellenten Forschungsressourcen eines Max-Planck-Instituts weiterzuführen und so den Anschluss an die internationale Scientific Community befördern. Die Arbeitsgruppen wurden zwar von der Max-Planck-Gesellschaft finanziert, waren jedoch an Universitäten angebunden, da ihr vornehmliches Ziel die Stärkung der universitären Forschung sein sollte. Die MPG richtete 1991 und 1992 in drei Schüben 29 Arbeitsgruppen ein, deren Spektrum von Gravitationsphysik (Universität Jena) und Komplexkatalyse (Universität Rostock) über Enzymologie der Peptidbindung (Universität Halle) bis hin zu Struktureller Grammatik (Humboldt-Universität zu Berlin) und Ostelbischer Gutsherrschaft (Universität Potsdam) reichte; weiterhin wurden sieben geisteswissenschaftliche Zentren finanziert. Die Förderung war in der Regel auf fünf Jahre befristet und die MPG-Gruppen wurden danach in die jeweiligen Universitäten integriert.

Parallel zur Einrichtung der Arbeitsgruppen wurden von den drei Sektionen der MPG spezielle Kommissionen gebildet, die Ideen zur Gründung von Projektgruppen und Instituten in den neuen Bundesländern entwickelten. Dabei sollten den Hinweisen des Wissenschaftsrates auf Fortführung besonders leistungsfähiger und innovativer Forschungseinrichtungen der ehemaligen DDR eingehende Beachtung geschenkt werden. Allerdings ist nur im Falle des Hallenser Akademieinstituts für Elektronenmikroskopie und Festkörperphysik und von Teilen des Instituts für Polymerenchemie bzw. für organische Chemie solchen Empfehlungen gefolgt worden. Diese sind 1991 in ein Max-Planck-Institut für Mikrostrukturphysik bzw. für Kolloid- und Grenzflächenforschung überführt worden, wobei sich mit der Berufung der neuen MPI-Direktoren aber ganz neue Forschungsrichtungen etablierten. Überhaupt wurden bei der Neugründung die allgemeinen Regeln und Verfahrensweisen der Max-Planck-Gesellschaft und nicht zuletzt das Harnack-Prinzip beachtet, um herausragenden Gelehrten aus der ganzen Welt Forschungen an wichtigen und zukunftsträchtigen Themen der Grundlagenforschung zu ermöglichen. Insgesamt gründete man in den neunziger Jahren 20 neue Institute, so dass heute in den neuen Bundesländern in etwa die gleiche Dichte an Max-Planck-Instituten vorzufinden ist wie in den alten Bundesländern.

vom Tisch und der einstige Malus wurde nun zum Bonus, denn die geographische Nähe führte dazu, dass es sehr schnell zu einer Fülle von Kontaktaufnahmen zwischen Wissenschaftlern in Ost und West kam. Abgesehen von solch informellen Begegnungen waren die nun auf der Tagesordnung stehenden aktuellen Probleme aber nicht weniger kompliziert und heikel, denn mit der deutschen Wiedervereinigung mußte nicht nur die DDR-Wissenschaft reformiert bzw. reorganisiert werden, sondern auch eine Integration in das bundesrepublikanische Wissenschaftssystem erfolgen.

An diesem Prozess beteiligte sich natürlich auch das FHI. So wurde beispielsweise einigen DDR-Wissenschaftlern die Möglichkeit geboten, ihre Forschungen zumindest temporär am Institut weiterzuführen bzw. sich mit aktuellen Forschungen des Instituts bekannt zu machen. Alexander Bradshaw und Gerhard Ertl waren als Mitglieder der Evaluierungskommissionen des Wissenschaftsrates an der Evaluation der Institute der DDR-Akademie mit physikalischem und chemischem Forschungsprofil beteiligt. Außerdem wurde auf Anregung Matthias Schefflers, Direktor der Abteilung Theorie, für Helmut Eschrig (Dresden) eine Max-Planck-Forschungsgruppe zur Theorie komplexer und korrelierter Elektronensysteme eingerichtet und betreut. Allerdings verhielt sich das FHI bei der Einrichtung von Max-Planck-Forschungsgruppen in den neuen Bundesländern nicht besonders aktiv, denn das Stuttgarter Institut für Festkörperforschung beantragte beispielsweise die Einrichtung von drei MPG-Forschungsgruppen. So lag der Schwerpunkt des Engagements des FHI in den neuen Bundesländern in der Unterstützung des Hallenser Akademieinstituts für Elektronenmikroskopie und Festkörperphysik, zu dem es ja schon seit Jahren vielfältige, wenn auch meist nur inoffizielle Kontakte gab. Zunächst wurde dem Institut durch Gerätespenden und die Finanzierung von Neuanschaffungen bei der Modernisierung seiner instrumentellen Ausstattung geholfen; auch wurden die informellen Beziehungen durch wechselseitige Kolloquiumsbesuche, Vorträge und Gastwissenschaftlertätigkeit intensiviert. Als dann im Sommer 1991 der Senat der MPG beschloss, das Hallenser Institut in ein Max-Planck-Institut zu überführen, erhielt die Unterstützung seitens der MPG quantitativ wie qualitativ eine neue Dimension. Sichtbarster Ausdruck dieser Tatsache war die Entsendung von Ertl als Mitglied der kommissarischen Leitung des Instituts im November 1991. Ertl nahm diese Funktion für die Übergangszeit des Instituts bis 1993 wahr, bis sich die neue Riege der Institutsdirektoren um Jürgen Kirschner und Ulrich Gösele am neuen MPI für Mikrostrukturphysik etabliert hatte.

Insgesamt zeigt die Entwicklung des FHI im Zeitraum zwischen 1970 und 1990 die erfolgreiche Umorientierung des Instituts zu einem Zentrum für Oberflächenchemie und -physik. Die in diesem Zeitabschnitt eingeleiteten institutionellen und fachlichen Veränderungen erwiesen sich als nachhaltig, denn sie bildeten die Basis für die Weiterentwicklung bis in die Gegenwart, welche im nun folgenden Kapitel skizziert werden soll. Man konzentrierte sich auf den neu festgelegten Arbeitsbereich, der sowohl von wissenschaftlichem als auch wirtschaftlichem Interesse ist. Damit erhielt das Institut ein schärferes wissenschaftliches Profil

Abb. 5.30. *Der Senat der MPG vor dem Haupteingang des FHI, 22. Mai 1981, anlässlich der Jahreshauptversammlung der MPG in Berlin.*

Abb. 5.31. *Die Leitung des FHI 1992. V.l.n.r. Elmar Zeitler, Matthias Scheffler, Hellmut G. Karge, Gerhard Ertl, Jochen H. Block und Alexander Marian Bradshaw.*

als es unter den Direktoren Laue und Brill realisiert werden konnte. Trotz der ökonomischen Aspekte waren die nun etablierten Forschungsprogramme vorwiegend aus wissenschaftlicher Perspektive geplant worden und nicht so unmittelbar an von Außen herangetragene Anwendungsfragen orientiert wie im NS-System. Andererseits verlor aber die scharfe Trennung zwischen akademischer Wissenschaft und Industrieforschung, die Haber noch klar herausgestellt hatte, an Bedeutung. Im Einklang mit der Ausrichtung der aktuellen Naturwissenschaft, die in der Regel mit dem Begriff Technowissenschaft umrissen wird, haben die aktuellen Direktoren des Instituts einen Zugang zur Katalyseforschung erschlossen, der Grundlagenforschung und industriell genutzte Katalyse in einen Zusammenhang bringen kann. Die Betonung der Grundlagenforschung entspricht dabei dem generellen Selbstverständnis und forschungspolitischem Credo der MPG. Wie viele andere aktuelle Forschungsprogramme beziehen sich diese neuen Forschungen auch auf Grundlagen, die nicht zuletzt in der „Goldenen Zeit" des Haberschen Instituts geschaffen wurden. Andererseits sind aber auch Traditionslinien zu Methoden wie der Elektronenmikroskopie oder der Elektronenbeugung zu erkennen, die in den Arbeiten zur Strukturforschung in der frühen Nachkriegszeit am FHI gepflegt wurden. Dabei lag es durchaus in der Tradition des Instituts, sich auf spezifische Forschungsfelder in der physikalischen Chemie zu konzentrieren. So baute Haber die Kolloidchemie und die Untersuchung atomarer Strukturen zu Kerngebieten aus und Laue versuchte die Strukturforschung an Festkörpern zum Leitfaden des Instituts zu machen.

Die in diesem Kapitel beschriebene Neuausrichtung des Instituts kann auch ein Schlaglicht auf allgemeinere Fragen der Wissenschaftspolitik werfen. Das Sachprinzip spielte bei der Ausrichtung des Instituts eine wichtige Rolle, doch die Politik bezieht sich im Konkreten immer auf die Wissenschaftler mit ihren Mitarbeitern und ihren Forschungsinteressen. Gerade die grundlegende Neuorientierung von Instituten oder Abteilungen war mit personellen Schwierigkeiten verbunden wie im Fall der Umorientierung der Elektronenmikroskopie oder der Auflösung der Strukturforschung. Vergleichsweise reibungslos verlief die Fortführung des bestehenden inhaltlichen Konzeptes im Fall des Wechsels von Gerischer zu Ertl, wo Personal- und Sachprinzip in Einklang standen, weil mit dem Leitungswechsel keine grundlegende Neuorientierung notwendig war. Einerseits ist es einfacher, herausragende Wissenschaftler zu gewinnen, die schon persönliche und inhaltliche Beziehungen zum Institut haben, andererseits fallen alle schwerwiegenden Umstellungsprobleme weg.

Die komplexe Verbindung zwischen Sach- und Personalentscheidungen wird auch in den Äußerungen der MPG aus dieser Zeit deutlich, in denen nur mit großer Mühe das Personalprinzip als theoretisch bestimmendes Entscheidungskriterium verteidigt werden kann.[55]

55 Vgl. z. B. MPG, *Jahrbuch* 1988, „Berufungen als Instrument der Veränderungen," S. 71-81, hier S. 71.

6 Die aktuellen Forschungen des Fritz-Haber-Instituts

Im folgenden Kapitel sollen die augenblickliche wissenschaftliche Struktur des Instituts, d. h. die Zeit nach der Berufung der fünf amtierenden Direktoren und ihrer kollegialen Leitung, sowie die aktuellen Forschungen beschrieben werden. Obwohl bei Studien gegenwartsnaher Naturwissenschaft kaum archivalische Quellen genutzt werden können, erlaubt der direkte Kontakt zu den Wissenschaftlern dennoch, einen Eindruck von ihren laufenden Arbeiten zu erhalten. Die aktuelle Forschungsarbeit der fünf Abteilungen wird im folgenden am Beispiel von jeweils ein bis zwei für die Ausrichtung der jeweiligen Abteilung typischen Projekte beschrieben werden. Dabei wird eine historische Einordnung versucht, wobei die historischen Verbindungen in manchen Fällen bis in die Anfänge des Instituts zurückreichen.

Die fünf Abteilungen des Instituts und ihre Direktoren, in chronologischer Reihenfolge ihrer Berufung, sind:

- Theorie, seit 1988, geleitet von Matthias Scheffler
- Anorganische Chemie, seit 1994, geleitet von Robert Schlögl
- Chemische Physik, seit 1996, geleitet von Hans-Joachim Freund
- Molekülphysik, seit 2002, geleitet von Gerard Meijer
- Physikalische Chemie, seit 2008 geleitet von Martin Wolf

Jeder der fünf folgenden Abschnitte befasst sich mit einer der Abteilungen, wobei nicht alle Aktivitäten des FHI erfasst werden können. Das Institut fördert insbesondere den wissenschaftlichen Nachwuchs, was darin seinen Ausdruck findet, dass gegenwärtig am Institut etwa 20 Diplomanden und 100 Doktoranden ausgebildet werden sowie über 100 Postdocs dort arbeiten. Eine internationale Max-Planck-Graduiertenschule bietet eine Reihe von Seminaren und Workshops an. Sie sollen das Wissen der Studenten auf Arbeitsgebieten erweitern, die am Institut verfolgt werden. Ebenso tragen Gastwissenschaftler wesentlich zum wissenschaftlichen Leben des FHI bei, von denen viele mit einem der begehrten Forschungspreise der Alexander-von-Humboldt-Stiftung gefördert werden; das Institut beherbergt zudem jährlich etwa 20 Humboldt-Stipendiaten und 25 Humboldt-Forschungspreisträger.

Neben den Forschungsabteilungen gibt es am Institut auch spezialisierte Werkstätten (für Elektronik, Feinmechanik und eine Schreinerei) sowie eine IT-Gruppe

Abb. 6.1. *Die derzeitigen Institutsdirektoren vor der Haber-Villa. V.l.n.r.: Robert Schlögl, Matthias Scheffler, Hans-Joachim Freund, Gerard Meijer und Martin Wolf, 2011.*

und die Bibliothek, die insgesamt die technische Unterstützung bereitstellen, ohne die die wissenschaftlichen Abteilungen nicht effektiv arbeiten könnten. Das Gemeinsame Netzwerkzentrum (GNZ) stellt die geeignete Infrastruktur für die wachsenden Anforderungen an die Rechenleistung zur Verfügung. Darüber hinaus regelt eine zentrale Verwaltung die Personal- und Finanzangelegenheiten für das gesamte Institut.

Das FHI kann zur Zeit mit einem flexiblen Haushalt arbeiten, der es erlaubt, Mittel nach Bedarf aus dem Etat der Max-Planck-Gesellschaft abzurufen; im Durchschnitt betrugen diese im Zeitraum 2000–2010 etwa 20 Millionen Euro pro Jahr. Diese langfristige und projektunabhängige Unterstützung hat sich als Schlüssel für den Erfolg des FHI bei strategischen Forschungsprojekten bewährt, die auf der Basis von kurzzeitigen und direkt zweckorientierten Fördermaßnahmen kaum vorstellbar wären. Darüber hinaus aber ermöglichen spezifische Drittmittelförderungen etwa von der Deutschen Forschungsgemeinschaft, dem Bundesministerium für Bildung und Forschung, der EU-Kommission und auch von Partnern aus der Industrie dem Institut noch größere Flexibilität in seinen Forschungsanstrengungen. Die Max-Planck-Gesellschaft unterstützt das Institut auch direkt mit gezielter Förderung besonderer Projekte im Rahmen von durch Experten begutachteten „Forschungsinitiativen". Aktuell wurde durch solche Fördermittel u. a. der Aufbau eines „Infrarot-Frei-Elektronen-Lasers" am Institut unterstützt, der seine Arbeit Ende 2011, d. h. zum Zeitpunkt der Hundertjahrfeier des Instituts, aufnehmen soll. Diese Einrichtung wird zu einem neuen Knotenpunkt für viele etablierte experimentelle Forschungslinien am FHI werden.

Die Abteilung Theorie

Seit 1987 beschäftigen sich Matthias Scheffler und seine Mitarbeiter am FHI mit der computergestützten Berechnung physikalischer und chemischer Prozesse. Ziel ist es, theoretische Modelle zur Beschreibung von Festkörpern zu entwickeln, mit deren Hilfe die Entwicklung neuer, sowie die Optimierung vorhandener funktioneller Materialien unterstützt werden können. Schwerpunkte der Theorie liegen dabei im Bereich der Halbleiterphysik und der heterogenen Katalyse an Metall- und Metalloxid-Oberflächen. Besondere Aufmerksamkeit wird darauf gerichtet, dass Materialien unter realistischen äußeren Gegebenheiten, z. B. bei experimentell relevanten Drücken und Temperaturen, eine durch die Bedingungen bestimmte Zusammensetzung und Struktur annehmen. Die Herausforderung besteht darin, eine Theorie zu entwickeln, mit der eine Beschreibung erreicht wird, die über weite Längen- und Zeitskalen hinweg zuverlässige Ergebnisse liefert. Dabei erstrecken sich die relevanten Skalenbereiche von Piko- bis zu Millimetern, bzw. von Femtosekunden bis zu Stunden (s. ▸ Abb. 6.2).

Die Arbeit in der Abteilung Theorie hat gezeigt, dass für das Verständnis der Funktion von Materialien die isolierte Betrachtung einzelner Zeit- und Längenbereiche generell nicht ausreichend ist. Statt eine einzige Methode zu verwenden, ist vielmehr eine Verknüpfung mehrerer Ansätze notwendig und zielführend:

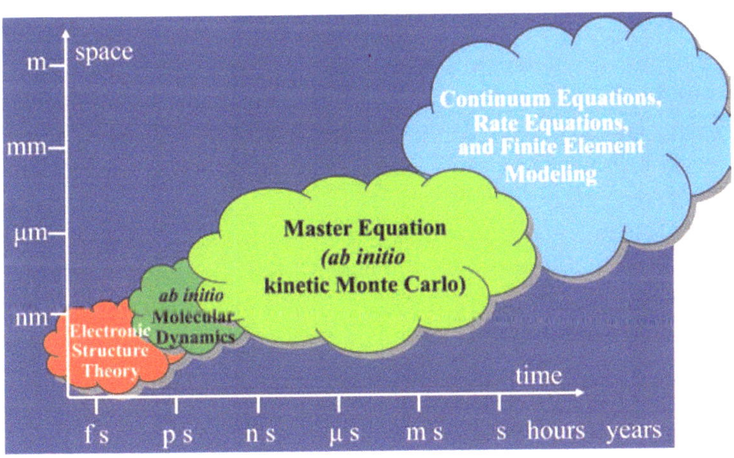

Abb. 6.2. *Verschiedene Methoden beschreiben unterschiedliche Abschnitte auf der Zeit- und Längenskala. Die Verbindung der Methoden ist eines der fundamentalen Themen der Arbeit in der Abteilung Theorie.*

Die Simulation der atomaren Prozesse erfolgt mit *ab initio* Methoden, d. h. mit Methoden, die mit der quantenmechanischen Berechnung der Elektronenstruktur beginnen und ohne jegliche experimentelle Parameter auskommen. Im Rahmen des theoretischen Modells wird das systemspezifische Vielteilchen-Problem gelöst. Bevorzugte Methode für Matthias Scheffler und seine Mitarbeiter ist dabei die Dichtefunktionaltheorie (DFT), die von Walter Kohn, Pierre Hohenberg und Lu Jeu

Sham Mitte der sechziger Jahre des 20. Jahrhunderts erstmals vorgestellt und diskutiert wurde. Erfolgreiche Weiterentwicklungen und Verbesserungen in der computergestützten Anwendung während der letzten Jahre haben dazu geführt, dass inzwischen Systeme mit mehreren hundert Atomen in gasförmigem, flüssigem oder festem Zustand unter Anwendung der DFT mit chemisch relevanter Genauigkeit berechnet werden können. Die Entwicklung der erforderlichen numerischen Methoden und Computerprogramme gehört zu den Hauptaufgaben der Abteilung Theorie.

Wenn man zu höheren Skalen geht (s. ►Abb. 6.2), wird die Elektronenstrukturtheorie zunächst mit der Molekulardynamik (MD) verknüpft. Aktuelle MD-Implementierungen erlauben *ab initio* MD Simulationen von Prozessen in Gasen und Festkörpern sowie an Oberflächen und in Lösung über Zeiträume von bis zu einer Nanosekunde.

Bei der Berechnung räumlich großer Systeme wird die Parallelisierung von Computercodes hilfreich bzw. notwendig sein. Bezüglich der Zeitentwicklung stellt parallelisiertes Rechnen keine große Verbesserung dar, da die Zeitintegration sequentiell ist. Eine Möglichkeit, Probleme dieser Art zu behandeln, bietet die *ab initio* kinetische Monte-Carlo (kMC) Methode. In diesem Langzeit-Dynamik-Konzept wird die *ab initio* MD, also DFT, mit der Master-Gleichung der statistischen Mechanik verbunden. Ausgangspunkt für das kMC-Verfahren sind die mit DFT ermittelten Prozessraten, welche dann zur Simulation des Zusammenspiels von Reaktionen auf Oberflächen herangezogen werden. Dabei können Prozess-Verläufe über Sekunden bis hin zu Stunden untersucht werden.

Während die MD und kMC-Simulation eng mit der Elektronenstruktur-Theorie und der Bewegung der verschiedenen Atome verknüpft sind, gibt es beim Übergang zur klassischen Kontinuumsmechanik und zu Ratengleichungen erhebliche Schwachstellen bei der Verbindung der Methoden. Diese zu beheben, stellt noch immer eine wissenschaftliche Herausforderung dar.

Im Folgenden soll die Bedeutung der Multi-Skalen Modellierung am Beispiel der CO-Oxidation auf einem Ru/RuO_2-Katalysator unter realistischen äußeren Bedingungen und der Beschreibung des stationären Zustands des katalytischen Prozesses erläutert werden:

Die CO-Oxidation ist eine stark exotherme Reaktion:

$$CO + {}^1/_2\, O_2 \longrightarrow CO_2.$$

in der Gasphase ist sie allerdings aufgrund der Spin-Auswahlregel verboten. Die linke Seite der Gleichung hat einen Gesamtspin von $S = 1$ (wegen des Triplett-Grundzustandes des O_2-Moleküls). Das Produkt CO_2 hat dagegen keinen Spin, $S = 0$. Dem entgegen haben die auf der RuO_2-Oberfläche adsorbierten O-Atome einen Spinzustand von $S = 0$. Somit ist die Reaktion erlaubt. Weitere Voraussetzung für eine Reaktion der Adsorbate miteinander ist offensichtlich ihre räumliche Nähe auf der Oberfläche. Die Prozessrate für die Reaktion hängt dann von der Höhe der Energiebarriere zwischen Anfangs- und Endzustand ab. Diese Barriere wird von den Eigenschaften der Oberfläche bestimmt, auf der die Moleküle adsorbiert sind. Um die Anzahl von CO_2-Molekülen, die pro Flächeneinheit des Katalysators und pro Zeiteinheit produziert werden, zu ermitteln, muss zeitlich und räumlich gemittelt werden.

Eine zuverlässige Beschreibung der heterogene Katalyse soll Vorhersagen über den „steady state“ (den dynamischen, im Mittelwert stabilen Zustand) des Systems zulassen. Hier zeigen die Ergebnisse der statistischen Mechanik von unterschiedlichen, sich wechselseitig beeinflussenden atomaren Prozessen die Bedeutung von Instabilitäten und Fluktuationen. Ein Katalysator unterliegt selbst im stationären Zustand unaufhörlichen Veränderungen. Dabei sind diese Instabilitäten und Veränderungen von wesentlicher Bedeutung für die Selbst-Reparatur lokal vergifteter Gebiete des Katalysators und damit für seine langfristige Effizienz.

Mit Hilfe der *ab initio* Thermodynamik kann die Struktur der Oberfläche für RuO_2 vorhergesagt werden (vgl. ▸ Abb. 6.3). Unter den für den katalytischen Prozess relevanten Druck- und Temperatur-Bedingungen ist die RuO_2 (110) Facette am stabilsten. Sie ist praktisch frei von Leerstellen oder anderen Defekten. Diese Vorhersage der Theorie deckt sich mit Resultaten der Rastertunnelmikroskopie.

Die Beobachtung des zeitlichen Verlaufs einer kMC-Simulation zusammen mit einer Sensitivitätsanalyse machen die Bedeutung der Kinetik für das Verständnis der optimalen Bedingungen des katalytischen Prozesses klar: Entscheidende Prozesse sind die dissoziative Adsorption von O_2 und die molekulare Adsorption von CO. Sie konkurrieren um die Adsorptionsplätze auf der Oberfläche, insbesondere um die O_{bridge} Plätze und die koordinativ nicht abgesättigten Ru_{cus} Plätze (vgl. ▸ Abb. 6.4).

CO besetzt nur einen Platz auf der Oberfläche. Die zwei O-Atome des O_2-Moleküls benötigen aber zwei benachbarte Ru_{cus} Plätze. Bleiben nach der katalytischen Reaktion $O_{ad} + CO_{ad} \rightarrow CO_2$ (g) also zwei freie Plätze, können diese entweder von einem O_2 via dissoziativer Adsorption oder von zwei CO-Molekülen besetzt werden. Sobald ein CO-Molekül auf einem der Ru_{cus} Plätze adsorbiert wird, ist der verbleibende Ru_{cus} Platz nicht mehr für die O_2-Dissoziation verfügbar und kann somit nur noch ein weiteres CO-Molekül aufnehmen. Daher können sich kinetisch kontrollierte, lokal geordnete Strukturen ausbilden, welche potenziell aktive

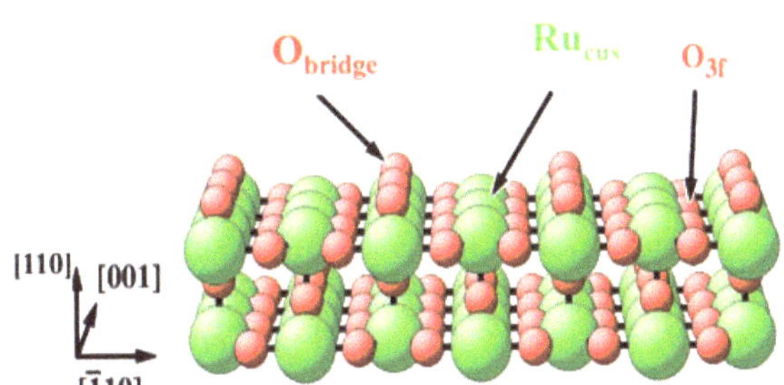

Abb. 6.3. *Oberflächenstruktur von RuO_2 (110) im Ultrahochvakuum, wie von der DFT vorhergesagt und experimentell bestätigt. Alle O_{bridge} Plätze sind besetzt und alle Ru_{cus} Plätze sind unbesetzt. Ebenfalls markiert sind die dreifach koordinierten O-Atome.*

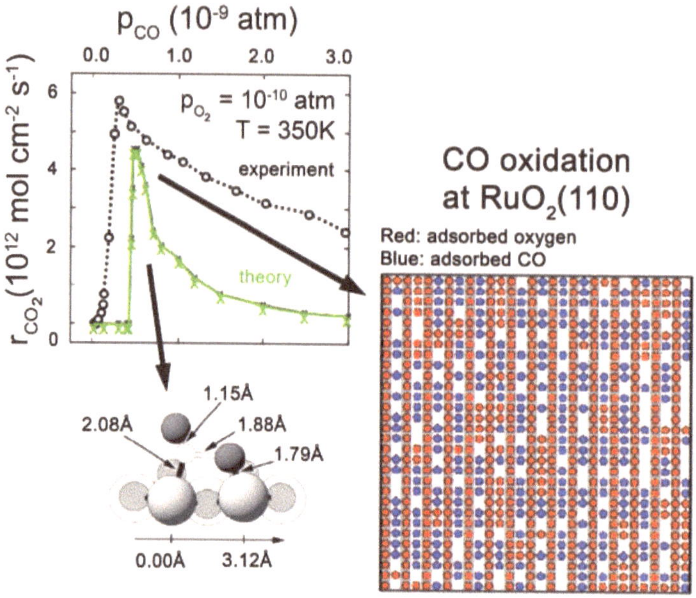

Abb. 6.4. *Berechnete und gemessene CO_2-Umsatzrate in Abhängigkeit des CO-Drucks (Diagramm oben links); Momentaufnahme der Oberflächenbesetzung bei optimaler katalytischer Leistung während einer kMC-Simulation (rechts); Geometrie des Übergangszustandes der CO-Oxidationsreaktion (links unten).*

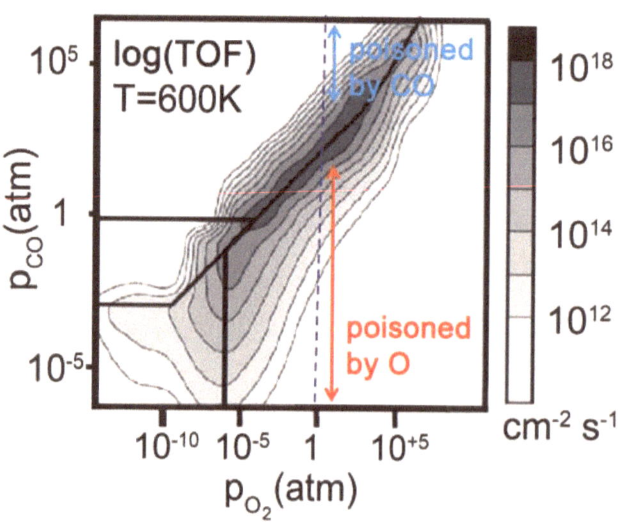

Abb. 6.5. *Berechnete Umsatzfrequenzen (TOFs) für die Oxidation von CO auf dem RuO_2-Katalysator bei einer Temperatur von 600 K. Das Diagramm basiert auf 400 kMC-Simulationen für verschiedene Kombinationen von CO- und O_2-Drücken.*

Reaktionswege blockieren können. Tatsächlich kann so die gesamte Oberfläche außerordentlich CO-reich und damit katalytisch inaktiv werden. Nur bei geeignetem Druck kann das adsorbierte CO wieder desorbieren, was zur „Heilung" lokal vergifteter Bereiche führt. Andererseits kann die Oberfläche auch zu O-reich sein. Die Druckverhältnisse müssen dann so angepasst werden, dass die Desorption von Sauerstoff begünstigt wird. Chemische Reaktionen an den Grenzen der vergifteten Gebiete werden ebenfalls zur Regenerierung beitragen. Anhand der berechneten Umsatzfrequenz von CO in CO_2 als Funktion von O_2- und CO-Drücken lassen sich die Bedingungen, unter denen der Katalysator die stärkste Aktivität aufweist, ermitteln (vgl. ▶ Abb. 6.5). Entfernt man sich von diesen, lässt die Reaktivität des Katalysators nach. Eine aktive Oberfläche oszilliert zwischen einer lokal inaktiven O- bzw. CO-reichen und der katalytisch hochaktiven Zusammensetzung.

Direktor der Abteilung Theorie ist Matthias Scheffler, der 1951 in Berlin geboren wurde und in seiner Heimatstadt Physik studiert hat. Er promovierte 1978 an der Technischen Universität Berlin mit einer am FHI verfassten Arbeit über „Winkelaufgelöste Photoemission von adsorbierten Schichten." Die Betreuer waren Kurt Molière (FHI), Kyozaburo Kambe (FHI) und Frank Forstmann (FU Berlin und FHI). Vor seiner Berufung als Direktor am FHI 1988 war er als Wissenschaftler an der Physikalisch-Technischen Bundesanstalt in Braunschweig beschäftigt. 2004 wurde er zum „Distinguished Visiting Professor for Computational Materials Science and Engineering" an der University of California in Santa Barbara ernannt, wo er sich alljährlich bis zu einem Vierteljahr aufhält.

Folgende Forscher, die in Gegenwart oder Vergangenheit längere Zeit mit der Abteilung Theorie verbunden waren, hatten signifikanten Einfluss auf die Arbeit der Abteilung:

- Volker Blum (Dr. rer. nat. Physik, Universität Erlangen-Nürnberg 2001, Betreuer Klaus Heinz; am FHI seit 2004)
- Jarek Dąbrowski (Dr. rer. nat. Physik, Polnische Akademie der Wissenschaften 1989, Betreuer Tadeusz Figielski; am FHI 1989–1992; zur Zeit wiss. Mitarbeiter am Leibniz-Institut für innovative Mikroelektronik, Frankfurt/Oder)
- Kristen Fichthorn (PhD in Chemical Engineering, University of Michigan 1989, Betreuer Robert Ziff und Erdogan Gujlari; am FHI 1998–1999; zur Zeit Professorin an der Pennsylvania State University, University Park, USA)
- Martin Fuchs (MSc in Physik 1992, Oregon State University, Betreuer Philip Siemens; am FHI 1992–1999 und 2002–2009; zur Zeit Mitarbeiter im Europaparlament, Brüssel, Belgien)
- Veronica Ganduglia-Pirovano (Dr. rer. nat. Physik 1989, Universität Stuttgart, Betreuer Peter Fulde; am FHI 1994–2001; zur Zeit Professorin an der Universidad Autónoma de Madrid)
- Xavier Gonze (PhD Angewandte und Ingenieurswissenschaft, Université Catholique de Louvain 1990, Betreuer Jean-Pierre Michenaud; am FHI 1998–1999; zur Zeit Professor an der Université Catholique de Louvain, Louvain-la-Neuve, Belgien)

- Axel Groß (Dr. rer. nat. Physik, Technische Universität München 1993, Betreuer Wilhelm Brenig; am FHI 1993–1998; zur Zeit Professor an der Universität Ulm)
- Bjørk Hammer (Dr. rer. nat. Physik, Technische Universität Dänemark 1993; Betreuer Karsten Jacobsen/Jens Nørskov; am FHI 1993–1994; zur Zeit Professor an der Universität Aarhus, Dänemark)
- Klaus Hermann (Dr. rer. nat. Physik, Technische Universität Clausthal 1974, Betreuer Ernst Bauer und Lothar Fritsche; am FHI seit 1990)
- Joel Ireta Moreno (PhD in Physikalischer Chemie, Universidad Autónoma Metropolitana-Iztapalapa 1999, Betreuer Marcelo Galván; am FHI 1999–2007; zur Zeit Professor an der Universidad Autónoma Metropolitana-Iztapalapa, Mexico City, Mexiko)
- Hong Jiang (PhD in Physikalischer Chemie, Universität Peking 2003, Betreuer Xinsheng Zhao; am FHI 2006–2009; zur Zeit Professor an der Universität Peking, China)
- Kyozaburo Kambe (Dr. rer. nat. Physik, Freie Universität Berlin 1962, Betreuer Kurt Molière; am FHI 1956–1991)
- Peter Kratzer (Dr. rer. nat. Physik, Technische Universität München 1993, Betreuer Wilhelm Brenig; am FHI 1997–2006; zur Zeit Professor an der Universität Duisburg-Essen)
- Sergey Levchenko (PhD in Chemie, University of Southern California 2005, Betreuerin Anna I. Krylov; am FHI seit 2008)
- František Máca (PhD Physik, Tschechoslowakische Akademie der Wissenschaften 1983, Betreuer Igor Bartoš; am FHI 1988–1991; zur Zeit Postdoc an der Akademie der Wissenschaften der Tschechischen Republik, Prag)
- Michael Methfessel (Dr. rer. nat. Physik, Katholieke Universiteit Nijmegen 1986, Betreuer Jürgen Kübler und Alois Janner; am FHI 1989–1992; zur Zeit wiss. Angestellter am Leibniz-Institut für innovative Mikroelektronik, Frankfurt/Oder)
- Angelos Michaelides (PhD in Chemie, Queen's University Belfast 2000, Betreuer Peijun Hu; am FHI 2003–2006; zur Zeit Professor am University College London, Großbritannien)
- Jörg Neugebauer (Dr. rer. nat. Physik, Humboldt Universität zu Berlin 1989, Betreuer Rolf Enderlein; am FHI 1990–1993 und 1996–2003; zur Zeit Direktor am Max-Planck-Institut für Eisenforschung GmbH, Düsseldorf)
- Oleg A. Pankratov (Dr. rer. nat. Physik, Physikalisch-Technisches Institut Moskau 1977, Betreuer Evgeniy Maksimov; am FHI 1990–1995; zur Zeit Professor an der Universität Erlangen-Nürnberg)
- Eckhard Pehlke (Dr. rer. nat. Physik, Christian-Albrechts-Universität Kiel 1989, Betreuer Wolfgang Schattke; am FHI 1991–1996; zur Zeit Professor an der Christian-Albrechts-Universität Kiel)

- Christian Ratsch (PhD in Physik, Georgia Institute of Technology 1994, Betreuer Andy Zangwill; am FHI 1995–1997 und 2003; zur Zeit Professor an der University of California, Los Angeles, USA)
- Karsten Reuter (Dr. rer. nat. Physik, Universität Erlangen-Nürnberg 1998, Betreuer Klaus Heinz; am FHI 2003–2009; zur Zeit Professor an der Technischen Universität München)
- Patrick Rinke (PhD rer. nat. Physik, University of York 2002, Betreuer Rex Godby; am FHI seit 2003)
- Angel Rubio (PhD Physik, Universität Valladolid 1991, Betreuer Carlos Balbas; am FHI (offizieller Gastwissenschaftler) seit 2009; zur Zeit Professor an der Universität des Baskenlandes, Donostia-San Sebastian, Spanien)
- Paolo Ruggerone (Dr. rer. nat. Physik, Universität Mailand 1989, Betreuer Giorgio Benedek; am FHI 1994–1998; zur Zeit Professor an der Università degli Studi di Cagliari, Italien)
- Arno Schindlmayr (PhD in Physik, University of Cambridge 1999, Betreuer Rex Godby; am FHI 1998–2003; zur Zeit Professor an der Universität Paderborn)
- Catherine Stampfl (PhD in Physik, La Trobe University, Melbourne 1990, Betreuer John D. Riley; am FHI 1990–2003; zur Zeit Professorin an der University of Sydney, Australien)
- Alexandre Tkatchenko (PhD Physikalische Chemie, Universidad Autónoma Metropolitana-Iztapalapa, Mexico City, Mexico 2007, Betreuer Marcelo Galván; am FHI seit 2007)
- Chris van de Walle (PhD in Elektrotechnik, Stanford University 1986, Betreuer Richard M. Martin; am FHI 1999; zur Zeit Professor an der University of California, Santa Barbara, USA)
- Byung Deok Yu (Dr. der Physik, Seoul National University 1992, Betreuer Jisoon Ihm; am FHI 1994–1997; zur Zeit Professor an der University of Seoul, Korea)

Die Abteilung Anorganische Chemie

Seit ihrer Gründung im Jahre 1994 hat die Abteilung Anorganische Chemie ein Forschungsprogramm vorangetrieben, das sich mit katalytischen Modellsystemen der Grenzflächenforschung und real verwendeten heterogenen Katalysatoren beschäftigt und diese miteinander zu verknüpfen sucht. Ursprünglich wurden die Räume und Einrichtungen der elektronenmikroskopischen Abteilung Elmar Zeitlers übernommen, doch die Abteilung zog fünf Mal um, bevor sie sich wieder im inzwischen renovierten alten Gebäude des ehemaligen IFE einrichten konnte, welches nun geeignete Räume für die Nutzung von hoch auflösenden Elektronenmikroskopen bis zum synthetisch-chemischen Labor bietet.

Das gegenwärtige funktionale Verständnis der heterogenen Katalyse beruht auf den Arbeiten von Gerhard Ertl und Gabor Somorjai, die den Einkristallansatz vorangetrieben haben, um Katalysatoren anhand dieses Modells zu verstehen. Das führte zur quantitativen Beschreibung von für die katalytischen Umsetzungen relevanten Elementarprozessen, was wiederum eine Voraussetzung für die Entwicklung einer Theorie der heterogenen Katalyse war. Trotz des durch die Theorie untermauerten soliden Grundverständnisses ist es noch immer beinahe unmöglich, die katalytischen Eigenschaften von real verwendeten Katalysatoren vorherzusagen, die durch empirische oder kombinatorische Methoden gefunden wurden. Fernziel der Abteilung ist es, das Missing Link zwischen theoretischem und praktischem Verständnis der heterogenen Katalyse zu finden.

Kern der augenblicklichen Forschung ist die analytische Arbeit zur Bestimmung der grundlegenden Bestandteile von komplexen katalytischen Hochleistungssystemen, wie man sie in der Verfahrenstechnik findet. Der Analyse folgt die Synthese der identifizierten funktionalen Substanzen, deren kinetische Charakteristika mit denen des komplexen katalytischen Systems übereinstimmen. Die Abteilung hat ein Repertoire an analytischen in situ Techniken entwickelt, welche die Produktionsbedingungen nachahmen, um die katalytische Aktivität der synthetisierten Materialien zu testen. Das ermöglicht Mitarbeitern der Abteilung, quantitative Beziehungen zwischen Struktur und Funktion der beteiligten Materialien aufzustellen.

Die Darstellung dieser Beziehungen wird dadurch erschwert, dass der Katalysator dynamisch auf seine Reaktionsumgebung reagiert, was zur Bildung metastabiler Oberflächen führt, die nur zu einem kleinen Teil aktive Zentren ausbilden. Da die aktiven katalytischen Zentren ihre Struktur zyklisch ändern, kehren sie nach dem Durchlaufen jeder Reaktionssequenz immer wieder zu ihrem Ausgangszustand zurück. Sie sind bezogen auf den Gleichgewichtszustand des überwiegenden Anteils der katalytischen Phase metastabil, so dass die chemische Reaktion über ihre Gleichgewichtslage hinaus fortgesetzt werden kann. Wird aber der Katalysator für die Analyse oder für statische Experimente von seiner Reaktionsumgebung getrennt, degenerieren die metastabilen aktiven Zentren zu stabilen Produkten, was ihre Strukturanalyse verhindert.

Diese Tatsache führt zu Verständnislücken zwischen der Grenzflächenwissenschaft und der Anwendung komplexer katalytischer Systeme. Die Ursache des Versagens bei der Vorhersage katalytischer Eigenschaften komplexer Systeme liegt in der Tat in der Kombination, dass Katalysatoren entweder im nicht arbeitenden Zustand exakt analysiert werden können oder mit hoher Aktivität angewandt werden, ohne ihre aktive Struktur zu kennen. Zur Schließung dieser Erkenntnislücke synthetisieren Mitarbeiter der Abteilung möglichst einfach funktionierende Modellsysteme und untersuchen deren strukturelle Eigenschaften. Das am FHI vorhandene umfangreiche Hintergrundwissen über Katalyse und die Konzentration auf Modellsysteme (vgl. die Abteilung Chemische Physik) erleichtert diese interdisziplinäre Forschung am Übergang zwischen physikalischer und anorganischer Chemie. Die Entwicklung der Abteilung für Anorganische Chemie lässt sich als eine graduelle Annäherung an derartige interdisziplinäre Arbeit verstehen, wobei einerseits die Möglichkeiten der am Institut existierenden Infrastruktur genutzt und andererseits Arbeitsanregungen an andere Abteilungen weiter gegeben werden.

Es war bereits bei der Gründung der Abteilung bekannt, dass die elektronenmikroskopische Untersuchung von Katalysatoren einzigartige Möglichkeiten für den Zugang zu den nicht translatorischen Aspekten ihrer Strukturen bietet. Um diese aber optimal nutzen zu können, wird das ganze Arsenal mikroskopischer Techniken mit den leistungsfähigsten Instrumenten benötigt. Zwischen 1995 und 2007 ersetzte die Abteilung die veralteten Mikroskope durch moderne Modelle. Das aus der Abteilung Zeitler übernommene Knowhow bezüglich der Konstruktion und Verwendung von Elektronenmikroskopen hat dabei zu neuen Erkenntnissen über die Struktur von realen polykristallinen Katalysatoren geführt. Auch die Methode der Elektron-Energieverlust-Spektroskopie (EELS) wurde erfolgreich an die Bedürfnisse der Katalyseforschung angepasst und durch eine einzigartige Kombination auch ihr oberflächenempfindlicher Gegenpart ausgebaut – die Absorptionsspektroskopie mit weicher Röntgenstrahlung, die als *in situ* Methode am BESSY Speicherring eingeführt wurde. Ein weiteres Instrument von strategischer Bedeutung für die Forschung der Abteilung ist das Normaldruck-Photoemissions-Spektrometer (HP-XPS). Die entscheidende Komponente dieses Instruments ist ein energievariables „Elektronenmikroskop", das die Photoelektronen über eine Serie von Blenden in eine elektrostatische Messvorrichtung überführt. Das HP-XPS der Abteilung hat eine lange Geschichte, die auf Jochen Block zurückgeht. Die gegenwärtige, seit 2007 einsatzbereite Version wurde in Zusammenarbeit mit der Gruppe Miquel Salmerons an der Advanced Light Source in Berkeley gebaut.

Polykristalline Proben von Katalysatoren mussten bis 2008 von der Industrie oder externen Partnern bezogen werden, da an der Abteilung (oder besser gesagt am FHI) keine Möglichkeiten für die chemische Synthese vorhanden waren. Um selbst Modellsysteme herstellen zu können, entwickelten Forscher der Abteilung Anorganische Chemie eine Reihe von Apparaturen, welche die Synthese von Metalloxiden durch physikalische Dampfablagerung von Elementen mit anschließender Wärmebehandlung bei Normaldruck ermöglichen. Dabei wurde die Dehydrierung von Ethylbenzol zu Styrol an Eisenoxiden das Thema der ersten größeren Studie, ▶ Abb. 6.6 fasst ihre Hauptergebnisse zusammen. Der technische Katalysator (A) stellt eine komplexe Verbindung von Phasen dar, wobei die aktiven Zentren am Übergang fester Phasen liegen. Es gelang, wohlgeordnete dünne Filme (D) des relevanten ternären Kalium-Eisenoxids herzustellen und ihre chemische Struktur und Reaktivität zu bestimmen. Parallel dazu entwickelten Institutsmitglieder einen Mikroreaktor (C), um die kinetischen Daten dieser dünnen Filme zu messen. So war es ihnen möglich, experimentelle Daten zu erhalten, die für die Etablierung kinetischer Modelle unter genau definierten Bedingungen notwendig waren. Diese bildeten dann die Grundlage für den Nachweis, dass sich die Modellreaktion genau so wie die Reaktion im industriell verwendeten System verhält.

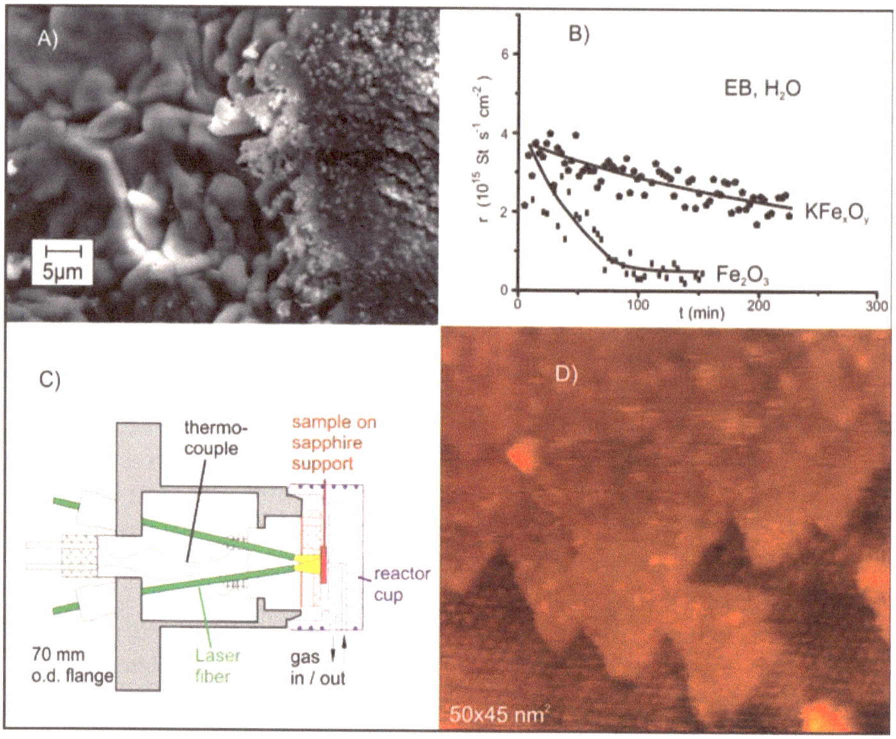

Abb. 6.6. *Eisenoxide mit Kaliumpromotoren zur Dehydrierung von Ethylbenzol zu Styrol. (A) Ein rasterelektronenmikroskopisches Bild des technischen Katalysators mit der inneren Grenzfläche. (B) Produktionsgeschwindigkeit von Styrol über 1 cm² des Modellkatalysators. (C) Mikroreaktor zur Untersuchung von dünnen Filmen aus Einkristallen unter Normalbedingungen ohne vom Reaktor selbst ausgeübtem Störeinfluss. (D) Rastertunnelmikroskop-Aufnahme der aktiven $K_2Fe_{22}O_{34}$-Phase.*

Die Forschung an dünnen Oxidfilmen wechselte 1998 an die neue Abteilung für Chemische Physik, aber eine starke synthetisch arbeitende Gruppe blieb weiterhin in der Abteilung Anorganische Chemie.

Die Arbeiten erlaubten es den Abteilungsmitgliedern, die Details katalytischer Synthesen sehr viel besser zu verstehen und zu kontrollieren. Diese verbesserte Kontrolle der Materialqualität und der katalytischen Leistung konnte für die Darstellung kommerziell anwendbarer synthetischer Katalysatoren verwendet werden. ►Abb. 6.7 zeigt beispielhaft die Herstellung eines Cu-basierten Katalysators für die Methanolsynthese. Nach der Konstruktion eines neuen Apparats zur computergesteuerten Synthese konnten Mitarbeiter der Gruppe den Ablagerungsprozess des Feststoffes in zwei Phasen aufklären, die anhand der Farbe der entstehenden Festkörper und der entsprechenden Röntgenbeugungsmuster unterschieden werden können. Zeitaufgelöste Studien erlaubten die lange ungelöste Frage nach der besten Ausgangsphase für den aktiven Katalysator zu beantworten, wobei die Forschungsergebnisse gegen die Aurikalzit- und für die Zink-Malachit-Phase

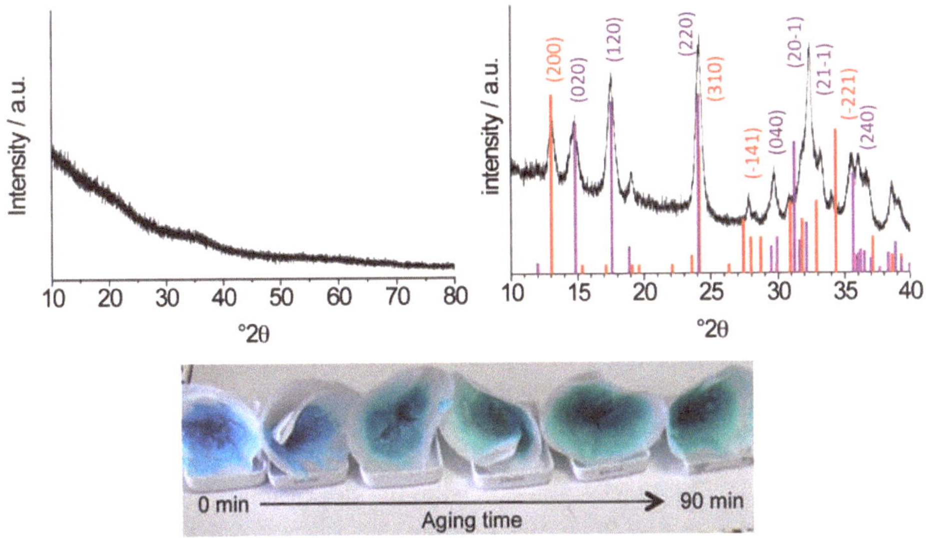

Abb. 6.7. *Kupferbasierte Katalysatoren für die Methanolsynthese. Ein neuer Apparat für die kontrollierte Abscheidung ermöglichte die Trennung der blauen von den grünen Produkten. Die Strukturanalyse eröffnete, dass die blauen Produkte (oben links) ungeordnete nanokristalline Materialien ohne signifikante katalytische Wirkung sind. Die grünen Produkte (unten) sind Gemische aus zwei Phasen, Malachit (violett) und Aurikalzit (rot). Durch systematische Optimierung der Reaktionsbedingungen war es möglich, phasenreine grüne Produkte herzustellen und damit die Synthese des eingesetzten, auf reinen Malachit-Vorstufen beruhenden Katalysators zu verbessern. Im Röntgenbeugungsmuster (oben rechts) sind die Signale mit den zugehörigen Millerschen Indizes bezeichnet; 2θ ist der Beugungswinkel.*

sprechen. Vorangegangene Versuche eines Industriekonsortiums waren erfolglos geblieben. Der Gruppe der Abteilung Anorganische Chemie gelang es auch, die Ursache des „chemischen Memory-Effekts" dadurch zu erklären, dass die nicht-translatorische Struktur des Cu-Metallkatalysators kinetisch durch den Zerfall der in ▸ Abb. 6.7 gezeigten farbigen Ausgangsstoffe kontrolliert wird. Darüber hinaus konnte man die Defekt-Struktur der Cu-Nanopartikel steuern und zeigen, wie die Synthese der Ausgangsverbindungen die letztendliche Leistung des Katalysators beeinflusst.

Bei dieser Untersuchung wurden eine Reihe komplementärer *in situ* Methoden und die Elektronenmikroskopie verwendet. Ihr erfolgreicher Abschluss erforderte die gezielte Anwendung eines Spektrums experimenteller Techniken und zeugt von der hoch effektiven Zusammenarbeit innerhalb der Abteilung. Diese besteht aus sechs Forschergruppen, von denen jede einen speziellen Kompetenzbereich abdeckt (siehe unten). Die Gruppenleiter tragen die Verantwortung für Teams aus Postdocs, Studenten und technischen Mitarbeitern; zudem für den generationsübergreifenden Wissenstransfer. Die Forschung selbst wird in Projektteams betrieben, die sich aus Mitgliedern verschiedener Forschergruppen zusammensetzen, die an einem bestimmten Forschungsthema arbeiten und von einem phänomenologischen zu einem analytischen Verständnis des Forschungsgegenstandes voranschreiten. Diese organisatorische Parallelstruktur der Zusammenarbeit mit Gruppen und zugleich Projektteams wird seit 2005 praktiziert.

Wie bereits ausgeführt wurde, zeigte die Visualisierung nicht-translatorischer Strukturen aktiver Katalysatoren ihren Wert als Teil der Suchstrategie bei der Analyse quantitativer Daten, wobei die Elektronenmikroskopie besonders aufschlussreiche Visualisierungen ermöglichte. Die Mikroskope der Abteilung stehen auf großen Betonfundamenten, die wiederum mit dem gewachsenen Boden in möglichst engem Kontakt stehen. Dies hat sich als mindestens ebenso effektiv erwiesen wie die früheren aufwändigeren Methoden einer aktiven Stabilisierung durch in doppelwandigen Türmen aufgehängte Plattformen.

▸Abb. 6.8 zeigt typische elektronenmikroskopische Aufnahmen von Katalysatoren. Sie verdeutlichen, wie wichtig das Verständnis der Struktur in verschiedenen räumlichen Größenordnungen für das Verständnis der Funktion von Katalysatoren ist. Das Bild aus dem Rasterelektronenmikroskop zeigt eine mesoporöse Silikatstruktur mit hexagonalen Kanälen und ihre regelmäßige Zusammenballung. Diese

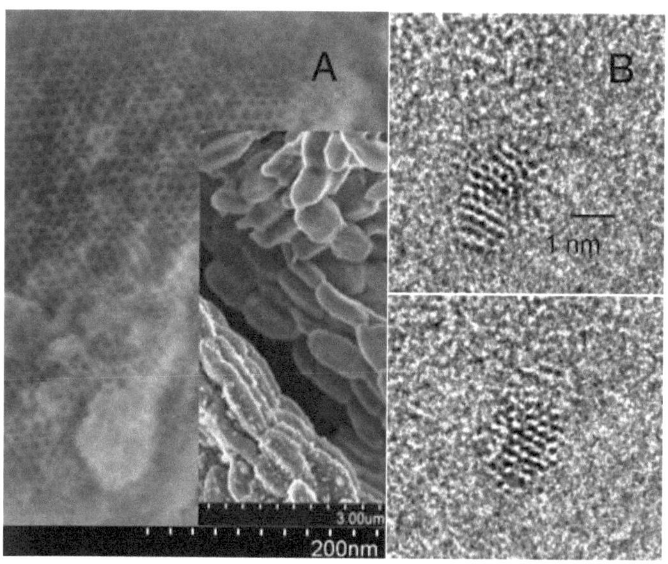

Abb. 6.8. *Elektronenmikroskopie in der Katalyseforschung. Bild (A) zeigt die Probe eines mesoporösen Silikats SBA15 bei unterschiedlicher Vergrößerung. Die hexagonalen Mesoporen mit durchschnittlich 7 nm Durchmesser zeigen alle paar hundert Nanometer Fluktuationen mit Zusammenballungen. Bild (B) zeigt eine geordnete Struktur von Goldatomen getragen von Kohlenstoff-Nanotubes. Das obere und untere Bild belegen die Fluktuation der inneren Struktur über einen Zeitraum von 20 s hinweg (gegeben durch die für die Aufnahme notwendige Zeit). Die gleichen Atome scheinen ihre Plätze unter denselben Bedingungen nicht zu wechseln, wenn sie ein dreidimensionales Nanoteilchen bilden.*

unerwünschten Überstrukturen entstehen aus der Dynamik der Mizellmuster. Es ist unmöglich, das Transmissionselektronenmikroskop (TEM) zur Darstellung der Homogenität des Materials zu verwenden, weil bei der Abbildung der unterschiedlichen Porendurchmesser auf die Bildebene die räumlich übergeordneten Kanalmodulationen eine gute Auflösung des TEM-Bildes verhindern. Dagegen ist bei atomarer Größenordnung die abbildungsfehlerkorrigierte TEM ein effektives Mittel, um die Dynamik kleiner Objekte zu beobachten, z. B. organisierter Gruppen von auf gezielt modifizierten Kohlenstoff-Nanotubes verankerten Goldatomen, welche höchst effektive Katalysatoren für die Oxidation von Biomasse bilden. Die innere Struktur dieser Organisationseinheiten ist, wie erkennbar, innerhalb eines Zeitraums von 20 s voll dynamisch, aber als ein genereller Atomverband bleiben sie fest an ihre Unterlage gebunden und können sogar Reaktionen in wässrigen oder sauerstoffhaltigen Medien überdauern.

Durch die Verfolgung einer Forschungsstrategie, die überaus komplexe Hochleistungskatalysatoren auf einfache Modellsysteme zu reduzieren versuchte, konnte die Abteilung wiederholt zeigen, dass zwar komplexe Festkörperstrukturen notwendig sind, um aktive Phasen zu stabilisieren, die aktiven Phasen aber oft chemisch einfache Systeme darstellen. In einigen Fällen gelang es, diese aktiven Phasen durch Modellsysteme abzubilden, die über exakt kontrollierte Darstellungsmethoden ermittelt wurden. Die aktiven Zentren konnten isoliert und der entsprechende katalytische Prozess theoretisch beschrieben werden. In diesen Fällen wurde tatsächlich die Lücke zwischen der Grenzflächenwissenschaft und der Hochleistungskatalyse geschlossen.

Der Direktor der Abteilung für Anorganische Chemie ist Robert Schlögl, der 1954 in München geboren wurde und an der Ludwig-Maximilians-Universität in München Chemie studierte. Dort beendete er 1982 auch seine von Gerhard Ertl betreute Dissertation über Graphit-Interkalationsverbindungen. Bevor er Direktor am FHI wurde, wirkte er zwischen 1989 und 1994 als ordentlicher Professor für Anorganische Chemie an der Johann Wolfgang Goethe-Universität in Frankfurt am Main.

Die folgenden Wissenschaftler sind oder waren Forschergruppenleiter in der Abteilung für Anorganische Chemie:

- In situ-Röntgenbeugung und Synthese, geleitet von Malte Behrens (Dr. rer. nat. Chemie, Christian-Albrechts-Universität Kiel 2006, Betreuer Wolfgang Bensch; am FHI seit 2006)
- Geometrische Struktur, geleitet von Josef Find (Dr. rer. nat. Chemie, Technische Universität Berlin 1998, Betreuer Robert Schlögl; am FHI 1994–1999)
- Geometrische Struktur, geleitet von Daniel Herein (Dr. rer. nat. Chemie, Johann Wolfgang Goethe-Universität 1995, Betreuer Robert Schlögl; am FHI 1994–1998)
- Emmy-Noether-Forschergruppe, geleitet von Christian Hess (Dr. rer. nat. Physikalische Chemie, Freie Universität Berlin 2001, Betreuer Gerhard Ertl; am FHI 1998–2008)

- Hochtemperaturkatalyse, geleitet von Raimund Horn (Dr. rer. nat. Chemie, Technische Universität Berlin 2003, Betreuer Robert Schlögl; am FHI seit 2007)
- Funktionale Charakterisierung, geleitet von Friederike C. Jentoft (Dr. rer. nat. Chemie, Ludwig-Maximilians-Universität München 1994, Betreuer Helmut Knözinger; am FHI 1996–2008)
- Elektronenspektroskopie, geleitet von Axel Knop-Gericke (Dr. rer. nat. Festkörperphysik, Technische Universität Berlin 1995, Betreuer Wolfgang Richter; am FHI seit 1995)
- Anorganische Chemie, Metallorganische Chemie der Oberflächen, geleitet von Klaus Köhler (Dr. rer. nat. Chemie, Universität Leipzig 1988, Betreuer Reinhard Kirmse; am FHI 1994–1996)
- Heterogene Katalyse, geleitet von Gerhard Mestl (Dr. rer. nat. Chemie, Ludwig-Maximilians-Universität München 1994, Betreuer Helmut Knözinger; am FHI 1997–2002)
- Präparation, geleitet von Dirk Niemeyer (PhD in Chemie, University College London 2001, Betreuer David E. Williams; am FHI 2002–2004)
- Modellkatalysen, 2000–2006 geleitet von Wolfgang Ranke (Dr. rer. nat. Physik, Technische Universität-München 1973, Betreuer Heinz Gerischer; am FHI 1970–2006)
- Geometrische Struktur, geleitet von Thorsten Ressler (Dr. rer. nat. Chemie, Universität Hamburg 1995, Betreuer Wolfgang Metz; am FHI 1999–2005)
- Elektronische Struktur, geleitet von Thomas Schedel-Niedrig (Dr. rer. nat. Grenzflächenphysik, Technische Universität Berlin 1992, Betreuer Alexander M. Bradshaw; am FHI 1988–1998)
- Elektronenmikroskopie und Kohlenstoffforschung, geleitet von Dangsheng Su (Dr. rer. nat. Physik, Technische Universität Wien 1991, Betreuer Peter Schattschneider; am FHI seit 1999)
- Synthese und strukturelle in situ Spektroskopie, geleitet von Annette Trunschke (Dr. rer. nat. Chemie, Akademie der Wissenschaften Berlin 1990, Betreuer Hans Miessner; am FHI seit 2004)
- Elektronenmikroskopie, geleitet von Yuji Uchida (PhD in Angewandter Physik 1969; am FHI 1978–2002)
- Nanopartikel, geleitet von Joachim P. Urban (Dr. rer. nat. Physik, Freie Universität Berlin 1970, Betreuer Rolf Hosemann; am FHI 1975–2005)
- Modellkatalysen, geleitet von Werner Weiß (Dr. rer. nat. Chemie, Universität Tübingen 1993, Betreuer Wolfgang Göpel; am FHI 1995–1999)
- Heterogene Katalyse, geleitet von Harald Werner (Dr. rer. nat. Chemie, Johann Wolfgang Goethe-Universität 1994, Betreuer Robert Schlögl; am FHI 1994–1998)
- Elektronenmikroskopie, geleitet von Marc Willinger (Dr. rer. nat. Chemie, Technische Universität Berlin 2005, Betreuer Robert Schlögl; am FHI seit 2011)

Die Abteilung Chemische Physik

Der Forschungsschwerpunkt des FHI im Bereich der Oberflächen- und Grenzflächenphysik wurde durch die Berufung von Hans-Joachim Freund, dessen Arbeiten sich auf Studien von Modellsystemen für die heterogene Katalyse konzentriert hatten, im Jahr 1996 weiter gestärkt.

In den späten 1980ern wurde die Bedeutung der Untersuchungen von Oxidoberflächen zum Verständnis der Eigenschaften komplexer Materialkombinationen deutlich erkennbar. Freund und Mitarbeiter entwickelten ein Konzept zur Präparation und Charakterisierung von Oxidoberflächen und auf Oxidoberflächen abgelagerter Nanopartikel, das ein rationales Design neuer Systeme und den Zugang zu fundamentalen Studien ermöglicht. An Anwendungsbeispielen solcher Systeme fehlt es nicht, sie reichen von der Katalyse (die hier im Mittelpunkt stehen wird) bis zur Energiegewinnung.

In der chemischen Industrie eingesetzte Metallkatalysatoren bestehen aus Teilchen unterschiedlicher Größe, die ungleichmäßig auf einer Trägeroberfläche verteilt sind. Durch Verwendung wohlgeordneter Oxidoberflächen als Trägermaterial können Systeme präpariert werden, die zum einen etwas von der Komplexität der technisch verwendeten Metallkatalysatoren widerspiegeln und es andererseits erlauben, alle in der „Surface Science" entwickelten Methoden zur Untersuchung der atomaren Struktur von Oberflächen zu verwenden. Die experimentellen Arbeiten zu Oxidoberflächen und getragenen Nanoteilchen werden theoretisch nicht nur von der Theorieabteilung des FHI, sondern auch von Paul Bagus, Hannu Häkkinen, Gianfranco Pacchioni und Joachim Sauer, einem Auswärtigen Wissenschaftlichen Mitglied des Instituts, begleitet.

Zusätzlich zur Erforschung der Eigenschaften von Oxidfilmen makroskopischer Dicke ($\approx$ 10 nm) haben Freund und Mitarbeiter in jüngster Zeit ihre Aufmerksamkeit auch ultradünnen Oxidfilmen ($\leq$ 1 nm) zugewandt. Diese bestehen aus wenigen, epitaktisch auf einem Metallsubstrat gewachsenen Atomschichten. Die Eigenschaften ultradünner Filme erlauben es, die Anordnung und den Ladungszustand der Metallatome und Nanopartikel durch Kontrolle der Dicke des sie tragenden Films zu beeinflussen. Damit ließen sich eventuell Katalysatoren mit maßgeschneiderten Eigenschaften erzeugen.

Im Folgenden werden drei Fallbeispiele beschrieben, welche zum einen die durch Oxidfilme ermöglichte Untersuchung von reinen Oxidoberflächen, zum anderen die von Katalysatormodellen zeigen. Das erste Beispiel betrifft Hydrierungsreaktionen an Metallkatalysatoren, deren Mechanismus Juro Horiuti und Michael Polanyi in den frühen 1930er Jahren am Haberschen Institut und in Manchester erforscht haben. Nach gegenwärtigem Verständnis wird die Reaktion durch Palladium(Pd)-Nanopartikel, in diesem Fall verankert auf Magnetit (Fe_3O_4), katalysiert. Die beiden anderen Fallstudien betreffen die Kontrolle des Ladungszustandes von einzelnen Gold(Au)-Atomen sowie von Goldclustern und die Oxidation von Kohlenmonoxid (CO) mittels ultradünner Oxidfilme. Dabei wird auch die Entwicklung spezieller Instrumente durch die Abteilung angesprochen.

Auf den ersten Blick würde man meinen, die Hydrierung, z. B. von cis-Buten, an facettierten Palladiumteilchen entspräche der katalytischen Umsetzung an Metalleinkristallen – ganz im Sinne des von Gerhard Ertl und Gabor Somorjai geprägten Konzeptes. Aber die Untersuchungen der Abteilung für Chemische Physik haben gezeigt, dass, im Gegensatz zum Einkristall, die flexible Gitterstruktur der Nanopartikel und ihr eng begrenztes Volumen den Verlauf der Hydrierung beeinflussen. Absorbierter Wasserstoff und auf den Teilchen abgelagerter Kohlenstoff spielen dabei eine maßgebliche Rolle, vgl. ▸Abb. 6.9a,b.

In ▸Abb. 6.9c ist der Horiuti-Polanyi Mechanismus für cis-Buten dargestellt. Das Schema zeigt die grundlegenden Reaktionsschritte. Die entscheidende Zwischenstufe ist ein Butylmolekül, an dessen C–C Doppelbindung an einem Ende ein Wasserstoffatom addiert ist und die am anderen Ende eine Verbindung zur Oberfläche ausbildet. Das Butylmolekül kann entweder wieder dehydrieren und anschließend als trans-Buten (das stabilere Isomer des cis-Butens) desorbieren oder vollständig hydriert werden und als Butan desorbieren. Als weitere Alternative

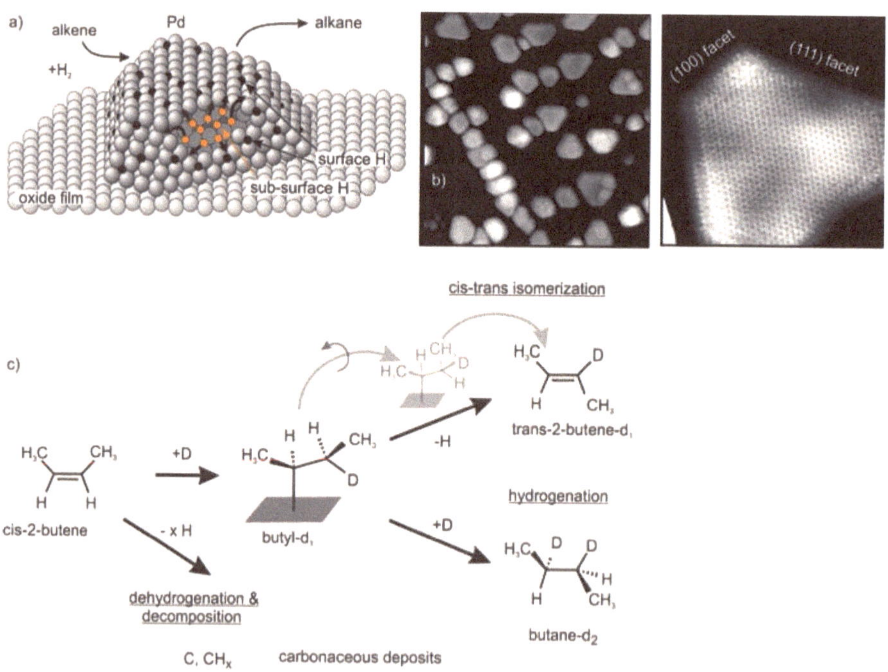

Abb. 6.9. *(a) Schematische Darstellung eines Pd-Nanopartikels mit atomarem Wasserstoff sowohl im Inneren als auch an der Oberfläche; (b) Aufnahmen mit dem Rastertunnelmikroskop, die Pd-Nanopartikel (2–4 nm) auf Aluminiumoxid zeigen. Auf dem rechten Bild ist die Oberflächenfacette eines Pd-Nanopartikels in atomarer Auflösung zu sehen; (c) Reaktionsschema der unterschiedlichen Schritte, die am Horiuti-Polanyi Mechanismus der Alkenhydrierung beteiligt sind, hier am Beispiel des cis-Butens. Die entscheidende Zwischenstufe ist das adsorbierte Butyl, von dem die Reaktionswege zur Isomerisierung und Hydrierung ausgehen.*

kann der eingesetzte Kohlenwasserstoff vollständig dehydrieren und an der Oberfläche als Kohlenstoff abgelegt werden. Während sowohl die Isomerisierung als auch die Dehydrierung an der Oberfläche eines Palladiumeinkristalls beobachtet werden können, ist das bei der vollständigen Dehydrierung nur in sehr begrenztem Maße der Fall, wohingegen an den Nanopartikeln alle drei Reaktionen stattfinden. Darüber hinaus beobachtet man nur bei Nanopartikeln eine fortgesetzte katalytische Aktivität, die mit der Anwesenheit einer Kohlenstoff-Spezies auf den Teilchen verbunden ist. Dagegen findet man am Einkristall nur einen stöchiometrischen Umsatz. Die Anwesenheit des Kohlenwasserstoffs und dessen Wirkung auf die Verteilung des Wasserstoffs auf der Oberfläche und in die angrenzenden inneren Schichten des Metallteilchens stellen den Schlüssel zur Hydrierung dar, siehe ▶ Abb. 6.9a,b. Der absorbierte Wasserstoff wurde als entscheidender Faktor der Hydrierung an Pd-Einkristallen und an Palladium-Nanopartikeln betrachtet. Doch während die Materialmenge des Pd-Einkristalls eine entropiegesteuerte Lösung des Wasserstoffs begünstigt, ist dieser durch die geringe Größe der Teilchen und die oxidische Diffusionsbarriere im Fall der Nanopartikel gezwungen, sich nahe an der Oberfläche aufzuhalten. Wieviel Wasserstoff im Nanopartikel vorhanden ist, wird über seinen Druck in der Gasphase bestimmt. Einen quantitativen Zugang zum Wasserstoffgehalt direkt unter der Oberfläche bietet die resonante Nukleare Reaktionsanalyse (ein Mehrfachzerfall von ^{15}N Isotopen unterschiedlicher kinetischer Energie an H, der ^{12}C ergibt, ein α-Teilchen und ein einfach zu registrierendes γ-Photon). Aus der gesammelten Information erschließt sich nun der Mechanismus.

Ein herausragender Aspekt der Arbeit der Abteilung Chemische Physik ist die Berücksichtigung der Komplexität praktisch verwendeter Katalysatoren bei der Entwicklung von Katalysatormodellen. In der beschriebenen Fallstudie waren die Größe der Nanopartikel und die Anwesenheit der Oxidträgerschicht die Schlüsselelemente, um ein Verständnis für die beteiligten elementaren Prozesse zu entwickeln – der Metalleinkristall erwies sich als ein zu einfaches Modell.

Nachdem Walter Schottky in den 1920er und 1930er Jahren seine Ideen über die Elektronensperrschichten in Festkörpern formuliert hatte, standen durch Oxidation von Metalloberflächen hergestellte dünne Oxidfilme im Zentrum des wissenschaftlichen Interesses. 1948 rezipierten Nevill Mott und Nicolas Cabrera diese Ideen bei ihren Versuchen, die elementaren Prozesse bei der Bildung von Oxidschichten zu beschreiben und zu erklären. Wissenschaftler der Abteilung Chemische Physik verwendeten die Ideen Schottkys, Motts und Cabreras, um eine Vielzahl nur scheinbar nicht zusammenhängender Probleme zu untersuchen, von denen hier noch zwei skizziert werden sollen.

Das erste dieser Probleme betrifft die Steuerung des Ladungszustandes in Au-Clustern auf Oxidoberflächen. Als Beispiel betrachten wir eine Doppelschicht von Magnesia (MgO) auf einem Silbereinkristall. Ein Ladungstransfer wird durch das Absinken der Austrittsarbeit in der Übergangsschicht zwischen Metall und Oxid ermöglicht. Die Phononen des dünnen Oxidfilms reagieren mittels einer Gitterverzerrung und stabilisieren die Ladung am Au-Cluster, der durch Aufdampfen von Au-Atomen erzeugt wurde. Forschern der Abteilung gelang es, dieses System mit Hilfe der Rastertunnelmikroskopie (STM) hinsichtlich der Verteilung der Elektronen auf die verschiedenen besetzten und unbesetzten Orbitale und die Orbitalenergien genau zu charakterisieren.

►Abb. 6.10 zeigt als Beispiel Bilder eines flachen Au_{18}^{4-}-Clusters. Die drei Bilder oben sind STM-Aufnahmen bei unterschiedlichen, zwischen Spitze und Probe angelegten Spannungen, was darauf hinweist, dass der Abbildungsprozess von der elektronischen und nicht von der geometrischen Struktur des Au-Clusters bestimmt wird. Die Muster werden durch die Knotenlinien der Elektronendichteverteilung bestimmt. Diese ergeben sich aus Überlagerung der 6s-Orbitale der beteiligten Au-Atome. Die entsprechenden elektronischen Zustände sind quantisiert (wegen der begrenzten Systemgröße) und nur teilweise besetzt. Im

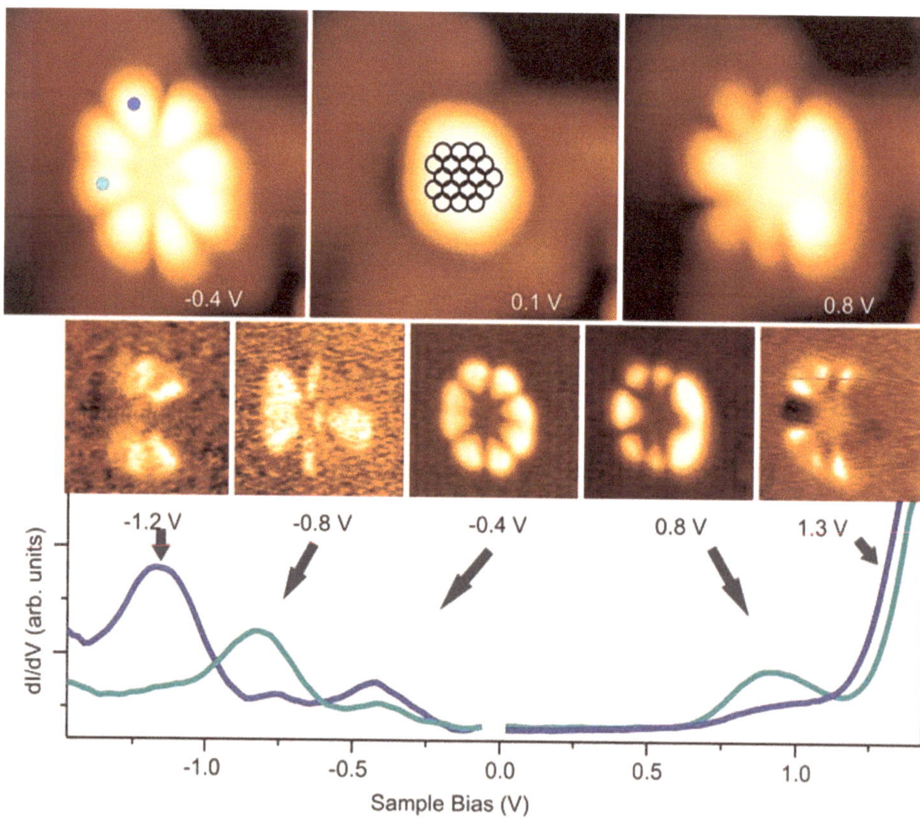

Abb. 6.10. *Serie von STM-Aufnahmen eines flachen Au_{18}^{4-}-Clusters bei verschiedenen Tunnelspannungen (Bilder oben). Ganz unten Rastertunnelspektren gemessen zwischen −2.0 eV und +2.0 eV an den Spitzenpositionen, die durch farbige Punkte im bei ∼ 0.4 eV aufgenommenen Bild (Bild oben links) markiert sind. Die laufenden Bilder (Mitte) wurden bei Spannungen aufgenommen, die den beobachteten Maxima in den Rastertunnelspektren entsprachen.*

Rastertunnelspektrum (STS) sind die Energien der Elektronenzustände deutlich unterscheidbar, wie die unteren Bilder belegen. Die Spektren wurden in zwei Spitzenpositionen gemessen, die im linken oberen Bild durch Punkte markiert sind. Sobald die Spitze in eine Position gebracht wird, an der die Elektronendichte gegen Null geht, verschwindet der STS-Peak. Die fünf sogenannten „laufenden" Bilder (Mitte) wurden bei Spannungen aufgenommen, die zu den entsprechenden Spitzenpositionen (oder Elektronenergien) gehören. Es sei darauf hingewiesen, dass das 18. Au-Atom (d. h. das rechte in der wabenähnlichen Struktur im oberen mittleren Bild) die geometrische Struktur des Au_{18}^{4-}-Clusters asymmetrisch macht, was sich deutlich in der Asymmetrie der Elektronendichte widerspiegelt. Wenn dieses Au-Atom nicht vorhanden wäre, wären die Elektronendichten symmetrisch, daher gibt die gemessene elektronische Struktur auch Aufschluss über die Details der geometrischen Struktur.

In speziellen Oxid/Metall-Systemen werden die Eigenschaften durch die sogenannte starke Metall-Träger-Wechselwirkung (Strong Metall-Support Interaction, SMSI) beeinflusst, wobei ein Oxidfilm über die aufgebrachten Metallpartikelchen wächst – ein besonders bei reduzierbaren Oxiden als Träger auftretender Effekt. Das dritte hier berichtete Fallbeispiel bezieht sich auf SMSI an Platin(Pt)-Nanopartikeln auf einer reduzierbaren Unterlage, die aus einem auf einem Pt-Einkristall gewachsenen Fe_3O_4-Film besteht. Nach dem Aufheizen auf 850 K ist die Adsorptionskapazität des Systems für Kohlenmonoxid (CO) drastisch reduziert, was typisch für den SMSI-Effekt ist. Ein genauer Blick auf die STM-Bilder der Oberflächen zeigt klar strukturierte, facettierte Nanopartikel. Doch lassen Bilder mit atomarer Auflösung eine Wellenstruktur erkennen, die nicht vom Platin, sondern von einem wohlbekannten, geordneten Doppelschichtfilm aus Eisen(II)oxid (FeO) herrührt. Auf der Basis dieser Beobachtung läßt sich das Modell auf einen Film reduzieren, der aus einer Doppelschicht aus FeO auf einem Pt-Einkristall besteht und dessen Struktur bereits genau untersucht und auf atomarer Ebene charakterisiert wurde. Ein Unterschied von 10 % zwischen den Gitterkonstanten von FeO und Pt verursacht das charakteristische Moiré-Muster im STM-Bild. Der Doppelschichtfilm ist inert unter Ultrahochvakuum-Bedingungen. Allerdings ändert sich die Situation dramatisch in Bezug auf die CO-Oxidation, wenn man zu Normalbedingungen (1 atm) in einem Reaktor übergeht, der eine genaue Kontrolle der relativen Sauerstoffmenge (ein Teil, 20 mbar), des Kohlenmonoxids (zwei Teile, 40 mbar) und des Heliums als Puffergas ermöglicht. Wird die Temperatur kontinuierlich mit einer Geschwindigkeit von 1 K pro Minute von 300 K auf 455 K gesteigert, so setzt die CO-Oxidation bei 430 K ein.

Faszinierend an dieser Entdeckung ist, dass die katalytische Aktivität des beobachteten FeO/Pt Systems mehr als eine Größenordnung über derjenigen des reinen Platins (bei 450 K) lag.

Normalerweise verringert SMSI die katalytische Aktivität, wogegen man hier eine erhebliche Steigerung beobachten konnte! Detailliertere experimentelle und theoretische (auf der Dichtefunktionaltheorie basierende) Untersuchungen ergaben ein Szenario, das diese Reaktivitätssteigerung erklären konnte. Das komplette

Szenario ist in ▶Abb. 6.11 dargestellt. Zunächst wirkt Sauerstoff auf den Doppelschichtfilm von FeO auf Pt, indem er ein Eisenatom über die adsorbierte Sauerstoffschicht zieht. Das verringert die Energie, die notwendig ist, um ein Elektron von der Grenzfläche zum Sauerstoff zu entfernen, sodass ein Elektronentransfer erfolgt. Daraus ergibt sich die übergangsweise Bildung eines Molekülions O_2^{2-} (zweiter Schritt), welches dissoziiert und bei größerer Sauerstoffbedeckung zu einer lokalen O-Fe-O Dreifachschicht führt (dritter und vierter Schritt). Das Bild in der Mitte von ▶Abb. 6.11 zeigt die STM-Aufnahme einer solchen *in situ* im Mikroskop bei erhöhtem O_2-Druck hergestellten Dreifachschicht. Sie verdankt ihr

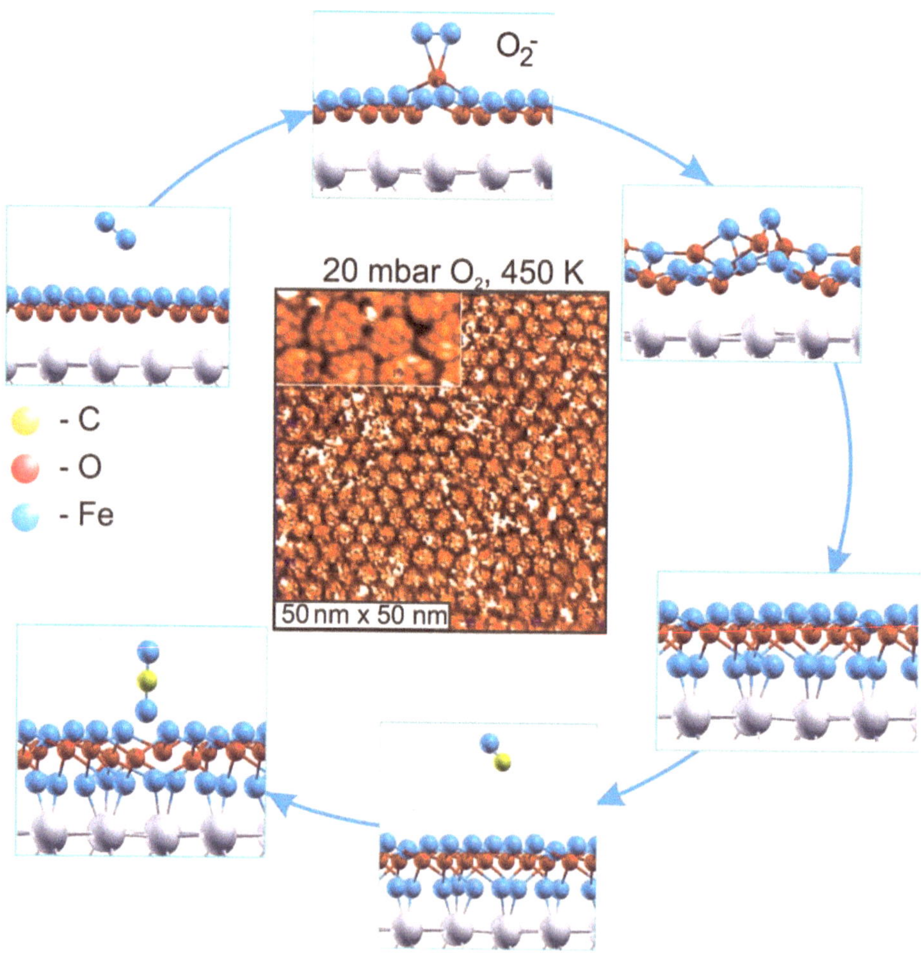

Abb. 6.11. *Auf der Grundlage von Dichtefunktionaltheorie-Berechnungen aufgeführte Reaktionsschritte, die zeigen, wie sich ausgehend vom FeO(111)/Pt(111) die aktive Dreifachschicht-Phase bildet, und deren Reaktion mit CO zu CO_2. In der Mitte eine STM-Aufnahme der bei 20 mbar O_2-Druck und 450 K dargestellten FeO_2/Pt(111) Dreifachschicht; die Detailvergrößerung oben links hat atomare Auflösung.*

Aussehen vor allem der Moiré-Struktur der FeO Doppelschicht und bedeckt etwa 80–90% der Oberfläche. Wird CO zugegeben (fünfter Schritt), oxidiert die Dreifachschicht das CO zu CO_2 (sechster Schritt) und lässt eine Sauerstoffleerstelle im Film zurück, die bei genügend hohem Sauerstoffdruck wieder aufgefüllt wird – was die Dreifachschicht wieder herstellt. Wenn aber die Gasphase sauerstoffarm ist, wird die Dreifachschicht verbraucht und die Reaktion endet. Weitere Untersuchungen der Abteilung haben bestätigt, dass der Eisenoxidfilm bei sauerstoffarmen Reaktionsbedingungen aufreißt und kleine Eisenoxidpartikel gebildet werden, welche Teile der Pt-Kristalloberfläche unbedeckt zurücklassen. Die Pt-Oberfläche bestimmt dann die Reaktivität des Systems. Heizt man dieses System im Vakuum auf, kommt es wieder zur Bildung der FeO-Doppelschicht, die sich bei höherem Sauerstoffdruck erneut in eine Dreifachschicht umwandelt.

Als logische Fortsetzung dieser Untersuchungen lag es nahe anzunehmen, dass ein in geeigneter Weise auf einer Metallunterlage hergestellter Oxidfilm den Elektronentransfer auch zu einem adsorbierten, stabilen Molekülion fördern kann. Eine solche Materialkombination, die zu einer Bildung von stabilen O_{2-}^{2}-Molekülionen sogar unter Hochvakuumbedingungen führt, ist eine Doppelschicht aus MgO auf Ag. Als experimenteller Schlüssel, der den Entwurf des Szenarios erst möglich machte, ist die Entwicklung eines im Hochvakuum arbeitenden Elektronenspinresonanz(ESR)-Spektrometers zu sehen, welches die para- und ferromagnetischen Eigenschaften von an den Oberflächen befindlichen Spezies bestimmen kann, inklusive ihrer Anordnung und Orientierung. Damit konnte nachgewiesen werden, dass der Elektronentransfer zum Sauerstoff der entscheidende Schritt für den Beginn der Oxidationsreaktion ist. Dies steht im Einklang mit der oben genannten Theorie von Mott und Cabrera sowie mit den lange vernachlässigten, bereits in den 1950ern und 1960ern aufgestellten Theorien zur katalytischen Aktivität von Georg-Maria Schwab und Feodor Wolkenstein. Die Verfügbarkeit der Techniken und Instrumente des 21. Jahrhunderts für das Studium der Oberflächenreaktionen auf atomarer Ebene brachte uns zurück in die Zukunft. Der Bau solcher innovativen Instrumente war und ist Teil der Kernaktivitäten der Abteilung. Zu den entwickelten Instrumenten gehören:

- ein Photoemissions-Elektronenmikroskop (PEEM) mit höchstmöglicher Auflösung, welche durch Korrekturen sowohl der chromatischen als auch der sphärischen Abbildungsfehler erreicht wird;
- ein Mikrokalorimeter, dessen Empfindlichkeit ausreicht um die temperaturabhängigen Adsorptionswärmen an Nanopartikeln mit Aggregatsgrößen bis hinab zu etwa hundert Atomen zu bestimmen;
- ein Photonen-STM, das durch die lokale Anregung eines Fluoreszenzsignals mit den aus der Spitze stammenden Elektronen auch chemisch empfindlich arbeitet.

Direktor der Abteilung Chemische Physik ist Hans-Joachim Freund, der 1951 in Solingen geboren wurde und Physik und Chemie an der Universität Köln studierte. Als Diplomand in der Gruppe Georg Hohlneichers baute er 1973 ein Röntgen-Photoelektronenspektrometer (XPS) auf, um Mehrelektronen-Anregungen von gasförmigen und adsorbierten Spezies zu untersuchen. Vor seiner 1996 erfolgten Berufung als Direktor am FHI hatte er Professuren an den Universitäten Erlangen-Nürnberg (1983–1987) und Bochum (1987–1996), wo er seine Forschungen über katalytische Modellsysteme begann.

Folgende in Gegenwart oder Vergangenheit für längere Zeit mit der Abteilung Theorie verbundene Forscher hatten signifikanten Einfluss auf die Arbeit der Abteilung:

- Katharina Al-Shamery (Dr. rer. nat., Universität Göttingen 1989, Betreuer Prof. M. Quack; am FHI 1996–1999; zur Zeit Professorin an der Carl von Ossietzky-Universität, Oldenburg)
- Marcus Bäumer (Dr. rer. nat., Ruhr-Universität Bochum 1994, Betreuer Klaus Rademann; am FHI 1996–2002; zur Zeit Professor an der Universität Bremen)
- Aidan Doyle (PhD in Chemie, University of Limerick 2000; am FHI 2002–2004; zur Zeit Associate Professor an der Manchester Metropolitan University, Großbritannien)
- Javier Giorgi (PhD in Chemie, University of Toronto 1999; am FHI 2000–2002; zur Zeit Associate Professor an der University of Ottawa, Canada)
- Markus Heyde (Dr. rer. nat., Humboldt Universität zu Berlin 2001, Betreuer Klaus Rademann; am FHI seit 2003)
- Thorsten Klüner (Dr. rer. nat., Ruhr-Universität Bochum 1997, Betreuer Hans-Joachim Freund; am FHI 1994–2004; zur Zeit Professor an der Carl von Ossietzky-Universität, Oldenburg)
- Christiane Koch (Dr. rer. nat., Humboldt Universität zu Berlin 2002, Betreuer Hans-Joachim Freund; am FHI 1998–2003; zur Zeit Professorin an der Universität Kassel, Theoretische Physik III)
- Helmut Kuhlenbeck (Dr. rer. nat., Universtät Osnabrück 1988, Betreuer Manfred Neumann; am FHI seit 1996)
- Jörg Libuda (Dr. rer. nat., Ruhr-Universität Bochum 1996, Betreuer Hans-Joachim Freund; am FHI 1993–2005; zur Zeit Professor an der Universität Erlangen-Nürnberg)
- Randall Meyer (PhD in Chemie, University of Texas at Austin 2001; am FHI 2001–2004; zur Zeit Assistant Professor an der University of Illinois, Chicago, USA)
- Niklas Nilius (Dr. rer. nat., Humboldt Universität zu Berlin 2001, Betreuer Hans-Joachim Freund; am FHI seit 2003)
- Zhihui Qin (PhD in Physik, Institut für Physik, Chinesische Akademie der Wissenschaften 2006; am FHI 2006–2009; zur Zeit Associate Professor am Wuhan Institute of Physics and Mathematics, Chinesische Akademie der Wissenschaften, Wuhan, China)

- Thomas Risse (Dr. rer. nat., Ruhr-Universtät Bochum 1996, Betreuer Hans-Joachim Freund; am FHI 1997–2010; zur Zeit Professor an der Freien Universität, Berlin)
- Günther Rupprechter (Dr. rer. nat., Physikalische Chemie, Leopold-Franzens Universität Innsbruck 1992, Betreuer Konrad Hayek; am FHI 1998–2006; zur Zeit Professor an der Technischen Universität Wien, Österreich)
- Swetlana Schauermann (Dr. rer. nat., Humboldt Universität zu Berlin 2005, Betreuer Hans-Joachim Freund; am FHI seit 2005)
- Thomas Schmidt (Dr. rer. nat., Universität Hannover 1994, Betreuer Martin Henzler; am FHI seit 2008)
- Shamil Shaikhutdinov (Dr. rer. nat. Physik, Moskauer Institut für Physik und Technologie 1986, Betreuer Eduard Michailovich Trukhan; am FHI seit 1999)
- Dario Stacchiola (PhD in Physikalischer Chemie, University of Milwaukee 2002; am FHI 2005–2007; zur Zeit Assistant Professor an der Michigan Technological University, Houghton, USA)
- Martin Sterrer (Dr. rer. nat. Chemie, Universität Wien 2003, Betreuer Erich Knözinger; am FHI seit 2003)
- Kazuo Watanabe (PhD in Chemie, The Graduate University for Advanced Studies, Tokyo 1998; am FHI 2004–2009; zur Zeit Associate Professor an der Tokyo University of Science, Japan)

Die Abteilung Molekülphysik

Makroskopisch beobachtbare Reaktionsraten, wie sie z.B. in den Experimenten Polanyis und anderer während der 20er und 30er Jahren des letzten Jahrhunderts gemessen wurden, stellen eine statistische Mittelung über zahllose elementare Einzelstöße dar, deren individuelle Identität und Natur weitgehend verborgen bleibt; ebenso wie ihre Verbindung mit den treibenden elementaren Kräften. Dieser Informationsstatus wurde durch die Einführung der Molekularstrahltechnik grundlegend verbessert. Diese ermöglichte es, die Epoche gemittelter Messgrößen hinter sich zu lassen und eine neue Phase der Reaktionskinetik einzuleiten, die auf direkten Studien der Dynamik der zugrundeliegenden elementaren Stoßprozesse basiert. Obwohl aber der Übergang zur Ära der chemisch/physikalischen Molekulardynamik in der heutigen Bedeutung erst drei Jahrzehnte später auf dem amerikanischen Kontinent begann, haben Molekularstrahlmethoden ihre Wurzeln in Europa, in ihren Ursprüngen auch am Haberschen Institut. Bereits 1921 schlugen Hartmut Kallmann und Fritz Reiche ein Molekularstrahlexperiment vor, durch das sie herausfinden wollten, ob einzelne polare Moleküle – im Gegensatz zu polaren Molekülen in kondensierter Phase – ein elektrisches Dipolmoment aufweisen. Hierzu sollte ein Strahl polarer Moleküle durch ein inhomogenes elektrisches Feld geschickt und eine Ablenkung nachgewiesen werden. Man muss dazu wissen, dass auf polare Moleküle in einem inhomogenen elektrischen Feld eine mechanische Kraft einwirkt, die in Richtung der größten Änderung der Feldstärke wirkt, des sogenannten Feldgradienten. Ist diese nun quer zur Strahlrichtung, muss der Strahl abgelenkt werden. Kallmann und Reiche vermuteten, dass die Verdünnung der Moleküle im Molekularstrahl ausreicht, um Wechselwirkungen, wie sie in der kondensierten Phase auftreten, zu unterdrücken. Dagegen sollte die Vorwärtsfokussierung der Moleküle im Strahl hinreichend groß sein, um eine Ablenkung, wenn überhaupt vorhanden, messbar zu machen. Mit ihrer Idee stießen sie auf eine Schlüsseleigenschaft der Molekularstrahlmethode, die später Otto Stern herausstellte, als er die „Einfachheit und Unmittelbarkeit" der Methode pries und betonte, wie sie „uns in die Lage versetzt, Messungen an isolierten neutralen Atomen und Molekülen mit makroskopischen Werkzeugen durchzuführen ... [und dabei] besonders wertvoll ist, um fundamentale Annahmen der Theorie direkt zu überprüfen und zu beweisen."

Kallmann und Reiches Artikel gab Anstoß für Stern zur Veröffentlichung seines Ansatzes, der später zum berühmten Stern-Gerlach-Experiment für den Nachweis der räumlichen Quantisierung führte. Der 1922 in Frankfurt von Stern und Gerlach durchgeführte Versuch gehört zum Dutzend kanonischer Experimente, die das „heroische Zeitalter" der Quantenphysik hervorbrachte. Vermutlich wurde kein anderes Experiment öfter als Vorbild für elegante und zugleich einfache Konzeption zitiert. Zu den Nachfahren des Stern-Gerlach-Experiments und seinem Konzept, Quantenzustände über die räumliche Quantelung zu differenzieren, gehören sowohl die prototypischen Experimente zur kernmagnetischen Resonanz, zum optischen Pumpen, zum Laser und den Atomuhren als auch solche fundamentalen Entdeckungen wie die Lamb-Verschiebung und das anomale magnetische Moment des Elektrons, die zur Geburt der Quantenelektrodynamik beitrugen.

Ungeachtet ihrer Bedeutung, ihres Einflusses und ihrer Herkunft fanden Untersuchungen mit neutralen Molekularstrahlen und zur damit verknüpften Physik und Chemie der Gasphase am Dahlemer Institut zwischen 1933 und 2002 nicht mehr statt. Dies änderte sich mit der Berufung von Gerard Meijer im Jahre 2002, der in den folgenden Jahren eine Abteilung mit dem Fokus im Bereich von Molekülphysik und -spektroskopie aufbaute. Die Abteilung Molekülphysik begann mit einem Forschungsprogramm, dessen Schwerpunkte translatorisch kalte, neutrale Moleküle und die Molekularstrahlspektroskopie von neutralen sowie elektrisch geladenen Clustern und Biomolekülen sind. Besonders die erstere Thematik, welche das Abbremsen und Einfangen von Molekülen in elektrischen und magnetischen Feldern umfasst, kann als Fortführung der entsprechenden Arbeiten von Polanyi, Kallmann und Reiche aus den zwanziger Jahren gesehen werden.

Bei Multipol-Fokussiereinrichtungen und Ablenkungselementen zur Erzeugung inhomogener Felder, wie sie üblicherweise in Molekülstrahlexperimenten verwendet werden, ist der Feldgradient senkrecht zur Strahlrichtung ausgerichtet und übt somit keine längs der Strahlachse wirkende Kraft aus. Die transversale Fokussierung beruht aber darauf, dass die üblicherweise verwendeten Moleküle sich in einem sogenannten tieffeld-suchenden Quantenzustand befinden, für den die mechanischen Kräfte immer zur Strahlachse zeigen, der Linie der geringsten Feldstärke, so dass ein lineares mechanisches Potentialminimum erzeugt wird. Ein rein mechanisches Analogon wäre zum Beispiel eine Kugel, die längs eines Tales rollt, immer am Talgrund. Die vorwärts gerichtete (longitudinale) Geschwindigkeitsverteilung eines Überschall-Molekularstrahls ist eng um einen sehr hohen Wert zentriert, in der Regel zwischen 300 und 2000 m/s, der von der Molekülmasse und den spezifischen Parametern der Strahlquelle abhängt. Selbst am unteren Wert dieses Geschwindigkeitsbereichs liegt die kinetische Energie der Moleküle noch in der Größenordnung von 100 K, wobei in der Molekularphysik traditionell die Temperatur als Energiegröße verwendet wird und sich aus dem Quotienten von kinetischer Energie und Boltzmann-Konstante ergibt. Dieser Wert ist aber um ein Vielfaches höher als der von etwa 1 K, der sich für Potentialminima (Potentialtopf) bei der Wechselwirkung elektrostatischer Felder mit typischen polaren Molekülen experimentell realisieren lässt. Daher ist ein direktes longitudinales „Einfangen" von Strahlmolekülen durch ein elektrostatisches Feld unmöglich.

Die Schwankungsbreite sowohl der longitudinalen als auch transversalen Molekülgeschwindigkeiten ist jedoch gleich und liegt in der obigen Größenordnung der kinetischen Energie von etwa 1 K. Deshalb könnte ein Potentialtopf – mit einem Gradienten parallel zur Strahlachse – die Moleküle longitudinal einfangen, vorausgesetzt, dieser Topf bewegt sich genau so schnell wie die Moleküle im Strahl, nämlich mit ihrer wahrscheinlichsten Geschwindigkeit. Eine solche Falle wäre also genau so effektiv wie eine parallel zum Strahl montierte Multipol-Fokussiereinrichtung, deren Gradient senkrecht zur Strahlachse liegt, wie sie üblicherweise zur transversalen Eingrenzung verwendet wird. Würde nun eine solche Fokussiereinrichtung senkrecht zum Strahl aufgebaut werden und sich mit der gleichen Geschwindigkeit wie die Moleküle längs des Strahls bewegen, d. h. mit der mittleren longitudinalen Strahlgeschwindigkeit, würden die Moleküle parallel zur Strahlrichtung eingefangen und gezwungen, um das Zentrum des parallelen Multipolminimums zu oszillieren, bezüglich Ort als auch Relativgeschwindigkeit. Natürlich wäre die mittlere (oder wahrscheinlichste) Geschwindigkeit der Moleküle nicht betroffen, aber die im Wirkungsbereich des Minimums (Topfes) eingefangenen Moleküle würden bei gleichzeitiger synchroner Vorwärtsbewegung zusammenbleiben. Sie wären longitudinal fokussiert (gebündelt). Wenn nun zusätzlich die Geschwindigkeit dieses bewegten Potentialtopfs variabel wäre, könnte ein Teil der Strahlmoleküle in jede gewünschte Endgeschwindigkeit versetzt werden. Um die Strahlmoleküle z. B. abzubremsen, müsste die Potentialtopfgeschwindigkeit kontinuierlich reduziert werden, so dass die Moleküle mehr Zeit an der vorderen Wand des longitudinalen Potentialtopfes verbrächten und damit eine ihre Bewegung verzögernde Kraft erführen. Analog müsste man, um die Moleküle zu beschleunigen, den Potentialtopf kontinuierlich beschleunigen und damit die Moleküle durch die hintere Wand des Potentialtopfes „vorwärts schieben". Ein solcher gerade beschriebener, hypothetischer Apparat funktioniert fast genauso wie ein realer Stark-Abbremser (oder -Beschleuniger). Allerdings werden bei diesem nicht die Elektroden bewegt, welche die longitudinale Eingrenzung gewährleisten, was mechanisch auch nicht umsetzbar wäre, sondern die Elemente einer fest angeordneten Reihe von Elektroden werden synchron zur Bewegung der Moleküle ein- bzw. ausgeschaltet und generieren einen effektiv sich bewegenden Potentialtopf. Abhängig von der Frequenz, mit der die Elektroden geschaltet werden, können die Moleküle entweder mit konstanter Geschwindigkeit längs der Strahlachse transportiert oder sukzessiv auf jede gewünschte Endgeschwindigkeit beschleunigt oder abgebremst werden.

Stark-Beeinflussung von Molekülstrahlen wurde schon früher diskutiert und versucht, wobei die oben beschriebenen Kräfte ausgenutzt wurden. Die Abbremsung neutraler Moleküle mittels elektrischer Felder wurde erstmals von John King 1959 am MIT erprobt, um einen langsamen Strahl von Ammoniakmolekülen für einen Maser mit extrem schmaler Linienbreite zu erzeugen. In den 1960ern konstruierte Lennard Wharton an der Universität Chicago eine elf Meter lange Maschine, um LiF-Moleküle im Grundzustand von 0.2 auf 2.0 eV zu beschleunigen. Dies geschah mit dem Ziel, reaktive Streuung bei hyperthermischen Kollisionsenergien zu studieren. Beide Experimente waren nicht erfolgreich und wurden nach der Promotion der beteiligten Doktoranden aufgegeben. Der erste erfolgreiche experimentelle Nachweis einer Stark-Abbremsung wurde 1999 im Laboratorium von Gerard Meijer an der Universität Nijmegen erzielt. Ein Molekülstrahl von metastabilen CO-Molekülen wurde von 225 m/s auf 98 m/s abgebremst. Meijer war es auch, der die Begriffe „Stark-Abbremser" und „Stark-Beschleuniger" (Stark decelerator, Stark accelerator) geprägt hat. Diese sind nach Johannes Stark benannt, der erstmals 1913 den heute seinen Namen tragenden Effekt der Aufspaltung der Spektrallinien im elektrischen Feld nachwies und in den zwanziger Jahren zum Parteigänger der Nationalsozialisten und der obskuren Deutschen Physik wurde. Das Interesse an der Stark-Beeinflussung von Molekülstrahlen wurde in den 1990ern mit dem im Bereich der Atom- und Molekülphysik sowie in der Physik attraktiv werdenden Thema der „kalten Moleküle" wieder entfacht. In der Tat prägte die Stark-Abbremsung wesentlich den Forschungsbereich Kalte Moleküle und wurde fast unmittelbar zum „Arbeitspferd" dieses Gebietes. Darüber hinaus liefert ein Stark-Abbremser einen Strahl von Molekülen in quantenselektierten Zuständen und mit einstellbaren Geschwindigkeiten, was für viele Anwendungen geradezu ideal ist. So können z. B. abgebremste Strahlen bei spektroskopischen Untersuchungen mit höchster Auflösung dazu verwendet werden, die effektive Beobachtungsdauer auszudehnen und, aufgrund der Unschärferelation, die erreichbare Energieauflösung zu erhöhen. Abgebremste Strahlen ermöglichen auch Untersuchungen von (un)elastischen Stößen und von reaktiver Streuung bis hinunter zu Stoßenergien von nahe Null sowie die Vermessung des dort auftretenden Schwellenverhaltens. Die Stark-Abbremsung kann nicht zuletzt dazu verwendet werden, neutrale polare Moleküle einzufangen.

Solche Molekülfallen sind ein Schlüsselelement für die weitere Erforschung sogenannter kalter Moleküle, wobei die Herstellung und Untersuchung quantenentarteter Gase von polaren Molekülen ein besonderer Untersuchungsschwerpunkt ist. Das Einfangen kann ebenso dazu verwendet werden, die Beobachtungszeiten soweit zu verlängern, dass sogar die Lebensdauer metastabiler Moleküle exakt bestimmt oder auch die Effekte der Schwarzkörperstrahlung bei ultrakalten Molekülen untersucht werden können. John Fenn bemerkte dazu:

> „Geboren aus Lecks, den Todsünden der Vakuumtechnik, sind Molekülstrahlen gerichtete Nebelfetzen aus Molekülen, welche ein gekapseltes Nichts durchqueren, das ihre Bühne darstellt. ...Zwischen Auftritt und Abgang nur für Millisekunden auf der Bühne haben sie durch die Vielfalt und Breite ihres Repertoires doch ein stetig wachsendes Publikum eingefangen."

Wegen der normalen Geschwindigkeit der Moleküle (hunderte von Metern pro Sekunde) und der Länge der Vakuumkammer (ein Meter) ist die Zeit, in der die Moleküle „auf der Bühne stehen" in der Regel auf Millisekunden begrenzt.

Diese zeitliche Beschränkung kann durch Verwendung eines Speicherrings teilweise überwunden werden. Dies ist eine Variante einer elektrostatischen Falle, in der Moleküle in einem Quantenzustand, der als „tieffeld-suchend" definiert ist, in einer Vakuumkammer von einem Meter auf einer Kreisbahn eine Strecke von über einer Meile durchlaufen können – hier wird die „Dauer des Auftritts" nicht durch die Vergrößerung der Bühne verlängert, sondern durch ihre optimale Ausnutzung. In einem Speicherring werden die Moleküle durch eine Elektrodenstruktur fokussierender elektrostatischer Elemente auf Kreisbahnen gehalten. Am einfachsten erhält man einen Speicherring für neutrale Moleküle, indem die Stabstruktur einer einzelnen Hexapol-Fokussieranordnung bis zur Torusform gekrümmt wird. Ein derartiger toroidaler Ring begrenzt allerdings die Moleküle nur transversal, nicht longitudinal, so dass ein eingebrachtes Molekülpaket auseinanderlaufen und am Ende den ganzen Ring gleichmäßig ausfüllen würde. Dieses Problem kann aber durch Brechung der Ringsymmetrie gelöst werden. Dabei wird z. B. der Ring in Segmente aufgeteilt, die durch schmale Spalte voneinander getrennt sind. Werden nun die elektrischen Felder in den Spalten synchron mit dem Durchgang des Molekülpakets periodisch geschaltet, werden die Moleküle im Paket zusammengehalten, sie werden gebündelt – ganz analog zu der Arbeitsweise eines Synchrotrons für geladene Teilchen. Die zirkulierenden Molekülpakete können in regelmäßiger Wiederholung an wohldefinierten Orten und Zeiten mit elektromagnetischen Feldern, sprich Laserlicht, und/oder mit anderen Atomen und Molekülen wechselwirken. Wird der Torus als niederenergetischer Teilchenbeschleuniger benutzt, um Streuquerschnitte zu messen, skaliert die Zahl der Zusammenstöße pro Zeiteinheit mit dem Quadrat der Paketzahl im Ring, die wiederum von der Zahl der Ringsegmente abhängt. So erlauben mehr Ringsegmente entsprechend mehr umlaufende Molekülpakete. Daher ist es vorteilhaft, den Ring in so viele Segmente wie technisch möglich zu unterteilen. ▶Abb. 6.12 zeigt ein Bild des Molekülsynchrotrons, bestehend aus 40 geraden Hexapolstrukuren, wobei jede 37 mm lang ist. Benachbarte Hexapolstrukturen, deren Symmetrieachsen im Winkel von 9° gegeneinander geneigt sind, sind durch 2 mm breite Spalte getrennt; das resultierende Polygon hat einen Durchmesser von 0.5 m.

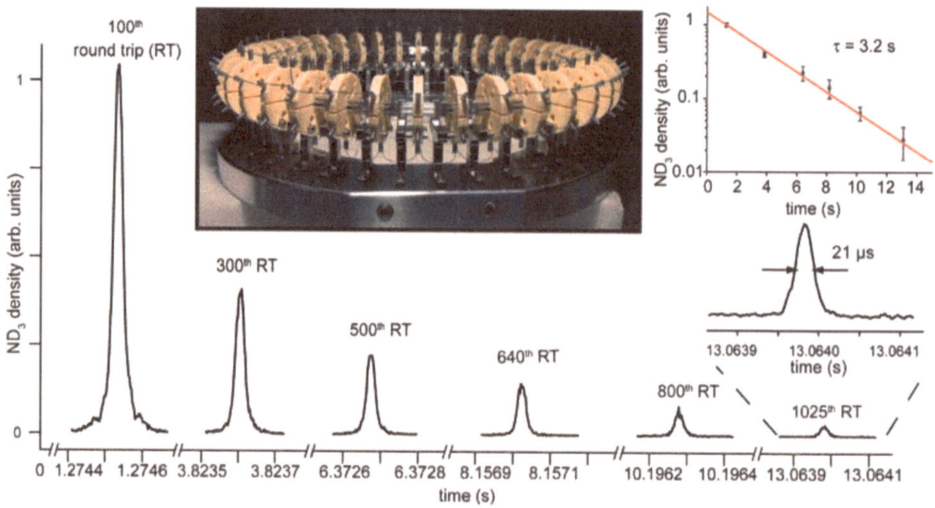

Abb. 6.12. *Photographie des Molekülsynchrotrons zusammen mit einem Diagramm der gemessenen Dichten von ND_3-Molekülen als Funktion der Zeit (in Sekunden) für eine bestimmte Anzahl an Umläufen (round trips, RT) nach dem Ladungszeitpunkt.*

In einer in der Abteilung Molekülphysik durchgeführte Serie von Experimenten wurden Pakete Stark-abgebremster, deuterierter Ammoniakmoleküle ($^{14}ND_3$) mit einer Geschwindigkeit von etwa 125 m/s tangential in das Synchrotron geladen. Anfangs erstreckte sich so ein Paket über einige Millimeter und bestand aus etwa einer Million Molekülen. Alle Moleküle befanden sich in dem Quantenzustand, der der oberen Komponente des Inversionsdubletts eines einzigen Rotationsniveaus entspricht; dies ist im Übrigen das Grundzustandsniveau von para-Ammoniak, wobei weder Schwingungen noch Elektronen angeregt sind. Sobald sich das Molekülpaket im Synchrotron befand, wurden die Hexapolfelder eingeschaltet, welche die Moleküle transversal fokussieren und so in der Kreisbahn halten. Immer wenn das Paket einen Spalt passierte, wurde kurzzeitig auf eine erhöhte Spannungskonfiguration geschaltet, wodurch die Moleküle mit einer Breite der Geschwindigkeitsverteilung von 1 m/s, was einer Temperatur von 0.5 mK entspricht, weiterhin als Paket zusammen gehalten wurden.

► Abb. 6.12 zeigt die Dichte der Ammoniakmoleküle als Funktion der Zeit nach Beladen des Synchrotrons mit insgesamt 13 Paketen mit einer Frequenz von 10 Hz. Die zirkulierenden Pakete folgten einander mit einem Abstand von 3 Hexapolabschnitten mit Ausnahme des ersten und des letzten Pakets, die durch 4 Hexapolabschnitte getrennt waren. Die Moleküle wurden an einer festen Position im Synchrotron laserionisiert, und das von den 13 Paketen ausgehende Ionensignal wurde jeweils nach einer bestimmten Anzahl an Runden aufgezeichnet. Selbst nach 1025 Runden, d. h. nachdem die Moleküle fast zwei Kilometer geflogen waren und die Spalte bzw. Hexapolabschnitte 41.000 mal passiert hatten, war ihr Signal immer noch direkt sichtbar. Jedes Paket durchläuft die Nachweisposition in 21 µs, was bei der verwendeten Umlaufgeschwindigkeit einer longitudinalen Breite von 2.6 mm entspricht. Bei der Dichte der Ammoniakmoleküle pro Paket wurde eine exponentielle Abnahme mit einer Rate von 31 % pro Sekunde beobachtet, was zu etwa gleichen Teilen zurückgeht auf Stöße mit dem Hintergrundgas und der Anregung der Moleküle in einen nicht einfangbaren (hochfeld-suchenden) Quantenzustand durch die in der Kammer bei Raumtemperatur vorhandene Schwarzkörperstrahlung. Diese Messungen symbolisieren beispielhaft den gegenwärtig erreichbaren Stand der Kontrolle von Molekülstrahlen und bereiten die Bühne für neue, weiterführende Experimente.

Ein anderes in der Abteilung Molekülphysik gegenwärtig aktiv bearbeitetes Forschungsgebiet ist die Spektroskopie von Molekülen, Metallclustern und Biomolekülen in der Gasphase – ein Beispiel wäre in diesem Zusammenhang die Infrarotspektroskopie von Goldclustern.

Die Verwendung der konventionellen Absorptionsspektroskopie wäre in diesem Fall äußerst schwierig, da die fragilen Cluster nur hoch verdünnt vorliegen, d. h. in Form von Molekularstrahlen oder in Fallen lokalisiert, wobei die erzielbare Absorberdichte auch linienintegriert nicht ausreicht, um ein Absorptionssignal nachzuweisen. Ein alternativer Ansatz wäre, den Effekt zu nutzen, den das Licht an der Probe bewirkt – vorausgesetzt, dass der Lichtfluss (Zahl der Photonen je cm^2) groß genug ist, um ein beobachtbares Signal zu erzeugen; hier spezifisch, wenn die Probe durch die einfallende Strahlung photoionisiert wird. Die resultierenden Ionen oder Ionenfragmente können dann massenselektiv detektiert werden, wobei die Nachweiswahrscheinlichkeit eins ist. Diese sogenannte „Wirkungsspektroskopie" zeichnet sich durch hohe Empfindlichkeit aus und ist sogar in Bezug auf die Clustergrößen selektiv. Das kritische Element bei der „Wirkungsspektroskopie" ist ein in weiten Bereichen durchstimmbarer Laser mit sehr hohem Fluss, der in der Lage ist, die hier nötigen Multiphotonenanregungen auch zu induzieren.

In den letzten fünfzehn Jahren haben Meijer und seine Mitarbeiter für die Anwendung von Infrarot(IR)-Freie-Elektronen-Lasern (FEL) Pionierarbeit geleistet, insbesondere für die Untersuchung der Schwingungsspektren von Molekülen und Clustern in der Gasphase. Die IR-FELs haben den Zugriff auf weiche Schwingungsmoden im fernen Infrarotbereich eröffnet, z. B. auf die Metallatom-Metallatom-Schwingungen. Zusätzlich machte es die Spektroskopie in der Gasphase möglich, die tieffrequenten Moden zu isolieren, die im Fall von aufgebrachten oder eingebetteten Clustern häufig durch die Absorptionslinien des Substrats überdeckt werden.

Die Absorption von Photonen des fernen Infrarot (IR) kann auch mit der „Messenger-Methode" detektiert werden, die auf der erzwungenen Abdampfung eines schwach gebundenen Liganden von einem Cluster-Komplex beruht und durch die Absorption einer kleinen Zahl von IR-Photonen erzwungen wird. Die „Messenger-Methode" geht davon aus, dass nur der Metallcluster als Chromophor wirkt, während der abgespaltene atomare oder molekulare Ligand nur die Botschaft über das Absorptionsereignis trägt, ohne dabei die strukturellen Eigenschaften des Clusters zu stören. Diese Voraussetzung ist für die meisten

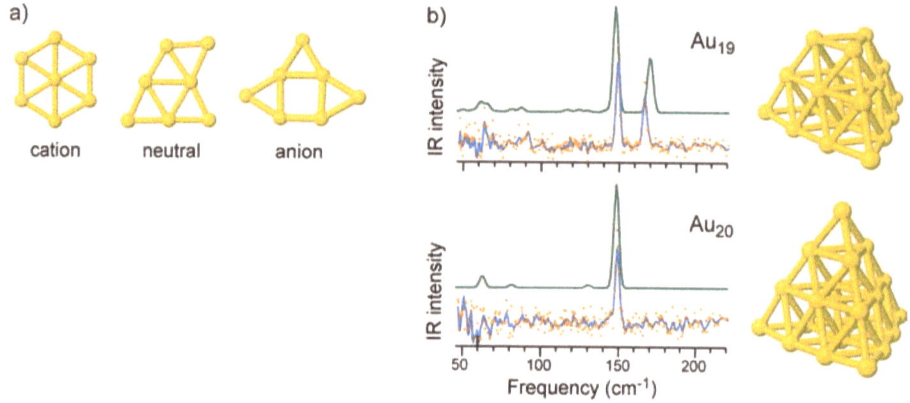

Abb. 6.13. *(a) Die Strukturen der Goldcluster mit sieben Atomen variieren für unterschiedliche Ladungszustände. (b) Vergleich experimenteller und berechneter IR-Spektren von neutralen Au_{19}- und Au_{20}-Clustern.*

Übergangsmetallcluster erfüllt, die Komplexe mit Edelgasatomen bilden. Die experimentelle IR-(Multi-)Photonendissoziation (IR-(M)PD) führt in Kombination mit Berechnungen im Rahmen der Dichtefunktionaltheorie häufig zur eindeutigen Aufklärung der Clusterstruktur.

Experimentelle Informationen über die Struktur geladener Goldcluster wurden bisher aus Ionenmobilitätsmessungen, Beugung an eingefangenen Ionen und Anionen-Photoelektronen-Spektroskopie gewonnen. Dabei wurden signifikante strukturelle Unterschiede zwischen den einfach geladenen kationischen und anionischen Goldclustern nachgewiesen und es konnte der Schluss gezogen werden, dass die Größe, bei der die zunächst planaren Cluster anfangen drei-dimensionale Strukturen aufzubauen, stark vom Ladungszustand abhängt. Durch Verknüpfung mit den Daten, die in der Abteilung mittels der Schwingungsspektroskopie an neutralen Goldclustern erzielt wurden, war es möglich, ein vollständiges Bild über die Abhängigkeit des strukturellen Aufbaus der Goldcluster vom Ladungszustand zu entwickeln. Diese Ladungszustandsabhängigkeit ist in ►Abb. 6.13a für einen Goldcluster mit sieben Atomen als Beispiel dargestellt. Für diese Clustergröße haben alle drei Ladungszustände (kationisch, neutral und anionisch) eine unterschiedliche Struktur, auch wenn die Veränderung zwischen neutraler und anionischer Spezies nur gering ist. Für erhöhte Elektronendichten verringert sich die mittlere Koordination der Goldatome, was zur Ausbildung immer offenerer Strukturen führt. Für größere anionische Goldcluster, wie Au_{19} oder Au_{20} wurden früher schon tetraedrische Strukturen nachgewiesen, und die IR-Spektren in ►Abb. 6.13b verweisen zweifelsfrei auch für die entsprechenden neutralen Cluster auf diese Geometrie.

Der Direktor der Abteilung Molekülphysik ist Gerard Meijer, der 1962 im holländischen Zeddam geboren wurde. Die Welt, in die er 1980 mit seinem Studium an der Universität Nijmegen trat, war von quadrupolaren oder hexapolaren Fokussiereinrichtungen und Molekülstrahldeflektoren geradezu überflutet, denn dort hatten in den 1960er Jahren Toni Dymanus und Jörg Reuss die erste „Schule" für Atom- und Molekülphysik in den Niederlanden etabliert. Dies geschah mit dem Ziel, neutrale Molekularstrahlen und Quantenzustands-Selektion zu verwenden. Seit seiner Studenten- und Doktorandenzeit war Gerard Meijers Interesse auf die Manipulation von Molekülen und ihre Untersuchung mittels spektroskopischer Methoden ausgerichtet. Vor seiner Berufung an das FHI im Jahr 2002 wirkte Meijer als Physikordinarius an der Universität von Nijmegen (1995–1999) und war Direktor des FOM-Instituts für Plasmaphysik in Nieuwegein „FOM-Rijnhuizen" (2000–2003).

Folgende Arbeitsgruppen sind an der Abteilung Molekülphysik angesiedelt und werden von dieser unterstützt:

- Schwingungsspektroskopie von Ionen in der Gasphase, geleitet von Knut Asmis (Dr. rer. nat. Physik, Freie Universität Berlin 1996, Betreuer Ludger Wöste; am FHI seit 2003; vorher Gruppenleiter an der Freien Universität Berlin)
- Ultraviolett-Photoionisationsuntersuchungen im Vakuum, geleitet von Uwe Becker (Dr. rer. nat. Physik, Technische Universität Berlin 1977, Betreuer Hans Bucker; am FHI seit 1989; vorher Professor an der Universität Würzburg)
- Mikrostrukturierte Elemente zur Manipulation von Molekülen, geleitet von Horst Conrad (Dr. rer. nat. Physikalische Chemie, Ludwig-Maximilians-Universtät München 1976, Betreuer Gerhard Ertl; am FHI seit 1981)
- Spektroskopie und Chemie der Metallcluster und Clusterkomplexe, geleitet von André Fielicke (Dr. rer. nat. Chemie, Humboldt Universität zu Berlin 2001, Betreuer Klaus Rademann; am FHI seit 2003)
- Wechselwirkung von Molekülen mit Feldern, geleitet von Bretislav Friedrich (PhD Chemische Physik, Tschechoslowakische Akademie der Wissenschaften 1981, Betreuer Zdeník Herman; am FHI seit 2003; vorher Senior Research Fellow und Lecturer an der Harvard University)
- Infrarot-Anregung von Gasphasenmolekülen und Clustern, geleitet von Gert von Helden (PhD in Chemie, University of California, Santa Barbara 1994, Betreuer Mike Bowers; am FHI seit 2003; zuvor Research Scientist am FOM-Rijnhuizen)
- Elektronische Struktur von Ober- und Grenzflächen, geleitet von Karsten Horn (PhD in Physikalischer Chemie, University of London 1976, Betreuer John Pritchard; am FHI seit 1976)
- Handhabung der Bewegung großer Moleküle, geleitet von Jochen Küpper (Dr. rer. nat. Chemie, Universität Düsseldorf 2000, Betreuer Karl Kleinermanns; am FHI seit 2003; vorher Postdoc am FOM-Rijnhuizen)
- Kalte und kontrollierte Stoßprozesse, geleitet von Bas van de Meerakker (Dr. rer. nat. Physik, Universität Nijmegen 2006, Betreuer Gerard Meijer; am FHI seit 2003)

- Atom- und Moleküloptik, geleitet von Wieland Schöllkopf (Dr. rer. nat. Physik, Universität Göttingen 1998, Betreuer Peter Toennies; am FHI seit 2003; seit 2008, wissenschaftlicher Leiter des FHI-FEL Projekts; vorher Feodor-Lynen-Stipendiat an der Harvard University)

Die Abteilung Physikalische Chemie

2008 wurde Martin Wolf Nachfolger von Gerhard Ertl als Leiter der Abteilung Physikalische Chemie. Zum Zeitpunkt der 100-Jahrfeier befindet sich die Abteilung Physikalische Chemie noch in der Übergangsphase und nutzt temporär eingerichtete Laboratorien, welche durch einen für 2013 geplanten Neubau mit spezieller Infrastruktur für Laserexperimente und Rastertunnelmikroskopie ersetzt werden sollen.

Die Abteilung Physikalische Chemie untersucht die Dynamik von Elementarprozessen an Oberflächen, Grenzflächen und in Festkörpern mit dem Ziel, ein mikroskopisches Verständnis dieser Prozesse zu gewinnen. Beispiele hierfür sind elektronische Anregungen, Energie- und Ladungstransfer-Prozesse, photoinduzierte Reaktionen und Einzelmolekülprozesse an Oberflächen. Diese Elementarprozesse finden in ultrakurzen Zeitskalen (in der Größenordnung von Pico- bis Femtosekunden) und in atomaren Längenskalen (in Größenordnungen von Ångström) statt. Zur Untersuchung dieser Prozesse wurden in der Abteilung eine Reihe Verfahren der ultraschnellen Laser-Spektroskopie und Rastersondenmikroskopie realisiert und weiterentwickelt, um die entsprechende zeitliche und räumliche Auflösung zu erreichen.

Forschungsschwerpunkte der Abteilung sind gegenwärtig:

- Ultraschnelle Dynamik in Festkörpern und an Grenzflächen
- Molekulare Prozesse an Oberflächen
- Komplexe Dynamik

Im Zentrum der Arbeit der Abteilung stehen Untersuchungen der ultraschnellen Dynamik von Elementarprozessen mittels zeitaufgelöster Laser-Spektroskopie. Wolf und seine Mitarbeiter nutzen ein breites Spektrum an zeitaufgelösten Techniken, um die Dynamik von Elektronentransfer, Ladungsträger-Lokalisierung und Schwingungsanregungen an adsorbatbedeckten Oberflächen sowie die Dynamik von elektronischen Anregungen, Streuungsprozessen und niederenergetischen Anregungen in Festkörpern zu studieren. Besondere Aufmerksamkeit wird den Mechanismen optisch induzierter Phasenübergänge in elektronisch stark korrelierten Materialien geschenkt. Außerdem werden molekulare Prozesse an Oberflächen auf der Ebene von Einzelmolekülen mittels Rastertunnelmikroskopie (zum Teil kombiniert mit optischer Anregung) untersucht. Diese Methode erlaubt das Abbilden, Manipulieren, Spektroskopieren und Untersuchen chemischer Prozesse an wohl definierten Oberflächen. Weitere Arbeiten der Abteilung umfassen sowohl die Untersuchung von komplexen Systeme und nichtlinearer Dynamik, wobei z.T. ein Bezug zur Nanobiologie und Elektrochemie besteht, als auch theoretische Studien reaktiver weicher Materie und einzelner molekularer Maschinen und ihrer Vernetzung. Dies wird durch Arbeiten über die Ausbildung regelmäßiger Strukturen bei nicht im Gleichgewicht befindlichen elektrochemischen Systemen und über generelle Aspekte der chemischen Kinetik ergänzt. Vor kurzem wurden als Teil der Forschung zur ultraschnellen Dynamik in Festkörpern mit zeitaufgelösten Untersuchungen korrelierter Materialien begonnen, auf die im folgenden etwas näher eingegangen werden soll, um eine der neuen Forschungsrichtungen der Abteilung exemplarisch darzustellen.

Elektronische Korrelationseffekte sind Teil jedes Mehrelektronensystems und von zentraler Bedeutung bei der Bildung chemischer Bindungen, der optischen Anregung von Molekülen und für die elektronischen und magnetischen Eigenschaften von Feststoffen. Ein vereinfachtes, aber sehr erfolgreiches Modell der elektronischen Struktur von Feststoffen nimmt an, dass die Elektronen sich unabhängig voneinander in einem effektiven, periodischen Potential bewegen, das durch die Ionen des Kristallgitters und die mittlere Wechselwirkung der Elektronen untereinander definiert ist. Das Modell führt, kombiniert mit dem Pauli-Prinzip, direkt zur Struktur der Elektronenbänder in Festkörpern und erlaubt es beispielsweise, die Ursachen der metallischen, halbleitenden und isolierenden Eigenschaften zu verstehen. Dennoch vernachlässigt die Näherung unabhängiger Elektronen Effekte, die aus der Korrelation und der Wechselwirkung zwischen den Elektronen herrühren, d. h. der quantenmechanische Zustand eines Elektrons (wie z. B. sein Spin) wird durch die Dynamik der anderen Elektronen im Festkörper bestimmt. Diese elektronischen Vielteilcheneffekte bilden die Ursache für solch bemerkenswerte Festkörperphänomene wie der Supraleitung oder den Ferromagnetismus. Im Fall des Ferromagnetismus bewirkt das Zusammenspiel von elektrostatischen und Austauschwechselwirkungen (über das Pauli-Prinzip) bei Temperaturen $T < T_c$ in bestimmten Materialien die Anordnung aller Elektronenspins in einer einzigen Richtung. Wird die Temperatur des Ferromagneten erhöht, werden Spinwellen angeregt, was die magnetische Ordnung verringert und oberhalb der kritischen Temperatur $T > T_c$ einen Phasenübergang zu einem magnetisch ungeordneten Zustand verursacht. In Supraleitern führt die Anziehung zwischen zwei Elektronen (gewöhnlich mit entgegen gesetzten Spins und Geschwindigkeiten) zur Bildung von Cooper-Paaren, welche in einen bestimmten Grundzustand kondensieren, dessen elektrischer Widerstand verschwindet. Für Hochtemperatursupraleiter ist die genaue Wechselwirkung bei der Bildung von Cooper-Paaren noch immer nicht verstanden, was zu den großen Herausforderungen der Festkörperphysik gehört.

Die Näherung unabhängiger Elektronen in ihrer einfachsten Form vernachlässigt außerdem die Wechselwirkungen der Elektronen mit dem Ionengitter und daher den Einfluss von Gitterverzerrungen auf die elektronische Struktur. Die Wechselwirkungen von Elektronen mit kollektiven Anregungen des Gitters (Phononen) sind verantwortlich für eine Vielzahl faszinierender Festkörperphänomene.

Ein prominentes Beispiel ist die Bildung von Ladungsdichtewellen (CDW), die bei niedrigen Temperaturen zu einer isolierenden Phase mit einer elektronischen Bandlücke am Fermi-Niveau führt. Diese verhindert den Elektronentransport, weshalb die elektrische Leitfähigkeit bei tiefer Temperatur verschwindet. Treibende Kraft dieses Phänomens ist eine Verringerung der Gesamtenergie von Elektronen und Gitterionen durch eine periodische Gitterverzerrung. Diese periodische Verzerrung verursacht nun im Gegenzug eine Verringerung der Elektronenenergie und öffnet damit die Bandlücke, ein Mechanismus, der häufig als „Peierls-Instabilität" bezeichnet wird. Oberhalb einer kritischen Temperatur $T > T_c$ erfährt das CDW-System einen Phasenübergang in einen metallischen Zustand, in welchem die Gitterverzerrung angehoben ist. Daher sind CDW-Materialien wie Supraleiter Beispiele für Materialien, bei denen Korrelationseffekte oder Elektron-Phonon-Wechselwirkungen zu temperaturinduzierten Phasenübergängen führen – plötzliche und einschneidende Veränderungen ihrer physikalischen Eigenschaften wie Magnetismus oder elektrische Leitfähigkeit bei einer bestimmten kritischen Temperatur.

Unter den üblichen experimentellen Bedingungen erfahren CDW-Systeme recht langsame Temperaturveränderungen und sind daher nahe am thermodynamischen Gleichgewicht. Im Gegensatz dazu untersuchen Forscher der Abteilung, welche neuen Erkenntnisse über die Dynamik dieser Systeme erhalten werden, wenn sie sehr schnell und stark aus dem Gleichgewicht gebracht werden – in einer deutlich kürzeren Zeit als erforderlich, um wieder in den Gleichgewichtszustand zurückzukehren. Eine solch plötzliche Störung, die unterschiedlich auf die Freiheitsgrade von Elektronen, Spins und Gitter einwirkt, kann durch Anregung mit ultrakurzen Laserpulsen realisiert werden. Da Relaxationsprozesse in Festkörpern gewöhnlich im Femtosekundenbereich liegen, müssen für die Anregung Laserimpulse mit einer vergleichbaren Impulsdauer verwendet werden (in 100 Femtosekunden legt Licht eine Wegstrecke zurück, die etwa dem Durchmesser eines menschlichen Haares entspricht). Die für derartige Experimente benutzten Lichtimpulse besitzen dem entsprechend Frequenzen im Terahertz bis Röntgen-Bereich und Impulsdauern von Picosekunden bis Attosekunden. Zusammen mit ultrakurzen Elektronenimpulsen, die für Beugungsexperimente verwendet werden, haben diese Techniken ihren Weg in die Laboratorien der Abteilung gefunden.

Eine geeignete Art, ultraschnelle Prozesse zu untersuchen, ist die Pump-Probe-Technik wie sie in ▶Abb. 6.14 dargestellt ist. Ein „pumpender" Laserimpuls regt die Probe an, z.B. heizt er die Elektronen auf oder bringt die Elektronenspins aus ihrer Gleichgewichtslage. Um die zeitliche Entwicklung des so erzeugten, im Nicht-Gleichgewicht befindlichen Zustands zu analysieren, wird mit variabler Zeitverzögerung Δt ein zweiter „Probe"-Laserimpuls auf die Probe geschickt. Dieser Impuls sondiert die Übergangszustände der Systemeigenschaften. Die Veränderung der Zeitverzögerung Δt erlaubt es, die Entwicklung des Systems Schritt für Schritt aufzuzeichnen. In Abhängigkeit von den experimentellen Bedingungen und den zu untersuchenden Eigenschaften wird die „Antwort" des Materials auf die optische Anregung mit einer Vielzahl von Methoden abgetastet. Diese reichen

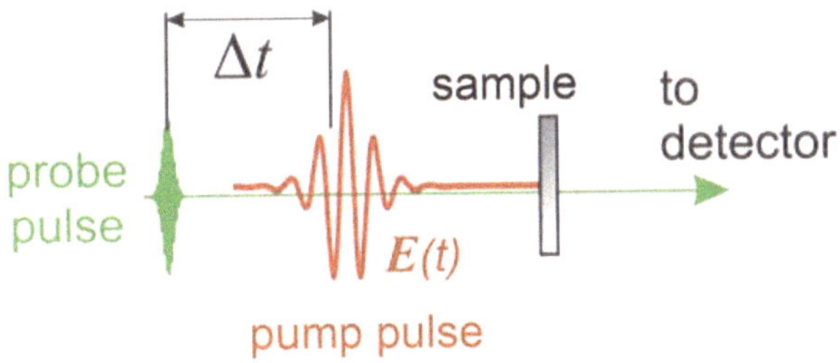

Abb. 6.14. *Schema der Pump-Probe-Technik zur Untersuchung ultraschneller Prozesse in Festkörpern.*

von der klassischen optischen Reflektion sowie der Absorption oder Transmission über die nicht-lineare optischer Frequenzerzeugung und räumlich aufgelöste Lichtstreuung bis hin zur winkelaufgelösten Photoelektronen-Spektroskopie, um nur einige in der Abteilung verwendete Methoden zu nennen.

Im Folgenden wird die Anwendung der Pump-Probe-Technik zur Untersuchung der Dynamik korrelierter Materialien am Fall von zwei Systemen verdeutlicht. Im ersten Beispiel regten Wolf und Mitarbeiter die Elektronenspins im antiferromagnetischem NiO mit einem ultrakurzen magnetischen Feldimpuls im THz-Bereich an, was eine präzessierende Bewegung der Spins hervorruft. Diese kann durch einen zweiten Puls auf beispielsweise genau sechs Perioden begrenzt werden. Im zweiten Beispiel wird durch einen intensiven Femtosekunden-Laserimpuls ein Isolator-zu-Metall-Übergang in $TbTe_3$ ausgelöst und die damit verbundenen Änderungen in der elektronischen Bandstruktur beobachtet.

Ziel des ersten Experiments war es, den magnetischen Zustand eines Festkörpers in der ultraschnellen Zeitskala zu kontrollieren. Die Magnetisierung wurde durch ein Drehmoment verändert, das durch ein zeitabhängiges externes Magnetfeld induziert wird. Dessen Frequenz ist resonant mit dem Spinsystem, was einen effizienten Energietransfer zum Festkörper erlaubt. Eine solche Resonanzanregung bewirkt eine Präzession der Spins um eine Gleichgewichtsachse, ähnlich wie ein taumelnder Kreisel nach mechanischer Auslenkung senkrecht zur Rotationsachse. Im Gegensatz zu Ferromagneten zeigen antiferromagnetische Materialien hohe Resonanzfrequenzen, was einen schnelleren Energietransfer zu den Spins ermöglicht. NiO ist bei Temperaturen unter $T_c = 623\,K$ ein Antiferromagnet mit einer von Austauschwechselwirkungen getriebenen antiparallelen Spinanordnung der direkt benachbarten Ni^{2+}-Ionen. ▸Abb. 6.15 zeigt als Beispiel experimentelle Daten für die Kontrolle der Spin-Dynamik in einem NiO-Einkristall durch einen ultrakurzen magnetischen Feldimpuls. Die Spindynamik wurde mit Hilfe des Faraday-Effekts verfolgt, wobei eine Drehung der Polarisationsebene des Nachweispulses nachgewiesen wird, die proportional zur zeitlich veränderlichen Magnetisierung ist. Der magnetische Feldimpuls wird durch einem intensiven THz-Impuls (mit einer Dauer von etwa einer Picosekunde) erzeugt, der am Intensitätsmaximum ein magnetisches Feld von etwa 0.15T und ein elektrisches Feld von 0.5MV/cm besitzt.

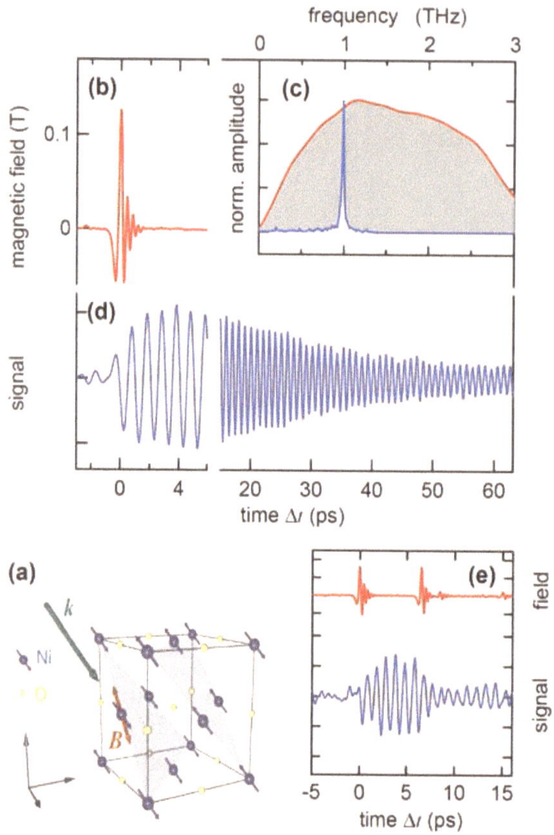

Abb. 6.15. *Ultraschnelle Spinpräzession in NiO: (a) Kristallstruktur des NiO mit antiparalleler Ordnung des Elektronenspins zwischen den Ebenen des Ni^{2+}-Gitters. Der grüne Pfeil deutet die Richtung des einfallenden THz-Strahls an. (b) Magnetisches Feld B(t) und (c) Spektrum der intensiven THz-Pump-Impulse. (d) Zeitliche Entwicklung der induzierten Magnetisierung bei der Präzessionsfrequenz von 1 THz. (e) Kontrolle der Spinpräzession durch Doppelimpuls-Anregung. Die Präzession wurde nach 6.5 Zyklen durch einen zweiten THz-Impuls „abgeschaltet", der mit einer Zeitverzögerung von $\Delta t = 6.5$ ps eintraf.*

Sein breites Spektrum reichte von 0.5 bis 2.5 THz und war daher resonant mit der Spinfrequenz von NiO bei 1 THz.

►Abb. 6.15(d) zeigt die zeitliche Entwicklung der Magnetisierung, nachgewiesen durch den Kerr-Effekt. Die Magnetisierung zeigt deutliche Oszillationen, deren Periodendauer unmittelbar nach der Anregung bei 1 ps liegt. Dies ist konsistent mit einer induzierten Präzessionsbewegung mit der Resonanzfrequenz von 1 THz, die in etwa 30 ps wieder verschwindet. Messungen, die als Funktion der Lichtintensität des Pump-Impulses durchgeführt wurden, belegen, dass Spins tatsächlich durch das Magnetfeld des THz-Impulses angeregt wurden und nicht durch sein elektrisches Feld, das von NiO wegen der großen Elektronenbandlücke nicht absorbiert wird. Dieses Ergebnis widerlegt die allgemein vertretene Annahme, dass die Einwirkung magnetischer Felder auf Materie oberhalb einer Frequenz von etwa 1 GHz vernachlässigbar ist und dass die Licht-Materie-Wechselwirkung vom elektrischen Feld dominiert wird.

Intensive magnetische Feldimpulse im THz-Bereich ermöglichen nicht nur die Induktion von Spin-Präzession, sondern bei Bedarf auch ihre Auslöschung. Das wurde durch ein Paar von THz-Pump-Impulsen erreicht, die zeitlich gegeneinander verzögert eingesetzt wurden. Der zweite, spätere Impuls induzierte eine Präzessionsbewegung, die außer Phase zu der vom ersten Impuls verursachten Präzession lag und damit die Spin-Präzession „stoppte". Das ist in ▶Abb. 6.15(d) für ein Pump-Impulspaar mit einer Verzögerungszeit von 6.5 Präzessionszyklen gezeigt. Vergleichbare Impulssequenzen (allerdings viel geringerer Frequenz) werden bei der Kernmagnetischen Resonanz (NMR) benutzt, um Molekülstrukturen aufzuklären. Die Fortentwicklung dieser Methode in die THz-Domäne (THz-ESR) würde magnetische Feldstärken erfordern, die etwa hundertmal stärker sind als die augenblicklich in den Labors der Abteilung verfügbaren.

Das zweite Beispiel zeigt die Dynamik photoinduzierter Phasenübergänge in Materialien mit Ladungsdichtewellen (CDW) durch die direkte Beobachtung der Veränderung in der Elektronenbandstruktur des Materials. Ein Schulbeispiel für Festkörper mit CDW-Verhalten sind Tri-Telluride, RTe_3, wobei R für verschiedene Lanthanide steht. Bei tiefen Temperaturen tritt in diesen Systemen eine Elektronenbandlücke entlang einer bestimmten Kristallrichtung auf, was diesen Materialien stark anisotrope elektrische Transporteigenschaften verleiht. Das Öffnen der Bandlücke wird dabei durch eine periodische Gitterverzerrung verursacht und führt zu einer „Peierls-Instabilität". Oberhalb einer kritischen Temperatur ist die Gitterverzerrung angehoben und die Elektronenbandlücke schließt sich, womit die metallische Phase wieder hergestellt ist. Durch den Einsatz verschiedener Lanthanide kann die Größe der Elektronenbandlücke kontrolliert werden und damit auch die kritische Temperatur T_c. Diese beträgt ca. 340 K für $TbTe_3$.

Da das Auftreten einer Elektronenbandlücke primär ein elektronisches Phänomen ist, könnte dies prinzipiell so schnell wie die Elektronenanregung geschehen. Wegen der kleinen Masse und Energie der Festkörperelektronen finden solche elektronischen Prozesse typischerweise auf der Zeitskala von Femtosekunden statt. Wenn im Gegensatz dazu die Veränderungen der Bandstruktur durch eine Gitterverzerrung (d. h. durch die Bewegung der Atome des Gitters) verursacht wird, würde die Zeitskala des CDW-Phasenübergangs durch die viel langsamere Geschwindigkeit der Ionenbewegung (oder Frequenz der CDW-Wechselwirkungen) bestimmt. Deshalb geben Verfahren, welche die Dynamik des photoinduzierten Phasenübergangs zeitlich auflösen können, die Möglichkeit des Nachweises, ob der Übergang von einer (langsamen) Gitterverzerrung oder einer (ultraschnellen) Umorientierung der Elektronen verursacht wird. Wolf und seine Mitarbeiter haben die Zeitabhängigkeit der Dynamik und den Mechanismus des CDW-Übergangs im entsprechenden, ultraschnellen Zeitmaßstab untersucht. In ihren Experimenten

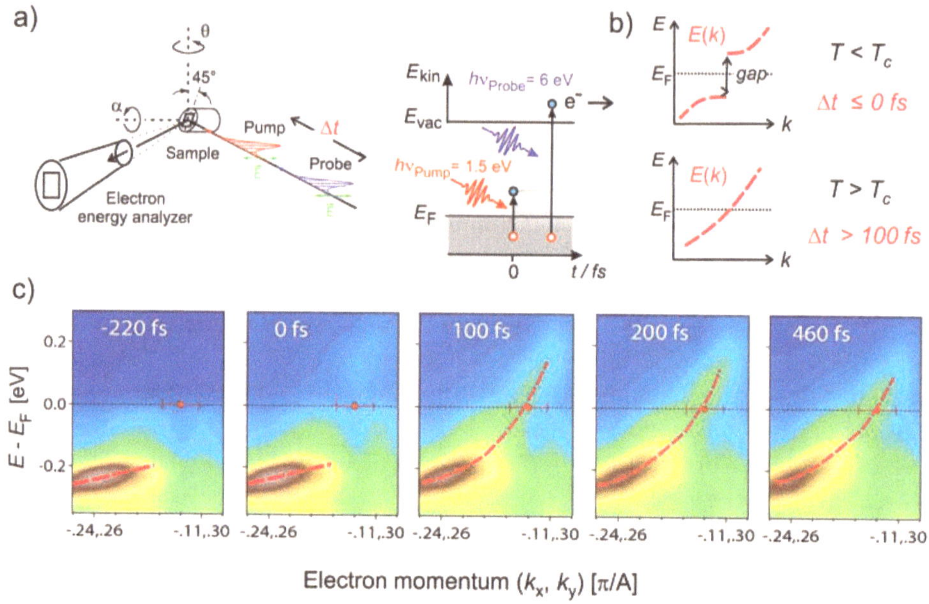

Abb. 6.16. *Sondieren der Übergangs-Elektronenstruktur von $TbTe_3$ im Verlauf seiner durch eine Anregung mit dem Femtosekunden-Laser verursachten ultraschnellen Isolator-zu-Metall-Verwandlung: (a) Zeit- und winkelaufgelöste Photoemissions-Spektroskopie. Eine $TbTe_3$-Probe wurde mit einem IR-Impuls ($h\nu_{Pump}$ = 1.5 eV, etwa 50 fs Dauer) angeregt und nach einer Zeitverzögerung von Δt mit einem UV-Impuls ($h\nu_{Pump}$ = 6 eV, etwa 90 fs Dauer) sondiert. Die Intensität der Photoelektronen und die kinetische Energie E_{kin} wurde als Funktion der Emissionswinkel (α, θ) gemessen. (b) Isolator-zu-Metall-Übergang: Oberhalb einer kritischen Temperatur T_c (oder 100 fs nach Laser-Anregung) schließt sich die Elektronenbandlücke der CDW-Phase. (c) „Schnappschüsse" der Elektronenbandstruktur E(k) in $TbTe_3$ bei unterschiedlicher Zeitverzögerung Δt. Nach der Laser-Anregung hat sich die Elektronenbandlücke geschlossen und die Bandverteilung nahe dem Fermi-Niveau, E_F, verändert sich nach einer Zeitverzögerung von 100 fs. Ein solcher verzögerter Zusammenbruch der Elektronenbandlücke ist charakteristisch für den Mechanismus vom „Peierls-Typ" (siehe Text).*

verwendeten sie ein modifiziertes, auf der Photoemissions-Spektroskopie beruhendes Pump-Probe-Verfahren, vgl. ►Abb. 6.16. Ein Infrarot-Pump-Impuls regte die Elektronenstruktur des $TbTe_3$ mit einer für die Auslösung des Isolator-zu-Metall-Überganges ausreichenden Energiedichte an. Die begleitenden Änderungen der elektronischen Struktur wurden durch winkelaufgelöste Photoelektronen-Spektroskopie registriert, welche direkt die Struktur des Elektronenbandes E(k) sondiert, indem sie das Moment k und die Energie E der Elektronen in den Kristallebenen misst, vgl. ►Abb. 6.16(a). Mit einem solchen „IR-Pumpe"-„Photoemissionsprobe"-Verfahren konnte ein Film der Elektronenbandstruktur E(k) aufgenommen werden, bei dem jedes Einzelbild die Übergangsbelegung und die veränderte Elektronenbandstruktur E(k) zu einem gegebenen Zeitpunkt zeigt.

▶ Abb. 6.16(c) präsentiert fünf „Schnappschüsse“ der auf eine Femtosekunden-Laseranregung der Probe folgenden zeitlichen Entwicklung der Elektronenbandstruktur von $TbTe_3$. Es ist bemerkenswert, dass die Elektronenstruktur unmittelbar nach dem Laser-Anregungsimpuls ($\Delta t = 0$) fast unverändert blieb und es etwa 100 fs dauerte, bis eine substantielle Veränderung der Bandverteilung um die Fermi-Energie herum stattfand. Die beobachtete Veränderung der Elektronenbandstruktur hin zu einer Signatur ähnlich der von freien Elektronen ist charakteristisch für ein metallisches (elektrisch leitendes) Verhalten und damit für das Schließen der CDW-Lücke in $TbTe_3$. Die Tatsache, dass die Bandlücke erst mit einer Zeitverzögerung von 100 fs verschwindet, beweist, wie eng das Wechselspiel der Elektronenstruktur mit einer (vergleichsweise langsamen) Kernbewegung, aber nicht mit der Elektronenbewegung verbunden ist – was den „Peierls-artigen“ Mechanismus bestätigt. Darüber hinaus wies eine detaillierte Analyse der zeitabhängigen Elektronenstruktur auf Oszillationen hin, die aus einem schwingenden Eigenzustand im $TbTe_3$ herrühren (identifiziert als Amplituden-Mode der Ladungsdichtewelle), welcher einer periodischen Gitterverzerrung der CDW-Phase zugeordnet werden konnte. Die Frequenz dieses Schwingungszustandes liegt bei etwa 2.5 THz und steht im Einklang mit der beobachteten zeitlichen Verzögerung von $\Delta t = 100$ fs beim Schließen der CDW-Lücke.

Die Technik der zeit-, energie- und impulsaufgelösten Photoemissions-Spektroskopie gestattet somit einen direkten Einblick in die Dynamik der Elektronenstruktur von Feststoffen. Insbesondere konnte der Einfluss der Elektron-Phonon-Kopplung und anderer kollektiver Anregungen auf die (Einzelteilchen-)Bandstruktur der Festkörper direkt mit Messungen in der Zeitdomäne beobachtet werden. In Zukunft werden Wolf und Mitarbeiter diese Techniken ausdehnen, indem sie eine neue Generation von Verfahren zur Erzeugung ultrakurzer VUV-Impulse, die selektive Anregung niederenergetischer Moden und den spinaufgelösten Nachweis von Photoelektronen einführen werden. Damit wird ein vollständiges Bild der Elektronendynamik in Festkörpern über die gesamte Brillouin-Zone zu erzielen sein.

Der Direktor der Abteilung Physikalische Chemie ist Martin Wolf, der 1961 in Schwabach geboren wurde und an der Freien Universität Berlin studiert hat. Im Jahre 1991 schloss er bei Gerhard Ertl am FHI seine Doktorarbeit über Oberflächen-Photochemie ab. Als wissenschaftlicher Mitarbeiter des FHI begann er anschließend seine Arbeiten zur ultraschnellen Spektroskopie. Zwischen 1991 und 1992 war er Feodor-Lynen-Stipendiat der Humboldt-Stiftung in Austin, Texas und im Jahr 2000 berief ihn die Freie Universität Berlin auf eine Professur für Physik, die er bis zu seinem Wechsel an das FHI im Jahre 2010 wahrnahm.

Die folgenden Forschergruppen gehören gegenwärtig zur Abteilung Physikalische Chemie:

- Räumlich-zeitliche Selbstorganisation und Elektrochemie, geleitet von Markus Eiswirth (Dr. rer. nat. Chemie, Ludwig-Maximilians-Universität München 1987, Doktorvater Gerhard Ertl; am FHI seit 1990, zuvor Postdoctoral Fellow an der Stanford University)

- Strukturelle und elektronische Dynamik an Oberflächen, Max-Planck Forschergruppe geleitet von Ralph Ernstorfer (Dr. rer. nat. Physik, Freie Universität Berlin 2004, Doktorvater Frank Willig; am FHI seit 2010; vorher Postdoc-Forschungsstelle am Max-Planck-Institut für Quantenoptik, Garching)
- Oberflächen Femtochemie und ultraschnelle Ladungsträgerdynamik, geleitet von Christian Frischkorn (Dr. rer. nat. Physik, Universität Göttingen 1997, Doktorvater Udo Buck; am FHI seit 2008; vorher Gruppenleiter an der Freien Universität Berlin)
- Nanostrukturwissenschaft, geleitet von Leonhard Grill (Dr. rer. nat. Physik, Laboratorio TASC Triest und Karl-Franzens Universität Graz 2001, Doktorvater Silvio Modesti; am FHI seit 2008; zuvor Forschergruppenleiter an der Freien Universität Berlin)
- Zeitaufgelöste Frequenzverdopplungs-Spektroskopie, geleitet von Alexey Melnikov (PhD Physik, Lomonossow-Universität Moskau 1998, Doktorvater Oleg Aktsipetrov; am FHI seit 2010; vorher Gruppenleiter an der Freien Universität Berlin)
- Komplexe Systeme, geleitet von Alexander Mikhailov (PhD Physik, Lomonossow-Universität Moskau 1984, Doktorvater Moisej Kaganov; am FHI seit 1995; vorher Leading Research Associate am N.N. Semenov-Institut für Chemische Physik der Russischen Akademie der Wissenschaften)
- Terahertz-Physik, geleitet von Tobias Kampfrath (Dr. rer. nat. Physik, Freie Universität Berlin 2006, Doktorvater Martin Wolf; am FHI seit 2010; vorher Postdoc am FOM-Institut für Atom- und Molekülphysik, Amsterdam)
- Dynamik hochkorrelierter Materialien, geleitet von Patrick Kirchmann (Dr. rer. nat. Physik, Freie Universität Berlin 2009, Doktorvater Martin Wolf; am FHI seit 2011; vorher Postdoctoral Fellow an der Stanford University)
- Raman-Spektroskopie, geleitet von Bruno Pettinger (Dr. rer. nat. Physik, FHI und Technische Universität München 1972, Doktorvater Heinz Gerischer; am FHI seit 1970)
- Elektronendynamik, geleitet von Julia Stähler (Dr. rer. nat. Physik, Freie Universität Berlin 2007, Doktorvater Martin Wolf; am FHI seit 2009; vorher Postdoctoral Fellow an der University of Oxford)

Mitglieder des Fachbeirats, 1981–2011

Severin Amelinckx, Universiteit Antwerpen

Friedhelm Bechstedt, Friedrich-Schiller-Universität Jena

Heinz Bethge, Zentralinstitut für Elektronenmikroskopie und Festkörperphysik der Akademie der Wissenschaften der DDR, Halle

Wilhelm Brenig, Technische Universität München

Charlie Campbell, University of Washington, Seattle

Roberto Car, Princeton University

George Comsa, Forschungszentrum Jülich

Martin Fleischmann, Southampton University

Heinz Harnisch, Hoechst AG, Frankfurt/Main

Günther Heiland, Rheinisch-Westfälische Technische Hochschule Aachen

Armin Henglein, Hahn-Meitner-Institut Berlin

Johannes Heydenreich, MPI für Mikrostrukturphysik Halle

Franz Himpsel, University of Wisconsin, Madison

Wilson Ho, University of California at Irvine

John Hudson, University of Virginia, Charlottesville

Graham Hutchings, Cardiff University

Enrique Iglesia, University of California at Berkeley

Pierre A. Jacobs, Katholieke Universiteit Leuven

Bengt Kasemo, Chalmers University of Technology, Göteborg

Maki Kawai, RIKEN and University of Tokyo

David King, Cambridge University

Christoph Kunz, DESY, Hamburg

Hans Lüth, Forschungszentrum Jülich

Werner Martienssen, Universität Frankfurt

Frédéric Merkt, ETH Zürich

Roger Miller, University of North Carolina

Klaus Müller, Universität Erlangen-Nürnberg

Daniel Neumark, University of California at Berkeley

(Fortsetzung nächste Seite)

Risto Nieminen, Helsinki University of Technology
Joseph Nordgren, Uppsala University
Jens Nørskov, Technical University of Denmark, Lyngby
Jacques Oudar, Université Pierre et Marie Curie, Paris
Waldfried Plieth, Technische Universität Dresden
Johannes Pollmann, Universität Münster
Vladmir Ponec, Leiden University
Hans-Joachim Queisser, MPI für Festkörperforschung Stuttgart
Neville Richardson, University of St. Andrews
Thomas Rizzo, EPFL Lausanne
Heinrich Rohrer, IBM Research – Zürich
Karl-Heinz Schwarz, Technische Universität Wien
Matthias Schwarzmann, BASF AG, Ludwigshafen
Norman Sheppard, University of East Anglia
Arndt Simon, MPI für Festkörperforschung Stuttgart
M.J. Sparnaay, Philips Research Labs, Eindhoven
Hans-Peter Steinrück, Universität Erlangen-Nürnberg
Jan Peter Toennies, MPI für Strömungsforschung Göttingen
Henrik Topsoe, Haldor Topsøe, Lyngby
Erio Tosatti, International School for Advanced Studies, Trieste
Sergio Trasatti, Università degli Studi di Milano
Knut Urban, Forschungszentrum Jülich
John Venables, University of Sussex
Jens Weitkamp, Universität Stuttgart

Literaturverzeichnis

Literatur zum Institut, seinen Direktoren und Mitarbeitern

[Andronikow, *Wrangell*] Andronikow, Wladimir von (Hrsg.): Margarethe von Wrangell. Das Leben einer Frau, 1876–1932, München 1935.

[Anon., *Karies*] Karies. Riesenkristalle im Mund. Der Spiegel, Mittwoch, 2. März 1955, S. 36–38.

[Badino, Friedrich, *Sackur*] Badino, Massimiliano/Bretislav Friedrich: Putting the Quantum to Work. Otto Sackur's Pioneering Exploits in the Quantum Theory of Gases (im Druck).

[Bederson, *Reiche*] Bederson, Benjamin: Fritz Reiche and the Emergency Committee in Aid of Displaced Foreign Scholars, Physics in Perspective 7 (2005), S. 453–472.

[Beneke, *Kolloidwissenschaftler*] Beneke, Klaus: Die Kolloidwissenschaftler Peter Adolf Thiessen, Gerhart Jander, Robert Havemann, Hans Witzmann und ihre Zeit, Nehmten 2000.

Block, Jochen H.: Erwin W. Müller 13.6.1911 - 17.5.1977, in: MPG, Berichte und Mitteilungen, Sonderheft (1977), S. 23–26.

[Borrmann, *Danksagung*] Borrmann, Gerhard: Danksagung, Zeitschrift für Kristallographie 212 (1997), S. 627–628.

[Bradaczek, *Hildebrandt*] Bradaczek, Hans: Gerhard Hildebrandt - born 30 May 1922, Crystal Research and Technology 37 (2002), S. 639–644.

[Bradshaw, Gaupp, Koch, Maier, Peatman, *BESSY II*] Bradshaw, Alexander M./ Andreas Gaupp/Ernst-Eckard Koch/Rudolf Maier/William Peatman (Hrsg.): BESSY II. Eine optimierte Undulator/Wiggler-Speicherring Lichtquelle für den VUV- und XUV-Spektralbereich, Berlin 1986.

[Broser, *Szintillationszähler*] Broser, Immanuel: Fünfzig Jahre Szintillationszähler, Physikalische Blätter 54 (1998), S. 935–937.

[Chmiel, Hansmann, Krauß, Lehmann, Mehrtens, Ranke, Smandek, Sorg, Swoboda, Wurzenrainer, *Bemerkungen*] Chmiel, Gerd/Uli Hansmann/Hans-Joachim Krauß/Bärbel Lehmann/Herbert Mehrtens/Wolfgang Ranke/Bernhard Smandek/Norbert Sorg/Manfred Swoboda/E. Wurzenrainer: „...im Frieden der Menschheit, im Kriege dem Vaterlande...", 75 Jahre Fritz-Haber-Institut der Max-Planck-Gesellschaft. Bemerkungen zur Geschichte und Gegenwart, Berlin 1986.

Deichmann, Ute: Kriegsbezogene biologische, biochemische und chemische Forschung an den Kaiser-Wilhelm-Instituten für Züchtungsforschung, für physikalische Chemie und Elektrochemie und für Medizinische Forschung, in:

Kaufmann, Doris (Hrsg.): Geschichte der Kaiser-Wilhelm-Gesellschaft im Nationalsozialismus. Bestandsaufnahme, Perspektiven und Forschung (Geschichte der Kaiser-Wilhelm-Gesellschaft im Nationalsozialismus 1/1), Göttingen 2000, S. 231–257.

[Demus, *Zocher*] Demus, Dietrich: Hans Zocher (1893–1969). Chemiker und Emigrant, Mitteilungen der Fachgruppe der Chemie der Gesellschaft Deutscher Chemiker 18 (2005), S. 176–185.

[Donnan, *Freundlich*] Donnan, Frederick G.: Herbert Freundlich. 1880–1941, Obituary Notices of Fellows of the Royal Society 4 (1942), S. 27–50.

[Eibl, *Thiessen*] Eibl, Christina: Der Physikochemiker Peter Adolf Thiessen als Wissenschaftsorganisator (1899–1990). Eine biographische Studie, Stuttgart 1999.

[Florek, *Erinnerungen*] Florek, Dorothea: Erinnerungen an die Jahre 1944–1945 im Kaiser-Wilhelm-Institut für physikalische Chemie und Elektrochemie, in: Dahlemer Archivgespräche, Bd. 9, Berlin 2003, S. 174–196.

[Franck, *Haber*] Franck, James: Fritz Habers Arbeiten über Anregung und Ionisierung durch chemische Reaktionen, Die Naturwissenschaften 16 (1928), S. 1075–1078.

[Freundlich, *Labor*] Freundlich, Herbert: Fritz Haber im Karlsruher und Dahlemer Laboratorium, Die Naturwissenschaften 16 (1928), S. 1060–1062.

[Friedrich, Hoffmann, *Quantumphysics*] Friedrich, Bretislav/Dieter Hoffmann: Quantum Physics in Haber's Institute (in Vorbereitung).

Gerischer, Heinz: Karl Friedrich Bonhoeffer, Mitteilungen der Max-Planck-Gesellschaft, (1957), S. 114–122.

Gerischer, Heinz: Klaus J. Vetter, Berichte der Bunsen-Gesellschaft für physikalische Chemie 79 (1975), S. 113–115.

[Gerischer, *Berlin*] Gerischer, Heinz: Physikalische Chemie im Licht und Schatten der Geschichte Berlins, Berichte der Bunsengesellschaft für physikalische Chemie 98 (1994), S. 1482–1495.

[Haber, *Leben*] Haber, Charlotte: Mein Leben mit Fritz Haber. Spiegelungen der Vergangenheit, Düsseldorf 1970.

[Hahn, *Gold*] Hahn, Ralf: Gold aus dem Meer. Die Forschungen des Nobelpreisträgers Fritz Haber in den Jahren 1922–1927, Berlin 1999.

[Harkins, *KWI*] Harkins, William Draper: The „Kaiser-Wilhelm Institut für physikalische Chemie und Elektrochemie“, Science 34 (1911), S. 595–597.

[Harteck, *Teachers*] Harteck, Paul: My Outstanding Teachers, October 1983, PHP 8:8.

[Hawkes, *Reiffel*] Hawkes, Peter: Judith Reiffel (1931–2002): Life and Letters, Ultramicroscopy 102 (2005), S. 173–180.

Heller, Adam/Dieter Kolb/Krishnan Rajeshwar: The Life and Work of Heinz Gerischer, The Electrochemical Society Interface (Fall 2010), S. 37–40.

Hevesy, Georg von/Otto Stern: Fritz Habers Arbeiten auf dem Gebiete der physikalischen Chemie und Elektrochemie, Die Naturwissenschaften 16 (1928), S. 1062–1068.

[Hildebrandt, *Borrmann*] Hildebrandt, Gerhard: Gerhard Borrmann, Zeitschrift für Kristallographie 212 (1997), S. 618–626.

[Hildebrandt, *Laue*] Hildebrandt, Gerhard: Max von Laue, der „Ritter ohne Furcht und Tadel," in: [Hildebrandt, Treue, *Lebensbilder*] S. 223–244.

[Hildebrandt, Treue, *Lebensbilder*] Hildebrandt, Gerhard/Wilhelm Treue (Hrsg.): Berlinische Lebensbilder. Band 1: Naturwissenschaftler, (Einzelveröffentlichungen der Historischen Kommission zu Berlin 60), Berlin 1987.

[Hoffmann, *Havemann*] Hoffmann, Dieter/Dirk Draheim/Hartmut Hecht/Klaus Richter/Manfred Wilke: Robert Havemann. Dokumente eines Lebens, Berlin 1991.

[Hoffmann, *Havemann KWI*] Hoffmann, Dieter: Robert Havemann und das Kaiser-Wilhelm-Institut für physikalische Chemie (in Vorbereitung).

[Hoffmann, *Koppel*] Hoffmann, Dieter: Leopold Koppel (1854–1933). Bankier, Philanthrop, Wissenschaftsmäzen, Berlin 2011.

[Hoffmann, *Laue*] Hoffmann, Dieter: „Nicht nur ein Kopf, sondern auch ein Kerl!" Zum Leben und Wirken Max von Laues (1879–1960), Physik Journal 9 (2010), S. 39–44.

[Hoffmann, Laitko, *Forschungshochschule*] Hoffmann, Dieter/Hubert Laitko: Die Deutsche Forschungshochschule, eine verhinderte institutionelle Innovation im Berlin der Nachkriegszeit (in Vorbereitung).

Isaacson, Michael S.: Elmar Zeitler. The Chicago Years, Ultramicroscopy 49 (1993), S. 1–3.

[Jaenicke, *Kautsky*] Jaenicke, Lothar: Hans Kautsky (1891–1966) Erscheinungsbild und Bilderscheinung, Biospektrum 10 (2005), S. 532–535.

[Johnson, *Chemische Reichsanstalt*] Johnson, Jeffrey: Vom Plan einer Chemischen Reichsanstalt zum ersten Kaiser-Wilhelm-Institut: Emil Fischer, in: [Vierhaus, Brocke, *Forschung im Spannungsfeld*], S. 486–510.

[Johnson, *Chemists*] Johnson, Jeffrey: The Kaiser's Chemists. Science and Modernization in Imperial Germany, Chapel Hill 1990.

[Kalb, *Neumann*] Kalb, Stefanie: Wilhelm Neumann (1898–1965) – Leben und Werk unter besonderer Berücksichtigung seiner Rolle in der Kampfstoff-Forschung, Würzburg: Diss. 2005.

[Klipping, Klipping, *Laboratory*] Klipping, Gustav/Ingrid Klipping: The Low-Temperatures Laboratory at the Fritz-Haber-Institute in Berlin, Indian Journal of Cryogenics 1 (1978), S. 254–265.

[Komarek, *Klipping*] Komarek, Peter/Klaus Lüders: Nachruf auf Gustav Klipping, Physik Journal 10 (2011), S. 45.

Lacmann, Rolf: Max Volmer und Iwan N. Stranski, in: [Hildebrandt, Treue, *Lebensbilder*] S. 329–342.

Lambert, Lotte/Thomas Mulvey: Ernst Ruska (1906–1988), Designer Extraordinaire of the Electron Microscope: A Memoir, Advances in Imaging and Electron Physics 95 (1996), S. 3–62.

[Leitner, *Immerwahr*] Leitner, Gerit von: Der Fall Clara Immerwahr. Leben für humane Wissenschaft, München 1993.

[Lemmerich, *Sturm*] Lemmerich, Jost: Aufrecht im Sturm der Zeit. Der Physiker James Franck 1882–1964, Diepholz 2007.

[L.F. Haber, *Poison*] Haber, Ludwig F.: The Poisonous Cloud. Chemical Warfare in the First World War, Oxford 1986.

[Lieb, *Kopfermann*] Lieb, Klaus-Peter: Theodor Schmidt and Hans Kopfermann: Pioneers in Hyperfine Physics, Hyperfine Interactions 136/137 (2001), S. 783–802.

[Löser, *Gründungsgeschichte*] Löser, Bettina: Zur Gründungsgeschichte und Entwicklung des Kaiser-Wilhelm-Instituts für Faserstoffchemie in Berlin-Dahlem (1914/19–1934), in: [Brocke, Laitko, *KWG Institute*] S. 275–302.

[Mehra, *Wigner*] Mehra, Jagdish (Hrsg.): The Collected Works of Eugene Paul Wigner, Part B: Historical, Philosophical, and Socio-Political Papers, Bd. 7, Berlin u.a. 2001.

[Meiser, *DFH*] Meiser, Inga: Die Deutsche Forschungshochschule (1947–1953), Diss. HU Berlin (in Vorbereitung).

[MPG, *FHI I*] MPG (Hrsg.): Fritz-Haber-Institut der Max-Planck-Gesellschaft, MPG Berichte und Mitteilungen 86/7 (1986).

[MPG, *FHI II*] MPG (Hrsg.): Fritz-Haber-Institut der Max-Planck-Gesellschaft, MPG Berichte und Mitteilungen 99/1 (1999).

[Niese, *Discovery*] Niese, Siegfried: The Discovery of Organic Solid and Liquid Scintillators by H. Kallmann and L. Herforth 50 Years ago, Journal of Radioanalytical and Nuclear Chemistry 241 (1999), S. 499–501.

[Nye, *Polanyi*] Nye, Mary Jo: Michael Polanyi and His Generation. Origins of the Social Construction of Science, Chicago 2011.

[Nye, *Tools*] Nye, Mary Jo: Working Tools for Theoretical Chemistry. Polanyi, Eyring and Debates Over the „Semiempirical“ Method, Journal Computing Chemistry 28 (2007), S. 98–108.

[Pallo, *Farkas*] Pallo, Gabor: Prof. L. Farkas, 1904–1948. A Story of a Scientific Pioneer, Jerusalem 1998.

[Reinhardt, *BASF*] Reinhardt, Carsten: Über Wissenschaft und Wirtschaft. Fritz Habers Zusammenarbeit mit der BASF 1908 bis 1911, in: Albrecht, Helmuth (Hrsg.): Naturwissenschaft und Technik in der Geschichte. 25 Jahre Lehrstuhl für Geschichte der Naturwissenschaft und Technik am Historischen Institut der Universität Stuttgart, Stuttgart 1993, S. 287–315.

[Reitstötter, *Freundlich*] Reitstötter, Josef: Herbert Freundlich (1880–1941), Kolloid Zeitschrift 139 (1954), S. 1–11.

[Rossignol, *Ammoniak*] Rossignol, Robert Le: Zur Geschichte der Herstellung des synthetischen Ammoniaks, Die Naturwissenschaften 16 (1928), S. 1070–1071.

[Ruska, *Elektronenmikroskopie*] Ruska, Ernst: Die frühe Entwicklung der Elektronenlinsen und der Elektronenmikroskopie, Acta Historica Leopoldina 12 (1979), S. 3–136.

[Schaefer, *Reiche*] Schaefer, Clemens: Fritz Reiche 75 Jahre, Physikalische Blätter 14 (1958), S. 315–317.

[Schmaltz, *Kampfstoff-Forschung*] Schmaltz, Florian: Kampfstoff-Forschung im Nationalsozialismus. Zur Kooperation von Kaiser-Wilhelm-Instituten, Militär und Industrie, (Geschichte der Kaiser-Wilhelm-Gesellschaft im Nationalsozialismus 11), Göttingen 2005.

[Schmaltz, *Thiessen*] Florian Schmaltz: Peter Adolf Thiessen und Richard Kuhn und die Chemiewaffenforschung im NS-Regime, in: [Maier, *Gemeinschaftsforschung*] S. 305–351.

Schmidt-Ott, Dietrich: Die Deutsche Forschungshochschule in Berlin-Dahlem, Physikalische Blätter 8 (1952), S. 471–473.

Schmidt-Ott, Dietrich (und FHI Abteilungsleiter): Fritz-Haber-Institut der Max-Planck-Gesellschaft z.F.d.W. in Berlin-Dahlem, in: MPG (Hrsg.): Die Max-Planck-Gesellschaft und ihre Forschungsstellen, (Jahrbuch der Max-Planck-Gesellschaft zur Förderung der Wissenschaften e.V. 1961, Teil II), Göttingen 1962, S. 369–404.

[Schwankner, *Meergoldprojekt*] Schwankner, Robert: Das Meergoldprojekt. Berlin 1922–1927, Kultur und Technik 9 (1985/2), S. 65–85.

[Scott, *Polanyi*] Scott, William Taussig/Martin X. Moleski: Michael Polanyi. Scientist and Philosopher, New York 2005.

[Springer, *Kanig*] Springer, Jürgen: Nachruf auf Dr. rer. Nat. Gerhard Kanig, Colloid and Polymer Science 281 (2003), S. 1109–1110.

[Stern, *Freunde*] Stern, Fritz: Freunde im Widerspruch. Haber und Einstein, in: [Vierhaus, Brocke, *Forschung im Spannungsfeld*], S. 516–551.

[Stoltzenberg, *Haber*] Stoltzenberg, Dietrich J.: Fritz Haber. Chemiker, Nobelpreisträger, Deutscher, Jude. Eine Biographie, Weinheim 1998.

[Stoltzenberg, *KWIPhysChemie*] Stoltzenberg, Dietrich J.: Zur Geschichte des Kaiser-Wilhelm-Instituts für physikalische Chemie und Elektrochemie, Berichte zur Wissenschaftsgeschichte 14 (1991), S. 15–23.

[Szöllösi-Janze, *Haber*] Szöllösi-Janze, Margit: Fritz Haber 1868–1934. Eine Biographie, München 1998.

[Terres, *Haber*] Terres, Ernst: Die Bedeutung Fritz Habers für die technische Chemie und die chemische Technik, Die Naturwissenschaften 16 (1928), S. 1068–1070.

[Thiessen, *Physikalische Chemie*] Thiessen, Peter Adolf: Die Physikalische Chemie im Nationalsozialistischen Staat, „Der deutsche Chemiker". Beilage zu Angewandter Chemie. Zeitschrift des Vereins Deutsche Chemiker Nr. 19, 1936. Abgedruckt in: Hentschel, Klaus/Ann Hentschel (Hrsg.): Physics and National Socialism. An Anthology of Primary Sources, Basel u. a. 1996, S. 134–137, Dokument 48.

[Thiessen, *Planck*], Thiessen, Peter Adolf: Max Planck prüft und verbessert, Annalen der Physik 500 (1988), S. 161–162.

[Wehefritz, *Reiche*] Wehefritz, Valentin: Verwehte Spuren. Prof. Dr. Fritz Reiche (1883–1969), Dortmund 2002.

[Weiss, *Höchste Spannung*] Weiss, Burghard: Höchste Spannung: Fritz Haber, Hartmut Kallmann und das „Tandem-Prinzip". Ein frühes Kapitel der Beschleuniger-Geschichte, Kultur & Technik 1 (1997), S. 42–49.

[Werner, *Haber Willstätter*] Werner, Petra/Angelika Irmscher (Hrsg.): Fritz Haber. Briefe an Richard Willstätter 1910–1934, (Studien und Quellen zur Geschichte der Chemie 6), Berlin 1995.

[Willstätter, *Haber*] Willstätter, Richard: Fritz Haber zum sechzigsten Geburtstag, Die Naturwissenschaften 16 (1928), S. 1053–1060.

[Wöhrle, *Haber Immerwahr*] Wöhrle, Dieter: Fritz Haber und Clara Immerwahr, Chemie in unserer Zeit 44 (2010), S. 30–39.

[Wolff, *Kallmann*] Wolff, Stefan: Hartmut Kallmann (1896–1978) – ein während des Nationalsozialismus verhinderter Emigrant verlässt Deutschland nach dem Krieg, in: Hoffmann, Dieter/Mark Walker (Hrsg.): „Fremde" Wissenschaftler im Dritten Reich, Göttingen 2011, S. 314–338.

[Wrangell, *Haber*] Wrangell, Margarethe von: Fritz Habers Bedeutung für die Landwirtschaft, Die Naturwissenschaften 16 (1928), S. 1071–1075.

[Zeitler, *Reiffel*] Zeitler, Elmar: In Memory of Judith Reiffel, Ultramicroscopy 100 (2004) S. vii–ix.

[Zeitz, *Laue*] Zeitz, Katharina: Max von Laue (1879–1960). Seine Bedeutung für den Wiederaufbau der deutschen Wissenschaft nach dem Zweiten Weltkrieg, (Pallas Athene 16), Stuttgart 2006.

[Zott, *Haber*] Zott, Regine (Hrsg.): Fritz Haber in seiner Korrespondenz mit Wilhelm Ostwald sowie in Briefen an Svante Arrhenius, Berlin 1997.

Literatur über die KWG/MPG und allgemeine Themen

[Andraschke, Hennig, *WeltWissen*] Andraschke, Udo/Jochen Hennig (Hrsg.): WeltWissen, 300 Jahre Wissenschaften in Berlin, München 2010.

Ash, Mitchell: Emigration und Wissenschaftswandel als Folgen der nationalsozialistischen Wissenschaftspolitik, in: Kaufmann, Doris (Hrsg.): Geschichte der Kaiser-Wilhelm-Gesellschaft im Nationalsozialismus. Bestandsaufnahme, Perspektiven und Forschung (Geschichte der Kaiser-Wilhelm-Gesellschaft im Nationalsozialismus 1/2). Göttingen 2000, S. 610–631.

[Barkan, *Witches Sabbath*] Barkan, Diana Kormos: The Witches Sabath. The First International Solvay Congress in Physics, Science in Context 6 (1993), S. 59–82.

[Barkan, *Nernst*] Barkan, Diana: Walther Nernst and the Transition to Modern Physical Science. Cambridge 1999.

[Bartelt, *Berlin*] Bartelt, Hans-Georg: Aus der Geschichte der Physikalischen Chemie an der Friedrich-Wilhelms-Universität, Bunsen-Magazin 12 (2010), S. 105–110

[Berlin, *Verordnungsblatt*] Verordnungsblatt der Stadt Berlin 1946, Nr. 20.

Beyler, Richard H.: „Reine" Wissenschaft und personelle „Säuberungen". Die Kaiser-Wilhelm-/Max-Planck-Gesellschaft 1933 und 1945, (Forschungsprogramm Geschichte der Kaiser-Wilhelm-Gesellschaft im Nationalsozialismus, Ergebnisse 16), Berlin 2004.

Biedermann, Wolfgang: Zur Finanzierung der Institute der Kaiser-Wilhelm-Gesellschaft zur Förderung der Wissenschaften Mitte der 20er bis Mitte der 40er Jahre des 20. Jahrhunderts, in: Parthey, Heinrich/Günther Spur (Hrsg.): Wissenschaft und Innovation (Gesellschaft für Wissenschaften, Wissenschaftsforschung Jahrbuch 2001), Berlin 2002, S. 143–172.

[Born, *Leben*] Born, Max: Mein Leben. Die Erinnerungen des Nobelpreisträgers, München 1975.

[Borrelli, *Selection*] Borrelli, Arianna: The Emergence of Selection Rules and their Encounter with Group Theory, Studies in the History and Philosophy of Modern Physics 40 (2009), S. 327–337.

[Brix u. a., *Beschleuniger*] Brix, P./H. Ingwersen/E. Jaeschke/R. Repnow: Linearbeschleuniger und Tandem-van-de-Graaffs. Werkzeuge der Schwerionenforschung, Die Naturwissenschaften 67 (1980), S. 265–273.

[Brocke, *System Althoff*] Brocke, Bernhard vom (Hrsg.): Wissenschaftsgeschichte und Wissenschaftspolitik im Industriezeitalter. Das „System Althoff" in historischer Perspektive, Hildesheim 1991.

[Brocke, Laitko, *KWG Institute*] Brocke, Bernhard vom/Hubert Laitko (Hrsg.): Die Kaiser-Wilhelm/Max-Planck-Gesellschaft und ihre Institute. Studien zu ihrer Geschichte: das Harnack-Prinzip, Berlin/New York 1996.

[Broser, *Geschichte*] Broser, Waldemar (Hrsg.): Chemie an der Freien Universität Berlin. Eine Dokumentation, (Wissenschaft und Stadt 8), Berlin 1988.

[Brown, Pike, *Optics*] Brown, Robert G.W./Edward Roy Pike: A History of Optical and Optoelectronic Physics in the Twentieth Century, in: Brown, Laurie M./Abraham Pais/Sir Brain Pippard (Hrsg.): Twentieth Century Physics, Philadelphia 1995, S. 1385–1504.

[Burchardt, *Wissenschaftspolitik*] Burchardt, Lothar: Wissenschaftspolitik im Wilhelminischen Deutschland. Vorgeschichte, Gründung und Aufbau der Kaiser-Wilhelm-Gesellschaft zur Förderung der Wissenschaften, Göttingen 1975.

[Cahan, *Meister*] Cahan, David: Meister der Messung. Die Physikalisch-Technische Reichsanstalt im Deutschen Kaiserreich, Weinheim 1992.

[Chayut, *Periphery*] Chayut, Michael: From the Periphery. The Genesis of Eugene P. Wigner's Application of Group Theory to Quantum Mechanics, Foundations of Chemistry 3 (2001), S. 55–78.

[Czechowsky, Rüster, *Lindau*] Czechowsky, Peter/Rüdiger Rüster: 60 Jahre Forschung in Lindau – vom Fraunhofer-Institut zum Max-Planck-Institut für Sonnensystemforschung; eine Sammlung von Erinnerungen (1946–2006), Katlenburg-Lindau 2007.

[Deichmann, *Flüchten*] Deichmann, Ute: Flüchten, Mitmachen, Vergessen. Chemiker und Biochemiker in der NS-Zeit, Weinheim u. a. 2001.

[Deichmann, *Molecular*] Deichmann, Ute: „Molecular" versus „Colloidal". Controversies in Biology and Biochemistry, 1900–1940, Bulletin for the History of Chemistry 32 (2007), S. 105–118.

Deichmann, Ute: Proteinforschung an Kaiser-Wilhelm-Instituten von 1930 bis 1950 im internationalen Vergleich, (Geschichte der Kaiser-Wilhelm-Gesellschaft im Nationalsozialismus 21), Berlin 2004.

[Ede, *Rise*] Ede, Andrew: The Rise and Decline of Colloid Science in North America, 1900–1935, Burlington 2007.

[Einstein, *CPAE*] Einstein, Albert: Collected Papers of Albert Einstein, hrsg. von M.J. Klein, A.J. Kox, R.D. Schulmann. Vol. 5. Princeton 1993.

[Einstein, Born, *Briefwechsel*] Einstein, Albert/Max Born/Hedwig Born: Albert Einstein, Hedwig und Max Born, Briefwechsel 1916–1955, München 1969.

[Engel, *Dahlem*] Engel, Michael: Geschichte Dahlems, Berlin 1984.

Flachowsky, Sören: Von der Notgemeinschaft zum Reichsforschungsrat. Wissenschaftspolitik im Kontext von Autarkie, Aufrüstung und Krieg, Stuttgart 2008.

[Fölsing, *Einstein*] Fölsing, Albrecht: Albert Einstein, Frankfurt am Main 1993.

[Friese, *Japan*] Friese, Eberhard: Kontinuität und Wandel. Deutsch-japanische Kultur- und Wissenschaftsbeziehungen nach dem Ersten Weltkrieg, in: [Vierhaus, Brocke, *Forschung im Spannungsfeld*], S. 802–834.

[Gassert, Klimke, *1968*] Gassert, Philipp/Martin Klimke (Hrsg.): 1968. Memories and Legacies of a Global Revolt, Bulletin of the German Historical Institute, Supplement 6 (2009).

[Gavroglu, *London*] Gavroglu, Costas: Fritz London: A Scientific Biography, Cambridge 1995.

[Gearhart, *Hydrogen*] Gearhart, Clayton: ‚Astonishing Successes' and ‚Bitter Disappointment'. The Specific Heat of Hydrogen in Quantum Theory, Archive for the History of Exact Sciences 64 (2010), S. 113–202.

Gerstengrabe, Sybille: Die erste Entlassungswelle von Hochschullehrern deutscher Hochschulen aufgrund des Gesetzes zur Wiederherstellung des Berufsbeamtentums vom 7.4.1933, Berichte zur Wissenschaftsgeschichte 17 (1994), S. 17–39.

Gerwin, Robert: 75 Jahre Max-Planck-Gesellschaft. Ein Kapitel deutscher Forschungsgeschichte Teile 1–3, Naturwissenschaftliche Rundschau 39 (1986), S. 1–10, S. 49–62, S. 97–109.

[Girnus, *Grundzüge*] Girnus, Wolfgang: Zu einigen Grundzügen der Herausbildung der physikalischen Chemie als Wissenschaftsdisziplin, in: Guntau, Martin/Hubert Laitko (Hrsg.): Der Ursprung der modernen Wissenschaften: Studien zur Entstehung wissenschaftlicher Disziplinen, Berlin 1987, S. 168–185.

[Groehler, *Tod*] Groehler, Olaf: Der lautlose Tod, Berlin 1978.

[Gruss, Rürup, *Denkorte*] Gruss, Peter/Reinhard Rürup/Susanne Kiewitz (Mitarb.): Denkorte. Max-Planck-Gesellschaft und Kaiser-Wilhelm-Gesellschaft. Brüche und Kontinuitäten 1911–2011, Dresden 2010.

[Hachtmann, *Wissensmanagement*] Hachtmann, Rüdiger: Wissensmanagement im „Dritten Reich". Geschichte der Generalverwaltung der Kaiser-Wilhelm-Gesellschaft (Geschichte der Kaiser-Wilhelm-Gesellschaft im Nationalsozialismus 15,1 und 15,2), Göttingen 2007.

[Hahn, *Leben*] Hahn, Otto, Mein Leben, München 1968.

[Hammerstein, *Wissenschaftspolitik*] Hammerstein, Notker: Die Deutsche Forschungsgemeinschaft in der Weimarer Republik und im Dritten Reich. Wissenschaftspolitik in Republik und Diktatur 1920–1945, München 1999.

[Hänseroth, Petschel, Pommerin, *175 Jahre*] Hänseroth, Thomas/Dorit Petschel/Reiner Pommerin: 175 Jahre TU Dresden. Die Professoren der TU Dresden 1828–2003, Köln 2003.

[Harnack, *Denkschrift*] Harnack, Karl Gustav Adolf von: Gedanken über die Notwendigkeit einer neuen Organisation zur Förderung der Wissenschaften in Deutschland, abgedruckt in: [MPG, *50 Jahre KWG/MPG*], S. 80–94.

[Hartley, *Report*] Hartley, Harold: Report on German Chemical Warfare. Organisation & Policy, 1914–1918. BNA, WO 243.

Heim, Susanne: Research for Autarky. The Contribution of Scientists to Nazi Rule in Germany (Geschichte der Kaiser-Wilhelm-Gesellschaft im Nationalsozialismus 4), Berlin 2001.

Heim, Susanne/Carola Sachse/Mark Walker (Hrsg.): The Kaiser Wilhelm Society under National Socialism, Cambridge 2009.

Henning, Eckart/Marion Kazemi: Dahlem – Domäne der Wissenschaft. Ein Spaziergang zu den Berliner Instituten der Kaiser-Wilhelm/Max-Planck-Gesellschaft im „deutschen Oxford", (Veröffentlichungen aus dem Archiv der Max-Planck-Gesellschaft 16/I), 4. Erw. und aktual. Aufl., Berlin 2009.

[Hermann, *Frühgeschichte*] Hermann, Armin: Frühgeschichte der Quantentheorie 1899–1913, Mosbach 1969.

[Hoffmann, *Einsteins Berlin*] Hoffmann, Dieter: Einsteins Berlin. Auf den Spuren eines Genies, Weinheim 2006.

[Hoffmann, *Planck*] Hoffmann, Dieter: Max Planck. Die Entstehung der modernen Physik, München 2008.

Hofmann, Heini: Geheimobjekt „Seewerk". Vom Geheimobjekt des Dritten Reiches zum wichtigsten Geheimobjekt des Warschauer Vertrages, 2. erweiterte Aufl., Zella-Mehlis/Meiningen 2008.

[Holton, *Pais Prize Lecture*] Holton, Gerald: Pais Prize Lecture. Of What Use is the History of Science? American Physical Society Forum on the History of Physics 2008, http://www.aps.org/units/fhp/newsletters/fall2008/pais.cfm, Zugriff am 23. März 2011.

[Jansen, *Schädlinge*] Jansen, Sarah: „Schädlinge." Geschichte eines wissenschaftlichen und politischen Konstrukts, 1840–1920, Frankfurt/M. 2003.

[Jansen, Duncan, *Umdeutung*] Jansen, Michel/Tony Duncan: On the Verge of Umdeutung: John Van Vleck and the Correspondence Principle. I and II, Archive for the History of Exact Sciences 61 (2007), S. 553–624, 625–671.

[Jenrich, *Ihne*] Jenrich, Franziska: Ernst von Ihnes Bauten für die Kaiser-Wilhelm-Gesellschaft in Berlin-Dahlem, Magisterarbeit FU Berlin, Berlin 2010.

[Johnson, MacLeod, *Disarmament*] Johnson, Jeffrey Allan/Roy MacLeod: The War the Victors Lost. The Dilemmas of Chemical Disarmament, 1919–1926, in:

Johnson, Jeffrey Allan/Roy MacLeod (Hrsg.): Frontline and Factory. Comparative Perspectives on the Chemical Industry at War, 1914–1924, Dordrecht 2006, S. 221–245.

Klee, Ernst: Das Personenlexikon zum Dritten Reich. Wer war was vor und nach 1945, 3. Aufl., Frankfurt am Main 2011.

Kohl, Ulrike: Die Präsidenten der Kaiser-Wilhelm-Gesellschaft im Nationalsozialismus: Max Planck, Carl Bosch und Albert Vögler zwischen Wissenschaft und Macht, (Pallas Athene 5), Stuttgart 2002.

[Kohler, *Partners*] Kohler, Robert: Partners in Science. Foundations and Natural Scientists, Chicago 1991.

Krohn, Claus-Dieter/Patrick von zur Mühlen/Gerhard Paul/Lutz Winckler (Hrsg.): Handbuch der Emigration 1933–1945, Darmstadt 1998. Teil IV: Wissenschaftsemigration, S. 681–922.

[Laitko, *Innovationen*] Laitko, Hubert: Wissenschaft in Berlin – eine Problematik zwischen allgemeiner Geschichte und Wissenschaftsgeschichte, in: Berlingeschichte im Spiegel wissenschaftshistorischer Forschung – 300 Jahre Wissenschaft in Berlin. Materialien der wissenschaftlichen Konferenz vom 9.–11. April 1987 anläßlich der 750-Jahr-Feier der Stadt Berlin (itw-kolloquien Nr. 64), Berlin 1987, S. 41 ff.

[Laitko, *Wissenschaft Berlin*] Laitko, Hubert et al.: Wissenschaft in Berlin. Von den Anfängen bis zum Neubeginn nach 1945, Berlin 1987.

[Landolt, *Antrittsrede*] Landolt, Hans: Antrittsrede, Sitzungsberichte der Preußischen Akademie der Wissenschaften 2 (1882), S. 723–723.

[Lepick, *Grande*] Lepick, Olivier: Le Grande Guerre Chemique, 1914–1918, Paris 1998.

Luxbacher, Günther: Roh- und Werkstoffe für die Autarkie. Textilforschung in der Kaiser-Wilhelm-Gesellschaft (Geschichte der Kaiser-Wilhelm-Gesellschaft im Nationalsozialismus 18), Berlin 2004.

Macrakis, Kristie: Surviving the Swastika. Scientific Research in Nazi Germany, New York 1993.

[Macrakis, *Rockefeller*] Macrakis, Kristie: The Rockefeller Foundation and German Physics under National Socialism, Minerva 27 (1989), S. 33–57.

[Maier, *Forschung*] Maier, Helmut: Forschung als Waffe. Rüstungsforschung in der Kaiser-Wilhelm-Gesellschaft und das Kaiser-Wilhelm-Institut für Metallforschung 1900 bis 1945/48, Göttingen 2007.

[Maier, *Gemeinschaftsforschung*] Maier, Helmut (Hrsg.): Gemeinschaftsforschung, Bevollmächtigte und der Wissenstransfer. Die Rolle der Kaiser-Wilhelm-Gesellschaft im System kriegsrelevanter Forschung des Nationalsozialismus, (Geschichte der Kaiser-Wilhelm-Gesellschaft im Nationalsozialismus 17), Göttingen 2007.

[Maier, *Rüstungsforschung*] Maier, Helmut (Hrsg.): Rüstungsforschung im Nationalsozialismus. Organisation, Mobilisierung und Entgrenzung der Technikwissenschaften (Geschichte der Kaiser-Wilhelm-Gesellschaft im Nationalsozialismus 3), Göttingen 2002.

[Marsch, *Notgemeinschaft*] Marsch, Ulrich: Notgemeinschaft der Deutschen Wissenschaft. Gründung und frühe Geschichte, 1920–1925, Frankfurt am Main u. a. 1994.

[Martinetz, *Gaskrieg*] Martinetz, Dieter: Der Gaskrieg 1914–1918. Entwicklung, Herstellung und Einsatz chemischer Kampfstoffe; das Zusammenwirken von militärischer Führung, Wissenschaft und Industrie, Bonn 1996.

Mehrtens, Herbert: Kollaborationsverhältnisse. Natur und Technikwissenschaften im NS-Staat und ihre Historie, in: [Meinel, Voswinkel, *MNT im NS*], S. 13–32.

[Meinel, Voswinkel, *MNT im NS*] Meinel, Christoph/Peter Voswinkel (Hrsg.): Medizin, Naturwissenschaft und Nationalsozialismus. Kontinuitäten und Diskontinuitäten, Stuttgart 1994.

[MPG, *Jahrbuch*] Max-Planck-Gesellschaft zur Förderung der Wissenschaften: Jahrbuch der Max-Planck-Gesellschaft zur Förderung der Wissenschaften, Göttingen/München 1951–2006.

[MPG, *MiMax*] Max-Planck-Gesellschaft zur Förderung der Wissenschaften (Hrsg.): Mitteilungen aus der Max-Planck-Gesellschaft zur Förderung der Wissenschaften, München 1952–1974.

[MPG, *50 Jahre KWG/MPG*] Generalverwaltung der Max-Planck-Gesellschaft (Hrsg.): 50 Jahre Kaiser-Wilhelm-Gesellschaft und Max-Planck-Gesellschaft zur Förderung der Wissenschaften 1911–1961, Beiträge und Dokumente, Göttingen 1961.

Müller, Falk: The Birth of a Modern Instrument and Its Development During World War II. Electron Microscopy in Germany from the 1930s to 1945, in: Hooijmaijers, Hans/Ad Maas: Scientific Research in WWII. What Scientists Did in the War, London u. a. 2009, S. 121–146.

[Nachmansohn, *Pioneers*] Nachmansohn, David: German-Jewish Pioneers in Science 1900–1933. Highlights in Atomic Physics, Chemistry and Biochemistry, Berlin 1979.

[Nachmansohn, *Pioneers*] Deutsche Fassung. Rosawith Schmid (Bearb.): Die große Ära der Wissenschaft in Deutschland 1900 bis 1933. Jüdische und nichtjüdische Pioniere in der Atomphysik, Chemie und Biochemie, Stuttgart 1988.

Nagel, Günter: Unterschätzte Rüstungsforschung. Erich Schumann und das II. Physikalische Institut der Universität, in: Karlsch, Rainer/Heiko Petermann (Hrsg.): Für und Wider „Hitlers Bombe". Studien zur Atomforschung in Deutschland, Münster 2007, S. 229–260.

[Palazzo, *Seeking*] Palazzo, Albert: Seeking Victory on the Western Front. The British Army and Chemical Warfare in WWI, Lincoln 2000.

Parthey, Heinrich: Bibliometrische Profile von Instituten der Kaiser-Wilhelm-Gesellschaft zur Förderung der Wissenschaften (1923–1943). Institute der Chemisch-Physikalisch-Technischen und der Biologisch-Medizinischen Sektion (Veröffentlichungen aus dem Archiv zur Geschichte der Max-Planck-Gesellschaft 7), Berlin 1995.

[Planck, *Besuch*] Planck, Max: Mein Besuch bei Adolf Hitler, Physikalische Blätter (1947), S. 143.

[Podaný, *Heyrovský*] Podaný, Václav: Jaroslav Heyrovský (1890–1967) Chemiker und Johann Böhm (1895–1952) Chemiker. Schicksale zweier Wissenschaftler, in: Monika Glettler/Alena Míšková (Hrsg.): Prager Professoren 1938–1948. Zwischen Wissenschaft und Politik, (Veröffentlichungen zur Kultur und Geschichte im östlichen Europa 17), Essen 2001, S. 543–568.

[Rasch, *Kohlenforschung*] Rasch, Manfred: Geschichte des Kaiser-Wilhelm-Instituts für Kohlenforschung 1913–1943, Weinheim u. a. 1989.

Rasmussen, Nicolas: Picture Control. The Electron Microscope and the Transformation of Biology in America 1940–1960, Stanford 1997.

[Reinhardt, *Zentrale*] Reinhardt, Carsten: Zentrale einer Wissenschaft, in: Tenorth, Heinz-Elmar (Hrsg.): Geschichte der Universität Unter den Linden 1810–2010, Bd. 5: Transformation der Wissensordnung, Berlin 2010, S. 575–604.

[Renn, *Einstein Kontexte*] Renn, Jürgen/Giuseppe Castagnetti /Peter Damerow: Albert Einstein. Alte und neue Kontexte in Berlin, in: Kocka, Jürgen (Hrsg.): Die Königlich Preußische Akademie der Wissenschaften in Berlin im Kaiserreich, Berlin 1999, S. 333–354.

[Renn, Kant, *KWG/MPG*] Renn, Jürgen/Horst Kant: Kurze Geschichte der Kaiser-Wilhelm- und Max-Planck-Gesellschaft, Berlin 2011.

Renneberg, Monika/Mark Walker (Hrsg.): Science, Technology, and National Socialism, Cambridge 1994.

[Reulecke, *Leistungskampf*] Reulecke, Jürgen: Die Fahne mit dem goldenen Zahnrad. Der ‚Leistungskampf deutscher Betriebe' 1937–1939, in: Peuckert, Detlev/Jürgen Reulecke (Hrsg.): Die Reihen fest geschlossen. Beiträge zur Geschichte des Alltags unterm Nationalsozialismus, Wuppertal 1981, S. 242–272.

[Rürup, Schüring, *Schicksale*] Rürup, Reinhard/Michael Schüring: Schicksale und Karrieren. Gedenkbuch für die von den Nationalsozialisten aus der Kaiser-Wilhelm-Gesellschaft vertriebenen Forscherinnen und Forscher, Göttingen 2008.

[Sauer, *Superconductivity*] Sauer, Tilman: Einstein and the Early Theory of Superconductivity, 1919–1922, Archive for the History of Exact Sciences 61 (2007), S. 159–211.

[Schüring, *Minerva*] Schüring, Michael: Minervas verstoßene Kinder. Vertriebene Wissenschaftler und die Vergangenheitspolitik der Max-Planck-Gesellschaft, (Geschichte der Kaiser-Wilhelm-Gesellschaft im Nationalsozialismus 13), Göttingen 2006.

[Schweer, *Stoltzenberg*] Schweer, Henning: Die Geschichte der Chemischen Fabrik Stoltzenberg bis zum Ende des Zweiten Weltkrieges, Diepholz 2008.

[*Sehr visionär und kühn*] Sehr visionär und kühn. Rundtischgespräch anlässlich des 20. Jahrestags des Mauerfalls, Physik Journal 8 (2009), S. 24–28.

Stoff, Heiko: Eine zentrale Arbeitsstätte mit nationalen Zielen. Wilhelm Eitel und das KWI für Silikatforschung 1926–1945, (Geschichte der Kaiser-Wilhelm-Gesellschaft im Nationalsozialismus 28), Berlin 2005.

[Strebel, Wagner, *Zwangsarbeit*] Strebel, Bernhard/Jens-Christian Wagner: Zwangsarbeit für Forschungseinrichtungen der Kaiser-Wilhelm-Gesellschaft

1939–1945. Ein Überblick, (Geschichte der Kaiser-Wilhelm-Gesellschaft im Nationalsozialismus 11), Berlin 2003.

[Stuewer, *Compton Effect*] Stuewer, Roger: The Compton Effect: Turning Point in Physics, Chicago 1975.

[Szöllösi-Janze, Trischler, *Großforschung*] Szöllösi-Janze, Margit/Helmuth Trischler (Hrsg.): Großforschung in Deutschland, Frankfurt am Main 1990.

[Tibor, *Exile*] Tibor, Frank: Double Exile: Migrations of Jewish-Hungarian Professionals through Germany to the United States, 1919–1945, Oxford 2009.

[Vierhaus, Brocke, *Forschung*] Vierhaus, Rudolf/Bernhard vom Brocke (Hrsg.): Forschung im Spannungsfeld von Politik und Gesellschaft. Geschichte und Struktur der Kaiser-Wilhelm-/Max-Planck-Gesellschaft, aus Anlass ihres 75jährigen Bestehens, Stuttgart 1990.

[Vogt, *Wissenschaftlerinnen*] Vogt, Annette: Wissenschaftlerinnen in Kaiser-Wilhelm-Instituten A-Z, (Veröffentlichungen aus dem Archiv zur Geschichte der Max-Planck-Gesellschaft 12), Berlin 1999.

[Walker, *Waffenschmiede*] Walker, Mark: Eine Waffenschmiede? Kernwaffen- und Reaktorforschung am Kaiser-Wilhelm-Institut für Physik, Berlin 2005.

Walker, Mark: Nazi Science. Myth, Truth, and the German Atomic Bomb, New York u. a. 1995.

[Weigand, *Die Technische Hochschule Graz*] Weigand, Hans-Peter: Die Technische Hochschule Graz im Dritten Reich. Vorgeschichte, Geschichte und Nachgeschichte des Nationalsozialismus an einer Institution, hrsg. von der Hochschülerschaft der TU Graz, 2. durchges. Aufl., Graz 1995.

[Weiss, *Forschung*] Weiss, Burghard: Forschung zwischen Industrie und Militär, Physik Journal 4 (2005), S. 53–57.

[Weiss, *Großforschung*] Weiss, Burghard: Großforschung in Berlin. Geschichte des Hahn-Meitner-Instituts, (Studien zur Geschichte der deutschen Großforschungseinrichtungen 8), Frankfurt am Main 1994.

[Wendel, *Kaiser-Wilhelm-Gesellschaft*] Wendel, Günther: Die Kaiser-Wilhelm-Gesellschaft 1911–1914. Zur Anatomie einer imperialistischen Forschungsgesellschaft, Berlin 1975.

[Willstätter, *Memoiren*] Willstätter, Richard: Aus meinem Leben. Von Arbeit, Muße und Freuden, Weinheim 1949.

[Wista-Management, *Adlershof*] Wista-Management GmbH (Hrsg.): Bericht über Adlershof. Berlin 2007.

Wolpers, Carlheinrich: Electron Microscopy in Berlin 1928–1945, Advances in Electronics and Electron Physica 81 (1991), S. 211–229.

[Zachmann, *Mobilisierung*] Zachmann, Karin: Mobilisierung der Frauen. Technik, Geschlecht und Kalter Krieg in der DDR, (Geschichte und Geschlechter 44), Frankfurt/M. 2004.

[Zierold, *Forschungsförderung*] Zierold, Kurt: Forschungsförderung in 3 Epochen, Wiesbaden 1968.

Publikationen des Instituts

[Abend, Block, Cocke, *Time-of-Flight*] Abend, Gunter/Jochen H. Block/David L. Cocke: The Field Ionization Time-of-Flight Mass Spectrometer. A Tool for Chemical Kinetic Investigations as Shown by Elemental Sulphur Reactions, Advances in Mass Spectrometry 7 (1979), S. 703–706.

[Ardenne, Beischer, *Katalysatoren*] Ardenne, Manfred von/Dietrich Beischer: Untersuchungen von Katalysatoren mit dem Universal-Elektronenmikroskop, Angewandte Chemie 53 (1940), S. 103–107.

[Baldwin, Beckmann, Ceska, Downing, Erdemir, Henderson, Zemlin, *Bacteriorhodopsin*] Baldwin, Joyce M./Erich Beckmann/Thomas A. Ceska/Richard Henderson/Kenneth H. Downing/Friedrich Zemlin: An Atomic Model for the Structure of Bacteriorhodopsin, a Seven-Helix Membrane Protein, Acta Physiologica Scandinavica 146 (1995), S. 31–40.

[Barth, Hosemann, *Parallelstrahlmethode*] Barth, Heinz/Rolf Hosemann: Anwendung der Parallelstrahlmethode im Durchstrahlungsfall zur Prüfung des Kristallinneren mit Röntgenstrahlen, Zeitschrift für Naturforschung B 13a (1958), S. 792–794.

[Bauer, *Cathode Lens*] Bauer, Ernst: Cathode Lens Electron Microscopy. Past and Future, Journal of Physics, Condensed Matter 21 (2009), S. 1–10.

[Bazett-Jones, Engel, Ottensmeyer, Rust, Weiss, Zemlin, *Radiation Exposure*] Bazett-Jones, David P./Wilfried Engel/Peter Ottensmeyer/Hans-Peter Rust/Klaus Weiss/Friedrich Zemlin: Radiation Exposure and Recognition of Electron Microscopic Images of Protamine at High Resolution, Ultramicroscopy 3 (1978), S. 191–202.

[Becker, *Claudetit*] Becker, Kurt: Röntgenographische Strukturuntersuchung des Claudetits, Diss. TU Berlin, Berlin 1951.

[Beier, Krumbach, Helmcke, v. Lengercken, *Handbuch*] Beier, Max/Thilo Krumbach/Johann-Gerhard Helmcke/Hans v. Lengerken (Hrsg.): Handbuch der Zoologie. Eine Naturgeschichte der Stämme des Tierreiches, gegr. v. Willy Kükenthal, Berlin u. a. 1954–1982.

[Beischer, Krause, *Elektronenmikroskop*] Beischer, Dietrich/Friedrich Krause: Das Elektronenmikroskop als Hilfsmittel der Kolloidforschung, Die Naturwissenschaften 25 (1937), S. 825–928.

[Beutler, Polanyi, *Reaktionsleuchten*] Beutler, Hans/Polanyi, Michael: Reaktionsleuchten und Reaktionsgeschwindigkeit, Die Naturwissenschaften 13 (1925), S. 711–713.

[Beutler, Rabinowitsch, *Drehimpuls*] Beutler, Hans/Eugene Rabinowitsch: Drehimpuls und Wirkungsquerschnitt bei chemischen Elementarprozessen, Zeitschrift für Elektrochemie 35 (1929), S. 623–625.

[Beutler, Rabinowitsch, *Energieanreicherung*] Beutler, Hans/Eugene Rabinowitsch: Zum Nachweis der Energieanreicherung in Elementarprozessen, Zeitschrift für Physikalische Chemie 6 (1929), S. 233–239.

[Block, Bozdech, Ernst, Kato, *Formation*] Block, Jochen H./Georg Bozdech/Norbert Ernst/S. Kato: H_3^+ Formation During the Field Desorption of Hydrogen, Journal de Physique, Colloques 45 (1984), S. 231–237.

[Block, Christmann, Ehsasi, Frank, *Oszillators*] Block, Jochen H./Klaus Christmann/Mohammad Reza Ehsasi/Otto Frank: Coupled Chemical Oscillators in Catalytic Oxidation of CO on Pd (110) Surfaces, Chemical Physics Letters 165 (1990), S. 115–119.

[Böhm, *Aluminiumhydroxide*] Böhm, Johann: Über Aluminium- und Eisenhydroxide. I. Mitteilung, Zeitschrift für anorganische und allgemeine Chemie 149 (1925), S. 203–216.

[Bonhoeffer, Harteck, *Wasserstoff*] Bonhoeffer, Karl Friedrich/Paul Harteck: Experimente über Para- und Orthowasserstoff, Sitzungsberichte der Preußischen Akademie der Wissenschaften, physikal.-mathem. Kl. (1929), S. 103–108.

[Bonhoeffer, Harteck, *Weitere*] Bonhoeffer, Karl Friedrich/Paul Harteck: Weitere Versuche mit Parawasserstoff, Die Naturwissenschaften 17 (1929), S. 321–322.

[Borrmann, *Extinktionsdiagramme*] Borrmann, Gerhard: Über Extinktionsdiagramme der Röntgenstrahlen von Quarz, Physikalische Zeitschrift 42 (1941), S. 157–162.

[Bozdech, Ernst, Melmed, *Field Ion*] Bozdech, Georg/Norbert Ernst/Allan J. Melmed: Combined Field Ion and Field Electron Emission Microscopy and Energy-resolved Atom-probe Spectroscopy of Y, Ba_2, Cu_3, O_{7-x}, Journal de Physique, Colloques 49 (1988), S. 453–458.

[Bradshaw, Engel, Kordesch, Mundschau, Rausenberger, Zeitler, *Real-Time Observation*] Bradshaw, Alexander M./Wilfried Engel/Marty E. Kordesch/Michael Mundschau/Bernd Rausenberger/Elmar Zeitler: Real-Time Observation of the Nucleation and Propagation of Reaction Fronts on Surfaces Using Photoemission Electron Microscopy, Surface Science 227 (1990), S. 246–260.

[Brill, *Ammoniak*] Brill, Rudolf: Über den Mechanismus der Synthese des Ammoniaks an Eisen, Berichte der Bunsengesellschaft 75, (1971), S. 455–457.

[Brill, Dietrich, Dierks, *Bindungselektronen*] Brill, Rudolf/Hans Dietrich/Harald Dierks: Die Verteilung der Bindungselektronen im Dekaboranmolekül ($B_{10}H_{14}$), Acta Crystallographica B 27 (1971), S. 2003–2018.

[Brill, Jiru, Schulz, *Infrarotspektren*] Brill, Rudolf/Pavel Jiru/Gustav Schulz: Infrarotspektren von N_2-H_2-Adsorptionskomplexen an einem Eisenkatalysator, Zeitschrift für Physikalische Chemie N.F. 64 (1969), S. 215–224.

[Brimacombe, Dube, Erdemir, Mueller, Orlova, Schatz, Stark, van Heel, Zemlin, *Ribosome*] Brimacombe, Richard/Prakash Dube/Tarik Erdemir/Florian Mueller/Elena V. Orlova/Michael Schatz/Holger Stark/Marin van Heel/Friedrich Zemlin: The 70S Escherichia Coli Ribosome at 23 A Resolution. Fitting the Ribosomal RNA, Structure 3 (1995), S. 815–821.

[Brydson, Engel, Sauer, Thomas, Williams, Zeitler, *Electron Energy-Loss Spectroscopy*] Brydson, Rik/Wilfried Engel/Hermann Sauer/John Meurig Thomas/B.G. Williams/Elmar Zeitler: Electron Energy-Loss Spectroscopy and the Crystal

Chemistry of Rhodizite, Journal of the Chemical Society, Faraday Transactions 84 (1988), S. 617–646.

[Dietrich, *Supraleitende Linsen*] Dietrich, Isolde: Supraleitende Linsen für Höchstspannungsmikroskopie, München 1975.

[Doblhofer, *Membrane-Type Coatings*] Doblhofer, Karl: Membrane-Type Coatings on Electrodes, Electrochimica Acta 33 (1988), S. 453–460.

[Eck, Holzwarth, Genz, *Iodine Laser*] Eck V./Josef Holzwarth, A. Genz: Iodine Laser Temperature Jump from Picoseconds to Seconds. Relaxation Processes of Phospholipid Bilayers, in: Bayley, P.M./R. Dale (Hrsg.): Spectroscopy and Dynamics of Biological Systems, London 1984, S. 351–377.

[Engel, *Emissionsmikroskop*] Engel, Wilfried: Entwicklung eines Emissionsmikroskops hoher Auflösung mit photoelektrischer, kinetischer und thermischer Elektronenauslösung, Diss. FU Berlin, Berlin 1969.

[Engel, *Spectrograph*] Engel, Wilfried: A Versatile Spectrograph for a STEM, in: Sturgess, Jennifer M. (Hrsg.)/Vic I. Kalnins/Peter Ottensmeyer/Gérard T. Simon (assoziierte Hrsg.): Papers Presented at the 9th International Congress on Electron Microscopy Held in Toronto, Canada, August 1–9 1978, Toronto 1978, S. 48–49.

[Engel, Grund, *Photoelectron Emission*] Engel, Wilfried/Siegfried Grund: Photoelectron Emission Microscopy of Biological Specimens, in: Goodchild, David J./V. Sanders (Hrsg.): Electron Microscopy 1974. Abstracts of Papers Presented to the Eighth International Congress on Electron Microscopy. Held in Canberra, Australia. August 25–31 1974, Bd. 2, Canberra 1974, S. 656–657.

[Ertl, *Reactions*] Ertl, Gerhard: Reactions at Surfaces. From Atoms to Complexity, in: Grandin, Karl (Hrsg.): Les Prix Nobel. The Nobel Prizes 2007, Stockholm 2008, S. 116–139.

[Ertl, Jakubith, Rotermund, v. Oertzen, *Cathode Lens*] Ertl, Gerhard/Sven Jakubith/Harm Hinrich Rotermund/Alexander v. Oertzen: Imaging of Spatial Pattern Formation in an Oscillatory Surface Reaction by Scanning Photoemission Microscopy, Journal of Chemical Physics 91 (1989), S. 4942–4948.

[Eucken, *Grundriss*] Eucken, Arnold: Grundriss der physikalischen Chemie, Leipzig 1922.

[Farkas, *Kinetik*] Farkas, Adalbert: Kinetik der thermischen Umwandlung von Parawasserstoff, Zeitschrift für Elektrochemie 36 (1930), S. 782–784.

[Farkas, *Orthohydrogen*] Farkas, Ladislaus Wilhelm: Orthohydrogen, Parahydrogen and Heavy Hydrogen, Cambridge 1935.

[Forstmann, Kambe, Scheffler, *Angle Resolved Photoemission*] Forstmann, Frank/Kyozaburo Kambe/Matthias Scheffler: Calculations of Energy and Angle Resolved Photoemission from Oxygen Adsorbed on Nickel (100) in the p (2 × 2) Structure, Solid State Communications 25 (1978), S. 93–99.

[Franck, Einsporn, *Quecksilberdampf*] Franck, James/Erich Einsporn: Über die Anregungspotenziale des Quecksilberdampfes, Zeitschrift für Physik 2 (1920), S. 18–29.

[Franck, Hertz, *Zusammenstöße*] Franck, James/Gustav Hertz: Über Zusammenstöße zwischen Elektronen und den Molekülen des Quecksilberdampfes und die Ionisierungsspannung desselben, Verhandlungen der Deutschen physikalischen Gesellschaft 16 (1914), S. 457–467.

[Franck, Reiche, *Helium*] Franck, James/Fritz Reiche: Über Helium und Parahelium, Zeitschrift für Physik 1 (1920), S. 154–160.

[Freundlich, *Chemistry*] Freundlich, Herbert: Colloid and Capillary Chemistry, New York 1926.

[Freundlich, *Elektrokapillarkurve*] Freundlich, Herbert/Marie Werschner: Über den Einfluß der Farbstoffe auf die Elektrokapillarkurve, Kolloid Zeitschrift 28 (1921), S. 250–253.

[Freundlich, *Kapillarchemie*] Freundlich, Herbert: Kapillarchemie. Eine Darstellung der Chemie der Kolloide und verwandter Gebiete, Leipzig 1922.

[Freundlich, *Kolloidchemie*] Freundlich, Herbert: Kapillarchemie und Kolloidchemie, Kolloid Zeitschrift 31 (1922), S. 243–246.

[Freundlich, *Lichtempfindlichkeit*] Freundlich, Herbert/Alexander Nathanson: Über die Lichtempfindlichkeit des Arsentrisulfidsols, Kolloid Zeitschrift 28 (1921), S. 258–262.

[Freundlich, *Thixotropie*] Freundlich, Herbert: Über Thixotropie, Kolloidzeitschrift 46 (1928), S. 289–299.

[Freundlich, Rogowski, Söllner, *Ultraschallwellen*] Freundlich, Herbert/Friedrich Rogowski/Karl Söllner: Über die Wirkung der Ultraschallswellen auf thixotrope Gele, Zeitschrift für Physikalische Chemie 160 (1932), S. 469–472.

[Frey, *Kassette*] Frey, Friedrich: Verwendungsmöglichkeit und Konstruktion einer Kassette für Doppelaufnahmen mit dem Siemens-Übermikroskop in Normalausführung, Zeitschrift für technische Physik 23 (1942), S. 176–177.

[Fricke, Schoon, Schröder, *Umwandlungsreihe*] Fricke, Robert/Theodor Schoon/W. Schröder: Eine gleichzeitig röntgenographische und elektronenmikroskopische Verfolgung der thermischen Umwandlungsreihe γ-FeOOH–γ-Fe_2O_3–α-Fe_3O_4, Zeitschrift für Physikalische Chemie B 30 (1941), S. 13–22.

[Friedrich-Freksa, Kratky, Sekora, *Röntgeninterferenzen*] Friedrich-Freksa, Hans/Otto Kratky/Aurelie Sekora: Auftreten von neuen Röntgeninterferenzen bei Einlagerung von Jod in Seidenfibroin vom Bombyxmori-Typ, Die Naturwissenschaften 32 (1944), S. 78.

[Frisch, Goodall, Greenhow, Holzwarth, Knight, *Single-Photon*] Frisch, Wolfgang/David M. Goodall/Rodney C. Greenhow/Josef F. Holzwarth/Barry Knight: Single-Photon Infrared Photochemistry. Wavelength and Temperature Dependence of the Quantum Yield for the Laser-Induced Ionization of Water, in: Kompa, Karl L./Stanley Desmond Smith (Hrsg.): Laser-Induced Processes in Molecules. Proceedings of the European Physics Society Division Conference at Heriot-Watt Univ., Edinburgh, Sept. 20–22, 1978 (Springer Proceedings in Physics 6), New York 1979, S. 283–285.

[Fujimoto, Kambe, Lehmpfuhl, Uchida, *Dunkelfeldtechnik*] Fujimoto, Fuminori/Kyozaburo Kambe/Günter Lehmpfuhl/Yuji Uchida: Dunkelfeldtechnik zur elektronenmikroskopischen Abbildung von Oberflächenstrukturen auf Einkristallen bei Energien zwischen 100 keV und 1000 keV, in: Pfefferkorn, Gerhard (Hrsg.): Beiträge zur elektronenmikroskopischen Direktabbildung von Oberflächen, Bd. 8, Münster 1977, S. 417–425.

[Fujimoto, Kambe, Lehmpfuhl, *Electron Channeling*] Fujimoto, Fuminori/Kyozaburo Kambe/Günter Lehmpfuhl: Interpretation of Electron Channeling by the Dynamical Theory of Electron Diffraction, Zeitschrift für Naturforschung 29 A (1974), S. 1034–1044.

[Gerischer, *Halbleiter I*] Gerischer, Heinz: Über den Ablauf von Redoxreaktionen an Metallen und an Halbleitern. I. Allgemeines zum Elektronenübergang zwischen einem Festkörper und einem Redoxelektrolyten, Zeitschrift für Physikalische Chemie N. F. 26 (1960), S. 223–247.

[Gerischer, *Halbleiter II*] Gerischer, Heinz: Über den Ablauf von Redoxreaktionen an Metallen und an Halbleitern. II. Metall-Elektroden, Zeitschrift für Physikalische Chemie N. F. 26 (1960), S. 325–338.

[Gerischer, *Halbleiter III*] Gerischer, Heinz: Über den Ablauf von Redoxreaktionen an Metallen und an Halbleitern. III. Halbleiterelektroden, Zeitschrift für Physikalische Chemie N. F. 27 (1961), S. 48–79.

[Gerischer, Kolb, Schulze, *Optical Absorption*] Gerischer, Heinz/Dieter M. Kolb/Wilfried Schulze: Optical Absorption Spectra of Matrix Isolated Silver Atoms and their Dependence on Matrix Properties, Journal of the Chemical Society, Faraday Transactions II 71 (1975), S. 1763–1771.

[Gerischer, Gobrecht, Kautek, *Semiconducting Materials*] Gerischer, Heinz/Jens Gobrecht/Wolfgang Kautek: The Applicability of Semiconducting Layered Materials for Electrochemical Solar Energy Conversion, Berichte der Bunsengesellschaft für physikalische Chemie 84 (1980), S. 2471–2478.

[Gimzewski, Sass, Schlittler, Schott, *Scanning Tunneling*] Gimzewski, James K./Jürgen-Kurt Sass/Reto R. Schlittler, J. Schott: Enhanced Photon Emission in Scanning Tunneling Microscopy, Europhysics Letters 8 (1989), S. 435–440.

[Golze, Grunze, Hirschwald, Polak, *XPS-Study*] Golze, Manfred/Michael Grunze/Wolfgang Hirschwald/M. Polak: A XPS-Study of the Intermediates in Nitrogen Dissociation on an Fe(111)-Surface, in: Betz, Gerhard/Peter Braun (Hrsg.): Symposium on Surface Science (Obertraun/Austria 1983.01.31-02.04), Contributions, Wien 1983, S. 186–191.

[Grund, Heide, *Biological Specimens*] Grund, Siegfried/Hans-Günther Heide: Wet Biological Specimens in the Electron Microscope. Transfer and Observation at Low Temperature, in: Goodchild, David J./V. Sanders (Hrsg.): Electron Microscopy 1974. Abstracts of Papers Presented to the Eighth International Congress on Electron Microscopy. Held in Canberra, Australia. August 25–31 1974, Bd. 2, Canberra 1974, S. 46–47.

[Haber, Jaenicke, Matthias, *Darstellung*] Haber, Fritz/Johannes Jaenicke/Friedrich Matthias: Über die angebliche Darstellung „künstlichen“ Goldes aus Quecksilber, Zeitschrift für anorganische und allgemeine Chemie 153 (1926), S. 153–183.

[Haber, *Dispersion*] Haber, Fritz: Untersuchungen über die anomale Dispersion angeregter Gase, Die Naturwissenschaften 15 (1927), S. 174.

[Haber, *Körper*] Haber, Fritz: Über den festen Körper sowie über den Zusammenhang ultravioletter und ultraroter Eigenwellenlängen der Bildungswärme mit der Quantentheorie, Verhandlungen der Deutschen physikalischen Gesellschaft 13 (1911), S. 1117–1136.

[Haber, *Phasengrenzkräfte*] Haber, Fritz/Zygmunt Aleksander Klemensiewicz: Über elektrische Phasengrenzkräfte, Zeitschrift für Physikalische Chemie 67 (1909), S. 385–431.

[Haber, *Umwandelbarkeit*] Haber, Fritz: Über den Stand der Frage nach der Umwandelbarkeit der chemischen Elemente, Die Naturwissenschaften 14 (1926), S. 405–412.

[Haber, *Zeitalter*] Haber, Fritz: Das Zeitalter der Chemie, in: Fritz Haber: Fünf Vorträge aus den Jahren 1920–1923, Berlin 1924.

[Haber, *Zeitalter Aufgaben*] Haber, Fritz: Das Zeitalter der Chemie, seine Aufgaben und Leistungen, Zeitschrift für angewandte Chemie 35 (1922), S. 37–44.

[Hamilton, *Neutron Diffraction*] Hamilton, Walter C./Armin Tippe: Neutron Diffraction Study of Decaborane, Inorganic Chemistry 8 (1969), S. 464–470.

[Haul, Scholz, *Grenzflächen-Reaktionen*] Haul, Robert/E. Scholz: Anodische Grenzflächen-Reaktionen an der Quecksilber-Tropfelektrode, Zeitschrift für Elektrochemie und angewandte physikalische Chemie 52 (1948), S. 226–234.

[Hauschild, Lüttringhaus, *Valenzwinkelstudien*] Lüttringhaus, Arthur/Kurt Hauschild: Valenzwinkelstudien, VI. Mitteilung: Zur Stabilität des Tetraederwinkels am Kohlenstoffatom, Berichte der Deutschen Chemischen Gesellschaft 73 (1940), S. 134–145.

[Helmcke, *Atlas*] Helmcke, Johann-Georg: Atlas des menschlichen Zahnes im elektronenmikroskopischen Bild, 2 Bde., Berlin 1953 und 1957.

[Helmcke, Krieger, *Diatomeenschalen*] Helmcke, Johann-Georg/Willi Krieger: Diatomeenschalen im elektronenmikroskopischen Bild, Teil 1–10, Berlin 1953–1977.

[Helmcke, Otto, *Konstruktionen*] Helmcke, Johann-Gerhard/Frei Otto: Lebende und technische Konstruktionen, Deutsche Bauzeitung 67 (1962), Heft 11, S. 885–886.

[Herrmann, *Bildverstärker*] Herrmann, Karl-Heinz: Bildverstärker in der Elektronenmikroskopie, in: Möllenstedt, Gottfried: Höchstauflösung in der Elektronenmikroskopie, München 1973, S. 39–55.

[Herrmann, Kunath, Schiske, Weiss, Zemlin, *Coma-Free Alignment*] Herrmann, Karl-Heinz/Wolfgang Kunath/Peter Schiske/Klaus Weiss/Friedrich Zemlin: Coma-Free Alignment of High-Resolution Electron Microscopes with the Aid of Optical Diffractograms, Ultramicroscopy 3 (1978), S. 49–60.

[Hildebrandt, *Röntgenstrahlen*] Hildebrandt, Gerhard: Gekrümmte Röntgenstrahlen im schwach verformten Kristallgitter, Berlin 1958.

[Hosemann, *Lattice*] Hosemann, Rolf: Lattice Defects and Microparacrystals (This Week's Citation Classics), Current Contents (1990/12), S. 16.

[Hosemann, *Patent*] Deutsche Auslegeschrift Nr. 1033141. Verfahren und Vorrichtung zur Trocknung rißempfindlicher Ware, Anmelder: Dr. Rolf Hosemann, Anmeldetag: 25. November 1948, Bekanntmachung: 26. Juni 1958.

[Jacobi, Ranke *GaAs Surfaces*] Jacobi, Karl/Wolfgang Ranke: Structure and Reactivity of GaAs Surfaces, Progress in Surface Science 10 (1981), S. 1–52.

[Jander, *Maßanalyse*] Jander, Gerhart: Maßanalyse. Theorie und Praxis der klassischen und elektrochemischen Titrierverfahren. I. und II. Teil, Berlin/Leipzig 1935.

[Jander, Pfundt, *Leitfähigkeitsreaktionen*] Jander, Gerhart/Otto Pfundt: Leitfähigkeitsreaktionen und Leitfähigkeitsmessungen. Visuelle und akustische Methoden. Mit Beispielen für die Anwendung im Laboratorium und im Betrieb (Die chemische Analyse 26), Stuttgart 1934.

[Kallmann, Mark, *Comptoneffekte*] Kallmann, Hartmut/Hermann Mark: Zur Größe und Winkelabhängigkeit des Comptoneffekte, Die Naturwissenschaften 13 (1925), S. 297–298.

[Kambe, *Cellular Method*] Kyozaburo Kambe: Theory of Low-Energy Electron Diffraction. II. Cellular Method for Complex Monolayers and Multilayers, Zeitschrift für Naturforschung 23 A (1968), S. 1280–1294.

[Karge, Ladebeck, *Mordenite*] Karge, Hellmut G./Jürgen Ladebeck: Deactivation of Mordenite Catalysts on Reaction of Ethylene and Ethylbenzene, in: Proceedings of the 6th Canadian Symposium on Catalysis, Aug. 19–21, 1979, Ottawa, Ontario 1979, S. 140–148.

[Karl, *Hochdruckdilatometer*] Karl, Veit-Holger: Hochdruckdilatometer zum Bestimmen wichtiger Stoffeigenschaften für die Verarbeitung, Kunststoffe 68 (1978), S. 247–250.

[Klein, Überreiter, *Das Dilatometer*] Klein, Karl/Kurt Überreiter: Das Dilatometer als Hilfsmittel der Kunststoffforschung, Chemische Technik 15 (1942), S. 5.

[Klipping, *Hexamethylentetramin*] Klipping, Gustav: Messung des Dampfdruckes von Hexamethylentetramin und Beobachtung seiner thermischen Zersetzung, Diss. TU Berlin, Berlin 1954.

[Klipping, Lemke, Römisch, *Telescope*] Klipping, Gustav/Dietrich Lemke/Norbert Römisch: Liquid Helium Cooled Infrared Telescope for Astronomical and Atmospherical Measurements from Spacelab, Advances in Cryogenic Engineering 23 (1978), S. 628–633.

[Knipping, *Registrierapparat*] Knipping, Paul: Registrierapparat zur automatische Aufnahme von Ionisierungs- und anderen Kurven, Zeitschrift für Instrumentenkunde 43 (1923), S. 241–256.

[Knipping, *Zehn Jahre.*] Knipping, Paul: Zehn Jahre Röntgenspektroskopie, Die Naturwissenschaften 10 (1922), S. 366–369.

[Kopfermann, *Kernmomente*] Kopfermann, Hans: Kernmomente, Leipzig 1940.

[Kratky, Sekora, *Röntgenstrahlen*] Kratky, Otto/Aurelie Sekora: Bestimmung von Form und Größe gelöster Teilchen aus den unter kleinsten Winkeln diffus abgebeugten Röntgenstrahlen, Die Naturwissenschaften 31 (1943), S. 46–47.

[Kratky, Sekora, Weber, *Kleinwinkelinterferenzen*] Kratky, Otto/Aurelie Sekora/ Hans Hermann Weber: Neue Kleinwinkelinterferenzen bei Myosin, Die Naturwissenschaften 31 (1943), S. 91.

[Ladenburg, Kopfermann, *negative Dispersion*] Ladenburg, Rudolf/Hans Kopfermann: Experimenteller Nachweis der ‚negativen Dispersion', Zeitschrift für Physikalische Chemie A139 (1928), S. 375–385.

[Langmuir, *Constitution*] Langmuir, Irving: The Constitution and Fundamental Properties of Solids and Liquids. Part I. Solids, Journal of the American Chemical Society 38 (1916), S. 2221–2295.

[Laue, *Röntgenstrahl-Interferenzen*] Laue, Max v.: Röntgenstrahl-Interferenzen, 3. neubearb. und erw. Aufl., Frankfurt am Main 1960.

[Laue, *Supraleitung*] Laue, Max v.: Theorie der Supraleitung, 1. und 2. Aufl., Berlin u. a. 1947 und 1949.

[Lehrecke, *Lösungen*] Lehrecke, Hans: Über die Bestimmung des Goldes in äußerst verdünnten Lösungen, Dissertation, Berlin 1922.

[London, Polanyi, *Adsorptionskräfte*] London, Fritz/Michael Polanyi: Über die atomtheoretische Deutung der Adsorptionskräfte, Die Naturwissenschaften 18 (1930), S. 1099–1100.

[Müller, Ruska, *Durchstrahlungs-Elektronenmikroskop*] Müller, Käthe/Ernst Ruska: Über ein einfaches und leistungsfähiges permanentmagnetisches Durchstrahlungs-Elektronenmikroskop, Mikroskopie 23 (1968), S. 197–219.

[Nathansohn, *Rohstoffe*] Nathansohn, Alexander: Über die Technische Verarbeitung bleihaltiger Rohstoffe auf dem Wege über Bleitetrachlorid, Zeitschrift für Elektrochemie 13/14 (1922), S. 310–313.

[Niehrs, *Ausbreitung*] Niehrs, Heinz: Die Ausbreitung von Elektronenstrahlen in Kristallgittern, Berlin 1958.

[Pettinger, *Tunnelprozesse*] Pettinger, Bruno: Tunnelprozesse bei der Elektronenübertragung am Kontakt zwischen hochdotiertem Zinkoxyd und Elektrolytlösungen, München (Diss. TU) 1972.

[Plieth, Ruban, Smolczyk, *Laueit*] Plieth, Karl/Gerhard Ruban/Heinz-Günter Smolczyk: Zur Kristallstruktur des Laueits. $Fe_2Mn[PO_4/OH]_2 \times 8\,H_2O$, Acta Crystallographica 19 (1965), S. 485.

[Polanyi, *Problem*] Polanyi, Michael: Zum Problem der Reaktionsgeschwindigkeit, Zeitschrift für Elektrochemie 26 (1920), S. 161–171.

[Polanyi, Eyring, *Gasreaktionen*] Polanyi, Michael/Henry Eyring: Über einfache Gasreaktionen, Zeitschrift Für Physikalische Chemie 12 (1931), S. 279–311.

[Polanyi, Wigner, *Molekülen*] Polanyi, Michael/Eugene Wigner: Bildung und Zerfall von Molekülen, Zeitschrift für Physik 33 (1925), S. 429–434.

[Preisberg, *Simulation*] Preisberg, W.: Über die Möglichkeit der Simulation elektronenoptischer Systeme mit Hilfe digitaler Rechenanlagen, in: Bocciarelli, Dario Steve (Hrsg.): Pre-Congress Abstracts of Papers Presented at the Fourth European Regional Conference; held in Rome, September 1–7, 1968, Rom 1968.

[Proske, Winkel, *Über die elektrolytische Reduktion*] Proske, Gerhard/August Winkel: Über die elektrolytische Reduktion organischer Verbindungen an der

Quecksilber-Tropfelektrode. I. und II. Mitteilung, Berichte der Deutschen Chemischen Gesellschaft 69 (1936), S. 693–705 und S. 1917–1929.

[Rabinowitsch, *Mikroanalyse*] Rabinowitsch, Isaak: Ueber die Anwendung der Zentrifuge in der quantitativen Analyse, insbesondere der Mikroanalyse des Goldes, Dissertation, Berlin 1928.

[Roth, Ziehl, *Bombe*] Roth, Walther A./Ludwig Ziehl: Eine kalorimetrische Bombe mit Fenster zur Beobachtung des Verbrennungsvorganges, Zeitschrift für Elektrochemie 52 (1948), S. 219–220.

[Ruska, *Foundations*] Ruska, Ernst: Vibration Isolating Foundations for Electron Microscopes, in: Goodchild, David J./V. Sanders (Hrsg.): Electron Microscopy 1974. Abstracts of Papers Presented to the Eighth International Congress on Electron Microscopy. Held in Canberra, Australia. August 25–31 1974, Bd. 1., Canberra 1974, S. 24–25.

[Sass, *Photoemission*] Sass, Jürgen-Kurt: In Situ Photoemission, Surface Science 101 (1980), S. 507–517.

[Schalek, *Eisenoxydgallerten*] Schalek, Emmy/Andor Szegvary: Über Eisenoxydgallerten. Vorläufige Mitteilung, Kolloid Zeitschrift 32 (1923), S. 318–319.

[Schalek, *Koagulation*] Schalek Emmy/Andor Szegvary: Die langsame Koagulation konzentrierter Eisenoxydsole zu reversiblen Gallerten, Kolloid Zeitschrift 33 (1923), S. 326–334.

[Schmid, *Gold*] Schmid, Fritz: Über die Bestimmung des Goldes im Meerwasser. Doktorarbeit, Berlin 1922.

[Schmidt, *Massenspektrometrie*] Werner A. Schmidt: Massenspektrometrische Untersuchungen zur NH_3-Synthese an Spitzen aus Eisen, Angewandte Chemie 80 (1968), S. 151–152.

[Schoon, Klette, *Der Aufbau*] Schoon, Theodor/Hermann Klette: Aufbau typischer Adsorbentien, Die Naturwissenschaften 29 (1941), S. 652–653.

[Schoon, Thiessen, *Elektronen-Beugungsgerät*] Schoon, Theodor/Thiessen, Peter Adolf: Ein handliches Elektronen-Beugungsgerät und seine Anwendung zur Bestimmung des inneren Potentials von Ionenkristallgittern, Zeitschrift für Physikalische Chemie B 36 (1937), S. 195–215.

[Song, *photonenstimulierte Felddesorption*] Song, Sun-Dal: Aufbau und Test einer Anordnung zur photonenstimulierten Felddesorption mittels Excimerlaser und Flugzeitmassenspektrometrie, Berlin (Diss. TU) 1992.

[Stauff, *Mizellenarten*] Stauff, Joachim: Die Mizellenarten wässeriger Seifenlösungen, Kolloid Zeitschrift 89 (1939), S. 224–233.

[Szegevari, Wigner, *Stäbchensole*] Szegvari, Andor/Eugene Wigner: Über elektrische Erscheinungen bei Stäbchensolen, Kolloid Zeitschrift 33 (1923), S. 218–222.

[Thiessen, *Seifen als Kolloide*] Thiessen, Peter Adolf: Seifen als Kolloide, Fette und Seifen 43 (1936), S. 149–152.

[Thiessen, Wittstadt, *Änderung*] Thiessen, Peter Adolf/Werner Wittstadt: Erzwungene und spontane Änderung der molekularen Ordnung im gedehnten Kautschuk, Zeitschrift für Physikalische Chemie B 41 (1938), S. 33–58.

[Tributsch, *Desintegration*] Tributsch, Helmut: The Oxidative Desintegration of Sulfide Crystals by Thiobacillus ferrooxidans, Die Naturwissenschaften 63 (1976), S. 88.

[Überreiter, *Kautschuk und Kunstharze*] Überreiter, Kurt: Kautschuk und Kunstharze als ‚Flüssigkeiten mit fixierter Struktur', Kunststoffe 30 (1940), S. 170–172.

[Überreiter, *Weichmachung*] Überreiter, Kurt: Über innere und äußere Weichmachung von makromolekularen Stoffen, Angewandte Chemie 53 (1940), S. 247–250.

[Überreiter, Yamaura, *Surface Tension*] Überreiter, Kurt/Kazuo Yamaura: Dependence of Surface Tension and Polymer Concentration in Surface on Solvent Interaction of Polystyrene Solutions, Colloid and Polymer Science 255 (1977), S. 1178–1180.

[van Heel, *Classification*] van Heel, Marin: Classification of Electron Microscopical Images of Randomly Oriented Bio-Macromolecules, in: Bailey, G.W. (Hrsg.),: „Proc. 41st Ann. Meeting EMSA", San Francisco 1983, S. 762–763.

[Vetter, *Korrosion*] Vetter, Klaus J.: Die Korrosion des passiven Eisens in saurer Lösung, Zeitschrift für Elektrochemie 59 (1955), S. 67–72.

[Warrikhoff, *Dosimetrie*] Warrikhoff, Harald: Röntgenelemente für die Dosimetrie, Teil 1–3, Zeitschrift für angewandte Physik 18 (1964) S. 44–53 und S. 89–105.

[Witzmann, *Elementarvorgänge*] Witzmann, Hans: Elementarvorgänge bei Staub- und Nebelfiltration, Zeitschrift für Elektrochemie und angewandte physikalische Chemie 46 (1940), S. 313–321.

[Witzmann, *Mikrokolorimeter*] Witzmann, Hans: Ein Mikrocolorimeter mit Selensperrschichtzellen, Chemische Fabrik 12 (1939), S. 332–334.

[Zeitler, *Electron Tomography*] Zeitler, Elmar: Reconstruction with Orthogonal Functions, in: Frank, Joachim: Electron Tomography. Three Dimensional Imaging with the Transmission Electron Microscope, New York 1992, S. 63–89.

[Zemlin, *Procedure for Alignment*] Zemlin, Friedrich: A Practical Procedure for Alignment of a High Resolution Electron Microscope, Ultramicroscopy 4 (1979), S. 241–245.

Archive

Archiv der Robert-Havemann-Gesellschaft, Berlin

BMA	Bundesmilitärarchiv, Freiburg im Breisgau.
BNA	British National Archive, Kew, England.
GSTA	Geheimes Staatsarchiv Preußischer Kulturbesitz, Berlin.
HHP	Harold Hartley Papers, Churchill College Cambridge.
MPGA	Archiv der Max-Planck-Gesellschaft, Berlin-Dahlem.
PHP	Paul Harteck Papers, Rensselaer Polytechnic Institute, Troy, New York.
RAC	Rockefeller Archive Center, Sleepy Hollow, New York.

Bildnachweis

Archiv der Max-Planck-Gesellschaft, Berlin/Dahlem: Abb. 1.4.; Abb. 1.5.; Abb. 1.6.; Abb. 1.7.; Abb. 1.8.; Abb. 1.9.; Abb. 1.10.; Abb. 1.11.; Abb. 1.12.; Abb. 1.13.; Abb. 1.14.; Abb. 1.15.; Abb. 1.16.; Abb. 1.17.; Abb. 1.18; Abb. 2.1.; Abb. 2.2.; Abb. 2.3.; Abb. 2.4.; Abb. 2.5.; Abb. 2.7.; Abb. 2.8.; Abb. 2.9.; Abb. 2.10.; Abb. 2.11.; Abb. 2.14.; Abb. 2.15.; Abb. 2.16.; Abb. 2.17.; Abb. 2.18.; Abb. 2.20.; Abb. 2.21.; Abb. 2.24.; Abb. 2.25.; Abb. 2.26; Abb. 2.27.; Abb. 3.1.; Abb. 3.2.; Abb. 3.3.; Abb. 3.4.; Abb. 3.5.; Abb. 3.7.; Abb. 3.8.; Abb. 3.9.; Abb. 3.10.; Abb. 3.11.; Abb. 3.12.; Abb. 3.13.; Abb. 3.14.; Abb. 3.15.; Abb. 3.16.; Abb. 3.18.; Abb. 3.19.; Abb. 3.20.; Abb. 5.14. Boxen: Kap. 1, Fritz Haber. Kap. 2, Physikalische Chemie in Berlin. Kap. 2, Michael Polanyi. Kap. 3, Peter Adolf Thiessen.

Archiv der Physikalisch-Technischen Bundesanstalt: Abb. 1.1.

Archiv der Robert-Havemann-Gesellschaft Berlin: Abb. 4.1.; Abb. 4.3.; Abb. 4.4. Box: Kap. 4, Robert Havemann im Garten der Haber-Villa.

Bildarchiv Preußischer Kulturbesitz: Abb. 1.2.

Hans Bradaczek: Abb. 4.6.

Alexander Bradshaw: Abb. 5.12.

Bundesarchiv Berlin, NSDAP Mitgliederkarte: Jander, Gerhart: Abb. 3.6.

FHI: Abb. 4.5.; Abb. 4.7.; Abb. 4.9.; Abb. 4.10.; Abb. 4.11.; Abb. 4.12.; Abb. 4.13.; Abb. 4.14.; Abb. 4.15.; Abb. 4.17.; Abb. 4.18.; Abb. 4.19.; Abb. 4.20.; Abb. 4.21.; Abb. 4.22.; Abb.: 4.23.; Abb. 4.24.; Abb. 4.25.; Abb. 4.26.; Abb. 4.27.; Abb. 5.1.; Abb. 5.2.; Abb. 5.3.; Abb. 5.4.; Abb. 5.5.; Abb. 5.9.; Abb. 5.13.; Abb. 5.17.; Abb. 5.18.; Abb. 5.19.; Abb. 5.20.; Abb. 5.21.; Abb. 5.22.; Abb. 5.23.; Abb. 5.24.; Abb. 5.25.; Abb. 5.26.; Abb. 5.27.; Abb. 5.28.; Abb. 5.30.; Abb. 5.31.; Abb. 6.1.; Abb. 6.2.; Abb. 6.3.; Abb. 6.4.; Abb. 6.5.; Abb. 6.6.; Abb. 6.7.; Abb. 6.8.; Abb. 6.9.; Abb. 6.10.; Abb. 6.11.; Abb. 6.12.; Abb. 6.13.; Abb. 6.14.; Abb. 6.15; Abb. 6.16. Boxen: Kap. 3, NS Musterbetrieb. Kap. 4, Deutsche Forschungshochschule. Kap. 4, Max v. Laue. Kap. 5: Heinz Gerischer. Kap. 5, Gerhard Ertl.

Friedrich Hund Nachlass, http://en.wikipedia.org/wiki/File:Heisenberg,W._Wigner,E._1928.jpg, Zugriff am 25. April 2011: Abb. 2.12.

Helmholtz-Zentrum Berlin: Abb. 5.15.

Picture-alliance/dpa, Fotograf Kay Nietfeld, © dpa: Box Kap. 5, Gerhard Ertl. Das Bild zeigt Gerhard Ertl mit Nobelpreis-Urkunde im Rahmen der feierlichen Zeremonie am 10.12.2007 im Konzerthaus in Stockholm.

Regenstein Library, University of Chicago: Abb. 2.6.

Jewish National and University Library, Jerusalem: Abgebildet in Leorah Kroyanker, Rivka Plesser, Ruth Geva (Hrsg.), Prof. L. Farkas (1904-1948). The Story of a Scientific Pioneer. Jewish National and University Library. Jerusalem 1998, Bild 28, S.5: Abb. 2.19.

Bärbel Lehmann: Abb. 4.2.; Abb. 4.16.; Abb. 5.6.; Abb. 5.7.; Abb. 5.8.; Abb. 5.10.; Abb. 5.11.; Abb 5.16. Box: Kap. 4, Ernst Ruska, 1952.

Leopoldina, Halle. Archiv: Abb. 5.29.

MPI für Mikrostrukturphysik, Halle: Box: Kap. 5, Max-Planck-Gesellschaft und deutsche Wiedervereinigung.

Prof. Kenji Tamaru: Box: Kap. 2, Haber und die Wissenschaftspolitik.

Universitätsarchiv Hohenheim: Abb. 2.23.

University of Utah, Special Collections: Abb. 2.13.

David Vandermeulen: Box: Kap. 1, Leopold Koppel.

Abhandlungen aus dem KWI für physikalische Chemie und Elektrochemie (Sonderdruck): Abb. 3.17.

Reichsgesetzblatt, Teil I, Nr. 34, 7. April 1933, S.1975: Kap. 3: Berufsbeamtengesetz.

„Die Woche" Berlin 1910, S.1778: Abb. 1.3.

Zierold, Kurt: Forschungsförderung in 3 Epochen, Wiesbaden 1968, Tafel 6., S.113: Abb. 2.22.

Index

MIX
Papier | Fördert gute Waldnutzung
FSC® C083411

Kolibri 360 GmbH
Ferdinand-Jühlke-Straße 7
99095 Erfurt, Deutschland
produktsicherheit@kolibri360.de